"十四五"职业教育国家规划教材

 安全技术与管理
系列

安全管理

第四版

刘景良 主编

U0221873

 化学工业出版社

·北 京·

内 容 简 介

《安全管理》(第四版)依据企业安全生产管理岗位职责、现行安全生产管理法规标准要求及高职教育教学改革累积成果进行编写。系统介绍了安全生产管理的科学原理和技术管理实践,具体内容包括安全管理基础知识、安全生产管理理论、不安全行为的分析与控制、人失误的分析与预防、安全技术措施、安全生产法规与标准、安全生产基本条件与安全管理制度、事故应急救援与伤亡事故统计分析、现代安全管理。教材内容充分体现了党的二十大报告关于"以人民为中心的发展思想"的原则以及"人民群众的安全感更加充实、更有保障"的要求。

《安全管理》(第四版)可作为高等职业教育院校安全类专业的专业课教材,以及面向生产管理一线人才培养的其他专业知识拓展类、素质教育类课程教材,也可作为应急安全管理政府主管部门、企事业单位从事安全生产管理人员的参考用书。

图书在版编目(CIP)数据

安全管理/刘景良主编. —4 版. —北京:化学工业出版社,2021.2 (2025.2重印)

(安全技术与管理系列)

"十二五"职业教育国家规划教材

ISBN 978-7-122-38310-5

Ⅰ.①安… Ⅱ.①刘… Ⅲ.①安全管理-高等职业教育-教材 Ⅳ.①X92

中国版本图书馆 CIP 数据核字(2021)第 002327 号

责任编辑:窦 臻 林 媛   文字编辑:李 瑾
责任校对:宋 玮   装帧设计:刘丽华

出版发行:化学工业出版社(北京市东城区青年湖南街 13 号 邮政编码 100011)
印 装:河北延风印务有限公司
787mm×1092mm 1/16 印张 20¾ 字数 504 千字 2025 年 2 月北京第 4 版第 11 次印刷

购书咨询:010-64518888   售后服务:010-64518899
网 址:http://www.cip.com.cn
凡购买本书,如有缺损质量问题,本社销售中心负责调换。

定 价:49.80 元

　　《安全管理》第四版是在第三版的基础上修订而成，本书第三版为"十二五"职业教育国家规划教材。在修订过程中，坚持从企业安全管理岗位要求出发，以现行安全生产法规标准为依据，注重科学性和实用性，体现最新安全管理内容，反映新理论、新技术、新方法，适应新时代高等职业教育教学改革的新要求，满足信息化教学、项目化教学、案例教学等教学范式的需要，并将近年来教学改革成果融入其中，特别是借助二维码技术，扩大了本书的信息量。

　　本书继承了第三版所具有的以下几个方面的高等职业教育特色：

　　1. 总体内容与实际安全管理岗位能力要求相适应。安全管理岗位主要任务，如对人的安全管理，对生产场所、生产装置或设备的安全管理，安全生产法规标准的宣传与贯彻，企业安全生产规章制度、安全操作规程的建设与实施，事件原因分析与整改对策制定，应急体系建设、应急预案的编制与演练，事故管理与统计分析，现代安全管理方法的运用以及国内外先进安全管理模式的借鉴等均在本书中充分体现。

　　2. 内容对接职业标准和岗位要求，与国家安全生产的法规、标准要求相一致。

　　3. 每章正文之前设置有"知识目标"和"能力目标"，以便于学生的自主学习。

　　4. 书中选编有一定数量典型事故案例，便于实施事故案例教学。

　　5. 每章正文之后设置有"课堂讨论题"，便于实施以学生为主体的教学理念，培养学生的学习主动性、语言表达能力和创新能力。

　　6. 每章正文之后设置"能力训练项目"，训练学生解决实际问题的能力，满足安全管理岗位的要求，满足项目化教学等教学范式的实施。

　　7. 每章正文之后设置有"本章小结"和"思考题"，便于学生的课后学习和提高。

　　第四版新编及主要修订内容：

　　1. 第一章，依据《危险化学品重大危险源辨识》（GB 18218—2018），对第一节重大危险源相关内容进行修订；第二节修订了职业危害申报的内容，新编了职业病报告的内容，新增了职业健康监护的内容；对第四节中的安全科技、安全投入进行内容补充。

　　2. 依据《用人单位劳动防护用品管理规范》（2018 年版）、《个体防护装备配备基本要求》（GB/T 29510—2013）、《个体防护装备选用规范》（GB/T 11651—2009）等对第五章第三节个体防护的相关内容进行修订。

　　3. 第六章新增了对《中华人民共和国消防法》、《生产安全事故应急条例》（国务院令708 号）的介绍，用新编的"《中华人民共和国民法典》中与职业安全相关的规定"置换原有相关内容，并对涉及《中华人民共和国刑法》《中华人民共和国劳动法》《中华人民共和国安全生产法》的内容进行了修订。

　　4. 依据国务院大部制改革结果和《中华人民共和国安全生产法》，新编第七章第一节我国安全生产工作机制；新编了第六节安全技术措施计划制度之"三、项目范围"，新编"生产安全事故隐患排查治理制度"作为第八节，新编"建设项目安全设施'三同时'监督管理制度"代替原第八节内容作为第九节。

5. 依据《生产安全事故应急预案管理办法》（2019 年版）、《生产经营单位安全生产事故预案评估指南》（AQ/T 9011—2019）、《生产经营单位生产安全事故应急预案编制导则》（GB/T 29639—2013）对第八章第二节进行了修订。

6. 第九章，依据《危险化学品重大危险源辨识》（GB 18218—2018），对第七节进行了修订；依据《职业健康安全管理体系要求及使用指南》（ISO 45001—2018）、《企业安全生产标准化基本规范》（GB/T 33000—2016）对第八节进行了修订；依据《注册安全工程师分类管理办法》（安监总人事〔2017〕118 号）、《注册安全工程师职业资格制度规定》和《注册安全工程师职业资格考试实施办法》对第九节进行了修订。

7. 结合近年来颁布的安全生产法律法规标准、生产经营单位实际、最新安全科学管理技术进展以及本书编写团队研究成果对第三版中的其他不适宜之处进行了修订及凝练。

8. 更新并扩充附录部分。

附录一《危险化学品重大危险源辨识》（GB 18218—2018）

附录二 国家安全监管总局关于印发《化工和危险化学品生产经营单位重大生产安全事故隐患判定标准（试行）》和《烟花爆竹生产经营单位重大生产安全事故隐患判定标准（试行）》的通知

9. 运用二维码技术，读者可以通过扫描二维码学习查阅正文拓展内容。

上述修订内容充分落实了党的二十大报告关于"着力推动高质量发展"、"以人民为中心的发展思想"的原则以及"人民群众的安全感更加充实、更有保障"等要求，对安全生产管理领域的新法规、新标准、新知识、新技术等进行了更新和补充。

本书由天津职业大学刘景良教授主编。中国一拖集团有限公司安全环保部汪晓华主任工程师完成第七章第三节、第四节的修订，长沙环境保护职业技术学院熊素玉高级工程师完成本书第七章第一节、第八节、第九节的编写任务，本书其余章节的修订由刘景良教授完成。全书由刘景良教授负责统稿。

由于编者业务水平的局限，书中疏漏之处在所难免，恳请读者批评指正。

编者

第一版前言

"安全第一、预防为主、综合治理"是指导我国安全生产工作的基本方针。"安全生产"是指在社会生产活动中，通过人、机、物料、环境的和谐运作，使生产过程中潜在的各种事故风险和伤害因素始终处于有效控制状态，切实保护劳动者的生命安全和身体健康。中国政府历来重视安全生产工作，《国民经济和社会发展"十一五"规划纲要》把"提高安全生产水平"专列节，并提出了考核指标；中国共产党的十六届五中全会更是确立了"安全发展"的指导原则，所有举措均向国内外昭示了中国政府搞好安全生产的坚强决心。

搞好安全生产管理，是各级政府和生产经营单位做好安全生产工作的基础。而了解、熟悉和掌握有关安全生产管理的基础知识、基本理论和基本方法又是做好安全生产管理工作的基础。

本书作为面向高等职业教育安全类专业学生的专业课教材，在编写过程中，从生产经营单位安全生产管理岗位的要求出发，以现行的法律法规为依据，注重科学性和实用性，并努力体现最新的安全生产管理内容，希望能为企业从事安全生产管理工作的人员提供有益的参考。

本书具体内容包括安全管理基础知识、安全生产管理理论、不安全行为的分析与控制、人失误的分析与预防、安全技术措施、安全生产法规与标准、安全管理制度、事故应急救援与伤亡事故统计分析、现代安全管理等内容，对安全生产管理工作中涉及的基础知识、基本理论和基本方法作了较系统的介绍。为便于读者加深对本书内容的理解、掌握及应用，在每章正文之前列出了学习目标，在部分章节选编了一些典型的事故案例，在每章后提供了复习思考题。

本书的第七章及第九章的第二节由熊素玉编写，其余章节由刘景良编写。刘景良负责统稿工作。

在本书的编写过程中，参考并吸取了许多专家、学者的研究成果，参阅了许多文献资料（详见本书的参考文献），本书编者在此由衷地表示感谢。

由于水平所限，书中不妥之处在所难免，敬请读者批评指正。

编者
2008 年 4 月

近年来，我国安全生产水平不断提高，新颁布了一系列与安全生产相关的法律法规，特别是国务院 2011 年 11 月 26 日颁布的《国务院关于坚持科学发展安全发展促进安全生产形势持续稳定好转的意见》（国发〔2011〕40 号）对我国的安全生产工作做出新的部署，有许多新的要求和精神，本教材第一版中的部分内容已不再适合新的形势。本次修订是在第一版《安全管理》教材的基础上进行的，修订中紧紧围绕国家新的安全生产政策精神，力求充分体现现行适用的安全生产法规、标准，以满足安全生产管理的要求。修订过程更加注重安全科技发展和生产经营单位的安全生产实际，反映新理论、新技术、新方法，并与现行的相关安全卫生法律、法规、标准相协调。

修订与新编写的主要内容：

1. 对第一版第一章第一节中的"重大危险源"部分，按照 GB 18218—2009 进行重新编写。

2. 对第一版第三章第五节"三、安全教育与训练"中的部分内容进行重新编写。

3. 删除第一版第五章第四节的全部，相关内容并入第七章第二节。

4. 对第一版第六章第二节"二、主要职业安全健康法规主要内容"中的"（六）安全生产法"、"（十）危险化学品安全管理条例"和"（十一）特种设备安全监察条例"的全部内容进行重新编写。

5. 对第一版第七章第二节中"二、作业场所职业卫生基本要求"更名为"二、作业场所职业卫生要求"，并对其中的部分内容进行重新编写。

6. 对第一版第七章第四节中的"2. 特种作业人员安全技术培训考核"的全部内容进行重新编写。

7. 对第一版第七章第七节中的部分内容进行重新编写。

8. 对第一版第九章第六节"企业安全文化建设"的全部内容进行重新编写。

9. 第九章第五节删除了"五、美国石化企业的安全管理"部分。

10. 对第一版第九章第七节"重大危险源管理"的全部内容进行重新编写。

11. 结合近年来颁布的相关法律法规标准、安全生产实际及最新安全科技进展而对第一版中的其他不适宜之处进行修改或增减。

12. 附录 2 更新为"危险化学品重大危险源辨识（GB 18218—2009）"。

本书由天津职业大学刘景良主编。长沙环境保护职业技术学院熊素玉完成本书第七章的主要修订编写，天津职业大学刘景良完成本书其余章节的全部修订编写及第七章的部分修订编写。全书由天津职业大学刘景良负责统稿。

由于编者业务水平的局限，书中不妥之处在所难免，恳请读者批评指正。

编者
2012.05

本书是在第二版教材的基础上修订而成。在修订过程中，从企业安全管理岗位要求出发，以安全生产法规标准为依据，注重科学性和实用性，体现最新安全管理内容，反映新理论、新技术、新方法，适应高等职业教育教学改革的要求，满足任务驱动、项目化教学及案例教学等教学模式的需要，并将近年来教学改革成果融入其中。

本书的高等职业教育特色具体体现在以下几个方面：

1. 总体内容与安全管理岗位能力要求相适应。安全管理岗位主要任务，如对人的安全管理，对生产场所、生产装置或设备的安全管理，安全法规标准的宣传与贯彻、企业安全生产规章制度、安全操作规程的建设与实施、事故应急预案的制订与演练、现代安全管理方法的运用以及事故分析与预防等均在本书中充分体现。

2. 内容对接职业标准和岗位要求，与国家安全生产的法规、标准要求相一致。新增了"安全操作规程"、"事故的原因"、"中华人民共和国特种设备安全法"、"安全生产标准化"等内容，并对第二版中不适宜之处进行了修改或删减。

3. 每章正文之前增设"知识目标"和"能力目标"，以便于学生的自主学习。

4. 书中选编了一些典型的事故案例，便于实施事故案例教学。

5. 每章正文之后增设有"课堂讨论题"，便于实施以学生为主体的教学理念，培养学生的学习主动性、语言表达能力和创新能力。

6. 每章正文之后增设"能力训练项目"，训练学生解决实际问题的能力，满足安全管理岗位的要求。满足任务驱动、项目化教学等教学模式的实施。

7. 每章正文之后还设置有"本章小结"和"思考题"，便于学生的课后学习和提高。

本书由天津职业大学刘景良教授主编。刘景良教授与天津大沽化工厂朱超祥高级工程师共同完成本书第五章的修订，刘景良教授与长沙环境保护职业技术学院熊素玉高级工程师共同完成本书第七章的修订，本书其余章节的修订由刘景良教授完成。全书由刘景良教授负责统稿。

由于编者业务水平的局限，书中不妥之处在所难免，恳请读者批评指正。

编　者

2014.05

目录

第一章　安全管理基础知识 —————————— 001

第一节　事故及其相关的基础知识 ……… 001
　一、事故及其相关概念 ……… 001
　二、危险化学品重大危险源辨识 ……… 003
　三、安全和本质安全 ……… 007
　四、生产过程中危险和有害因素分类 … 008
第二节　职业病及其相关的基础知识 ……… 011
　一、职业危害与职业病 ……… 011
　二、导致职业病发生的因素 ……… 015
　三、职业危害评价 ……… 015
　四、职业危害申报及职业病报告 ……… 016
　五、职业健康监护 ……… 017
第三节　安全管理概述 ……… 018
　一、安全管理的定义 ……… 018
　二、安全管理与企业管理 ……… 019
　三、安全管理的产生与发展 ……… 020
第四节　安全生产"五要素"及其关系 ……… 021
　一、安全生产"五要素" ……… 021
　二、安全生产"五要素"之间的关系 … 022
第五节　事故的原因 ……… 022
　一、事故的直接原因 ……… 023
　二、事故的间接原因 ……… 026
本章小结 ……… 027
课堂讨论题 ……… 027
能力训练项目 ……… 027
思考题 ……… 027

第二章　安全生产管理理论 —————————— 028

第一节　管理理论及其发展 ……… 028
　一、X理论 ……… 028
　二、参与管理理论 ……… 029
　三、Y理论 ……… 029
　四、超Y理论 ……… 030
　五、权变理论 ……… 030
第二节　安全生产管理原理 ……… 031
　一、系统原理 ……… 031
　二、人本原理 ……… 032
　三、预防原理 ……… 033
　四、强制原理 ……… 033
第三节　事故发生频率与伤害严重度 ……… 034
第四节　事故致因理论 ……… 035
　一、海因里希因果连锁论 ……… 035
　二、博德事故因果连锁论 ……… 036
　三、轨迹交叉理论 ……… 037
　四、管理失误论 ……… 039
　五、变化观点的事故因果连锁论 ……… 040
　六、能量意外释放事故致因理论 ……… 042
　七、两类危险源理论 ……… 042
本章小结 ……… 043
课堂讨论题 ……… 043
能力训练项目 ……… 043
思考题 ……… 043

第三章　不安全行为的分析与控制 —————————— 044

第一节　不安全行为的生理因素 ……… 044
　一、视觉 ……… 044
　二、听觉 ……… 046
　三、人的反应时间 ……… 047
第二节　不安全行为的心理因素 ……… 048
　一、能力 ……… 048
　二、性格 ……… 052
　三、气质 ……… 052
　四、需要与动机 ……… 052
　五、情绪与情感 ……… 053
　六、意志 ……… 054
第三节　行为科学基本原理与人的不安全行为 ……… 056
　一、需要层次理论 ……… 057

　　二、双因素理论 ·················· 058
　　三、期望理论 ···················· 058
　　四、动机-报偿-满足模型·········· 059
第四节　群集行为与群集事故 ········ 059
　　一、群集的一般行为特征 ········ 060
　　二、群集行为与伤害事故 ········ 061
第五节　控制人的不安全行为的途径 ······· 063
　　一、建立与维持对安全工作的兴趣 ····· 063

　　二、作业标准化与执行岗位安全操作
　　　　规程 ························· 064
　　三、安全教育与训练 ············ 066
　　四、安全监督和检查 ············ 068
本章小结 ·························· 069
课堂讨论题 ························ 069
能力训练项目 ······················ 069
思考题 ···························· 069

第四章　人失误的分析与预防 —————————— 070

第一节　概述 ····················· 070
　　一、人失误的定义 ·············· 070
　　二、人失误的分类 ·············· 070
第二节　信息处理与人失误 ·········· 071
　　一、人的信息处理过程 ·········· 071
　　二、信息处理过程中的人失误倾向 ····· 072
　　三、信息处理过程中的人失误表现及
　　　　其产生原因 ················ 072
第三节　人失误致因分析 ············ 075
　　一、概述 ······················ 075
　　二、影响人失误的个人因素 ······ 075
　　三、影响人失误的外部因素 ······ 078
　　四、决策失误 ·················· 079
第四节　心理紧张与人失误 ·········· 080
　　一、信息处理能力与心理紧张 ···· 080

　　二、紧急情况下人的行为特征 ········· 082
第五节　作业疲劳及其预防 ·········· 082
　　一、疲劳及其产生机理 ·········· 082
　　二、疲劳的主要特征 ············ 083
　　三、疲劳的分类 ················ 084
　　四、引起疲劳的原因 ············ 085
　　五、预防疲劳的措施 ············ 085
第六节　人失误的预防 ·············· 087
　　一、防止人失误的安全技能教育措施 ··· 087
　　二、防止人失误的技术措施 ······ 088
　　三、防止人失误的管理措施 ······ 089
本章小结 ·························· 090
课堂讨论题 ························ 090
能力训练项目 ······················ 090
思考题 ···························· 090

第五章　安全技术措施 —————————————————— 091

第一节　概述 ····················· 091
　　一、能量与屏蔽 ················ 091
　　二、安全技术措施的种类及其优先次序
　　　　······················· 093
第二节　预防事故的安全技术措施 ···· 094
　　一、根除和限制危险因素 ········ 094
　　二、隔离 ······················ 095
　　三、故障-安全设计 ············· 096
　　四、减少故障 ·················· 096
　　五、警告 ······················ 098
第三节　避免和减少事故损失的安全技术
　　　　措施 ····················· 100

　　一、隔离 ······················ 100
　　二、个体防护 ·················· 100
　　三、接受少的损失 ·············· 104
　　四、避难与援救 ················ 104
第四节　作业现场安全管理 ·········· 104
　　一、安全合理的作业现场布置 ···· 105
　　二、安全点检 ·················· 105
　　三、劳动防护用品的正确使用 ···· 106
本章小结 ·························· 107
课堂讨论题 ························ 107
能力训练项目 ······················ 107
思考题 ···························· 107

第六章　安全生产法规与标准 —————————————— 108

第一节　相关的基本法律知识 ········· 108

　　一、我国的立法体制 ············· 108

二、我国法规的制定和发布 ……… 108
三、法规效力 ……… 110
第二节 职业健康安全法规体系及相关法规
……… 110
一、职业健康安全法规体系介绍 ……… 110
二、"三大规程"和"五项规定" ……… 112
三、《中华人民共和国宪法》中与职业
安全相关的规定 ……… 113
四、《中华人民共和国刑法》中与职业
安全相关的规定 ……… 113
五、《中华人民共和国民法典》中与劳
动合同、职业安全相关的规定 ……… 115
六、《中华人民共和国劳动法》中与
劳动安全卫生相关的规定 ……… 118
七、《中华人民共和国安全生产法》
（2021 年第 3 次修正） ……… 119
八、《中华人民共和国职业病防治法》
（2018 年第 4 次修正） ……… 125
九、《中华人民共和国消防法》
（2021 年第 2 次修正） ……… 126
十、《安全生产许可证条例》 ……… 128

十一、《危险化学品安全管理条例》
……… 130
十二、《特种设备安全监察条例》 ……… 137
十三、《生产安全事故应急条例》 ……… 142
十四、《生产安全事故报告和调查
处理条例》 ……… 144
十五、《国务院关于特大安全事故行政
责任追究的规定》 ……… 147
十六、《工伤保险条例》（国务院令
第 586 号） ……… 148
第三节 职业健康安全标准体系简介 ……… 150
一、职业健康安全标准的重要地位和
作用 ……… 150
二、我国的职业健康安全标准体系 ……… 151
三、国家标准、行业标准、地方标准、
国际标准及其相互关系 ……… 152
本章小结 ……… 153
课堂讨论题 ……… 153
能力训练项目 ……… 153
思考题 ……… 153

第七章 安全生产基本条件与安全管理制度 ——— 155

第一节 我国安全生产工作机制 ……… 155
一、生产经营单位负责 ……… 155
二、职工参与 ……… 156
三、政府监管 ……… 156
四、行业自律 ……… 156
五、社会监督 ……… 156
第二节 企业安全生产基本条件 ……… 157
一、生产经营单位应当具备的基本安全
生产条件 ……… 157
二、作业场所职业卫生要求 ……… 160
三、安全通道设置及管线布置 ……… 164
四、安全标志和警示标识 ……… 167
第三节 安全生产责任制 ……… 172
一、建立安全生产责任制的原则要求 … 173
二、生产经营单位各级领导的安全生产
责任 ……… 173
三、各类人员的安全职责 ……… 175
四、各业务部门的职责 ……… 177
第四节 安全教育制度 ……… 179
一、安全教育的内容 ……… 179

二、安全教育的形式和方法 ……… 181
第五节 安全检查制度 ……… 186
一、安全检查的内容 ……… 186
二、安全检查的方式 ……… 189
三、检查准备 ……… 190
第六节 安全技术措施计划制度 ……… 191
一、编制依据 ……… 191
二、编制原则 ……… 192
三、项目范围 ……… 192
四、实施步骤 ……… 193
第七节 生产安全事故调查与处理制度 ……… 193
一、生产安全事故调查与处理的内涵及
意义 ……… 193
二、生产安全事故调查 ……… 194
三、生产安全事故处理 ……… 197
第八节 生产安全事故隐患排查治理制度 … 197
一、生产经营单位事故隐患排查治理
工作职责 ……… 198
二、事故隐患排查 ……… 198
三、事故隐患治理 ……… 200

四、事故隐患排查治理闭环管理 ……… 200

五、事故隐患排查治理情况报告和
档案 ……… 201

**第九节　建设项目安全设施"三同时"监督
管理制度** ……… 201

一、建设项目安全设施"三同时"的
意义及依据 ……… 201

二、建设项目安全设施"三同时"监督
管理的实施 ……… 202

本章小结 ……… 205

课堂讨论题 ……… 206

能力训练项目 ……… 206

思考题 ……… 206

第八章　事故应急救援与伤亡事故统计分析 ———————— **208**

第一节　事故应急救援体系 ……… 208

一、事故应急救援的基本任务 ……… 208

二、事故应急救援的相关法律法规要求
……… 209

三、事故应急管理过程 ……… 210

四、事故应急救援体系的建立 ……… 211

**第二节　生产安全事故应急救援预案的
策划与编制** ……… 215

一、生产安全事故应急救援预案的
作用 ……… 215

二、策划编制应急救援预案应考虑的
因素 ……… 215

三、生产安全事故应急预案编制程序及
发布实施 ……… 216

四、事故应急预案体系构建 ……… 217

五、事故应急预案基本结构及内容 ……… 217

六、应急预案的文件体系 ……… 220

七、应急预案核心内容编制说明 ……… 220

八、企业重大事故应急预案实例 ……… 225

第三节　生产安全事故应急演练与评估 ……… 229

一、应急演练的分类 ……… 229

二、应急演练目的和工作原则 ……… 230

三、应急演练基本流程 ……… 230

第四节　伤亡事故统计及统计指标 ……… 232

一、伤亡事故统计 ……… 232

二、事故统计指标体系 ……… 233

三、生产安全事故统计调查制度 ……… 236

第五节　伤亡事故综合分析方法 ……… 236

一、伤亡事故统计分析方法 ……… 236

二、伤亡事故经济损失计算方法 ……… 238

三、事故综合分析 ……… 240

本章小结 ……… 245

课堂讨论题 ……… 245

能力训练项目 ……… 246

思考题 ……… 246

第九章　现代安全管理 ———————— **247**

第一节　现代安全管理的特点与特征 ……… 247

一、现代安全管理的理论基础及特点 ……… 247

二、现代安全管理的基本特征 ……… 248

第二节　安全目标管理 ……… 248

一、安全目标管理的含义 ……… 248

二、安全目标管理的内容及体系 ……… 249

三、安全目标管理的实施 ……… 251

四、安全目标管理的成果评价与考核 ……… 252

五、安全目标管理中应注意的事项 ……… 253

第三节　国内典型的安全管理模式介绍 ……… 254

一、"0123"安全管理模式 ……… 254

二、"三化五结合"安全生产模式 ……… 256

三、其他安全管理模式简介 ……… 257

第四节　国际劳工组织与职业安全卫生管理

……… 258

一、国际劳工组织及其目标 ……… 258

二、国际劳工组织的任务及特点 ……… 258

三、国际劳工组织的职业安全卫生国际
监察 ……… 259

四、国际劳工组织的工作 ……… 259

第五节　国外安全管理介绍 ……… 260

一、美国安全生产管理经验 ……… 260

二、日本安全生产管理经验 ……… 264

三、国际壳牌石油公司的安全管理 ……… 267

四、美国杜邦公司的安全管理 ……… 272

第六节　企业安全文化建设 ……… 276

一、企业安全文化建设的内涵 ……… 277

二、企业安全文化建设的必要性和重

要性 ……………………… 277
三、企业安全文化建设的实施 ……… 278
四、企业安全文化建设过程中应注意的
问题 ……………………………… 279
第七节　重大危险源管理 ……………… 280
一、我国关于重大危险源管理的部分
法律法规要求 ………………… 280
二、重大危险源的辨识与评估 …… 281
三、重大危险源的分级 ………… 282
四、危险化学品单位对重大危险源的
管理 …………………………… 284
第八节　职业健康安全管理体系与安全生产
标准化 ………………………… 286
一、职业健康安全管理体系标准的产生
及发展 ………………………… 286

二、职业健康安全管理体系要求及使用指
南（GB/T 45001—2020/ISO 45001:
2018）介绍 ……………………… 287
三、安全生产标准化基本规范 …… 290
第九节　我国注册安全工程师制度简介 …… 299
一、我国注册安全工程师制度发展历
程概述 ………………………… 299
二、注册安全工程师执业资格考试 … 301
三、注册安全工程师注册管理 …… 303
四、注册安全工程师执业的规定 … 303
五、注册安全工程师的权利和义务 … 304
本章小结 ……………………………… 305
课堂讨论题 …………………………… 305
能力训练项目 ………………………… 305
思考题 ………………………………… 305

附录 ──────────────────────────────── **306**

附录一　危险化学品重大危险源辨识
（GB 18218—2018）…………… 306
附录二　国家安全监管总局关于印发《化工
和危险化学品生产经营单位重大生

产安全事故隐患判定标准（试行）》
和《烟花爆竹生产经营单位重大生产
安全事故隐患判定标准（试行）》的
通知 安监总管三〔2017〕121号 … 315

参考文献 ──────────────────────────── **318**

第一章
安全管理基础知识

知识目标　1. 掌握安全生产方针及其内涵。
　　　　　2. 熟悉事故及职业病的基础知识。
　　　　　3. 掌握安全管理的内涵，了解安全管理与企业管理的关系。
　　　　　4. 知晓安全生产"五要素"及其相互关系。
能力目标　1. 能够进行危险化学品重大危险源辨识。
　　　　　2. 能够判断事故和职业病类别。

我国安全生产的基本方针是："安全第一、预防为主、综合治理"。

"安全第一"就是要将"人民至上、生命至上"理念贯穿于生产经营活动中的始终，在处理保证安全与生产经营活动中的矛盾时，要首先解决安全问题，优先考虑从业人员和其他人员的人身安全，把保护人民生命安全摆在首位。正确处理安全与发展的关系，在确保安全的前提下，努力实现企业发展的目标。"预防为主"就是按照事故发生的规律和特点，事先辨识危险和排查事故隐患，实施风险分级管控，千方百计地预防事故的发生，做到防患于未然，将事故消灭在萌芽状态；从源头上防范化解重大安全风险，遏制重特大事故的发生。"综合治理"就是要综合利用政府监管机制、企业自我防范机制、从业人员自我约束机制、社会监督机制以及中介机构支持与服务机制；实行管行业必须管安全、管业务必须管安全、管生产经营必须管安全的原则，强化和落实生产经营单位主体责任与政府监管责任；持续提高我国的安全生产水平。虽然在企业的生产活动中存在诸多的危险有害因素，但只要始终保持如履薄冰的高度警觉，预防措施得当并加强监督管理，事故是可以被预防或被大大减少的。

安全管理的目标就是减少和控制危险有害因素，减少和控制事故和职业病，尽量避免生产过程中的人身伤害、财产损失、环境污染以及其他损失，使安全生产水平持续提高，保障人民群众生命和财产安全。

第一节　事故及其相关的基础知识

一、事故及其相关概念

1. 事故

在生产过程中，事故是指造成人员死亡、伤害、职业病、财产损失或其他损失的意外事件。从这个解释可以看出，事故是意外事件，是人们不希望发生的，同时该事件产生了违背人们意愿的后果。如果事件的后果是人员死亡、受伤或身体的损害就称为人员伤亡事故；如果没有造成人员伤亡就是非人员伤亡事故。

事故的分类方法有多种，我国在工伤事故统计中，按照《企业职工伤亡事故分类标准》（GB 6441—86）将企业工伤事故分为20类，分别为物体打击、车辆伤害、机械伤害、起重伤害、触电、淹溺、灼烫、火灾、高处坠落、坍塌、冒顶片帮、透水、放炮、瓦斯爆炸、火药爆炸、锅炉爆炸、容器爆炸、其他爆炸、中毒和窒息及其他伤害等。

2. 安全生产事故隐患

依据国家安全生产监督管理总局令第16号《安全生产事故隐患排查治理暂行规定》，事故隐患是指生产经营单位违反安全生产法律、法规、规章、标准、规程和安全生产管理制度的规定，或者因其他因素在生产经营活动中存在可能导致事故发生的物的危险状态、人的不安全行为和管理上的缺陷。

事故隐患分为一般事故隐患和重大事故隐患。一般事故隐患，是指危害和整改难度较小，发现后能够立即整改排除的隐患。重大事故隐患，是指危害和整改难度较大，应当全部或者局部停产停业，并经过一定时间整改治理方能排除的隐患，或者因外部因素影响致使生产经营单位自身难以排除的隐患。

生产经营单位应当建立健全事故隐患排查治理制度。生产经营单位主要负责人对本单位事故隐患排查治理工作全面负责。生产经营单位是事故隐患排查、治理和防控的责任主体。

3. 危险源

从安全生产角度解释，危险源是指可能造成人员伤害、疾病、财产损失、作业环境破坏或其他损失的根源或状态。从这个意义上讲，危险源可以是一次事故、一种环境、一种状态的载体，也可以是可能产生不期望后果的人或物。液化石油气在生产、储存、运输和使用过程中，可能发生泄漏，引起中毒、火灾或爆炸事故，因此充装了液化石油气的储罐是危险源；原油储罐的呼吸阀已经损坏，当储罐储存原油后，有可能因呼吸阀损坏而发生事故，因此损坏的原油储罐呼吸阀是危险源；一个携带了SARS（严重急性呼吸综合征，即"非典型肺炎"）病毒的人，可能造成与其有过接触的人患上SARS，因此携带SARS病毒的人是危险源。

4. 重大危险源

为了对危险源进行分级管理，防止重大事故发生，人们提出了重大危险源的概念。广义上说，可能导致重大事故发生的危险源就是重大危险源。

在《危险化学品重大危险源辨识》（GB 18218—2018）中，危险化学品重大危险源定义为：长期地或临时地生产、储存、使用和经营危险化学品，且危险化学品的数量等于或超过临界量的单元。

危险化学品是指具有毒害、腐蚀、爆炸、助燃等性质，对人体、设施、环境具有危害的剧毒化学品和其他化学品。

单元是指涉及危险化学品的生产、储存装置、设施或场所，分为生产单元和储存单元。

临界量是指某种或某类危险化学品构成重大危险源所规定的最小数量。

生产单元定义为危险化学品的生产、加工及使用等的装置及设施，当装置及设施之间有切断阀时，以切断阀作为分隔界限划分为独立的单元。

储存单元定义为用于储存危险化学品的储罐或仓库组成的相对独立的区域，储罐区以罐区防火堤为界限划分为独立的单元，仓库以独立库房（独立建筑物）为界限划分为独立的单元。

需要指出的是，不同国家和地区对重大危险源的定义、规定的临界量可能是不同的。无论是对重大危险源的范围以及重大危险源临界量的确定，都是为了防止重大事故发生，在综合考虑了国家和地区的经济实力、人们对安全与健康的承受水平和安全监督管理的需要后给出的。随着人们生活水平的提高和对事故控制能力的增强，对重大危险源的有关规定也会发生改变。

二、危险化学品重大危险源辨识

危险化学品重大危险源分为生产单元危险化学品重大危险源和储存单元危险化学品重大危险源。

生产单元、储存单元内存在的危险化学品数量等于或超过表 1-1、表 1-2 规定的临界量，即被定为重大危险源。单元内存在的危险化学品的数量根据危险品化学种类的多少分为以下两种情况。

① 生产单元、储存单元内存在的危险化学品为单一品种，则该危险化学品的数量即为单元内危险化学品的总量，若等于或超过相应的临界量，则定为重大危险源。

② 生产单元、储存单元内存在的危险化学品为多品种时，则按式（1-1）计算，若满足式（1-1）的条件，则定为重大危险源。

$$\frac{q_1}{Q_1} + \frac{q_2}{Q_2} + \cdots + \frac{q_n}{Q_n} \geq 1 \tag{1-1}$$

式中　q_1，q_2，$\cdots$，q_n——每种危险化学品实际存在量，t；

　　Q_1，Q_2，$\cdots$，Q_n——与每种危险化学品相对应的临界量，t。

需要注意的是，危险化学品储罐以及其他容器、设备或仓储区的危险化学品的实际存在量按设计最大量确定。

危险化学品临界量的确定方法如下。

（1）在表 1-1 范围内的危险化学品，其临界量按表 1-1 确定。

表 1-1　危险化学品名称及其临界量

序号	危险化学品名称和说明	别名	CAS 号	临界量/t
1	氨	液氨;氨气	7664-41-7	10
2	二氟化氧	一氧化二氟	7783-41-7	1
3	二氧化氮		10102-44-0	1
4	二氧化硫	亚硫酸酐	7446-09-5	20
5	氟		7782-41-4	1
6	碳酰氯	光气	75-44-5	0.3
7	环氧乙烷	氧化乙烯	75-21-8	10
8	甲醛(含量>90%)	蚁醛	50-00-0	5
9	磷化氢	磷化三氢;膦	7803-51-2	1
10	硫化氢		7783-06-4	5
11	氯化氢(无水)		7647-01-0	20

续表

序号	危险化学品名称和说明	别名	CAS 号	临界量/t
12	氯	液氯;氯气	7782-50-5	5
13	煤气（CO,CO 和 H_2、CH_4 等混合物）			20
14	砷化氢	砷化三氢	7784-42-1	1
15	锑化氢	三氢化锑;锑化三氢	7803-52-3	1
16	硒化氢		7783-07-5	1
17	溴甲烷	甲基溴	74-83-9	10
18	丙酮氰醇	丙酮合氰化氢;2-羟基异丁腈;氰丙醇	75-86-5	20
19	丙烯醛	烯丙醛;败脂醛	107-02-8	20
20	氟化氢		7664-39-3	1
21	1-氯-2,3-环氧丙烷	环氧氯丙烷（3-氯-1,2-环氧丙烷）	106-89-8	20
22	3-溴-1,2-环氧丙烷	环氧溴丙烷;溴甲基环氧乙烷;表溴醇	3132-64-7	20
23	甲苯二异氰酸酯	二异氰酸甲苯酯;TDI	26471-62-5	100
24	一氯化硫	氯化硫	10025-67-9	1
25	氰化氢	无水氢氰酸	74-90-8	1
26	三氧化硫	硫酸酐	7446-11-9	75
27	3-氨基丙烯	烯丙胺	107-11-9	20
28	溴	溴素	7726-95-6	20
29	亚乙基亚胺	吖丙啶;1-氮杂环丙烷;氮丙啶	151-56-4	20
30	异氰酸甲酯	甲基异氰酸酯	624-83-9	0.75
31	叠氮化钡	叠氮钡	18810-58-7	0.5
32	叠氮化铅		13424-46-9	0.5
33	雷汞	二雷酸汞;雷酸汞	628-86-4	0.5
34	三硝基苯甲醚	三硝基茴香醚	28653-16-9	5
35	2,4,6-三硝基甲苯	梯恩梯;TNT	118-96-7	5
36	硝化甘油	硝化丙三醇;甘油三硝酸酯	55-63-0	1
37	硝化纤维素[干的或含水（或乙醇)＜25％]			1
38	硝化纤维素[未改型的,或增塑的(含增塑剂)＜18％]	硝化棉	9004-70-0	1
39	硝化纤维素（含乙醇≥25％）			10
40	硝化纤维素（含氮≤12.6％）			50
41	硝化纤维素（含水≥25％）			50

续表

序号	危险化学品名称和说明	别名	CAS 号	临界量/t
42	硝化纤维素溶液（含氮量≤12.6%，含硝化纤维素≤55%）	硝化棉溶液	9004-70-0	50
43	硝酸铵（含可燃物＞0.2%，包括以碳计算的任何有机物，但不包括任何其他添加剂）		6484-52-2	5
44	硝酸铵（含可燃物≤0.2%）		6484-52-2	50
45	硝酸铵肥料（含可燃物≤0.4%）			200
46	硝酸钾		7757-79-1	1000
47	1,3-丁二烯	联乙烯	106-99-0	5
48	二甲醚	甲醚	115-10-6	50
49	甲烷，天然气		74-82-8 8006-14-2	50
50	氯乙烯	乙烯基氯	75-01-4	50
51	氢	氢气	1333-74-0	5
52	液化石油气（含丙烷、丁烷及其混合物）	石油气（液化的）	68476-85-7 74-98-6(丙烷)， 106-97-8(丁烷)	50
53	一甲胺	氨基甲烷；甲胺	74-89-5	5
54	乙炔	电石气	74-86-2	1
55	乙烯		74-85-1	50
56	氧（压缩的或液化的）	液氧；氧气	7782-44-7	200
57	苯	纯苯	71-43-2	50
58	苯乙烯	乙烯苯	100-42-5	500
59	丙酮	二甲基酮	67-64-1	500
60	2-丙烯腈	丙烯腈；乙烯基氰；氰基乙烯	107-13-1	50
61	二硫化碳		75-15-0	50
62	环己烷	六氢化苯	110-82-7	500
63	1,2-环氧丙烷	氧化丙烯；甲基环氧乙烷	75-56-9	10
64	甲苯	甲基苯；苯基甲烷	108-88-3	500
65	甲醇	木醇；木精	67-56-1	500
66	汽油（乙醇汽油、甲醇汽油）		86290-81-5（汽油）	200
67	乙醇	酒精	64-17-5	500
68	乙醚	二乙基醚	60-29-7	10
69	乙酸乙酯	醋酸乙酯	141-78-6	500

续表

序号	危险化学品名称和说明	别名	CAS 号	临界量/t
70	正己烷	己烷	110-54-3	500
71	过乙酸	过醋酸;过氧乙酸;乙酰过氧化氢	79-21-0	10
72	过氧化甲基乙基酮(10%<有效氧含量≤10.7%,含 A 型稀释剂≥48%)		1338-23-4	10
73	白磷	黄磷	1218510-3	50
74	烷基铝	三烷基铝		1
75	戊硼烷	五硼烷	19624-22-7	1
76	过氧化钾		17014-71-0	20
77	过氧化钠	双氧化钠;二氧化钠	1313-60-6	20
78	氯酸钾		3811-04-9	100
79	氯酸钠		7775-09-9	100
80	发烟硝酸		52583-42-3	20
81	硝酸(发红烟的除外,含硝酸>70%)		7697-7-2	100
82	硝酸胍	硝酸亚氨脲	506-93-4	50
83	碳化钙	电石	75-20-7	100
84	钾	金属钾	7440-09-7	1
85	钠	金属钠	7440-235	10

（2）未在表 1-1 中列举的危险化学品类别，依据其危险性，按表 1-2 确定临界量；若一种危险化学品具有多种危险性，按其中最低的临界量确定。

（3）对于危险化学品混合物，如果混合物与其纯物质属于相同危险类别，则视混合物为纯物质，按混合物整体进行计算。如果混合物与其纯物质不属于相同危险类别，则应按新危险类别考虑其临界量。

表 1-2　未在表 1-1 中列举的危险化学品类别及其临界量

类别	符号	危险性分类及说明	临界量/t
健康危害	J(健康危害性符号)	—	—
急性毒性	J1	类别 1,所有暴露途径,气体	5
	J2	类别 1,所有暴露途径,固体、液体	50
	J3	类别 2、类别 3,所有暴露途径,气体	50
	J4	类别 2、类别 3,吸入途径,液体(沸点≤35℃)	50
	J5	类别 2,所有暴露途径,液体(除 J4 外)、固体	500
物理危害	W(物理危险性符号)	—	—

续表

类别	符号	危险性分类及说明	临界量/t
爆炸物	W1.1	—不稳定爆炸物 —1.1项爆炸物	1
	W1.2	1.2、1.3、1.5、1.6项爆炸物	10
	W1.3	1.4项爆炸物	50
易燃气体	W2	类别1和类别2	10
气溶胶	W3	类别1和类别2	150(净重)
氧化性气体	W4	类别1	50
易燃液体	W5.1	—类别1 —类别2和3,工作温度高于沸点	10
	W5.2	—类别2和3,具有引发重大事故的特殊工艺条件包括危险化工工艺、爆炸极限范围或附近操作、操作压力大于1.6MPa等	50
	W5.3	—不属于W5.1或W5.2的其他类别2	1000
	W5.4	—不属于W5.1或W5.2的其他类别3	5000
自反应物质和混合物	W6.1	A型和B型自反应物质和混合物	10
	W6.2	C型、D型、E型自反应物质和混合物	50
有机过氧化物	W7.1	A型和B型有机过氧化物	10
	W7.2	C型、D型、E型、F型有机过氧化物	50
自燃液体和自燃固体	W8	类别1自燃液体 类别1自燃固体	50
氧化性固体液体	W9.1	类别1	50
	W9.2	类别2、类别3	200
易燃固体	W10	类别1易燃固体	200
遇水放出易燃气体的物质和混合物	W11	类别1和类别2	200

注：以上危险化学品危险类别依据 GB 30000 系列标准确定。

三、安全和本质安全

1. 安全

所谓安全，即免除了不可接受的损害风险的状态。

安全是不发生不可接受的风险的一种状态。当风险的严重程度是合理的，在经济、身体、心理上是可被承受的，即可认为处在安全状态。当风险达到不可接受的程度时，则形成不安全状态，即危险。

因此，安全与危险是相对的概念，它们是人们对生产、生活中是否可能遭受健康损害和人身伤亡的综合认识，安全和危险都是相对的。

安全与否，要对照风险的接受程度来判断。随着时间、空间的变化，可接受的程度也会发生变化，从而使安全状态发生变化。例如，汽车交通事故每天都会发生，也会造成一定的人员伤亡和财产损失，这就是风险。但随着科技的进步，汽车安全性能的提高，相对于每天的交通总流量、总人次和总价值来说，伤亡和损失是较小的，是社会和人们可以接受的，即从整体上说没有出现"不可接受的损害风险"，因而大家还是普遍认为现代的汽车运输是"安全"的。

2. 本质安全

本质安全是指设备、设施或技术工艺含有内在的能够从根本上防止发生事故的功能。具体包括两方面的内容。

（1）失误-安全功能　指操作者即使操作失误也不会发生事故或伤害，或者说设备、设施和技术工艺本身具有自动防止人的不安全行为的功能。

（2）故障-安全功能　指设备、设施或生产工艺发生故障或损坏时，还能暂时维持正常工作或自动转变为安全状态。

上述两种安全功能应该是设备、设施和技术工艺本身固有的，即在它们的规划设计阶段就被纳入其中，而不是事后补偿的。

本质安全是生产中"预防为主"的根本体现，也是安全生产的最高境界。实际上，由于技术、资金和人们对事故的认识等原因，目前还不能做到本质安全，只能将其作为追求的目标。

四、生产过程中危险和有害因素分类

生产过程中存在的危险和有害因素是导致生产安全事故及职业危害的根源。因此，熟悉生产过程危险和有害因素是十分必要的。《生产过程危险和有害因素分类与代码》（GB/T 13861—2022）将生产过程中危险和有害因素共分为 4 大类 15 中类，每个中类再细分为若干个小类。详见表 1-3。

表 1-3　生产过程中危险和有害因素分类与代码

1. 人的因素		
11　心理、生理性危险和有害因素	1101	负荷超限（体力、听力、视力、其他）
	1102	健康状况异常
	1103	从事禁忌作业
	1104	心理异常（情绪、冒险、过度紧张，其他）
	1105	辨识功能异常（感知异常、辨识错误）
	1199	其他心理、生理性危险和有害因素
12　行为性危险和有害因素	1201	指挥错误（指挥失误、违章指挥等）
	1202	操作错误（误操作、违章作业等）
	1203	监护失误
	1299	其他行为性危险和有害因素

续表

2. 物的因素			
21 物理性危险和有害因素		2101	设备、设施、工具、附件缺陷
		2102	防护缺陷
		2103	电伤害
		2104	噪声
		2105	振动危害
		2106	电离辐射
		2107	非电离辐射
		2108	运动物伤害
		2109	明火
		2110	高温物体
		2111	低温物体
		2112	信号缺陷
		2113	标志标识缺陷
		2114	有害光照
		2115	信息系统缺陷(信息传输缺陷,自供电装置寿命过短,防爆等级缺陷,通信中断或延迟,数据采集缺陷,网络环境缺陷等)
		2199	其他物理性危险和有害因素
22 化学性危险和有害因素		2201	理化危险:爆炸物,易燃气体,易燃气溶胶,氧化性气体,压力下气体,易燃液体,易燃固体,自反应物质或混合物,自燃液体,自燃固体,自热物质和混合物,遇水放出易燃其他的物质或混合物,氧化性液体,氧化性固体,有机过氧化物,金属腐蚀物等16类物质的理化危险
		2202	健康危险:急性毒性,皮肤腐蚀/刺激,严重眼损伤/眼刺激,呼吸或皮肤过敏,生殖细胞致突变性,致癌性,生殖毒性,特异性靶器官系统毒性——一次接触,特异性靶器官系统毒性——反复接触,吸入危险等10种
		2299	其他化学性危险和有害因素
23 生物性危险和有害因素		2301	致病微生物
		2302	传染病媒介物
		2303	致害动物
		2304	致害植物
		2399	其他生物性危险和有害因素
3. 环境因素(包括室内、室外、地上、地下、水上、水下等作业或施工环境)			
31 室内作业场所环境不良		3101	室内地面滑
		3102	室内作业场所狭窄
		3103	室内作业场所杂乱
		3104	室内地面不平
		3105	室内梯架缺陷
		3106	地面、墙和天花板上的开口缺陷
		3107	房屋地基下沉
		3108	室内安全通道缺陷

31	室内作业场所环境不良	3109	房屋安全出口缺陷
		3110	采光照明不良
		3111	作业场所空气不良
		3112	室内温度、湿度、气压不适
		3113	室内给、排水不良
		3114	室内涌水
		3199	其他室内作业场所环境不良
32	室外作业场地环境不良	3201	恶劣气候与环境
		3202	作业场地和交通设施湿滑
		3203	作业场地狭窄
		3204	作业场地杂乱
		3205	作业场地不平
		3206	交通环境不良
		3207	脚手架、阶梯或活动梯架缺陷
		3208	地面开口缺陷
		3209	建筑物和其他结构缺陷
		3210	门和围栏缺陷
		3211	作业场地地基下沉
		3212	作业场地安全通道缺陷
		3213	作业场地安全出口缺陷
		3214	作业场地照明不良
		3215	作业场地空气不良
		3216	作业场地温度、湿度、气压不适
		3217	作业场地涌水
		3218	排水系统故障
		3299	其他室外作业场地环境不良
33	地下(含水下)作业环境不良	3301	隧道/矿井顶板或巷帮缺陷
		3302	隧道/矿井作业面缺陷
		3303	隧道/矿井底板缺陷
		3304	地下作业面空气不良
		3305	地下火
		3306	冲击地压(岩爆)
		3307	地下水
		3308	水下作业供氧不当
		3399	其他地下(含水下)作业环境不良
39	其他作业环境不良	3901	强迫体位
		3902	综合性作业环境不良(两种以上,不分主次)
		3999	以上未包括的其他作业环境不良
4.管理因素(说明:机构和人员、制度及制度落实情况)			
41	职业安全卫生管理机构和人员配备不健全		
42	职业安全卫生责任制不完善或未落实		

续表

		4301	建设项目"三同时"制度
43	职业安全卫生管理制度不完善或未落实	4302	安全风险分级管控
		4303	事故隐患排查治理
		4304	培训教育制度
		4305	操作规程(包括作业指导书)
		4306	职业卫生管理制度
		4399	其他职业安全卫生管理规章制度不完善
44	职业安全卫生投入不足		
45	职业健康管理不完善		
46	应急管理缺陷	4601	应急资源调查不充分
		4602	应急能力、风险评估不全面
		4603	事故应急预案缺陷
		4604	应急预案培训不到位
		4605	应急预案演练不规范
		4606	应急演练评估不到位
		4699	其他应急管理缺陷
49	其他管理因素缺陷		

第二节　职业病及其相关的基础知识

一、职业危害与职业病

(一)职业病的概念及其分类

1. 职业病的概念

职业病是指劳动者在职业活动中,接触粉尘、放射性物质和其他有毒有害物质等因素而引起的疾病。如:在职业活动中,接触粉尘可导致肺尘埃沉着病,接触工业毒物可导致职业中毒,接触工业噪声可导致噪声聋。

由国家主管部门公布的职业病目录所列的职业病称为法定职业病。

界定法定职业病的几个基本条件是:在职业活动中产生、接触职业危害因素、列入国家职业病范围。

由于预防工作的疏忽及技术局限性,使健康受到损害的,称为职业性病损,包括工伤、职业病及与工作有关的疾病。也可以说,职业病是职业病损的一种形式。

2. 职业病的分类

依据《职业病分类和目录》(2016年版),法定职业病共分为十大类。分别是:①职业性尘肺病及其他呼吸系统疾病;②职业性皮肤病;③职业性眼病;④职业性耳鼻喉口腔疾病;⑤职业性化学中毒;⑥物理因素所致职业病;⑦职业性放射性疾病;⑧职业性传染病；⑨职业性肿瘤；⑩其他职业病。

为确保科学、公正地进行职业病诊断与鉴定，原卫生部发布了《职业病诊断与鉴定管理办法》以及一系列《职业病诊断标准》，使得职业病诊断、鉴定工作能够依据法定的标准与程序实施。

（二）生产性粉尘及肺尘埃沉着病

1. 生产性粉尘

生产性粉尘是指在生产过程中形成并能长时间悬浮在空气中的固体微粒。生产性粉尘主要来源于固体物质的机械加工、蒸气冷凝、物质的不完全燃烧等。

2. 粉尘引起的职业危害

粉尘引起的职业危害有全身中毒、局部刺激、变态反应、致癌、肺尘病等。其中以肺尘病的危害最为严重。肺尘病是目前我国工业生产中最严重的职业危害之一。《职业病分类和目录》列出的法定肺尘病有矽肺、煤工尘肺、石墨尘肺、炭黑尘肺、石棉肺、滑石尘肺、水泥尘肺、云母尘肺、陶工尘肺、铝尘肺、电焊工尘肺、铸工尘肺以及根据《尘肺病诊断标准》和《尘肺病理诊断标准》可以诊断的其他尘肺病。由粉尘导致的其他呼吸系统疾病如棉尘病、金属及其化合物粉尘肺沉着病（锡、铁、锑、钡及其化合物等）也属于法定职业病范畴。

（三）生产性毒物及职业中毒

1. 生产性毒物

生产过程中生产或使用的有毒物质称为生产性毒物。生产性毒物在生产过程中，可以在原料、辅助材料、夹杂物、半成品、成品、废气、废液及废渣中存在，其形态包括固体、液体、气体。如氯、氨、一氧化碳、甲烷以气体形式存在，电焊时产生的电焊烟尘、水银蒸气、苯蒸气，还有悬浮于空气中的粉尘、烟和雾等。

2. 生产性毒物的危害

生产性毒物可引起职业中毒。职业中毒按发病过程可分为三种病型。

（1）急性中毒　毒物一次或短时间内大量进入人体所致，多数由生产事故或违反操作规程所引起。

（2）慢性中毒　毒物长期、少量进入人体所致，绝大多数是由毒物的蓄积作用引起的。

（3）亚急性中毒　亚急性中毒介于急性中毒和慢性中毒之间，是在较短时间内有较大量毒物进入人体所产生的中毒现象。

除上述三种病型外，还有一种是处于带毒状态，如接触生产性毒物，虽无中毒症状和体征，但在尿中或其他排泄物中所含的毒物量（或代谢产物）超过正常值上限，或驱毒试验（如驱铅、驱汞）呈阳性。这种状态称为带毒状态或称毒物吸收状态，例如对铅的吸收。

此外，某些生产性毒物可致人体突变、致癌、致畸，引起机体遗传物质的变异，对女工月经、妊娠、授乳等生殖功能产生不良影响，不仅对妇女本身有害，而且累及下一代。

（四）物理性职业危害因素及所致职业病

作业场所存在的物理职业危害因素包括气象条件（气温、气流、气压）、噪声、振动、电磁辐射等。分类如下所述。

1. 噪声及噪声聋

由于机器转动、气体排放、工件撞击与摩擦等所产生的噪声，称为生产性噪声或工业噪声。噪声可分为三类，即空气动力噪声、机械性噪声、电磁性噪声。

生产性噪声对人体的危害首先是对听觉器官的损害，我国已将噪声聋列为职业病。噪声还可对神经系统、心血管系统及全身其他器官功能产生不同程度的危害。

2. 振动及振动病

生产设备、工具产生的振动称为生产性振动。产生振动的设备有锻造机、冲压机、压缩机、振动筛、鼓风机、振动传送带和打夯机等。产生振动的工具主要有锤打工具，如凿岩机、空气锤等；手持转动工具，如电钻和风钻等；固定轮转工具，如砂轮机等。

作业人员长期处于振动的环境中可导致振动病，振动病分为全身振动和局部振动两种。手臂振动病为法定职业病。因此，可行时采取减震措施是十分必要的。

3. 电磁辐射及所致的职业病

（1）非电离辐射

① 射频辐射。一般来说，射频辐射对人体的影响不会导致组织器官的器质性损伤，主要引起功能性改变，并具有可逆性特征。在停止接触数周或数月后往往可恢复，但在大强度长期辐射作用下，对心血管系统的征候持续时间较长，并有进行性倾向。微波作业对健康的影响是出现中枢神经系统功能紊乱和自主神经系统功能紊乱以及心血管系统的变化。

二维码1-1 移动电话的使用有什么健康风险？

② 红外线。红外线引起的职业性白内障已被列入职业病名单。

③ 紫外线。强烈的紫外线辐射作用可引起皮炎，表现为弥漫性红斑，有时可出现小水泡和水肿，并有发痒、烧灼感。皮肤对紫外线的感受性存在明显的个体差异。除机体本身因素外，外界因素的影响会使敏感性增加。例如，皮肤接触沥青后经紫外线照射，能产生严重的光感性皮炎，并伴有头痛、恶心、体温升高等症状；长期受紫外线作用，可发生湿疹、毛囊炎、皮肤萎缩、色素沉着，长期受波长 $340\sim280mm$ 紫外线作用可发生皮肤癌。

作业场所比较多见的是紫外线对眼睛的损伤，严重时可导致法定职业病电光性眼炎。

④ 激光。激光对人体的危害主要是它的热效应和光化学效应造成的。激光对健康的影响主要是对眼部的影响和对皮肤造成损伤。被机体吸收的激光能量转变成热能，在极短时间内（几毫秒）使机体组织局部温度迅速升高。机体组织内的水分受热时骤然汽化，局部压力剧增，从而使细胞和组织受冲击波作用，发生机械性损伤。

眼部受激光照射后，可突然出现眩光感、视力模糊，或眼前出现固定黑影，甚至视觉丧失。

（2）电离辐射　电离辐射引起的职业病包括：全身性放射性疾病，如急、慢性放射病；局部放射性疾病，如急、慢性放射性皮炎及放射性白内障；放射所致远期损伤，如放射所致白血病。

被列为国家法定职业病的有急性外照射放射病、亚急性外照射放射病、慢性外照射放射病、外照射皮肤病、内照射放射病、放射性肿瘤、放射性骨损伤、放射性甲状腺疾病、放射性性腺疾病、放射复合伤和其他放射性损伤共 11 种。

4. 异常气象条件及有关职业病

异常气象条件指高温作业、高温强热辐射、高温高湿以及其他异常气象条件（指低温作业、低气压作业等）。

异常气象条件引起的职业病列入国家职业病目录的有以下5种：中暑、减压病（急性减压病主要发生在潜水作业后）、高原病（是发生于高原低氧环境下的一种特发性疾病）、航空病和冻伤。

（五）职业性致癌因素和职业癌

1. 职业性致癌物的分类

与职业有关的能引起肿瘤的因素称为职业性致癌因素。由职业性致癌因素所致的癌症称为职业癌。引起职业癌的物质称为职业性致癌物。

职业性致癌物可分为三类。

（1）确认致癌物   如炼焦油、芳香胺、石棉、铬、芥子气、氯甲醚、氯乙烯和放射性物质等。

（2）可疑致癌物   如镉、铜、铁和亚硝胺等，但尚未经流行病学调查证实。

（3）潜在致癌物   这类物质在动物实验中已获阳性结果，有致癌性，如钴、锌、铅等。

2. 职业癌

我国已将石棉、联苯胺、苯、氯甲醚、双氯甲醚、砷及其化合物、氯乙烯、焦炉逸散物、六价铬化合物、毛沸石、煤焦油、煤焦油沥青、石油沥青、β-萘胺等职业性致癌物所致的癌症列入职业病名单。

（六）生物因素所致职业病

我国将炭疽、森林脑炎、布鲁氏菌病、艾滋病（限于医疗卫生人员及人民警察）、莱姆病列为法定职业病。

（七）其他列入职业病目录的职业性疾病

职业性皮肤病（接触性皮炎、光接触性皮炎、电光性皮炎、黑变病、痤疮、溃疡、化学性皮肤灼伤、白斑）、化学性眼部灼伤、铬鼻病、牙酸蚀症、金属烟热、职业性哮喘、职业性变态反应性肺泡炎、煤矿井下工人滑囊炎等均列入职业病目录。

（八）与职业有关的疾病

与职业有关的疾病主要是指在职业人群中由多种因素引起的疾病，它的发生与职业因素有关，但又不是唯一的发病因素，非职业因素也可引起发病，是未列入职业病目录的一些与职业因素有关的疾病，如搬运工、铸造工、长途汽车司机、炉前工及电焊工等因不良工作姿势所致的腰背痛；长期固定姿势，长期低头，长期伏案工作所致的颈肩痛；长期吸入刺激性气体、粉尘而引起的慢性支气管炎等。

视屏显示终端（VDT）的职业危害问题：由于微型计算机的大量使用，视屏显示终端操作人员的职业危害问题是被关注的重点。长时间操作VDT，可出现"VDT综合征"，主要表现为神经衰弱综合征、肩颈腕综合征和眼睛视力方面的改变等。

其他一些职业疾病：如一些单调作业引起的疲劳、精神抑制等；夜班作业导致的失眠、消化不良，又称为"轮班劳动不适应综合征"；还有些脑力劳动因精神压力大和紧张可引起心血管系统的改变等；某些工作的压力大或责任重大引起的心理压力增加等也会对人体带来影响变化。

（九）女工的职业卫生问题

妇女由于生理特点，在职业性危害因素的影响下，生殖器官和生殖功能易受到影响，且可以通过妊娠、哺乳而影响胎儿、婴儿的健康和发育成长，关系到未来的人口素质。在一般体力劳动过程中，存在强制体位（如长时间立姿、坐姿）和重体力劳动的负重作业两方面问题。我国目前规定，成年妇女禁忌参加连续负重，禁忌每次负重质量超过20kg或间断负重每次质量超过25kg的作业。许多生产性毒物、物理性因素以及劳动生理因素可对女工健康造成危害，常见的有铅、汞、锰、锡、苯、甲苯、二甲苯、二硫化碳、氯丁二烯、苯乙烯、己内酰胺、汽油、氯仿、二甲基甲酰胺、三硝基甲苯、强烈噪声、全身振动、电离辐射、低温及重体力劳动等，这些均可引起月经变化或影响生殖健康。

二、导致职业病发生的因素

职业病的发生常与生产过程和作业环境有关，但除了环境危害因素对人的危害程度外，还受个体的特性差异的影响。在同一职业危害的作业环境中，由于个体特征的差异，个人所受的影响可能有所不同。这些个体特征包括性别、年龄、健康状态和营养状况等。人体受到环境中直接或间接有害因素危害时，不一定都发生职业病。职业病的发病过程，还取决于下列三个主要条件。

1. 有害因素本身的性质

有害因素的理化性质和作用部位与是否导致职业病密切相关。如电磁辐射透入组织的深度和危害性主要决定于其波长。生产性毒物的理化性质及其对组织的亲和性与毒性作用有直接关系，例如汽油和二硫化碳具有明显的脂溶性，对神经组织就有密切的亲和作用，因此首先损害神经系统。一般物理因素常在接触时有作用，脱离接触后体内不存在残留；而化学因素在脱离接触后，作用还会持续一段时间或继续存在，特别是一些蓄积性毒物。

2. 有害因素作用于人体的量

物理和化学因素对人的危害与进入人体的量有关。作用剂量（dose，D）是确诊的重要参考。一般作用剂量（dose，D）是接触浓度/强度（concentration，c）与接触时间（time，t）的乘积，可表达为$D=ct$。《工作场所有害因素职业接触限值　第1部分：化学有害因素》（GBZ 2.1—2019）提供了某些化学物质在工作场所空气中的最高限值，是防止有害因素进入人体、超量的重要依据。

3. 劳动者个体易感性

健康的机体对有害因素的防御能力是多方面的。与某些物理因素停止接触后，被扰乱的生理功能会逐步恢复。但抵抗力和身体健康状况较差的人员由于其解毒和排毒功能下降，对于进入体内的毒物更易受到损害。经常患有某些疾病的工人，接触有毒物质后，可使原有疾病加剧，进而发生职业病。对工人进行就业前和定期的体格检查，其目的就在于及时发现其对生产中有害因素的职业禁忌证，以便更合适为其安排工作，保护工人健康。

早期诊断、早期给予相应处理或治疗，对于预防职业病意义重大。

三、职业危害评价

1. 建设项目职业病危害评价的依据

《中华人民共和国职业病防治法》第十七条规定：新建、扩建、改建建设项目和技术改造、技术引进项目（以下统称建设项目）可能产生职业病危害的，建设单位在可行性论证阶段应当进行职业病危害预评价。第十八条规定：建设项目的职业病防护设施所需费用应当纳入建设项目工程预算，并与主体工程同时设计，同时施工，同时投入生产和使用。建设项目的职业病防护设施设计应当符合国家职业卫生标准和卫生要求。建设项目在竣工验收前，建设单位应当进行职业病危害控制效果评价。

2. 职业危害作业分级评价

目前用于作业场所职业危害作业分级评价的主要标准有：GBZ 230—2010《职业性接触毒物危害程度分级》、GB 12331—90《有毒作业分级》、GB/T 14440—93《低温作业分级》、GB/T 14439—93《冷水作业分级》、LD 80—1995《中华人民共和国劳动部噪声作业分级》等。

四、职业危害申报及职业病报告

《中华人民共和国职业病防治法》第十六条规定：国家建立职业病危害项目申报制度。用人单位工作场所存在职业病目录所列职业病的危害因素的，应当及时、如实向所在地行政主管部门申报危害项目，接受监督。第七十一条规定相应的法律责任：用人单位未按照规定及时、如实向行政主管部门申报产生职业病危害的项目的，由行政主管部门责令限期改正，给予警告，可以并处五万元以上十万元以下的罚款。

《职业病危害项目申报管理办法》和《职业病报告办法》规定了职业危害申报及职业病报告的具体要求。

1. 职业病危害项目申报要求

职业病危害项目申报工作实行属地分级管理的原则，中央企业、省属企业及其所属用人单位的职业病危害项目向其所在地设区的市级人民政府行政主管部门申报，其他用人单位的职业病危害项目向其所在地县级人民政府行政主管部门申报。职业病危害项目，是指存在职业病危害因素的项目。职业病危害因素按照卫健委发布的《职业病危害因素分类目录》确定。

《职业病危害项目申报管理办法》规定，用人单位的工作场所存在职业病目录所列职业病的危害因素的，应当及时、如实向所在地政府行政主管部门申报危害项目，并接受主管部门的监督管理。

用人单位有下列情形之一的，应当按照本条规定向原申报机关申报变更职业病危害项目内容：

① 进行新建、改建、扩建、技术改造或者技术引进建设项目的，自建设项目竣工验收之日起 30 日内进行申报；

② 因技术、工艺、设备或者材料等发生变化导致原申报的职业病危害因素及其相关内容发生重大变化的，自发生变化之日起 15 日内进行申报；

③ 用人单位工作场所、名称、法定代表人或者主要负责人发生变化的，自发生变化之日起 15 日内进行申报；

④ 经过职业病危害因素检测、评价，发现原申报内容发生变化的，自收到有关检测、评价结果之日起 15 日内进行申报。

此外，用人单位终止生产经营活动的，应当自生产经营活动终止之日起 15 日内向原申报机关报告并办理注销手续。

2. 职业病危害项目申报内容

用人单位申报职业病危害项目时，应当提交《职业病危害项目申报表》和下列文件、资料：

① 用人单位的基本情况；

② 工作场所职业病危害因素种类、分布情况以及接触人数；

③ 法律、法规和规章规定的其他文件、资料。

职业病危害项目申报同时采取电子数据和纸质文本两种方式。即用人单位应当首先通过"职业病危害项目申报系统"进行电子数据申报，同时将《职业病危害项目申报表》加盖公章并由本单位主要负责人签字后，连同上述文件、资料一并上报所在地设区的市级或县级行政主管部门。

3. 职业病报告内容

依据《职业病报告办法》，一切企、事业单位发生的职业病必须按该办法报告。职业病报告实行以地方为主逐级上报的办法，不论是隶属国务院各部门还是地方的企、事业单位发生的职业病，一律由所在地区的卫生监督机构统一汇总上报。

（1）应报告的职业病　《职业病报告办法》中所指职业病系国家现行职业病范围内所列病种。

（2）职业病报告内容　规定的报表有《职业病季报表》《尘肺病年报表》《生产环境有害物质浓度测定年报表》《有害作业工人健康检查年报表》《职业病现场劳动卫生学调查表》。规定的报告卡有《职业病报告卡》《尘肺病报告卡》。

凡有尘、毒危害的企、事业单位，必须在年底以前向所在地的卫生监督机构报告当年年度生产环境有害物质浓度测定和工人健康体检情况。尘肺病（肺尘埃沉着病）患者死亡后，由死者所在单位填写《尘肺病报告卡》，在 15 日内报所在地的卫生监督机构。

急性职业病由最初接诊的任何医疗卫生机构在 24h 内向患者单位所在地的卫生监督机构发出《职业病报告卡》。

凡有死亡或同时发生 3 名以上急性职业中毒以及发生 1 名职业性炭疽时，接诊的医疗机构应立即电话报告患者单位所在地的卫生监督机构并及时发出报告卡。卫生监督机构在接到报告后径报卫健委，并即赴现场，会同劳动部门、工会组织、事故发生单位及其主管部门，调查分析发生原因，并填写《职业病现场劳动卫生学调查表》，报送同级卫生行政部门和上一级卫生监督机构，同时抄送当地劳动行政部门、企业主管部门和工会组织。

尘肺病、慢性职业中毒和其他慢性职业病由各级卫生行政部门授有职业病诊断权的单位或诊断组负责报告。并在确诊后填写《尘肺病报告卡》或《职业病报告卡》，在 15 天内将其报送患者单位所在地的卫生监督机构。尘肺病例的升期也应填写《尘肺病报告卡》做更正报告。

五、职业健康监护

职业健康监护，是指劳动者上岗前、在岗期间、离岗时、应急的职业健康检查和职业健康监护档案管理。

《用人单位职业健康监护监督管理办法》规定用人单位应当建立、健全劳动者职业健康监护制度，依法落实职业健康监护工作。

对在岗期间的职业健康检查，用人单位应当按照《职业健康监护技术规范》（GBZ 188）等国家职业卫生标准的规定和要求，确定接触职业病危害因素的劳动者的检查项目和检查周期。

出现下列情况之一的，用人单位应当立即组织有关劳动者进行应急职业健康检查：①接触职业病危害因素的劳动者在作业过程中出现与所接触职业病危害因素相关的不适症状的；②劳动者受到急性职业中毒危害或者出现职业中毒症状的。

对准备脱离所从事的职业病危害作业或者岗位的劳动者，用人单位应当在劳动者离岗前30日内组织劳动者进行离岗时的职业健康检查（注：劳动者离岗前90日内的在岗期间的职业健康检查可以视为离岗时的职业健康检查）。

用人单位对未进行离岗时职业健康检查的劳动者，不得解除或者终止与其订立的劳动合同。用人单位应当及时将职业健康检查结果及职业健康检查机构的建议以书面形式如实告知劳动者。

用人单位应当根据职业健康检查报告，采取下列措施：①对有职业禁忌的劳动者，调离或者暂时脱离原工作岗位；②对健康损害可能与所从事的职业相关的劳动者，进行妥善安置；③对需要复查的劳动者，按照职业健康检查机构要求的时间安排复查和医学观察；④对疑似职业病病人，按照职业健康检查机构的建议安排其进行医学观察或者职业病诊断；⑤对存在职业病危害的岗位，立即改善劳动条件，完善职业病防护设施，为劳动者配备符合国家标准的职业病危害防护用品。

职业健康监护中出现新发生职业病（职业中毒）或者两例以上疑似职业病（职业中毒）的，用人单位应当及时向所在地主管部门报告。

用人单位应当为劳动者个人建立职业健康监护档案，并按照有关规定妥善保存。

二维码1-2　职业健康监护档案应包括哪些内容

需要特别说明：①安全生产行政执法人员、劳动者或者其近亲属、劳动者委托的代理人有权查阅、复印劳动者的职业健康监护档案。②劳动者离开用人单位时，有权索取本人职业健康监护档案复印件，用人单位应当如实、无偿提供，并在所提供的复印件上签章。③用人单位发生分立、合并、解散、破产等情形时，应当对劳动者进行职业健康检查，并依照国家有关规定妥善安置职业病病人；其职业健康监护档案应当依照国家有关规定实施移交保管。

二维码1-3　我国职业病及防治工作现状

第三节　安全管理概述

一、安全管理的定义

生产活动是人类认识自然、改造自然过程中最基本的实践活动，它为人类创造了巨大的社会财富，是人类赖以生存和发展的必要条件。然而，生产活动过程中总是伴随着各种各样的危险有害因素，如果不能够采取有效的预防措施和保护措施，所造成危害的后果是很严重的，有时甚至是灾难性的。

安全管理是在人类社会的生产实践中产生的，并随着生产技术水平和企业管理水平的发展，特别是安全科学技术及管理学的发展而不断发展。安全管理是以保证劳动者的安全健康和生产的顺利进行为目的，运用管理学、行为科学等相关科学的知识和理论进行的安全生产管理。因此，有必要首先了解管理学、行为科学等相关科学的基本观点。

科学管理学派的泰罗、法约尔等人认为，管理就是计划、组织、指挥、协调和控制等职能活动。

行为科学学派的梅奥等人认为，管理就是做人的工作，是以研究人的心理、生理、社会环境影响为中心，研究制定激励人的行为动机、调动人的积极性的过程。

现代管理学派的西蒙等人认为，管理的重点是决策，决策贯穿于管理的全过程。

目前，管理学者比较一致地认为，管理就是为实现预定目标而组织和使用人力、物力、财力等各种物质资源的过程。

安全管理作为企业管理的组成部分，体现了管理的职能，其主要控制的内容是人的不安全行为和物的不安全状态，并以预防伤亡事故的发生、保证生产顺利进行、使劳动者处于一种安全的工作状态为主要目标。

综上所述，我们可以认为：**安全管理是为实现安全生产而组织和使用人力、物力和财力等各种物质资源的过程。利用计划、组织、指挥、协调、控制等管理机能，控制各种物的不安全因素和人的不安全行为，避免发生伤亡事故，保证劳动者的生命安全和健康，保证生产顺利进行。**

安全管理的基本对象是企业的全体员工，此外还包括设备设施、物料、环境、财务、信息等各个方面。安全管理的内容包括：安全生产机构和安全生产管理人员、安全生产档案、安全生产管理规章制度如安全生产责任制、安全生产技术措施计划、安全教育培训、安全生产检查等。

安全管理主要包括对人的安全管理和对物的安全管理两个主要方面。

对人的安全管理占有特殊的位置。人是工业伤害事故的受害者，保护生产中的人是安全管理的主要目的；同时，人又往往是伤害事故的肇事者，在事故致因中，人的不安全行为占有很大比重，即使是来自物的方面的原因，在物的不安全状态的背后也隐藏着人的行为失误。因此控制人的行为就成为安全管理的重要任务之一。在安全管理工作中，注重发挥人的安全生产的积极性、创造性，对于做好安全生产工作而言既是一个重要方法又是一个重要保证。

对物的安全管理就是不断改善劳动条件，不断提升生产装备的本质安全化水平，采取技术措施和管理措施，防止或控制物的不安全状态，及时排查并消除装备的生产安全事故隐患。

二、安全管理与企业管理

如上所述，安全管理是企业管理的一个重要组成部分，而生产事故是人们在有目的的行动过程中，突然出现的违反人的意志的、致使原有行动暂时或永久停止的事件。生产过程中发生的伤亡事故，一方面给受伤害者本人及其亲友带来痛苦，另一面也会给生产单位带来巨大的损失。因此，安全与生产的关系可以表述为："安全寓于生产之中，安全与生产密不可分；安全促进生产，生产必须安全。"安全性是企业生产系统的主要特性之一。

企业安全管理与企业的生产管理、质量管理等各项管理工作密切关联、互相渗透。

企业的安全状况是整个企业综合管理水平的反映。一般而言，在企业其他各项管理工作中行之有效的管理理论、原则、方法，也基本上适用于企业安全管理工作。

然而，企业安全管理除了具有企业其他各项管理的共同特征之外，由它自身的目的决定了它还具有独自的特征，即：安全管理的根本目的在于防止伤亡事故的发生，因此它还必须遵从于伤亡事故预防的基本原理和基本原则。

三、安全管理的产生与发展

安全生产管理随着安全科学技术和管理科学的发展而发展，系统安全工程原理和方法的出现使安全生产管理的内容、方法、原理都有了很大的拓展。

人类要生存、要发展，就需要认识自然、改造自然，通过生产活动和科学研究，掌握自然变化规律。科学技术的不断进步、生产力的不断发展，使人类生活越来越丰富，但也产生了威胁人类安全与健康的安全问题。

人类"钻木取火"的目的是利用火，如果不对火进行管理，火就会给使用的人们带来灾难。在公元前 27 世纪，古埃及第三王朝在建造金字塔时，组织 10 万人用 20 年的时间开凿地下甫道和墓穴及建造地面塔体。对于如此庞大的工程，生产过程中没有管理是不可想象的。在古希腊和古罗马时代，维护社会治安和救火的工作由值班团和禁卫军承担。到公元 12 世纪，英国颁布了《防火法令》，17 世纪颁布了《人身保护法》。

我国早在公元前 8 世纪，西周时期的《周易》一书中就有"水火相忌"的记载，说明了用水灭火的道理。自秦人开始兴修水利以来，其后几乎我国历朝历代都设有专门管理水利的机构。到北宋时代，消防组织已相当严密。据《东京梦华录》一书记载，当时的首都汴京消防组织相当完善，消防管理机构不仅有地方政府，而且有军队担负值勤任务。

18 世纪中叶，蒸汽机的发明引起了工业革命，大规模的机器化生产开始出现，工人们在极其恶劣的作业环境中从事超过 10h 的劳动，工人的安全和健康时刻受到机器的威胁，伤亡事故和职业病不断出现。为了确保生产过程中工人的安全与健康，人们采用了多种手段改善作业环境，一些学者也开始研究劳动安全卫生问题。安全生产管理的内容和范畴有了很大发展。

20 世纪初，现代工业兴起并快速发展，重大生产事故和环境污染相继发生，造成了大量的人员伤亡和巨大的财产损失，给社会带来了极大危害，使人们不得不在一些企业设置专职安全人员从事安全管理工作，有些企业主不得不花费一定的资金和时间对工人进行安全教育。到了 20 世纪 30 年代，很多国家设立了安全生产管理的政府机构，发布了劳动安全卫生的法律法规，逐步建立了较完善的安全教育、管理、技术体系，初具现代安全生产管理雏形。

进入 20 世纪 50 年代，经济的快速增长，使人们的生活水平迅速提高，创造就业机会、改进工作条件、公平分配国民生产总值等问题，引起了越来越多经济学家、管理学家、安全工程专家和政治家的注意。工人强烈要求不仅要有工作机会，还要有安全与健康的工作环境。一些工业化国家进一步加强了安全生产法律法规体系建设，在安全生产方面投入大量的资金进行科学研究，产生了一些安全生产管理原理、事故致因理论和事故预防原理等风险管理理论，以系统安全理论为核心的现代安全管理方法、模式、思想、理论基本形成。

到 20 世纪末，随着现代制造业和航空航天技术的飞速发展，人们对职业安全卫生问题的认识也发生了很大变化，安全生产成本、环境成本等成为产品成本的重要组成部分，职业安全卫生问题成为非官方贸易壁垒的利器。在这种背景下，"持续改进""以人为本"的健康安全管理理念逐渐被企业管理者所接受，以职业健康安全管理体系为代表的企业安全生产风险管理思想开始形成，现代安全生产管理的内容更加丰富，现代安全生产管理理论、方法、模式及相应的标准、规范更加成熟。

现代安全生产管理理论、方法、模式是20世纪50年代进入我国的。在20世纪60～70年代，我国开始吸收并研究事故致因理论、事故预防理论和现代安全生产管理思想。20世纪80～90年代，我国开始研究企业安全生产风险评价、危险源辨识和监控，一些企业管理者开始尝试安全生产风险管理。20世纪末，我国几乎与世界工业化国家同步研究并推行了职业健康安全管理体系。进入21世纪以来，我国有些学者提出了系统化的企业安全生产风险管理理论雏形，认为企业安全生产管理是风险管理，管理的内容包括危险源辨识、风险评价、危险预警与监测管理、事故预防与风险控制管理及应急管理等。该理论将现代风险管理完全融入到了安全生产管理之中。

第四节　安全生产"五要素"及其关系

一、安全生产"五要素"

安全生产"五要素"是指**安全文化、安全法制、安全责任、安全科技和安全投入**。

安全文化，是指存在于单位和个人中有关安全问题的种种特性和态度的总和。其核心安全意识，是存在于人们头脑中，支配人们行为有关安全问题的思想。对公民和职工要加强宣传教育工作，普及安全常识，强化全社会的安全意识，强化公民的自我保护意识。对安全监管人员，要树立"以人为本"的执政理念，时刻把人民生命财产安全放在首位，切实落实"安全第一、预防为主、综合治理"的安全生产方针。对行业和企业，要确立具有自己特色的安全生产管理原则，落实各种事故防范预案，加强职工安全培训，确立**"三不伤害"，即不伤害自己、不伤害别人、不被别人伤害**的安全生产理念。

安全法制，是指建立健全安全生产法律法规和安全生产执法。首先要认真学习和宣传《中华人民共和国安全生产法》（以下简称《安全生产法》）及其配套法规和安全标准。其次，行业、企业要结合实际建立和完善安全生产规章制度，将已被实践证明切实可行的措施和办法上升为制度和法规。逐步建立健全全社会的安全生产法律法规体系，用法律法规来规范政府、企业、职工和公民的安全行为，真正做到有章可循、有章必循、违章必纠，体现安全监管的严肃性和权威性，使"安全第一"的思想观念真正落实到日常生产生活中。

安全责任，主要是指安全生产责任制度的建立和落实。企业是安全管理的责任主体，企业法定代表人、企业"一把手"是安全生产的第一责任人。第一责任人要切实负起职责，要制定和完善企业安全生产方针和制度，层层落实安全生产责任制，完善企业规章制度，治理安全生产重大隐患，保障发展规划和新项目的安全"三同时"。各级政府是安全生产的监督管理主体，要切实落实地方政府、行业主管部门及出资人机构的监管责任，科学界定各级安全生产监督管理部门的综合监管职能，建立严格而科学合理的安全生产问责制，严格执行安全生产责任追究制度，深刻吸取事故教训。

安全科技，是指安全生产科学与技术研究和应用。企业要采用先进实用的生产技术，组织安全生产技术研究开发。国家要积极组织重大安全技术攻关，研究制定行业安全技术标准、规范。积极开展国际安全技术交流，努力提高我国安全生产技术水平。采用更先进的安全装备及安全技术手段是实现对危险生产过程有效控制的不可或缺的技术措施。比如重点监管危险化工工艺装置应实现自动化控制、系统具备紧急停车功能，构成一级、二级危险化学品重大危险源的危险化学品罐区应实现紧急切断功能，涉及毒性气体、液化气体、剧毒液体的一级、二级危险化学品重大危险源的危险化学品罐区应配备独立的安全仪表系统。

安全投入，是指保证安全生产必需的资源投入，包括人力、物力、财力的投入。企业应是安全投入的主体，致力于建立企业安全生产投入长效机制。应严格按照《企业安全生产费用提取和使用管理办法》（财企〔2012〕16号）执行，企业应确保提取的安全费用专户核算，并按规定范围安排使用，不得挤占、挪用。

二、安全生产"五要素"之间的关系

安全生产"五要素"既相对独立又相辅相成，共同构成一个有机统一的整体。安全文化是安全生产工作基础中的基础，是安全生产工作的精神指向，其他的各个要素都应该在安全文化的指导下展开。安全文化又是其他各个要素的目的和结晶，只有在其他要素健全成熟的前提下，才能培育出"以人为本"的安全文化。安全法制是安全生产工作进入规范化和制度化的必要条件，是开展其他各项工作的保障和约束；安全责任是安全法制进一步落实的手段，是安全法律法规的具体化；安全科技是保证安全生产工作现代化的工具；安全投入为其他各个要素能够开展提供物质的保障。

安全文化的最基本内涵就是人的安全意识。建设安全生产领域的安全文化，前提是要加强安全宣传教育工作，普及安全常识，强化全社会的安全意识，强化公民的自我保护意识。安全要真正做到警钟长鸣、居安思危、常抓不懈。

安全法制是保障安全生产的最有力武器，是体现安全生产管理之强制原理、实现安全生产的客观要求。因此，保障安全生产必须建立和完善安全生产法规体系，必须强化安全生产法制建设。安全生产法规健全，安全生产法规能够落实到位，安全生产标准执行达标，这是企业生产经营的最基本的要求和前提条件。

安全生产责任制是安全生产制度体系中最基础、最重要的制度。安全责任制的实质是"安全生产，人人有责"。建立和完善安全生产责任体系，不仅要强化行政责任问责制、严格执行安全生产行政责任追究制度，还要依法追究安全事故罪的刑事责任，并随着市场经济体制的完善，强化和提高民事责任或经济责任的追究力度。

安全科技是实现安全生产的手段。"科技兴安"是现代社会工业化生产的要求，是实现安全生产的最基本出路。安全是企业管理、科技进步的综合反映，安全需要科技的支撑，实现科技兴安是每个决策者和企业家应有的认识。安全科技水平决定安全生产的保障能力，因此，安全科技是事故预防的重要力量。只有充分依靠科学技术的手段，生产过程的安全才有根本的保障。

安全投入是安全生产的基本保障。安全生产的实现，需要安全投入的保障作为基础；提高安全生产的能力，需要为安全付出成本。没有安全投入的保障，其他四要素就很难充分发挥作用。

第五节　事故的原因

事故的原因分为事故的**直接原因**和**间接原因**。直接原因是指直接导致事故发生的原因。

间接原因是指使事故的直接原因得以产生和存在的原因。在事故分析中，将直接原因和间接原因中对事故的发生起主要作用的原因称之为**主要原因**。在分析事故时，应从直接原因入手，逐步深入到间接原因，从而掌握事故的全部原因。

一、事故的直接原因

生产事故的直接原因涉及两大类，即人的不安全行为和物的不安全状态。我国国家标准《企业职工伤亡事故分类》（GB 6441—86）对人的不安全行为和物的不安全状态给出了详细的分类。

（一）人的不安全行为分类

1. 操作错误、忽视安全、忽视警告

（1）未经许可开动、关停、移动机器。

（2）开动、关停机器时未给信号。

（3）开关未锁紧，造成意外转动、通电、或泄漏等。

（4）忘记关闭设备。

（5）忽视警告标志、警告信号。

（6）操作错误（指按钮、阀门、扳手、把柄等操作）。

（7）奔跑作业。

（8）供料或送料速度过快。

（9）机器超速运转。

（10）违章驾驶机动车。

（11）酒后作业。

（12）客货混载。

（13）冲压机作业时，手伸进冲压模。

（14）工件紧固不牢。

（15）压缩空气吹铁屑。

（16）其他。

2. 造成安全装置失效

（1）拆除了安全装置。

（2）安全装置堵塞，失掉了作用。

（3）调整的错误造成安全装置失效。

（4）其他。

3. 使用不安全设备

（1）临时使用不牢固的设施。

（2）使用无安全装置的设备。

（3）其他。

4. 用手代替工具操作

（1）用手代替手动工具。

（2）用手清除切屑。

（3）不用夹具固定，用手拿工件进行机加工。

5. 物体（指成品、半成品、材料、工具、切屑和生产用品等)存放不当

6. 冒险进入危险场所

（1）冒险进入涵洞。

（2）接近漏料处（无安全设施）。

（3）采伐、集材、运材、装车时，未离危险区。

（4）未经安全监察人员允许进入油罐或井中。

（5）未"敲帮问顶"开始作业。

（6）冒进信号。

（7）调车场超速上下车。

（8）易燃易爆场合明火。

（9）私自搭乘矿车。

（10）在绞车道行走。

（11）未及时瞭望。

7. 攀、坐不安全位置（如平台护栏、汽车挡板、吊车吊钩)

8. 在起吊物下作业、停留

9. 机器运转时加油、修理、检查、调整、焊接、清扫等工作

10. 有分散注意力行为

11. 在必须使用个人防护用品用具的作业或场合中，忽视其使用

（1）未戴护目镜或面罩。

（2）未戴防护手套。

（3）未穿安全鞋。

（4）未戴安全帽。

（5）未佩戴呼吸护具。

（6）未佩戴安全带。

（7）未戴工作帽。

（8）其他。

12. 不安全装束

（1）在有旋转零部件的设备旁作业穿过肥大服装。

（2）操纵带有旋转零部件的设备时戴手套。

（3）其他。

13. 对易燃、易爆等危险物品处理错误

（二）物（包括机械、物质或环境）的不安全状态分类

1. 防护、保险、信号等装置缺乏或有缺陷

（1）无防护

① 无防护罩。

② 无安全保险装置。

③ 无报警装置。

④ 无安全标志。

⑤ 无护栏或护栏损坏。

⑥（电气）未接地。

⑦ 绝缘不良。

⑧ 局扇无消声系统、噪声大。

⑨ 危房内作业。

⑩ 未安装防止"跑车"的挡车器或挡车栏。

⑪ 其他。

（2）防护不当

① 防护罩未在适当位置。

② 防护装置调整不当。

③ 坑道掘进，隧道开凿支撑不当。

④ 防爆装置不当。

⑤ 采伐、集材作业安全距离不够。

⑥ 放炮作业隐蔽所有缺陷。

⑦ 电气装置带电部分裸露。

⑧ 其他。

2.设备、设施、工具、附件有缺陷

（1）设计不当，结构不符合安全要求

① 通道门遮挡视线。

② 制动装置有缺陷。

③ 安全间距不够。

④ 拦车网有缺陷。

⑤ 工件有锋利毛刺、毛边。

⑥ 设施上有锋利倒棱。

⑦ 其他。

（2）强度不够

① 机械强度不够。

② 绝缘强度不够。

③ 起吊重物的绳索不符合安全要求。

④ 其他。

（3）设备在非正常状态下运行

① 设备带"病"运转。

② 超负荷运转。

③ 其他。

（4）维修、调整不良

① 设备失修。

② 地面不平。

③ 保养不当、设备失灵。

④ 其他。

3. 个人防护用品用具——防护服、手套、护目镜及面罩、呼吸器官护具、听力护具、安全带、安全帽、安全鞋等缺少或有缺陷

（1）无个人防护用品、用具。

（2）所用防护用品、用具不符合安全要求。

4. 生产（施工）场地环境不良

（1）照明光线不良

① 照度不足。

② 作业场地烟雾灰尘弥漫视物不清。

③ 光线过强。

（2）通风不良

① 无通风。

② 通风系统效率低。

③ 风流短路。

④ 停电停风时放炮作业。

⑤ 瓦斯（甲烷）排放未达到安全浓度放炮作业。

⑥ 瓦斯（甲烷）超限。

⑦ 其他。

（3）作业场所狭窄

（4）作业场地杂乱

① 工具、制品、材料堆放不安全。

② 采伐时，未开"安全道"。

③ 迎门树、坐殿树、搭挂树未作处理。

④ 其他。

（5）交通线路的配置不安全

（6）操作工序设计或配置不安全

（7）地面滑

① 地面有油或其他液体。

② 冰雪覆盖。

③ 地面有其他易滑物。

（8）贮存方法不安全

（9）环境温度、湿度不当

二、事故的间接原因

依据《企业职工伤亡事故调查分析规则》（GB 6442—86），属于下列情况者为间接原因：

① 技术和设计上有缺陷——工业构件、建筑物、机械设备、仪器仪表、工艺过程、操

作方法、维修检验等的设计、施工和材料使用存在问题；

②　教育培训不够、未经培训、缺乏或不懂安全操作技术知识；

③　劳动组织不合理；

④　对现场工作缺乏检查或指导错误；

⑤　没有安全操作规程或不健全；

⑥　没有或不认真实施事故防范措施，对事故隐患整改不力；

⑦　其他。

↻ 本章小结

　　本章阐述了安全生产方针及其内涵，重点论述了事故、职业病、职业危害因素、安全管理、安全生产"五要素"及其相关的基础知识。安全生产方针、事故、事故隐患、危险源、重大危险源、安全、本质安全、职业病、职业危害因素、安全生产"五要素"等内容可作为本章知识学习的重点；能够进行危险化学品重大危险源辨识，正确判断事故和职业病类别等内容可作为本章能力培养的目标。

课堂讨论题

　　1. 在安全生产管理工作中如何落实安全生产方针？

　　2. 如何理解安全的相对性？

　　3. 谈谈你对职业危害的认识。

能力训练项目

　　项目名称：危险化学品重大危险源辨识

　　某加油站有 $30m^3$ 卧式汽油储罐 3 个，$40m^3$ 卧式柴油储罐 1 个，试通过计算判断该加油站是否构成危险化学品重大危险源。

思考题

　　1. 试阐述我国现行的安全生产方针及其内涵。

　　2. 试阐述事故、事故隐患、危险源、重大危险源的含义。

　　3. 试阐述职业病、法定职业病、职业病危害因素的含义。

　　4. 试阐述安全与本质安全的含义。为什么说安全与危险是相对的概念？

　　5. 试阐述安全管理的含义。如何理解安全管理与企业管理的关系？

　　6. 何谓安全生产"五要素"？如何理解"五要素"之间的相互关系？

第二章
安全生产管理理论

知识目标 1. 了解管理理论的基本观点。
2. 熟悉安全生产管理的基本原理。
3. 掌握事故发生频率的基本规律。
4. 掌握事故致因理论的基本观点。

能力目标 1. 能够总结安全生产事故发生规律。
2. 能够依据"两类危险源理论"进行危险源辨识。
3. 初步具有事故原因分析的能力。

第一节 管理理论及其发展

安全生产管理是企业管理的一个组成部分，因而它必然遵循企业管理的基本原理和原则，并且具有企业管理的共同特征。

管理的理论和实践中的一个重要问题，就是管理者如何看待人。马克思曾经指出："人的本质并不是单个人所固有的抽象物，实际上，它是一切社会关系的总和。"西方管理理论是以对"人性"的认识为基础的，对人性的假定不同，相应的管理制度、管理方法也不相同。下面介绍在西方管理理论中比较典型的基于"人性"假定的管理理论，以供参考和借鉴。

一、 X 理论

科学管理的创始人泰罗（Frederick Taylor）把人看成单纯的"经济人"，认为人的一切活动都是出于经济动机，把管理者和工人的行为本质看成是个人主义的。泰罗的这种观点被称作 X 理论。

这种理论认为，人的天性就是好逸恶劳，所以总是设法逃避工作；人没有什么上进心，宁可听从别人指挥而不愿承担责任；人生下来就以自我为中心，对组织的要求和目标不太关心，人的行为动机只是建立在生理需要和安全需要的基础上。所以，在实施管理的过程中，往往采用强制、处罚等手段，迫使他们为实现组织目标而工作。

该理论还认为，人是缺乏理性的，本质上不能自己控制自己而容易受他人影响，只有少数人才具有胜任工作的创造力，并能够承担起管理的责任。因而，相应的管理措施是：以经济报偿来吸引工人，而对消极怠工者则给予严厉的惩罚。其管理特征是订立各种严格的管理制度和法规，运用领导的权威和严密的控制体系来保护组织本身，让工人完成组织任务。管理工作只是少数人的事情，不让工人参加管理。组织目标能达到何种程度，有赖于管理者如何控制工人。在这种管理方式下，工人的劳动态度是："给多少钱，干多少活"。

二、参与管理理论

曾经主持霍桑实验的美国心理学家梅奥认为人是"社会人"，并提出了参与管理理论。他认为，人的工作动机基本上是由社会需求引起的，并通过同事间的关系得到认同；应该从社会关系方面去寻求工作的意义；群体对人的社会影响力要比管理者的经济报偿或控制作用更大；人的工作效率取决于管理者满足他的社会需求的程度。

根据这种认识，影响人的行为动机的因素，除了物质利益外还有社会的和心理的因素，并且把人与人之间的关系看作是调动工人积极性的决定性因素。管理者除了要注意组织目标的完成外，特别要把注意力放在关心人、满足人的需要上。在实施控制或激励之前，应先了解工人对群体的归属感的满足程度。如果管理者不能满足职工的社会需要，他们就会疏远组织。因此该理论认为，个人奖励制度不如集体奖励制度。管理者的职能中要增加一项内容，即善于倾听和沟通职工的意见，正确处理人际关系。这样，必然导致工人参与管理。事实表明，参与管理比任务管理更为有效。因为参与管理改善了管理者与工人之间的对立，并且有利于沟通信息。

三、Y理论

马斯洛认为，自我实现是人的需要的最高层次，最理想的人是"自我实现的人"。人除了社会需求外，还有一种想充分运用自己的能力、实现自己对生活追求的欲望，从而真正感到生活和工作的意义。

阿吉里斯认为，在人的个性发展方面有一个从不成熟到成熟的发展过程，最后形成一个健康的个性。成熟的过程也就是自我实现的过程。他认为，正式组织具有先天的禁止人们成熟的功能。组织的劳动分工、权力等级、统一指挥和组织控制等，不能适应健康个性发展的需要并妨碍自我实现。他主张扩大工人的工作范围，使工人具有从事多种工作的经验。采用参与式的、以工人为中心的领导方式，加重工人的责任，依靠工人的自我控制。管理者应善于促进人的成熟，从而促进人的能力的发挥和效率的提高。

麦格雷戈提出了与X理论完全对立的Y理论。Y理论认为，人并非生来就是好逸恶劳的，要求工作是人的本能，人们对工作的好恶取决于工作对于他们是一种满足还是一种惩罚；外来的控制与赏罚并不是使人工作的唯一方法，人们为了心目中的目标而工作，能够自我控制；对企业目标的参与程度，与获得成绩的报偿直接相关，自我实现需要的满足是最重要的报偿，能显著地促使人们努力工作；不愿负责任、缺乏雄心大志并非人的天性，往往是本人特殊生活经验产生的结果；大多数人都有相当程度的想象力和创造力，但是人的智力一般只得到了部分发挥。因此，应该把管理重点由经济报偿转移到人的作用和工作环境方面。管理者尽量把工作安排得富有意义，使工人能引以为豪，并使自尊心得到满足，以利于充分发挥个人的智慧和能力。鼓励人们参与自身目标和组织目标的制定，把责任最大限度地交给他们，相信他们能够自觉地迈向组织目标。应该用启发与诱导代替命令与服从、用信任代替监督。

四、超 Y 理论

行为科学家莫尔斯和罗尔施认为，X 理论并非全部错误而毫无用处，而 Y 理论也并非全部正确而随处可用，应该把 X 理论与 Y 理论结合起来，根据具体情况灵活运用。因此，他们提出一种"超 Y 理论"，该理论认为人们怀着不同的需要和动机去工作，但最主要的需要是取得胜任感；人人都有取得胜任感的动机，但是不同的人可以用不同的方式来实现，这取决于一个人的这种需要与其他需要之间的相互作用；当工作性质与领导方式相结合时，人们工作的胜任感最能被满足；一个目标达到后，人们的胜任感可以继续被激励，从而为达到更新、更高的目标而努力工作。

超 Y 理论认为，任务和人员的多变性，使任务、组织和人员三者之间的关系比较复杂。然而，这种相互关系虽然复杂，管理人员可能采取的最好行动将是整顿组织使之适合任务和人员。也就是说，超 Y 理论的主要思想是使任务、组织和人员彼此适合。

五、权变理论

权变理论出现在 20 世纪 70 年代，它要求既看到各组织中的相似性，也要承认其差异性，在全面实际的情况下探寻任务、组织与人的协调配合。在企业管理中要根据企业所处的内外条件权宜应变，采取适宜的管理措施，而没有什么普遍适用的最好的管理理论和方法。

美国心理学家西恩提出了"复杂人"的观点，他认为人的需求是多种多样的，而且人的需求是随条件的变化而变化的；人的原有需求与组织经验交互作用，使人获得在组织内行为的动机；在不同组织中，或同一组织的不同部门中，人的动机可能不同；不同人的需求和能力是不同的，他们对管理方式的反应也不同。

由这种认识出发，管理者不但要洞察职工的个体差异，还要适时地发挥其应变能力和弹性。对不同需要的人，灵活地采用不同的管理措施或方法，不能千篇一律地采用一个固定的模式来管理。

把各种管理理论与马斯洛的需要层次论相比较，可以看出上述几种理论分别对应于人的不同层次的需要（见图 2-1）。

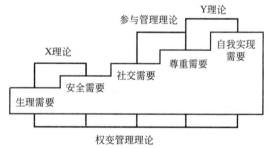

图 2-1　管理理论与层次需要

在我国的企业安全生产管理的实践中，在不同程度上反映出了人性假设对安全管理的影响。例如，一些持"经济人"观点的企业领导者把满足职工经济需要作为主要激励方式，以扣发奖金或罚款作为主要控制手段，而不注意满足职工的精神需要，不相信职工的创造性，很少考虑民主管理和职代会的作用等。

在我国现实的具体条件下，管理者如何看待人的本质、如何看待企业中的广大职工、如何保障职工的民主管理权力、如何处理好管理者与被管理者之间的关系、如何选择正确的安全管理方式，都是今后安全管理工作中必须面对和解决的重大课题。

课堂讨论： 结合本书第一章内容，讨论对"满负荷工作法"的认识。

二维码2-1
满负荷工作法

第二节　安全生产管理原理

安全生产管理作为企业管理的主要组成部分，遵循管理的普遍规律，既服从管理的基本原理与原则，又有其特殊的原理与原则。

安全生产管理原理是指从生产管理的共性出发，对生产管理中安全工作的实质内容进行科学分析、综合、抽象与概括所得出的安全生产管理规律。

安全生产原则是指在生产管理原理的基础上，指导安全生产活动的通用规则。

一、系统原理

1. 系统原理的含义

系统原理是现代管理学的一个最基本原理。它是指人们在从事管理工作时，运用系统理论、观点和方法，对管理活动进行充分的系统分析，以达到管理的优化目标，即用系统论的观点、理论和方法来认识和处理管理中出现的问题。

所谓系统是由相互作用和相互依赖的若干部分组成的具有特定功能的有机整体。任何管理对象都可以作为一个系统。系统可以被分为若干个子系统，子系统可以被分为若干个要素，即系统是由要素组成的。

系统具有整体性、相关性、目的性、有序性和环境适应性等特性。

（1）整体性　系统的观点是一种从整体出发的观点。系统至少是由两个或两个以上的要素（元件或子系统）组成的整体。构成系统的各要素虽然具有不同的性能，但它们通过综合、统一（而不是简单的拼凑）形成的整体就具备了新的特定功能，系统作为一个整体才能发挥其应有功能。换句话说，即使每个要素并不都很完善，但它们可以综合、统一成为具有良好功能的系统；反之，即使每个要素是良好的，而构成整体后并不具备某种良好的功能，也不能称其为完善的系统。

（2）相关性　构成系统的各要素之间、要素与子系统之间、系统与环境之间都存在着相互联系、相互依赖、相互作用的特殊关系，通过这些关系，使系统有机地联系在一起，发挥其特定功能。如计算机系统，就是由各种运算、储存、控制、输入、输出等各个硬件和操作系统、软件包等子系统之间通过特定的关系有机地结合在一起而形成的具有特定功能的系统。

（3）目的性　任何系统都是为完成某种任务或实现某种目的而发挥其特定功能的，没有目标就不能称其为系统。要达到系统的既定目标，就必须赋予系统规定的功能，这就需要在系统的整个生命周期，即系统的规划、设计、试验、制造和使用等阶段，对系统采取最优规划、最优设计、最优控制、最优管理等优化措施。

（4）有序性　系统有序性主要表现在系统空间结构的层次性和系统发展的时间顺序性。系统可以分成若干子系统和更小的子系统，这种系统的分割形式表现为系统空间结构的层次性。

此外，系统的生命过程也是有序的，它总是要经历孕育、诞生、发展、成熟、衰老、消亡的过程，这一过程表现为系统发展的有序性。

因此，系统的分析、评价、管理都应考虑系统的有序性。

（5）环境适应性　任何一个系统都处于一定的环境之中。一方面，系统从环境中获取必要的物质、能量和信息，经过系统的加工、处理和转化，产生新的物质、能量和信息，然后再提供给环境；另一方面，环境也会对系统产生干扰或限制，即约束条件。环境特性的变化往往能够引起系统特性的变化，系统要实现预定的目标或功能，必须能够适应外部环境的变化。研究系统时，必须重视环境对系统的影响。

安全生产管理系统是生产管理的一个子系统，包括各级安全管理人员、安全防护设备与设施、安全管理规章制度、安全生产操作规范和规程以及安全生产管理信息等。安全贯穿于生产活动的方方面面，安全生产管理是全方位、全天候且涉及全体人员的管理。

2. 运用系统原理的原则

（1）动态相关性原则　动态相关性原则告诉我们，构成管理系统的各要素是运动和发展的，它们相互联系又相互制约。显然，如果管理系统的各要素都处于静止状态，就不会发生事故。

（2）整分合原则　高效的现代安全生产管理必须在整体规划下明确分工，在分工基础上有效综合，这就是整分合原则。运用该原则，要求企业管理者在制定整体目标和进行宏观决策时，必须将安全生产纳入其中，在考虑资金、人员和体系时，都必须将安全生产作为一项重要内容考虑。

（3）反馈原则　反馈是控制过程中对控制机构的反作用。成功、高效的管理，离不开灵活、准确、快速的反馈。企业生产的内部条件和外部环境在不断变化，所以必须及时捕获、反馈各种安全生产信息，以便及时采取行动。

（4）封闭原则　在任何一个管理系统内部，管理手段、管理过程等必须构成一个连续封闭的回路，才能形成有效的管理活动，这就是封闭原则。封闭原则告诉我们，在企业安全生产中，各管理机构之间、各种管理制度和方法之间，必须具有紧密的联系，形成相互制约的回路，才能确保安全生产管理有效。

《中华人民共和国安全生产法》（2021）要求生产经营单位"建立健全并落实全员安全生产责任制"，其中的"全员"二字就体现了系统原理对安全生产系统的要求。

二、人本原理

1. 人本原理的含义

在安全生产管理过程中必须把人的因素放在首位，体现以人为本的指导思想，坚持人民至上、生命至上，把保护人民生命安全摆在首位，这就是人本原理。以人为本有两层含义：一是一切管理活动都是以人为本展开的，人既是管理的主体，又是管理的客体，每个人都处在一定的管理层面上，离开人就无所谓管理；二是管理活动中，作为管理对象的要素和管理系统各环节，都需要由人来掌管、运作、推动和实施；三是安全生产管理的目标首要就是保障人的安全。

2. 运用人本原理的原则

（1）动力原则　推动管理活动的基本力量是人，管理必须有能够激发人的工作能力的动力，这就是动力原则。对于管理系统，有三种动力，即物质动力、精神动力和信息动力。

（2）能级原则　现代管理认为，单位和个人都具有一定的能量，并且可以按照能量的大小顺序排列，形成管理的能级，就像原子中电子的能级一样。在管理系统中，建立一套合理的能级，根据单位和个人能量的大小安排其工作，发挥不同能级的能量，保证结构的稳定性和管理的有效性，这就是能级原则。

（3）激励原则　管理中的激励就是利用某种外部诱因的刺激，调动人的积极性和创造性。以科学的手段激发人的内在潜力，使其充分发挥积极性、主动性和创造性，这就是激励原则。人的工作动力来源于内在动力、外部压力和工作吸引力。

三、预防原理

1. 预防原理的含义

安全生产管理工作应该做到预防为主，通过有效的管理和技术手段，减少和防止人的不安全行为和物的不安全状态，这就是预防原理。在可能发生人身伤害、设备或设施损坏和环境破坏的场合，应事先采取措施，防止事故发生。

2. 运用预防原理的原则

（1）偶然损失原则　事故后果以及后果的严重程度，都是随机的、难以预测的。反复发生的同类事故并不一定产生完全相同的后果，这就是事故损失的偶然性。偶然损失原则告诉我们，无论事故损失的大小，都必须做好预防工作。

（2）因果关系原则　事故的发生是许多因素互为因果连续发生的最终结果，只要诱发事故的因素存在，发生事故是必然的，只是时间或迟或早而已，这就是因果关系原则。

（3）3E原则　造成人的不安全行为和物的不安全状态的原因可归结为四个方面：技术原因、教育原因、身体和态度原因以及管理原因。针对这四个方面的原因，可以采取三种防止对策，即工程技术（engineering）对策、教育（education）对策和法制（enforcement）对策，即所谓3E原则。

（4）本质安全化原则　本质安全化原则是指从一开始和从本质上实现安全化，从根本上消除事故发生的可能性，从而达到预防事故发生的目的。本质安全化原则不仅可以应用于设备、设施，还可以应用于建设项目。

（5）安全风险分级管控原则。针对不同安全风险采取不同的技术措施与管理措施。执行安全风险分级管控原则，生产经营单位必须建立健全事故隐患排查机制和安全风险防范化解机制。落实安全风险分级管控原则，有利于从源头上防范化解重大安全风险，真正把事故隐患解决在成灾之前。

四、强制原理

1. 强制原理的含义

采取强制管理的手段控制人的意愿和行为，使个人的活动、行为等受到安全生产管理要求的约束，从而实现有效的安全生产管理，这就是强制原理。所谓强制就是要求绝对服从，不必经被管理者同意便可采取控制行动。

2. 运用强制原理的原则

（1）安全第一原则　安全第一就是要求在进行生产和其他工作时把安全工作放在一切工作的首要位置。当生产和其他工作与安全发生矛盾时，要以安全为主，生产和其他工作要服从于安全，这就是安全第一原则。

（2）监督原则　监督原则是指在安全工作中，为了使安全生产法律法规得到落实，必须设立安全生产监督管理部门，对企业生产中的守法情况和执法情况进行监督。

（3）考核奖惩原则。严格执行国家安全生产法律法规和生产经营单位安全生产规章制度是强制原理的客观要求。考核奖惩原则要求建立完善的安全生产规章制度及其考核机制。制度考核是检验制度执行的重要手段，要保证制度的落实，必须把制度考核纳入绩效考核之中。

《中华人民共和国安全生产法》（2021）要求生产经营单位"建立健全并落实全员安全生产责任制"，其中的"落实"就是强制原理的体现。

第三节　事故发生频率与伤害严重度

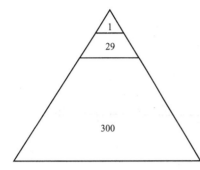

图 2-2　海因里希事故法则

海因里希调查了 5000 多件伤害事故后发现，在同一个人发生的 330 起同种事故中，300 起事故没有造成伤害，29 起引起轻微伤害，1 起造成了严重伤害。即严重伤害、轻微伤害和没有伤害的事故数量之比为 1：29：300，其比例关系如图 2-2 所示。该比例表明，某人在受到伤害之前已经历了数百次没有带来伤害的事故，也就是说，在每次事故发生之前已经反复出现了无数次人的不安全行为和物的不安全状态。

【案例 1】 某工人在地板上滑倒，跌坏膝盖骨，造成重伤。调查表明，他经常弄湿一大片地板而不擦干，已经成了习惯，且历时达 6 年之久。当他在湿滑的地板上行走时经常滑倒，估计严重伤害、轻微伤害及无伤害的比例为 1：0：1800。

【案例 2】 某机械师企图用手把皮带挂到正在旋转的皮带轮上。由于他站在摇晃的梯子上，徒手不用工具，又穿了一件袖口宽大的衣服，结果被皮带轮绞入而碾死。事故调查表明，他用这种方法挂皮带已达数年之久，手下的工人均佩服他技艺高超。查阅 4 年来的就诊记录，发现他曾被擦伤手臂 33 次。估计严重伤害、轻微伤害与无伤害的比例为 1：33：1200。

比例 1：29：300 揭示了事故发生频率与伤害严重程度之间的普遍规律，即严重伤害的情况是很少的，而轻微伤害及无伤害的情况是大量的。应该注意的是，事故是一种意外事件，本身并无轻重之分，我们只能说事故的结果为无伤害、轻微伤害或严重伤害。

比例 1：29：300 是根据同一个人发生的同类事故的统计资料得到的结果，并以此来定性地表示事故发生频率与伤害严重程度之间的一般关系。实际上，不同种类的事故导致严重伤害、轻微伤害及无伤害次数的比例是不同的，特别是不同工业部门及不同生产作业中发生事故造成严重伤害的可能性是不同的。

日本学者青岛贤司在调查了日本重工业和轻工业的事故资料后，得到重型机械及材料工业的重伤、轻伤比率为 1：8，而轻工业行业中的比率为 1：32。美国的不同事故类型及其伤害严重程度列于表 2-1，由表中数字可以看出，车辆事故导致严重伤害的可能性最高。表 2-2 为我国某钢铁公司 1951～1981 年间伤亡事故中，死亡、重伤和轻伤人数的比例。这些数字表明，不同部门的生产作业中存在的危险因素不同，主要事故类型不同，一旦发生事故作用于人体的能量不同，因而造成严重伤害的可能性也不同。

表 2-1　美国不同事故类型及其伤害严重程度

事故类型	暂时丧失劳动能力/%	部分丧失劳动能力/%	完全丧失劳动能力/%	事故类型	暂时丧失劳动能力/%	部分丧失劳动能力/%	完全丧失劳动能力/%
运输	24.3	20.9	5.6	车辆	8.5	8.4	23.0
坠落	18.1	16.2	15.9	手工工具	8.1	7.8	1.1
物体打击	10.4	8.4	18.1	电气	3.5	2.5	13.4
机械	11.9	25.0	9.1	其他	15.2	10.8	13.8

表 2-2　某钢铁公司伤亡事故统计

部　门	死　亡	重　伤	轻　伤	部　门	死　亡	重　伤	轻　伤
钢铁焦化	1	2.25	138	原材料	1	6.89	430
工矿企业	1	3.48	197	运输	1	1.76	73
机械铸造	1	4.44	408	采矿	1	1.89	91

事故结果为轻微伤害及无伤害的情况是大量的，在这些轻微伤害事故及无伤害事故背后，隐藏着与造成严重伤害的事故相同的原因。因此，避免伤亡事故应该尽早采取措施，在发生了轻微伤害甚至无伤害事故时，就应该及时分析原因，采取针对性对策，而不是在发生了严重伤害事故之后才追究其原因。也就是说，应该在事故发生之前，在出现了不安全行为或不安全状态的时候，就采取改进措施。

第四节　事故致因理论

事故发生有其自身的发展规律和特点，了解事故的发生、发展和形成过程对于辨识、评价和控制危险具有重要意义。只有掌握事故发生的规律，才能保证生产系统处于安全状态。事故致因理论即阐明事故发生的原因、过程以及事故预防对策理论，是帮助人们认识事故整个过程的重要理论依据。

一、海因里希因果连锁论

该理论认为，伤亡事故的发生不是一个孤立的事件，尽管伤害可能在某瞬间发生，却是一系列具有一定因果关系的事件相继发生的结果。

1. 伤害事故连锁构成

海因里希把工业伤害事故的发生发展过程描述为具有一定因果关系的事件的连锁，即：
① 人员伤亡的发生是事故的结果；
② 事故的发生原因是人的不安全行为或物的不安全状态；
③ 人的不安全行为或物的不安全状态是由于人的缺点造成的；
④ 人的缺点是由于不良环境诱发或者是由先天的遗传因素造成的。

2. 事故连锁过程影响因素

海因里希将事故因果连锁过程概括为以下五个因素。
（1）遗传及社会环境　遗传因素及社会环境是造成人的性格上缺点的原因。遗传因素可能造成鲁莽、固执等不良性格；社会环境可能妨碍教育，助长性格的缺点发展。

（2）人的缺点　人的缺点是使人产生不安全行为或造成机械、物质不安全状态的原因，它包括鲁莽、固执、过激、神经质、轻率等性格上的先天缺点，以及缺乏安全生产知识和技术等后天的缺点。

（3）人的不安全行为或物的不安全状态　所谓人的不安全行为或物的不安全状态是指那些曾经引起过事故并可能再次引起事故的人的行为或机械、物质的状态，它们是造成事故的直接原因。

（4）事故　事故是由于物体、物质、人或放射线的作用或反作用，使人员受到伤害或可能受到伤害的、出乎意料的、失去控制的事件。

（5）伤害　由于事故直接产生的人身伤害。

海因里希用多米诺骨牌来形象地描述这种事故因果连锁关系，如图 2-3 所示。

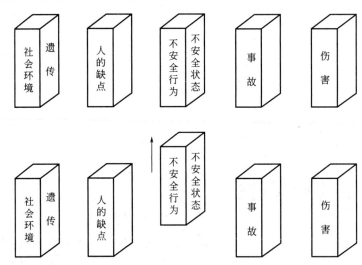

图 2-3　海因里希事故因果连锁模型

在多米诺骨牌系列中，一颗骨牌被碰倒了，则将发生连锁反应，其余的几颗骨牌相继被碰倒。如果移去连锁中的一颗骨牌，则连锁被破坏，事故过程被中止。海因里希认为，企业安全工作的中心就是防止人的不安全行为，消除机械的或物质的不安全状态，中断事故连锁的进程而避免事故的发生。

二、博德事故因果连锁论

博德（Frank Bird）在海因里希事故因果连锁的基础上，提出了反映现代安全观点的事故因果连锁理论，如图 2-4 所示。该理论认为以下几点。

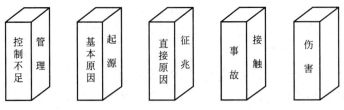

图 2-4　博德事故因果连锁模型

① 事故因果连锁中一个最重要的因素是安全管理，安全管理中的控制是指损失控制，包括对人的不安全行为、物的不安全状态的控制，是安全管理工作的核心。

对于绝大多数企业而言，由于各种原因，完全依靠工程技术上的改进来预防事故既不经济，也不现实。只有通过提高安全管理工作水平，经过较长时间的努力，才能防止事故的发生。管理者必须认识到只要生产没有实现高度安全化，就有发生事故及伤害的可能性，因而他们的安全活动中必须包含有针对事故因果连锁中所有重要原因的控制对策。

在安全管理中，企业领导者的安全方针、政策及决策占有十分重要的位置。它包括生产及安全的目标，职员的配备，资料的利用，责任及职权范围的划分，职工的选择、训练、安排、指导及监督，信息传递，设备器材及装置的采购、维修及设计，正常及异常时的操作规程，设备的维修保养等。

管理系统是随着生产的发展而不断发展完善的，十全十美的管理系统并不存在。管理上的缺欠导致事故基本原因的出现。

② 为了从根本上预防事故，必须查明事故的基本原因，并针对查明的基本原因采取对策。

基本原因包括个人原因及与工作有关的原因。个人原因包括缺乏知识或技能、动机不正确、身体上或精神上的问题等。工作方面的原因包括操作规程不合适，设备、材料不合格，通常的磨损及异常的使用方法等，以及温度、压力、湿度、粉尘、有毒有害气体、蒸汽，通风、噪声、照明、周围的状况（容易滑倒的地面、障碍物、不可靠的支持物、有危险的物体等）等环境因素。只有找出这些基本原因，才能有效地预防事故的发生。所谓起源是指要找出问题的基本的、背后的原因，而不仅停留在表面的现象上。只有这样，才能实现有效的控制。

③ 不安全行为或不安全状态是事故的直接原因。一方面，直接原因只不过是基本原因的征兆，是一种表面现象，如果只抓住作为表面现象的直接原因而不追究其背后隐藏的深层原因，就永远不能从根本上杜绝事故的发生。另一方面，企业安全管理人员应该能够预测及发现这些作为管理缺欠的征兆的直接原因，并采取恰当的改善措施。

④ 防止事故就是防止接触，可以通过改进装置、材料及设施来防止能量释放，通过训练提高工人识别危险的能力、佩戴个人防护用品等来实现。（越来越多的学者从能量的观点把事故看作是人的身体或构筑物、设备与超过其阈值的能量的接触，或人体与妨碍正常活动的物质的接触。）

⑤ 事故造成的伤害包括工伤、职业病以及对人员精神方面、神经方面或全身性的不利影响。人员伤害及财产损坏统称为损失。在许多情况下，可以采取恰当的措施使事故造成的损失最大限度地减少，如对受伤人员的迅速抢救、对设备进行抢修以及平时进行的应急训练等。

三、轨迹交叉理论

该理论的主要观点是：在事故发展进程中，人的因素运动轨迹与物的因素运动轨迹的交点就是事故发生的时间和空间，即人的不安全行为和物的不安全状态发生于同一时间、同一空间，或者说人的不安全行为与物的不安全状态相通，则将在此时间、空间发生事故。

轨迹交叉理论作为一种事故致因理论，强调人的因素和物的因素在事故致因中占有同样重要的地位。按照该理论，可以通过避免人与物两种因素运动轨迹交叉，即避免人的不安全行为和物的不安全状态同时、同地出现来预防事故的发生。

轨迹交叉理论将事故的发生发展过程描述为：基本原因→间接原因→直接原因→事故→伤害。上述过程被形容为事故致因因素导致事故的运动轨迹，具体包括人的因素运动轨迹和物的因素运动轨迹。

1. 人的因素运动轨迹

人的不安全行为基于生理、心理、环境、行为几个方面而产生。

① 生理、先天身心缺陷。

② 社会环境、企业管理上的缺陷。

③ 后天的心理缺陷。

④ 视、听、嗅、味、触等感官能量分配上的差异。

⑤ 行为失误。

2. 物的因素运动轨迹

在物的因素运动轨迹中，生产过程各阶段都可能产生不安全状态。

① 设计上的缺陷，如用材不当、强度计算错误、结构完整性差等。

② 制造、工艺流程上的缺陷。

③ 维修保养上的缺陷。

④ 使用上的缺陷。

⑤ 作业场所环境上的缺陷。

在生产过程中，人的因素运动轨迹按①-②-③～④-⑤的方向顺序进行，物的因素运动轨迹按①-②～③-④～⑤的方向进行，人、物两轨迹相交的时间与地点，就是发生伤亡事故的"时空"，也就导致了事故的发生。

值得注意的是，许多情况下人与物又互为因果。例如有时物的不安全状态诱发了人的不安全行为，而人的不安全行为又促进了物的不安全状态的发展或导致新的不安全状态出现。因此，实际的事故并非简单地按照上述的人、物两条轨迹进行，而是呈现非常复杂的因果关系。

若设法排除机械设备或处理危险物质过程中的隐患，或者消除人为失误和不安全行为，使两事件链连锁中断，则两系列运动轨迹不能相交，危险就不会出现，就可避免事故发生。

对人的因素而言，强调工种考核，加强安全教育和技术培训，进行科学的安全管理，从生理、心理和操作管理上控制人的不安全行动的产生，就等于砍断了事故产生的人的因素轨迹。但是，对自由度很大，且身心、性格、气质差异较大的人是难以控制的，偶然失误很难避免。

在多数情况下，由于企业管理不善，使工人缺乏教育和训练或者机械设备缺乏维护、检修以及安全装置不完备，导致了人的不安全行为或物的不安全状态。

轨迹交叉理论突出强调的是砍断物的事件链，提倡采用可靠性高、结构完整性强的系统和设备，大力推广保险系统、防护系统、信号系统及高度自动化和遥控装置。这样，即使人为失误，构成人的因素的①～⑤系列，也会因安全闭锁等可靠性高的安全系统的作用，控制住物的因素的①～⑤系列的发展，可完全避免伤亡事故的发生。

因此，管理的重点应放在控制物的不安全状态上，即消除"起因物"，当然就不会出现

"施害物"，砍断物的因素运动轨迹，使人与物的轨迹不相交叉，事故即可避免，这可通过图 2-5 加以说明。

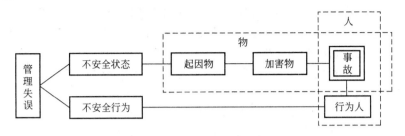

图 2-5　人与物两系列形成事故的系统

实践证明，消除生产作业中物的不安全状态，可以大幅度地减少伤亡事故的发生。例如，美国铁路列车安装自动连接器之前，每年都有数百名铁路工人死于车辆连接作业事故中，铁路部门的负责人把事故的责任归咎于工人的错误或不注意。后来，根据政府法令的要求，所有铁路车辆都被装上了自动连接器，结果，车辆连接作业中的死亡事故大大地减少了。

四、管理失误论

管理失误论事故致因模型，侧重研究管理上的责任，强调管理失误是构成事故的主要原因。

事故之所以发生，是因为客观上存在着生产过程中的不安全因素；此外还有众多的社会因素和环境条件，这一点在我国乡镇矿山事故中更为突出。

事故的直接原因是人的不安全行为和物的不安全状态。但是，造成"人失误"和"物故障"的这一直接原因的缘由却常常是管理上的缺陷。后者虽是间接原因，但它既是背景因素又常是发生事故的本质原因。

人的不安全行为可以促成物的不安全状态；而物的不安全状态又会在客观上造成人的不安全行为，所以有不安全行为的环境条件（见图 2-6 所示间断线）。

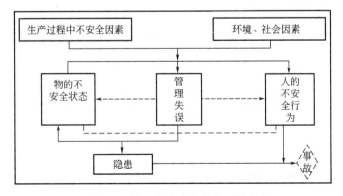

图 2-6　管理失误论事故致因模型

"隐患"来自物的不安全状态即危险源，而且和管理上的缺陷或管理人失误共同耦合才能形成；如果管理得当并及时控制，变不安全状态为安全状态，则不会形成隐患。

客观上一旦出现隐患，主观上又有不安全行为，就会立即显现为伤亡事故。

五、变化观点的事故因果连锁论

约翰逊（W. G. Johnson）把变化作为事故的基本原因。由于人们不能适应变化而发生失误，进而导致不安全行为或不安全状态。他认为事故的发生是由于管理者的计划错误或操作者的行为失误，没有适应生产过程中物的因素或人的因素的变化，从而导致了不安全行为或不安全状态，破坏了对能量的屏蔽或控制，在生产过程中造成危险，中断或影响生产进行，甚至造成人员伤亡或财产损失。图 2-7 为约翰逊建立的事故因果连锁模型。

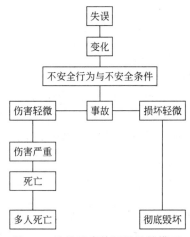

图 2-7　约翰逊事故因果连锁模型

在系统安全研究中，人们注重作为事故致因的人失误（human error）和物的故障（fault）。按照变化的观点，人失误和物的故障都与变化有关。例如，新设备经过长时间的运转，即时间的变化，逐渐磨损而发生故障；正常运转的设备由于运转条件突然变化而发生故障等。

在安全管理工作中，变化被看作是一种潜在的事故致因，应该被尽早地发现并采取相应的措施。作为安全管理人员，应该注意下述的一些变化。

1. 企业外的变化及企业内的变化

企业外的社会环境，特别是国家政治、经济的方针、政策的变化，对企业内部的经营管理及人员思想有巨大影响。例如，纵观新中国建立以后工业伤害发生状况可以发现，在"大跃进"和"文化大革命"两次大的社会变化时期，企业内部秩序被打乱了，伤害事故大幅度上升。针对企业外部的变化，企业必须采取恰当的措施适应这些变化。

2. 宏观的变化和微观的变化

宏观的变化是指企业总体上的变化，如领导人的更换、新职工录用、人员调整、生产状况的变化等。微观的变化是指一些具体事物的变化。通过微观的变化安全管理人员应发现其背后隐藏的问题，及时采取恰当的对策。

3. 计划内与计划外的变化

对于有计划进行的变化，应事先进行危害分析并采取安全措施；对于没有计划到的变化，首先是发现变化，然后根据发现的变化采取改善措施。

4. 实际的变化和潜在的或可能的变化

通过观测和检查可以发现实际存在的变化。发现潜在的或可能出现的变化则要经过分析研究。

5. 时间的变化

随时间的流逝而导致性能低下或劣化，并与其他方面的变化相互作用。

6. 技术上的变化

采用新工艺、新技术或开始新的工程项目，人们由于不熟悉而发生失误。

7. 人员的变化

人员的各方面变化影响人的工作能力，引起操作失误及不安全行为。

8. 劳动组织的变化

劳动组织方面的变化，例如交接班不好造成工作的不衔接，进而导致不安全行为。

9. 操作规程的变化

应该注意，并非所有的变化都是有害的，关键在于人们是否能够适应客观情况的变化。此外，在安全管理工作中也经常利用变化来防止发生人的失误。例如，按规定用不同颜色的管路输送不同的气体，把操作手柄、按钮做成不同形状防止混淆等。

应用变化的观点进行事故分析时，可由下列因素的现在状态与以前状态的差异来发现变化：①对象物、防护装置、能量等；②人员；③任务、目标、程序等；④工作条件、环境、时间安排等；⑤管理工作、监督检查等。

例如，某化工装置事故发生经过如下：变化前——装置安全运转多年；变化1——用一套更新型的装置取代旧装置；变化2——拆下的旧装置被解体；变化3——新装置因故未能按预期目标进行生产；变化4——对产品的需求猛增；变化5——把旧装置重新投产；变化6——为尽快投产恢复必要的操作控制器；失误——没有进行认真检查和（或）没有检查操作的准备工作；变化7——一些冗余的安全控制器没起到作用；变化8——装置爆炸，6人死亡。

约翰逊认为，事故的发生往往是多重原因造成的，包含着一系列的变化-失误连锁。例如，企业领导者的失误、计划人员的失误、监督者的失误及操作者的失误等（见图2-8）。

图2-9所示为煤气管道破裂而失火的变化-失误分析。

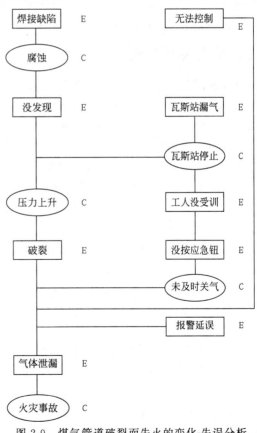

图 2-9 煤气管道破裂而失火的变化-失误分析
C—变化；E—失误

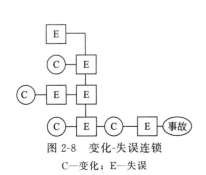

图 2-8 变化-失误连锁
C—变化；E—失误

六、能量意外释放事故致因理论

近代工业的发展起源于蒸汽机的出现。将燃料的化学能转变为热能，并以水为介质转变为蒸汽，将蒸汽的热能再变为机械能输送到生产现场，这就是蒸汽机动力系统的能量转换过程。电气时代是将水的势能或蒸汽的动能转换为电能，在生产现场再将电能转变为机械能进行产品的制造加工或资源开采。核电站是用核能即原子能转变为电能。总之，能量是具有做功功能的物理量，是由物质和现场构成系统的最基本的物理量。输送到生产现场的能量，依生产的目的和手段不同，可以相互转变为各种形式：势能、动能、热能、化学能、电能、原子能、辐射能、声能、生物能等。

1961年吉布森（Gibson）提出了事故是一种不正常的或不希望的能量释放，各种形式的能量是构成伤害的直接原因。因此，应该通过控制能量或控制到达人体媒介的能量载体来预防伤害事故。

在吉布森的研究基础上，1966年美国运输安全局局长哈登完善了能量意外释放理论，提出"人受伤害的原因只能是某种能量的转移"的观点并提出了能量逆流于人体造成伤害的分类方法，将伤害分为两类：第一类伤害是由于施加了局部或全身性损伤阈值的能量引起的；第二类伤害是由于影响了局部或全身性能量交换引起的，主要指中毒窒息和冻伤。

哈登认为，在一定条件下某种形式的能量能否产生伤害造成人员伤亡事故取决于能量大小、接触能量时间长短和频率，以及集中程度。根据能量意外释放理论，可以利用各种屏蔽来防止意外的能量转移，从而防止事故的发生。有关屏蔽的具体措施详见本教材第五章的相关内容。

七、两类危险源理论

事故致因因素种类繁多、非常复杂，在事故发生发展过程中起的作用也不相同。根据危险源在事故发生中的作用，把危险源划分为两大类。能量意外释放理论认为：能量或危险物质的意外释放是伤亡事故发生的物理本质。于是，把生产过程中存在的、可能发生意外释放的能量（能源或能量载体）或危险物质称**第一类危险源**。在实际工作中往往把产生能量的能量源或拥有能量的能量载体看作第一类危险源。正常情况下，生产过程中的能量或危险物质受到约束或限制，不会发生意外释放，即不会发生事故。但是，一旦这些约束或限制能量及危险物质的措施受到破坏或失效，则将发生事故。导致能量及危险物质的约束或限制措施失效的各种因素称为**第二类危险源**。

1995年陈宝智教授在对系统安全理论进行系统研究的基础上，提出了事故致因的两类危险源理论。该理论认为，一起伤亡事故的发生往往是两类危险源共同作用的结果。第一类危险源是伤亡事故发生的能量主体，是第二类危险源出现的前提，并决定事故后果的严重程度；第二类危险源是第一类危险源造成事故的必要条件，决定事故发生的可能性。两类危险源相互关联、相互依存。

两类危险源理论从系统安全的观点来考察能量或危险物质的约束或限制措施破坏的原因，认为第二类危险源包括人、物、环境三个方面的问题，主要包括人的失误、物的故障和环境因素。

人失误即人的行为结果偏离了预定的标准。人的不安全行为是人失误的特例，人失误可能直接破坏第一类危险源控制措施，造成能量或危险物质的意外释放。

物的因素的问题是物的故障，物的不安全状态也是一种故障状态，包括在物的故障之中。物的故障可能直接破坏对能量及危险物质的约束或限制措施。有时一种物的故障导致另一种物的故障，最终造成能量或危险物质的意外释放。

环境因素主要指系统的运行环境，包括温度、湿度、照明、粉尘、通风换气、噪声等物理因素。不良的环境会引起物的故障或人的失误。

人失误、物的故障等第二类危险源是第一类危险源失控的原因。第二类危险源出现得越频繁，发生事故的可能性越高，故第二类危险源出现情况决定事故发生的可能性。

根据两类危险源理论，第一类危险源是一些物理实体，第二类危险源是围绕着第一类危险源而出现的一些异常现象或状态。因此危险源辨识的首要任务是辨识第一类危险源，然后围绕第一类危险源来辨识第二类危险源，由这一理论而产生的新的事故因果连锁模型如图 2-10 所示。

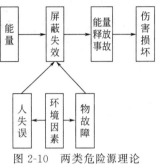

图 2-10　两类危险源理论
事故因果连锁模型

本章小结

本章内容主要包括基于"人性"假定的 X 理论、参与管理理论、Y 理论、超 Y 理论以及权变管理等理论的基本要点，也介绍了系统原理、人本原理、预防原理、强制原理等安全生产管理原理，事故发生频率域伤害严重度以及事故致因理论。正确理解和运用安全生产管理原理、事故发生频率域伤害严重度的规律以及事故致因理论可作为本章学习的重点。

课堂讨论题

1.谈谈你对基于"人性"假定的管理理论的认识。

2.探讨安全生产管理原理对安全生产管理有何指导意义？

能力训练项目

项目名称：制定安全生产管理框架方案

项目要求：依据本章所学内容，总结安全生产事故规律，在此基础上，制定安全生产管理框架方案。

思考题

1.学习基于"人性"假定的管理理论对做好安全生产管理工作有何帮助？

2.系统原理对现代安全管理实践有何指导意义？

3.人本原理对现代安全管理实践有何指导意义？

4.试说明 1∶29∶300 的涵义，该比例关系对事故预防有何积极意义？

5.举例说明安全管理人员应注意哪些不利于安全生产的变化？

6.试说明你对屏蔽的理解。

第三章
不安全行为的分析与控制

知识目标　1. 了解不安全行为的生理因素和心理因素。
　　　　　2. 熟悉行为科学的基本原理。
　　　　　3. 了解群集行为与群集事故的基本规律。
　　　　　4. 掌握控制不安全行为的途径。
能力目标　1. 能够从生理、心理及行为科学等方面对不安全行为进行初步的分析。
　　　　　2. 初步具有制定防止群集事故发生方案的能力。
　　　　　3. 能够制定控制人的不安全行为的管理方案。

　　人的不安全行为是导致工业事故的直接原因。而人的不安全行为的产生是非常复杂的，与人的生理、心理状况密切相关。因此，分析和控制人的不安全行为，必须首先了解有关生理学、心理学以及行为科学的基本知识。

第一节　不安全行为的生理因素

一、视觉

　　人在接受外界信息时，通过视觉器官接收的信息约占全部信息的 80% 以上。可见视觉是接收外界信息的主要手段，其余的大部分信息又主要是靠听觉来获得的。

　　1. 常见的几种视觉现象

　　由于生理、心理及各种光、形、色等因素的影响，使人在利用视觉的过程中，会产生适应、眩光、视错觉等现象。这些现象在安全生产管理过程中应该加以分析利用。

　　（1）暗适应与明适应　人眼对光亮度变化的顺应性，称为适应，适应有暗适应和明适应两种。

　　① 暗适应。暗适应是指人从光亮处进入黑暗处，开始时一切都看不见，需要经过一定时间以后才能逐渐看清被视物的轮廓。因为在这个过程中，瞳孔逐渐放大，光通量是增加的，使进入眼中的光线随之增加，提高了眼的感受性，从而能看清所视物的轮廓。暗适应的过渡时间较长，大约需要 20~30min 才能完全适应。

　　② 明适应。明适应是指人从暗处进入亮处时，能够看清视物的适应过程。这个过渡时间很短，大约需要 1min，明适应过程即趋于完成。

　　人在明暗急剧变化的环境中工作，会因为受到适应性的限制，使视力出现短暂的下降，若频繁地出现这种情况，会产生视觉疲劳，并容易引起事故发生。为此，在需要频繁改变光亮度的场所，应采用缓和照明，避免光亮度的急剧变化。

（2）眩光　当人的视野中有极强的亮度对比时，由光源直射或由光滑表面反射出的刺激或耀眼的强烈光线，称为眩光。眩光可使人眼感到不舒服，使可见度下降，并引起视力的明显下降。

眩光造成的有害影响主要有：使暗适应破坏，产生视觉后像；降低视网膜上的照度；减弱观察物体与背景的对比度；观察物体时产生模糊感觉等，这些都将影响操作者的正常作业。

（3）视错觉　人在观察物体时，由于视网膜受到光线的刺激，光线不仅使神经系统产生反应，而且会在横向产生扩大范围的影响，使得视觉印象与物体的实际大小、形状存在差异，这种现象称为视错觉。视错觉是普遍存在的现象，其主要类型有形状错觉、色彩错觉及物体运动错觉等。其中常见的形状错觉有长短错觉（见图 3-1）、方向错觉（见图 3-2）、对比错觉、大小错觉、远近错觉及透视错觉等。色彩错觉有对比错觉、大小错觉、温度错觉、距离错觉及疲劳错觉等。在工程设计以及安全生产管理时，为达到预期的效果，应考虑视错觉的影响。

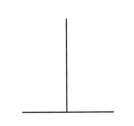

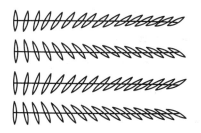

图 3-1　线段长短视错觉　　　　　　　　图 3-2　方向视错觉

2. 视觉损伤与视觉疲劳

（1）视觉损伤　在生产过程中，除切屑颗粒、火花、飞沫、热气流、烟雾、化学物质等有形物质会造成对眼的伤害之外，强光或有害光也会造成对眼的伤害。

研究表明，眼睛能承受的可见光的最大亮度值约为 $106cd/m^2$（亮度单位：坎德拉每平方米）。如越过此值，人眼视网膜就会受到损伤。300nm 以下的短波紫外线可引起紫外线眼炎。紫外线照射 4～5h 后眼睛便会充血，10～12h 后会使眼睛剧痛而不能睁眼，这一般是暂时性症状，大多可以治愈。常受红外线照射可引起白内障。直视高亮度光源（如激光、太阳光等），会引起黄斑烧伤，有可能造成无法恢复的视力减退。低照度或低质量的光环境，会引起各种眼的折光缺陷或提早患视敏度功能衰退症（老花）。眩光或照度剧烈而频繁变化的光可引起视觉机能的降低。

（2）视觉疲劳　长期从事近距离工作和精细作业的工作者，由于长时间看近物或细小物体，睫状肌必须持续地收缩，这将引起视觉疲劳，甚至导致睫状肌萎缩，使其调节能力降低。

长期在劣质光照环境下工作，会引起眼睛局部疲劳和全身性疲劳。全身性疲劳表现为疲倦、食欲下降、肩上肌肉僵硬发麻等自律神经失调症状；眼部疲劳表现为眼病、头痛、视力下降等症状。此外，作为眼睛调节筋的睫状肌的疲劳，还可能形成近视。

视觉损伤和视觉疲劳引起的视力下降，常会导致工作效率的降低和事故的发生。因此，保护劳动者的视力十分重要。

3. 视觉的运动规律

人们在观察物体时，视线的移动对看清和看准物体有一定规律。掌握这些规律，有利于在生产过程中提高工作的可靠性。

① 眼睛的水平运动比垂直运动快，即先看到水平方向的东西，后看到垂直方向的东西。所以，一般机器的外形常设计成横向长方形。

② 视线运动的顺序习惯于从左到右、从上到下、顺时针进行。

③ 对物体尺寸和比例的估计，水平方向比垂直方向准确、迅速，且不易疲劳。

④ 当眼睛偏离视野中心时，在偏离距离相同的情况下，观察率优先的顺序是左上、右上、左下、右下。

⑤ 在视线突然转移的过程中，约有3％的视觉能看清目标，其余97％的视觉可能是不真实的，所以在工作时，不应有突然转移视线的要求，否则会降低视觉的准确性。如需要人的视线突然转动时，也应要求慢一些才能引起视觉注意。为此，应给出一定标志，如利用箭头或颜色预先引起人的注意，以便把视线转移放慢。

⑥ 对于运动的目标，只有当其角速度大于$1'\sim2's^{-1}$时且双眼的焦点同时集中在同一个目标上，才能鉴别出其运动状态。

⑦ 人眼看一个目标要得到视觉印象，最短的注视时间为0.07～0.30s，这里与照明的亮度有关。人眼视觉的暂停时间平均需要0.17s。

二、听觉

听觉的功能可以分辨声音的高低和强弱，还可以判断环境中声源的方向和远近。

(1) 听觉特性

① 听觉绝对阈限。听觉的绝对阈限是人的听觉系统感受到最弱声音和痛觉声音的强度，它与频率和声压有关。在阈限以外的声音，人耳感受性降低，以至不能产生听觉。声波刺激作用的时间对听觉阈值有重要的影响，一般识别声音所需要的最短持续时间为20～50ms。

听觉的绝对阈限包括频率阈限、声压阈限和声强阈限。声强是指在垂直于声波传播方向上单位时间内通过单位面积的平均声能，单位为W/m^2。频率20Hz、声压$2\times10^{-5}Pa$、声强$10^{-12}W/m^2$为听阈。低于这些值的声音不能产生听觉。而痛阈声音的频率为20000Hz、声压为20Pa、声强为$10^2W/m^2$。人耳的可听范围就是听阈与痛阈之间的所有声音。

② 听觉的辨别阈限。人耳具有区分不同频率和不同强度声音的能力。辨别阈限是指听觉系统能分辨出两个声音的最小差异。辨别阈限与声音的频率和强度都有关系。人耳对频率的感觉最灵敏，常常能感觉出频率微小的变化，而对强度的感觉次之，不如对频率的感觉灵敏。不过两者都是在低频、低强度时辨别阈限较高。另外，在频率500Hz以上的声频及声强的辨别阈限大体上趋于一个常数。

③ 辨别声音的方向和距离。在正常情况下，人的两耳的听力是一致的。因此，根据声音到达两耳的强度和时间先后之差可以判断声源的方向。例如，声源在右侧时，距左耳稍远，声波到达左耳所需时间就稍长。声源与两耳间的距离每相差1cm，传播时间就相差0.029ms。这个时间差足以给判断声源的方位提供有效的信息。另外，由于头部的屏蔽作用

及距离之差会使两耳感受到声强的差别，因此，同样可以判断声源的方位。以上这两种判断方法，只有声源恰好在听者的左方或右方时，才能确切判断声源的方位。如果声源在听者的上方、下方或前方、后方，就较难确定其方位。这时通过转动头部，以获得较明显的时差及声强差，加之头部转过的角度可判断其方位，在危险情况下，除了听到警报声之外，如能识别出声源的方向，往往有利于避免事故的发生。

判断声源的距离主要依靠声压和主观经验。一般在自由空间，距离每增加一倍，声压级将减少 6dB。

（2）听觉的掩蔽　当几种声强不同的声音传到人耳时，人耳只能听到最强的声音，而较弱的声音就听不到，即弱声被掩盖了。这种一个声音被其他声音的干扰而使听觉发生困难，只有提高该声音的强度才能产生听觉的现象称为声音的掩蔽。被掩蔽声音的听阈提高的现象，称为掩蔽效应。

劳动者在作业时由于噪声对正常作业的监视声及语言的掩蔽，不仅使听阈提高，加速人耳的疲劳，而且影响语言的清晰度，直接影响作业人员之间信息的正常交换，而且可能导致事故的发生。

噪声对声音的掩蔽与噪声的声压及频率有关。当噪声的声压级超过语言声压级 20～25dB 时，语言将完全被噪声掩蔽，掩蔽声对频率与其相邻近的被掩蔽声的掩蔽效应最大；低频对高频的掩蔽效应较大，反之则较小；掩蔽声愈强，受掩蔽的频率范围也愈大。当噪声的频率正好在语言频率范围内（800～2500Hz）时，噪声对语言的影响最大。所以在设计听觉传达装置时，应尽量避免声音的掩蔽效应，以保证信息的正确交换。

需要注意的是，由于人的听阈复原需要经历一段时间，掩蔽声去掉以后，掩蔽效应并不能立即消除，这个现象称为残余掩蔽或听觉残留，其量值可以代表听觉的疲劳程度。掩蔽声也称疲劳声，它对人耳刺激的时间和强度直接影响人耳的疲劳持续时间和疲劳程度，刺激越长、越强，则疲劳程度越高。

三、人的反应时间

人们在操纵机械或观察识别事物时，从开始操纵、观察、识别到动作，存在一个感知时间过程，即存在一个反应时间问题。

1. 反应时间

反应时间是指人从机器或外界获得信息，经过大脑加工分析发出指令到运动器官开始执行动作所需的时间。即反应时间包括感觉反应时间（从信息开始刺激到感觉器官有感觉所用的时间）到开始动作所用时间（信息加工、决策、发令开始执行所用的时间）之和。

由于人的生理心理因素的限制，人对刺激的反应速度是有限的。一般条件下，反应时间约为 0.1～0.5s。对于复杂的选择性反应时间达 1～3s，要进行复杂判断和认识的反应时间平均达 3～5s。

为了保证作业安全，一方面在机器设计中，应使设计的操纵速度低于人的反应速度；另一方面应通过训练不断提高操作者的反应速度。

2. 减少反应时间的途径

一般来说，机器设备的情况、信息的强弱和信息状况等外界条件是影响反应时间的重要因素；而机器的外观造型和操纵机构是否适宜于人的操作要求以及操作者的生物力学特性等，则是直接影响动作时间的重要因素。

① 合理地选择感知类型。在各类感觉的反应时间中，听觉的知觉反应时间最短，约 $0.1\sim0.2s$，其次是触觉和视觉。所以在设计或选择各类机器的操控系统时，应根据操纵控制情况，合理选择感觉通道，尽量选用反应时间短的通道去控制和调节机器。

② 适合人的生理心理要求，按人机工程学原则设计机器。

③ 熟练的操作技术。操作者操作技术的熟练程度直接影响反应速度，应通过训练来提高人的反应速度。

缩短操作者的反应时间、提高操作者的反应速度，对于操作者及时正确应对突发事件具有重要意义。

第二节　不安全行为的心理因素

据事故统计资料表明，由人的心理因素而引发的事故约占 $70\%\sim75\%$，甚至更多。

心理学是研究心理过程发生、发展的规律性，个性心理形成和发展的过程，以及心理过程和个性心理相互关系的一门科学。

心理学涉及的基本内容如下所述。

人的心理是同物质相联系的，是起源于物质的，是物质活动的结果。人的心理是大脑对于客观现实的反映。因此，研究人的心理，离不开客观现实。

心理倾向性是人进行活动的基本动力，决定人对现实的态度。

个性心理特征是个体稳定地、经常地表现出来的能力、性格、气质等心理特征的总和。不同人的个性心理特征是不相同的。个性心理特征在先天素质的基础上，在一定的社会条件下，通过个体具体的社会实践活动，在教育和环境的影响下形成和发展。

一、能力

能力是指一个人完成一定任务的本领，或者说，能力是人们顺利完成某种任务的心理特征。能力标志着人的认识活动在反映外界事物时所达到的水平。影响能力的因素很多，主要有感觉、知觉、观察力、注意力、记忆力、思维想象力和操作能力等。

1. 感觉、知觉和观察力

感觉是大脑对直接作用于感觉器官的客观事物个别属性的反映，而知觉则是大脑对感觉的客观事物的整体反映，即对感觉到的客观事物所做出的反应。一般情况下两者密切相关，感觉是知觉的基础，没有感觉，也就不可能有知觉，感觉越丰富，知觉就越完整、越正确；知觉是感觉的升华。另外，客观事物的个别属性和其整体总是密切相连的，因而人们很少有单纯的感觉，而总是将感觉的事物以知觉的形式直接反映出来。所以人们通常把感觉和知觉合称为"感知"。例如车工通过声音或跳动等现象感觉到"螺丝松动"后，便会立即做出"拧紧螺丝"的反应。

感觉的产生决定于客观刺激的程度，而知觉在很大程度上依赖于人的知识、经验等。由于人们在实践活动中不断积累经验，而使知觉形象变得更精确、丰富。

【案例1】　感知不足导致的事故

某厂配料工段的2号天车发生故障，停在登高梯以北约22m处。维修电工李某与彭某检修完天车由北向南行至登高梯处准备下到地面。此时1号天车在登高梯处3m左右范围内作业，李某准备下梯时，正遇1号天车由南向北开来，李某未向司机打招呼抢先下梯，由于他的运动知觉和时间知觉认识不足，被挤压在天车端梁与厂房立柱之间，因伤势过重死亡。

此例说明，提高职工的感知能力是重要的，它是确保安全生产的重要环节。在抓生产的同时必须重视对职工的专业技能和安全生产的培训，提高他们的感知能力，增强职工在生产过程中的自身保护意识。

观察是有目的、有计划、比较持久地认识某种对象的知觉过程，是一个知觉、思维、言语等综合作用的智力活动过程，是知觉的高级形式，它在感知中占有很重要的地位。人们全面、深入、正确地观察事物的能力，叫做观察力。观察力是智力结构的重要组成因素之一。在工业生产和科研等活动中，要求操作者以及安全管理人员具有敏锐的观察力，善于及时发现生产中的不安全因素和潜在的事故隐患，以便采取相应措施减少或避免事故发生。

2. 注意

在安全管理工作中，调查和了解事故的原因时，许多人会简单地回答："当时没注意"。可见，"没注意"或"不注意"常常是导致事故的一种原因。其实，"没注意""不注意"是和"注意"密切相关的，而且是和"注意"相比较而言的。因此，要了解为什么会出现"不注意""没注意"等心理现象，首先有必要了解和认识"注意"。

注意是指心理活动对一定事物或活动的指向或集中。其中指向是指在每一瞬间，心理活动都有选择地朝向一定事物而离开其余事物。集中是指把心理活动倾注于一定事物，使活动不断深入，使对该事物的反应达到一定清晰和完善的程度。注意本身不是一种独立的心理活动过程，而是伴随着感觉、知觉、记忆、思维、情感、意志等心理过程存在的心理特性，能保证心理过程的顺利进行。注意与这些心理过程同时产生，并贯穿于它们的始终。注意能保证人及时发现客观事物及其变化，使人更好地适应环境，在安全生产中有着特别重要的意义。工人在操作机器时集中注意力，是减少误操作、避免事故发生的重要保证。

（1）注意的分类　根据保持注意有无明确的目的性和意志的努力程度不同，一般把注意分为无意注意、有意注意和有意后注意三种。

① 无意注意。无意注意也称不随意注意。它是指事先没有预定目的，也不需做意志努力的注意。也就是说，它不是由自觉意识控制的注意。无意注意一般表现为在某些刺激物的直接影响下，人不由自主地把感受器官朝向这个刺激物，以求了解它的倾向。无意注意的突出特点是被动性。

② 有意注意。有意注意是一种有预定目的、必要时需做一定意志努力的注意。有意注意的突出特点是它的主动性，即它是一种主动地、服从一定活动任务的注意，它受人的意识自觉调节和支配。有意注意是具有自觉性的人类在从事一切有目的性的活动中，由于对活动的结局有较深刻的认识和较为强烈的期待时所必然发生的一种心理现象。人类在从事那些复

杂的艰苦劳动甚至自己不感兴趣的作业时，需要借助有意注意来完成。

③ 有意后注意。有意后注意是通过有意注意，达到不需要特别的意志努力也能保持自己注意的一种注意。比如，对某件事情或工作，本来自己没兴趣，但由于工作或任务需要，所以在认识它、思考它时或完成某些操作动作时，需要以意志的努力强制自己对它进行注意（即有意注意）。坚持一段时间后，自己可能对此发生了兴趣或对此事的注意形成了习惯，因而即使不是有意注意，但也能注意它。有意后注意的突出特点是自动性。

（2）注意的品质　注意的品质主要包括四个方面。

第一是注意的广度即注意的范围大小，它又可分为两个方面：其一是在同一时间内能清楚地知觉到对象的范围大小；其二是把握在时间上连续出现刺激物的数量多少。

第二是注意的稳定性，注意的稳定性是指注意长时间保持在某种事物或活动上的特性。在生产活动中，许多作业要求人们必须持续稳定地注意，此时神经常处于高度集中状态。例如船舶及飞机的雷达监视、机电设备显示装置的监视作业等，必须时刻保持觉醒状态。人在这样的连续作业中能保持高度集中注意的时间是有限的，心理学家给出的基本结论是：任何人的注意不能以同样强度维持30min以上，超过30min，作业效率将明显下降，错误率上升，此为"三十分钟效应"。

第三是注意的分配。注意的分配是指在同时进行两种或两种以上活动时，把注意指向不同对象的特性。严格地说，在同一时刻，注意不能分配，即所谓"一心不能二用"。但在实际生活中，注意分配不仅是可能的，而且是必要的。例如司机开车，不仅要注意前面的路面，而且还要不时用眼睛的余光扫视后视镜或周围的景物，同时耳朵还得听着机器转动是否正常等。这时，注意就不仅只专注一种事物，而是多种事物。能否合理分配注意，是有条件的。一般而言，在同时进行的几种活动中，每一种活动都是熟悉的且其中的一种活动在某种程度上已达到了自动化的水平时，才能做到注意的分配。一个初学开车的司机、一个初上车床的工人，往往是眼睛死盯在对象上，不敢稍加懈怠，因而很难做到有余力将注意分配在其他事物上。能否做到注意分配，还依赖于活动的复杂性程度。一般在进行两种智力活动时较困难；在同时进行智力和运动活动时，智力活动的效率会降低得多些。

第四是注意的转移。注意的转移是指根据新的任务而主动地把注意由一个对象转移到另一个对象上去的现象。这里强调的是转移的主动性。

注意转移的快慢难易主要取决于以下因素：其一是前后两种活动的性质，如果从易到难，则转移指标下降；其二是目的性，如果工作要求转移，则注意的转换相对较快，也较容易；其三是人的态度，例如对后继工作没兴趣，则注意的转移就困难；其四是训练，经过训练的人，在使注意转移时可以做到当行则行、当止则止。

需要说明的是上述注意的品质是相互联系、相互制约的，而且其中的每一项品质也都有一个"度"（即适度）的问题，只有将注意放在一个合理的"度"上，才能发挥它对完成工作的积极作用，也才能使人的活动或动作等既有效率又不致出错，从而保证工作中的安全。

【案例2】　注意特征不良引起事故

有许多事故的发生并不是"没有注意到"，而是由于没有掌握注意特征而引起的。例如，某天上午，某厂竹工组几位师傅为扩建厂工会办公室而搭建竹脚手架，"井"字字架搭至第六排时，陆师傅站在第三排往上传递毛竹。就在此时，基建科小吴驾驶一辆三轮卡车由北朝南而来，途经"井"字架下面的人行支道时，车速虽然已经减慢，但车辆转弯角度太小，致使车尾超宽装载的木质琵琶支撑架碰撞了一根靠在架子上正要传递的7m长毛竹。毛竹突然倒落在陆师傅脚上，致使他站立不稳，从高空坠落，经救治无效，当天下午死亡。

这起事故的发生，是出于小吴不能正确地运用注意特征而引起的。在驾驶过程中由于过分紧张，以至于注意指向的范围相对缩小，当车需要转弯时，注意力又没能及时转移，导致了事故的发生。为了确保安全生产，必须重视掌握注意特征，它是安全生产的重要条件。

3. 记忆

记忆是大脑对经历过的事物的反应，是过去感知过的事物在大脑中留下的痕迹。记忆是从认识开始的，并将感知的内容保持下来。根据保持的程度，记忆分为瞬时记忆、短时记忆和长时记忆（或称永久性记忆）。记忆的特征有持久性、敏捷性、精确性、准确性等。在安全生产中记忆力强弱也是影响事故发生的因素之一。

为了保证生产的安全，劳动者需要学习安全知识、熟悉安全操作规程、掌握机器的性能、分析作业过程的危险因素等，所有这些都离不开记忆。

此外，记忆还是思维的前提。只有通过记忆，才能为人脑的思维提供可以加工的材料；否则就不能做出预见性的判断。

运用记忆规律牢记安全生产知识，掌握并运用安全生产技能，对于防止错误操作、预防生产事故的发生具有重要意义。

【案例 3】　遗忘导致事故

对安全生产知识不加记忆而总是遗忘，就会不可避免地产生事故。如某年 2 月 14 日，某厂工人陈某在该厂新造船驾驶室防弹钢板上钻孔安装方窗时，在图快、省事的心理因素干扰下，遗忘了明火"十不烧"的规定，明知聚氨酯泡沫塑料刚喷过不久，竟连续三次明火操作。第二次明火操作时已起小火，并有大量浓烟冒出。他既没有通知消防人员，也没有把周围泡沫塑料铲除干净，就接着第三次动用明火，引起泡沫塑料燃烧。大火迅速从驾驶室蔓延到第一报房、雷达室、广播室、指挥仪表室和海图室等处，造成 1 人重伤、3 人窒息死亡的重大生产事故，同时也造成了巨大经济损失。

4. 思维

思维就是以已有的知识经验为中心，对客观现实的概括过程和间接的反应过程。具体说，思维是通过分析、综合、概括、抽象、比较、具体化和系统化等一系列过程，实现对感性材料进行加工并转化为理性知识和解决具体问题的过程。思维的基本形式是概括、判断和推理。思维的主要特征有广阔性、批判性、深刻性、灵活性、逻辑性和敏捷性等。思维能力的强弱与人的阅历（包括知识的深浅）、实践经验的丰富程度有密切关系，阅历越深，实践经验越丰富，思维能力越强。

5. 操作能力

操作是人通过运动器官执行大脑的指令对机器进行操纵控制的过程，操作能力水平的高低对安全监察人员及工人搞好本职工作极为重要，它将直接影响人身和设备的安全。

以上所述的各种能力的总和就构成人的智力，它包括人的认识能力和活动能力。其中观察能力是智力结构的眼睛，记忆能力是智力结构的储存器，思维能力是智力结构的中枢，操作能力是智力结构转化为物质力量的转换器。通过安全教育和培训，可以使劳动者达到所需要的作业能力，确保安全生产。

二、性格

性格是人们在对待客观事物的态度和社会行为方式中区别于他人所表现出来的那些比较稳定的心理特征的总和。道德品质和意志品质是构成性格的基础。

尽管人的性格千差万别，但就其主要表现形式，可归纳为冷静型、活泼型、急躁型、轻浮型和迟钝型 5 种。在安全生产中，有不少人就是由于鲁莽、高傲、懒惰、过分自信等不良性格促成了不安全行为而导致伤亡事故的发生。

安全教育的任务应包括：使劳动者养成一丝不苟、踏实细致、认真负责的工作作风，不断强化劳动者的原则性、纪律性、自觉性、谦虚、克己、自制等良好性格；不断克服粗枝大叶、得过且过、懈怠、消极、狂妄、利己、自满、任性、优柔寡断等这些易于肇事的不良性格。

三、气质

气质主要表现为人的心理活动的动力方面的特点。它包括心理过程的速度和稳定性、强度以及心理活动的指向性（外向型或内向型）等。人的气质不以活动的内容、目的或动机为转移。气质的形成主要受先天因素的影响，教育程度和社会影响也会改变人的气质。

人的气质分为多血质、胆汁质、黏液质和抑郁质四种类型，各种类型的典型特征如下所述。

（1）多血质型　具有这种气质的人活泼好动，反应敏捷，喜欢与人交往，注意力容易转移，兴趣多变。

（2）胆汁质型　这种类型的人直率热情，精力旺盛，情感强烈，易于冲动，心境变化剧烈。他们大多是热情而性急的人。

（3）黏液质型　具有这种气质的人安静、稳重，情绪不外露，反应缓慢，注意力稳定且难于转移。

（4）抑郁质型　这种类型的人观察细微，动作滞缓，多半是情感深厚而沉默的人。

气质类型并无好坏之分，任何一种气质类型都有积极的一面和消极的一面。同时，在每一种气质类型的基础上都有可能发展起某些优良的品质或不良的品质。从安全管理角度，在选择人员、分配工作任务时要考虑人员的性格、气质。例如，要求迅速做出反应的工作任务由具有多血质型的人员完成较合适；要求有条不紊、沉着冷静的工作任务可以分配给具有黏液质类型的人。应该注意，在长期工作实践中人会改变自己原来的气质来适应工作任务的要求。

总之，在安全生产工作中应合理地选择不同气质的人担任不同的工作，以便充分发挥其所长，以利于完成任务，有利于减少事故的发生。在进行安全教育时，也应根据人的不同气质，使用不同的教育手段；否则，不但达不到教育的目的，反而会产生副作用。

四、需要与动机

动机是由需要产生的，合理的需要能推动人以一定的方式、在一定的方面去进行积极的活动，达到有益的效果。

随着社会的发展，人为了个体和社会的生存，对安全、教育、劳动、交往的需要比对衣、食、住、行的需要更为强烈，其中对安全的需要（免除灾害、意外事故、疾病等安全需要）更为突出。安全既是每个人的需要，也是家庭、社会、工厂和国家的需要，只有将安全意识提高到这个水平，安全管理人员才能各尽其责，操作人员才能自觉地遵守安全操作规程，才能杜绝重复事故的发生，达到满足安全需要的目的。

五、情绪与情感

情绪是由肌体生理需要是否得到满足而产生的体验，属于人和动物共有的；而情感则是人的社会性需要是否得到满足而产生的体验，属于人类特有。情绪带有冲动性和明显的外部表现，而情感则很少有冲动性，其外部表现也能被加以控制。情绪带有情境性，它由一定的情境引起，并随情境的改变而消失，而情感则既有情境性又有稳定性和长期性。

在生产实践中常会出现以下几种不安全情绪。

（1）急躁情绪　急躁情绪的表现特征是干活利索但毛躁，求成心切但不谨慎，工作不仔细，有章不循，手与心不一致等。

（2）烦躁情绪　烦躁情绪的特征表现为沉闷、不愉快、精神不集中，严重时自身的生理器官往往不能很好地协调，更谈不上与外界条件协调一致。

以上不良情绪发展到一定程度能够主宰人的身体及活动情况，使人的意识范围变得狭窄，判断力降低，失去理智和自制力。带着这种情绪工作极易导致不安全行为的发生。

【案例 4】　不良情绪导致的事故

某矿山企业测井中队的一起人身伤亡事故和情绪的消极影响有关。

农历腊月 28 日晚，职工们正准备回家过年时，由于生产急需，上级通知他们立即出发去执行一口边缘探井的测试任务。到了现场，大家匆忙动手，摆车、支滑轮架、装仪器、下缆绳，打算快干快完，好连夜往回返，这样不耽误回家过年。在仪器往井中下放的途中，曾有轻微遇阻现象，但没有引起人们的警惕和重视。测试完毕，上提仪器时，起初各岗位人员还比较认真，但提到一半高度仍较顺利后，大家都松懈了，纷纷离岗做收工前的各项准备，井口无人监视异常情况。此时，井下仪器突然遇卡，高速提升的钢丝缆绳猛拉测试车，使车身猛退，结果将正在擦车的司机压死。

在这一事例中，人们的情绪几起几伏：先是在准备回家时突然来了任务（对立意向冲突），带着情绪上岗工作；然后在工作中感觉很顺利，大家立即兴奋起来，认为胜利在握，很快就可以回家过年，因而提前收拾工具、擦车，全队忘乎所以，丧失了警惕；最后突然事件发生，车身猛退，司机惨死，又从喜悦变成了悲伤。可见情绪对安全生产影响很大，在生产劳动中应该提倡活泼而镇定的情绪、紧张而有序地工作。

在情绪对安全生产的影响方面，还特别需要关注"应激"状态。所谓应激是指当人遇到出乎意料的紧迫情况时所产生的情绪状态。在安全管理中，应激状态往往出现在严重事故征兆出现到事故发生后的很短时间内。在应激状态下，人可能有两种反应：一种是手足失措，丧失正确的判断力、决策力，要么表现为"呆若木鸡"，要么表现为"没头苍蝇"，甚至出现临时性休克；另一种是急中生智，头脑冷静清醒，动作准确，行动有力，能及时摆脱困境。前者是一种减力性应激状态；后者是一种增力性应激状态。人在增力性应激状态下，可以最大限度地发挥自己的潜能，做出在通常情况下难以做出的事情。例如，当火灾或地震发生时，有的人惊慌失措，盲目从高层楼上跳下而摔伤致死，而有的人冷静沉着，积极采取自救措施而顺利脱险。曾有位住在三楼的老人，平时提着菜篮上楼都困难，但有一次家中失火，他竟扛起一个上百斤重的箱子跑到楼下，而当他放下箱子，松了口气以后，就瘫坐在地，站都站不起来了。可见处于应激状态下，如果能正确处置，可以避免人身伤害，减少损失，并且可以最大限度地提高工作效率。

在应激情绪状态下，究竟是产生增力效应还是减力效应，具有较大的个体差异性，而且也视具体情境而定。总的说来，它和个人的知识经验、意志品质、预先心理准备状态、平时的训练和经验等因素有密切关系。如果平时提高警惕，真正做到常备不懈，注意增强意志品质的锻炼，对可能遇到的紧急情况及其应急对策通过平时积累而成竹在胸，则临危时就能做到遇事不慌、处变不惊、当机立断、化险为夷。

六、意志

意志就是人自觉地确定目标，并调节自己的行动克服困难，以实现预定目标的心理过程，它是意识的能动作用表现。

人们在日常生活和工作中，尤其是在恶劣环境中工作，必须有意志活动的参与，才能顺利地完成任务，所谓"有志者事竟成"就是这个道理。

坚强的意志品质主要是指意志的坚定性、果断性、自制性和恒毅性较强，而意志薄弱主要是指上述的意志品质较差。

1. 坚定性

意志的坚定性是指对自己选定或认同的行动目的、奋斗目标坚定不移、矢志不渝，努力去实现的一种品质。意志的坚定性品质的树立取决于对行动目标的认识，认识愈深刻，行动也就愈自觉。认识到目标的意义愈重大、影响愈深远（对自己、对集体、对企业、对社会、对国家……），选定目标也愈坚决，而选定之后，坚持目标的意志努力也就愈强烈。不仅一个人的认知影响意志的坚定性，而且一个人的兴趣、爱好、责任心等也影响意志的坚定性。对自己感兴趣的事情，往往容易坚持做下去。而一个责任感较强的人，不会轻易放弃目标和为实现目标而做的努力。此外，意志的坚定性还和一个人的理想、信念等有关。信念的核心是价值观，它决定着一个人愿意为什么而去努力行动。如果行动和自己的信念相符，就可以强化自己确定该行动的意志。否则，在思想上就会将信将疑、三心二意，在行动上则表现为左右摇摆、观望不前。

坚定的意志品质对安全生产的影响很大。这是因为，安全生产是以熟练的操作技能为基本前提的。而技能不同于本能，它不是人先天就具备的，而是后天学得的。要使操作技能达到熟练的程度，不经过意志的努力是难以想象的。许多人之所以不能使自己的操作技能达到炉火纯青的地步，而仅仅满足于能应付、过得去，除了其他原因外，很重要的就是缺乏意志的坚定性，不舍得花力气。此外，人要对本来感到厌烦的工作或职业建立起兴趣，并能维持这种兴趣，也要有坚定的意志品质。

2. 果断性

意志的果断性是指一个人做决定、下判断时行止果断。在面临抉择时，是优柔寡断、犹豫不决，还是敢作敢当，行止果断，反映了一个人的意志品质。果断性集中反映着一个人做决定的速度，但迅速决断不意味着草率决定、鲁莽从事、轻举妄动，而是在迅速比较了各种外界刺激和信息之后做出决断，其思想、行动的迅速定向是理智思考的结果。

意志的果断性对紧急、重大事件的处理具有重大意义。在生产过程中，有些事故的发生是有先兆的。能否在事故发生前的一刹那，自觉采取果断措施排除险情，和操作者的意志关系很大。所谓"车行千里，出事几米"。如果能在情况紧急时，及时采取果断措施，就能够避免事故发生；相反则可能会延误时机，造成严重后果。例如某钢厂出钢时，天车抱闸失灵，钢包下溜，钢水外溢，遇水发生爆炸，造成多人受伤。如果天车司机在发现天车抱闸失灵后采取果断措施（如打反转），控制钢包下溜，将钢包安放于平稳之处，或发出信号通知地面人员迅速离开，这次事故就有可能避免。又如，浙江某水泥厂，一位年轻电焊工人在操作时，因暴雨引起的焊头漏电，站立不稳，从16m多高的电收尘器顶端摔了下来。当时，正在距地面8m多高的铁浮梯上干活的一位钳工师傅见状，果断伸出双手去接，结果电焊工人正好掉在他怀里，避免了一场人身伤亡事故。而钳工师傅从发现险情到险情排除，前后不过二三秒时间。可见在危急险恶情况下，具有良好意志品质的人，能根据不同条件变化调节自己的行动，敏捷地进行分析判断和决策，消除险情；而意志薄弱者则可能判断犹豫不决，行动举棋不定，以致失去抢险时机而酿成大祸。

3. 自制性（或自律性）

意志的自制性或自律性品质是一种自我约束的品质。有自制性的人善于克制自己的思想、情绪、情感、习惯、行为、举止，能恰当地把它们控制在一定的"度"的范围内，抑制与行动目的不相容的动机，不为其他无关的刺激而动摇。自制性好的人能够遵守纪律（学习纪律、工作纪律、劳动纪律等），表现为对学习专心致志，注意力集中，工作中一丝不苟，对自己要求严格。自制力差的人，常表现为大错不犯，小错不断，目标常转换，注意力常分散，平时马马虎虎，干事不专心，常为外界刺激而分心，容易接受暗示，从众性强，缺乏独立思考。这种自制力差的人常是事故的多发者。

意志的自制性品质对安全生产也有重要影响。为了预防事故、保证安全，每个企业部门都有相应的劳动纪律和安全规章制度，需要人们自觉地加以遵守。而任何纪律本质上都是对人们的某些行为的约束。只有具有良好的意志自制力才能自觉地按照规章制度办事、积极主动地去执行已经做出的决定。因此这对现代化大生产中的工人来说是一种必备的心理素质。在现实生活中人们不难发现，许多事故是出在违章操作上。尽管造成违章的原因是多方面的，但其中不容忽视的原因之一是某些人将必要的规章制度看作是"领导专门对付工人的"，从心理上不愿遵守，因而在行动上放纵自己，"我想怎么干就怎么干"，到头来一害国家，二害自己。可见，要想保障安全，就要遵章守纪，因此必须加强对意志自制性品质的培养。

4. 恒毅性

意志的恒毅性也称坚韧性、坚持性。通常人们所说的坚持不懈、坚韧不拔、有恒心、有毅力、有耐力等，就是指恒毅性好的意志品质。与此相反的虎头蛇尾、半途而废、见异思迁、浅尝辄止、缺乏耐力等则指的是恒毅性差的意志品质。

恒毅性主要体现在行动对既定目标的坚持上。至于实现目的所采取的方法、手段、途径等行动的具体环节或阶段，则可根据行动过程中的具体情况而改变。所以恒毅性的提高，是以对意志行动过程中所发生的变化随时保持明确的认识为前提的。

顽强的毅力和顽固是有区别的。顽固是不顾变化了的情况而固执己见。顽强的毅力则是在意识到变化了的情况下仍坚持既定目标，务求实现。前者是一种消极的心理品质，后者是一种积极的心理品质。

恒毅性对于克服工作、生产中的困难，减少事故危害程度等是一种可贵的意志品质。俗话说，最后的胜利常常产生于"再坚持一下"的努力之中。"再坚持一下"的努力就是意志恒毅性的品质。这种品质在遇到紧急情况时特别必要。

【案例5】　坚强的意志避免了一起重大事故的发生

某矿山一台电动机车因中途断电而停止运行。由于司机粗心，没采取安全措施就离车，以致恢复供电后，这台无人驾驶并牵引着一列矿车的电机车自动地跑起来，由慢而快，在主巷道运输线上狂奔，并直冲竖井。此时，若前面过来对头车，一场车毁人亡的惨剧就会发生。一青年工人发现险情后，临危不惧，毅然向电机车追去。可是由于车速快、巷道窄，他几经努力，都没有成功，反被电机车轧断了两个手指。在这种情况下，他忍着剧痛，迅速奔跑，终于在一段宽巷道上追上了电机车，拉下了刹车柄，紧急刹住了电机车。从这一事例中可以看出，正是坚强的毅力使他克服了伤痛，从而保证了国家财产和人民的生命免受损失和伤害。

第三节　行为科学基本原理与人的不安全行为

行为科学起源于20世纪20年代，是研究工业企业中人的行为规律、用科学的观点和方法改善对人的管理，以充分调动人的积极性和提高劳动生产率的一门科学。行为科学家综合了心理学、社会学、人类学、经济学和管理学的理论和方法，对生产过程中人的行为及其产生原因进行分析研究。

行为科学认为，人的行为是由动机支配的。动机是引起个体行为、维持该行为并将此行为导向某一目标的念头，是产生行为的直接原因。引发行为的动机可以是一个，也可以是若干个。当存在多个动机时，这些动机的强度不尽一致且随时发生变动。在任何时候，一个人的行为受其全部动机中最强有力的动机即优势动机所支配。

激发人的动机的心理过程叫做激励。通过激励可以使个体保持在兴奋状态之中。在安全工作中，激励是指激发人们的正确动机，以调动人的积极性，搞好安全生产。

需要是指个体缺乏某种东西的状态，包括维持生理作用的物质要素和社会环境中的心理要素。为了弥补这种缺乏，就产生欲望和动力，引起并推动个体活动。需要（需求、期望、欲望）是激励的基础，是为个体所感觉到并认可的激励力量。当个体感到某种需要时，就会在内心中产生一种紧张或不平衡，进而产生企图减轻紧张的行动。需要是人的一种极复杂的心理现象，它既受生理上自然需求的制约，又受后天形成的社会需求的制约，两者统一于个体之中。

图3-3所示为动机激励模式。

行为科学中关于人的行为的理论很多，与安全管理联系最密切的有以下几种理论。

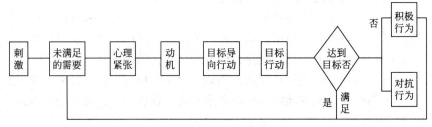

图3-3　动机激励模式

一、需要层次理论

1943 年美国心理学家马斯洛提出"需要层次理论"。马斯洛认为，人具有内在的动机（需要）来指导或推动他们走向自我完善和个人优越的境地。较高层次的需要，只有在较低层次的需要满足后才能占优势；每个人的动机结构是不相同的，各层次的需求对行为的影响也不一致；各层次的需要相互依赖和重叠，并且是发展变化着的。因此，需要层次是一种动态的，而不是一种静止概念。只有未被满足的需要才能影响行为。

人类需要的 5 个层次如下。

1. 生理的需要

指物质需要，维持生命的基本需要。例如，饥和渴就是普遍的生理基本驱动力。马斯洛说："缺少食物、安全、爱情及尊重的人，很可能对食物的渴望比对其他任何东西的需求都更为强烈。"

2. 安全的需要

不仅包括身体的实际安全，也包括心理上和物质上免受损害。从管理上来说就是要注意安全生产、保障工作的稳定性，有较稳定的收入以及良好的福利制度、财产保险制度和社会秩序等。

3. 社交的需要

前两者需要都反映在个人身上，而社交需要反映了与其他人发生的相互作用，亦称为社会性需要。它包括跟别人交往、归属于群体、得到别人的支持、友谊与爱情等需要。这一层次的需要脱离了前面所强调的生理方面的内容，开始强调精神的、心理的、感性的东西。这类需要若得不到满足，会影响人的心理健康，产生心理病态，甚至失常。

4. 尊重的需要

人们按照自己的标准和别人的标准期望得到尊重。这一层次包括自我尊重和受人尊重两方面。这可以表现为具有对工作的积极态度，通过努力取得成绩来赢得别人尊重的需求。应该注意的是，自卑或过于自尊是有害的；尊重别人通常会导致自我尊重和受人尊重；对职工的成绩给以适当的鼓励和赏识，又能促进人们继续完成工作任务和取得新的成就。

5. 自我实现的需要

人们通过自己的努力，实现自己对生活的期望，从而认为生活和工作很有意义，这样就能充分发挥个人的潜力。用马斯洛的话来说："一个人能是什么样的人，必须使之成为什么样的人。"这即是自我才干的实现。从管理上看，就要量才使用。

上述五种需要，以层次形式依次由低级到高级排列，形成金字塔式逐层递升（见图 3-4）。只有当低层次的需要相对满足后，高一层次的需要才可能出现。

马斯洛指出，人的需要层次结构不是固定

图 3-4　马斯洛的需要层次理论

不变的，而是与个人的生理状况、文化程度、环境因素、社会发展等诸多因素有关。

马斯洛的需要层次理论对揭示人类需要的规律性做出了贡献，他将人的需要区分为不同的内容和层次，并将其作为一个完整的体系予以研究，从而推进和深化了人们对需要的认识水平。由于此理论的直感逻辑性强、易于理解，因而在管理领域中影响较大，它促使管理人员注意人的需要的多样性，人除了生理的和物质的需要外，还有精神上的需求，在企业安全生产管理工作中，应根据企业的具体情况，满足人们各种合理需要，以激发员工的安全动机。依据"只有低层次需要基本上得到满足后，才会趋向于产生高层次需要"的观点，企业安全管理人员首先应注重满足员工低层次需要，并在此基础上善于引导员工的思想境界向高层次发展，以进一步有利于安全生产工作的顺利进行。

二、双因素理论

美国心理学家赫茨伯格（F. Herzberg）通过调查发现，职工不满意的情绪往往是由工作环境引起的，而满意的因素通常由工作本身产生。于是，他提出了"激励因素-保健因素理论"，简称为"双因素理论"。

所谓激励因素是指使人得到满足感和起激励作用的因素，即满意因素。其内容包括成就、赞赏、工作本身的挑战性、负有责任及上进心等。激励因素的满足能激励职工的积极性和工作热情，从而搞好工作。因此，可以说激励因素是适合个人心理成长的因素，是激发人们工作热情的内在因素和促进人们进取的因素。所谓保健因素，是指如果缺少它就会产生意见和消极情绪的因素，即避免产生不满意的因素。其内容包括企业的政策与管理、监督、工资、工作环境和同事关系等。改善保健因素、消除不满情绪能使职工维持原有的工作状况，保持积极性，但不起激励作用，不能使职工感到很满意。"保健"两字表示像预防疾病那样，防止不满意的消极情绪产生。

双因素理论舍弃了"人主要为钱而工作"的旧观念，强调工作本身的激励作用和精神需要对物质需要的调节作用。

三、期望理论

心理学家弗罗姆认为，在任何时候人类行为的激发力量决定于人们所能得到的结果的预期价值与人们认为这种结果实现的期望值的乘积。可以用下式表达个人行为与其结果间的关系：

$$激发力量＝效价×期望值$$

这里激发力量表示使人们被激励的强度；效价指达到目标对满足个人需要的价值如何；期望值指根据个人经验估计的目标实现的概率。效价和期望值的不同结合，决定着激发力量的大小。期望值大，效价大，则激发力量大；期望值小，效价小，或两者中某一个小，则激发力量小。

弗罗姆提出了人的期望模型（见图3-5），用以表示人们的努力与所获得的最终报酬之间的因果关系。该模型把激励过程分为三个部分，即要使激发力量最大，必须处理好以下三个关系：从事某项工作本身的内在效价，即报偿与满足需要之间的关系；完成工作任务的期望值，即个人努力与工作成绩之间的关系；获取报偿的期望值，即工作成绩与报偿之间的关系。

工作成绩称为一级结果，即组织目标；报偿称为二级结果，即个人目的。对一级结果激

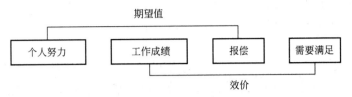

图 3-5   人的期望模型

发的动力，还要看是否确信会导致二级结果，即事先能否看出工作成绩和报偿之间的因果关系。总之，人们趋向于做出很大努力去达到目标，那是因为：他们能够完成任务；事先知道报偿的内容和得到报偿的可能性很大。

四、动机-报偿-满足模型

劳勒（Lawler）和波特（Porter）在期望理论的基础上，提出了更完善的激励模型（见图3-6）。他们认为，努力取决于报偿的价值、报偿的概率和个人认为需要的能力。好的经验会影响个人的价值系统和在今后付出类似努力的倾向性。

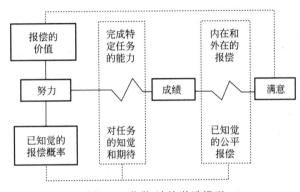

图 3-6   劳勒-波特激励模型

努力和工作成绩之间的关系，除了主要取决于努力外，还受人们对任务的知觉（对目标、所需活动以及对任务的其他因素的理解）和对个人能力的影响。内在的报偿包括具有挑战性的或令人愉快的工作、成就感、责任感及自尊等。外在的报偿包括工资、赞扬、工作条件及地位等。

第四节   群集行为与群集事故

【案例6】   2014年12月31日11时35分，上海外滩因人群拥挤发生严重踩踏事件，造成36人死亡，49人受伤。

2011年起，黄埔区政府、上海市旅游局和上海广播电视台连续三年在外滩风景区举办新年倒计时活动。鉴于在安全等方面存在一定的不可控因素，黄埔区政府经与上海市旅游局、上海广播电视台协商后，于2014年11月13日向市政府请示，新年倒计时活动暂停在外滩风景区举行，将另择地点举行，活动现场观众将控制在3000人左右。

事发当晚20时起，外滩风景区内人员进多出少，大量市民、游客涌向外滩观景平台，呈现人员逐步聚集态势。事后，根据上海市通信管理局、上海市公安局、地铁运营企业等部门单位提供的数据，事发当晚外滩风景区的人流、人员流量：20时至21时约12万人，21时至22时约16万人，22时至23时约24万人，23时至事件发生时约31万人。

22时37分，外滩陈毅广场东南角北侧人行通道接地处的单向通行警戒带被冲破，尽管现场执勤民警极力维持秩序，但仍有大量市民、游客逆行涌上观景平台。23时23分至33

分，上下人流不断对冲后，在人行通道阶梯中间形成僵持，继而形成"浪涌"。23 时 35 分，僵持人流向下的压力陡增，造成阶梯底部有人失衡跌倒，继而引发多人摔倒、叠压，致使拥挤踩踏事件发生。

【案例 7】 2006 年 2 月 4 日，菲律宾首都马尼拉市郊的一家体育馆外发生踩踏事件，造成 88 人死亡，其中 63 人为妇女，342 人受伤。踩踏事件发生时，约有 3 万人正在等待进入体育馆观看一场比赛。这场吸引万人争睹的比赛是由菲律宾一家电视台组织的，由于奖项丰厚，这一比赛在菲律宾非常受欢迎，许多人为了买到门票就排了两天的队。踩踏事件发生后，数千人惊慌失措，踩着死去的人的尸体乱跑，混乱的局面造成救护车都无法靠近。

关于此次踩踏事件的原因，据当地官员称，当有人喊"有炸弹"后（事实上并没有任何发生爆炸的迹象），人群发生了踩踏事故；也有幸存者称，这一事件是因为人群的巨大压力强行打开了体育馆的唯一一个入口处的大门，人们随后试图从狭窄的通道内挤进体育馆，大多数尸体是在通道内被发现的。

【案例 8】 2004 年 2 月 5 日 19 时 45 分，在北京市密云县密虹公园举办的密云县第二届迎春灯展中，因一游人在公园桥上跌倒，引起身后游人拥挤，造成踩死、挤伤游人的特大恶性事故，事故造成 37 人死亡、37 人受伤。

2004 年 1 月 31 日至 2 月 10 日，北京市密云县在该县密虹公园举办"密云县第二届迎春灯展"游园活动。密云县公安局为此制定了相关的安全保卫工作方案，该方案中规定，迎春灯展期间，密云县公安局城关派出所负责维护密虹公园内白河东岸观众游览秩序和彩虹桥（包括桥的东西两端）的行人过往秩序，控制人流量，确保桥面畅通，不发生挤死、挤伤事故。2 月 5 日晚，密虹公园内观看灯展的游人骤增。时任城关派出所的负责人不认真履行职责，工作严重不负责任，未按规定派出警力到彩虹桥两端对游人进行疏导、控制，致使彩虹桥上人流密度过大，秩序混乱，部分游人在桥西侧跌倒后相互挤压，造成特大伤亡事故发生。

2004 年年底，北京市第二中级人民法院对密云县"2·5 特大伤亡事故"两名玩忽职守人员一审宣判，法院以玩忽职守罪分别判处北京市密云县公安局城关派出所原负责人三年有期徒刑。

人们在日常生活中或工业生产过程中，往往形成群集。在面临危险需要紧急疏散时，群集中的人们可能相互拥挤而跌倒、相互践踏，发生伤害事故。因此，了解群集行为规律，对于采取恰当措施防止发生群集事故，具有十分重要的意义。

在诸如体育赛事等大型集会前或重要节庆活动前制订应急预案、依据应急预案提前采取防范群集事故的综合性措施，是提高公共安全治理水平不可或缺的内容。

一、群集的一般行为特征

1. 步行参数

研究群集行为一般从研究步行开始。

步行的三个参数为步速、步幅和步数，测得其中两个，则可算出第三个。例如，测得某人步幅 60cm、步速 150cm/s，则可算得每分钟的步数为 150 步。

在日常生活中，人的步行参数是随情况而变化的。例如，上班时走得比较快，下班时则大约比上班时慢 10% 左右。通常在城市街道上步行者的步速约在 1～2m/s 之间，日本对 2000 名步行者的统计，平均值为 1.33m/s。表 3-1 所列为各种情况下的行进速度。

在人数众多（即群集）的场合，受场所幅宽的限制，群集的步速取决于人群的密度。当群集密度小于 1.5 人/m² 时，群集的步速等于走得慢的人的步速，即 1m/s；当群集密度高于 1.5 人/m² 时，群集的步速将更低。可以用群集流动系数描述人群通过某一空间断面的流动情况。群集流动系数等于单位时间内单位空间宽度通过的人数。表 3-2 是国外由观测得到的流动系数数值。一般取中间值 1.5 人/(m·s) 为通过公共建筑物门口的群集流动系数；取 1.3 人/(m·s) 为通过楼梯的群集流动系数。

表 3-1 行进速度   单位：m/s

腿慢的人	1.00	没腰水中	0.30
腿快的人	2.00	暗中(已知环境)	0.70
标准	1.33	暗中(未知环境)	0.30
小跑	3.00	烟中(淡)	0.70
中跑	4.00	烟中(浓)	0.30
快跑	6.00	用肘和膝爬	0.30
赛跑	8.00	用手和膝爬	0.40
百米纪录	10.00	用手和脚爬	0.50
游泳纪录	1.70	弯腰走	0.60
没膝水中	0.70		

表 3-2 群集流动系数   单位：人/(m·s)

上班时拥挤的电车,门口	1.7	运动会散场时	1.5
上班高峰时车站,检票口	1.7	车站内楼梯(上车时)	1.5
下班时拥挤的电车,门口	1.5	车站内楼梯(下车时)	1.3
下班高峰时车站,检票口	1.5	公共汽车,电车,上车时(拥挤)	1.3
电影院、音乐会散场,门口(夜)	1.5	运动会散场时下楼梯	1.3
百货商店下班时,出口	1.3	剧场散场时下楼梯(夜)	1.2
中学教室,出口	1.3	中学放学时,下楼梯	1.3~1.4

由日常经验可知，群集密度越高，则群集速度越低。

2. 步行时的行为特征

这里所谓的行为特征是指行为的习惯、倾向。无论何时、何地，大多数人在公共场所表现出来的行为习惯有如下几方面。

(1) 靠右侧通行 我国交通规则规定车辆、行人必须靠右侧通行，于是人们也就习惯于靠右侧通行。即使不在马路上而在其他公共场所行走时，也往往下意识地靠右侧通行。

(2) 左转弯 人们在公园、广场或建筑物内自由步行时，大多数人习惯于左转弯。运动场上的长跑就是按左转弯逆时针进行的。

(3) 抄近路 人们总是努力寻找到达目的地的最短路径。斜穿马路是最常见的例子。

(4) 按原路返回 当人们到一个陌生的场所时，往往按记忆的来时路线返回。

根据上述的行为特征，在设计紧急疏散路线时必须考虑符合人的习惯或利用人的习惯。

二、群集行为与伤害事故

防止与群集行为有关的伤害事故主要存在于两种情形。一是在发生火灾、爆炸等意外事故及地震等自然灾害时，如何组织群众安全地疏散、避难；二是在群众性的活动中防止发生由于拥挤等造成的踩踏等伤害事故。在现实生活中，由于拥挤而发生伤亡事故的例子屡见不鲜。

下面，仅就几种容易引起伤害事故的群集行为方面的问题稍加讨论。

1. 成拱现象

群集自宽敞的空间拥向较狭窄的出入口时，除了出入口正面的人流外，许多人往往从两侧挤入，从而阻碍正面的流动，群集密度增加形成拱形的人群，导致谁也不能通过。当拱形群集密度达到 13 人/m² 以上时，由于某一侧力量较强而使拱崩溃。当拱突然崩溃时，人群突然移动，很容易失去平衡而被挤倒。旧有的拱被破坏，流动得以继续进行不久，又会形成新的拱。特别是在下台阶或下楼梯时更加危险。

为了防止出现成拱现象，在人群密集的公共场所的出入口处，如有可能发生拥挤时，应该安排专人维持秩序，避免拥挤。比如在出入口外用绳子或栏杆围成只允许一个人通行的通道，也是防止成拱的有效措施。

2. 异向群集流

十字路口、交叉路口处不同方向来的群集相互冲突、相互阻塞，前进的群集受到折返回来的群集阻塞，以及部分群集停止前进也会造成阻塞、拥挤和混乱。也有相对前进的两股群集流狭路相逢的情况（对抗群集流）。异向群集流之间的相互冲突很容易发生踩踏伤害事故。

3. 异质群集流

当群集中的每个人都以相同的步速向相同方向前进时，群集的流动是稳定的流动。通常的情况是，群集中有走得快的人，也有走得慢的人。每个人都按自己认为是最短的路线前进，就免不了相互干扰、阻碍或碰撞。例如某人想向另一个人的方向走去，以为追上、挤靠对方则对方就会给自己让路，如果第三个人也是这样想的话，则将发生相互碰撞和流动的停滞。走得慢的人受到走得快的人从后面的推拥、侧面的拥挤有可能跌倒。如果群集密度低，则在此点流动停滞并形成一个涡，周围的人绕行。如果群集密度高时，由于背后强大的压力，此点后面的人可能踩在跌倒的人的身上或被绊倒。于是，发生一连串的跌倒和踩踏，酿成严重的伤害事故。

异质群集流的事故发生可能性取决于群集中人员构成、步速的情况、行进方向是否一致、耐受群集压力差的人的数量等因素。

4. 群集中的恐慌

当群集中发生恐慌时，会引起骚动和混乱，甚至发生伤害事故。恐慌发生和发展的过程可简述如下：①不确切的消息、谣言在已经聚集起来的群集中流传；②由于小道消息或谣言，引起群集中多数人的不安，他们或者等待新消息，或者绝望，并可能产生新的谣言，导致群集密度的进一步增加；③随着群集密度增加和相互拥挤，人们失去理智而感情用事，更增了不安感；④少数人由于不安及恐慌而啼哭悲鸣，或出现冲动性行动、狂躁行动；⑤以少数人的狂躁行动为导火线，群集全体都狂躁起来，呈现总崩溃的局面。

研究表明，在危险迫在眉睫的场合，由于群集间相互影响而加剧不安及恐慌，并且相互约束及妨碍，结果更容易导致狂乱的发生。

防止恐慌发生一般可从如下几方面着手：①消除、减少使群集不安的因素，从根本上防止出现恐慌；②控制群集的行动，如把群集划分为若干组小群集；③防止出现群集间的竞争，提倡发扬团结友爱、互相帮助的精神；④及时提供准确的情报；⑤指导者、工作人员要尽职尽责，指导群集正确地行动。

简而言之，可以从下面三个方面来采取对策：①避免进入恐慌状态；②尽量缩短恐慌状态的持续时间以及防止恐慌的蔓延；③尽早结束恐慌状态，恢复正常状态。

第五节　控制人的不安全行为的途径

一、建立与维持对安全工作的兴趣

防止工伤事故，控制人的不安全行为的一个途径是使劳动者建立和维持对安全工作的兴趣。

兴趣是力求认识某种事物、乐于从事某种活动的倾向。这种倾向会使一个人的注意力经常集中趋向于某种事物。因此兴趣是一个人从事某项工作的强大的推动力和最有力的动机。

安全管理人员在开展工作的过程中，可以利用劳动者的个性心理建立和维持对安全生产的兴趣。

1. 自卫感

自卫感即害怕个人被伤害。这是个性心理特征中最强烈且较普遍的一种特性。例如，一个下意识怕被伤害的工人，如能引起注意安全的兴趣，则可使其对机器作适当的防护而站在一个安全的位置。对智能发展不足的人而言，这往往是唯一能成功被利用的特性。再如，亲朋、父兄中有人曾因工伤事故而伤亡的青年工人，往往自卫的心理较重，人道感也较强。

借自卫感来建立与维持兴趣的方法有：描述危害的后果，但不应使用太恐怖的方法；例如，要讲碰伤手脚引起感染的恶果，导致微小伤害的原因同样会导致严重伤害；可以利用海报、板报、讲演、电影、幻灯、电视等形式进行宣传。

假如有一个轻视个人安全但有荣誉感的鲁莽汉，对具有这种心理特征的人过分强调自卫，反而会促使其逞能，更易任意将自己暴露于危险之中；若对其强调集体的荣誉，将有利于动员他努力防止伤亡事故。

对于热心于安全生产的人，并非是有强烈自卫心的怕死者。出于责任感、人道感，有自卫心的人也常有舍己为人、忘我地去抢救受伤人员的事例。

2. 人道感

人道感即希望替他人服务。人道主义是人类广泛具有的本质，对受伤者应有强烈的同情心。人道感最好发挥于工人尚未置身于危险以前。当然，重视急救、强调拯救生命及避免灾害扩大以及利用事故频率的数字更易唤起有人道感的人的合作。

3. 荣誉感

荣誉感即希望与人合作、关心集体的荣誉。当工人具有健全的荣誉心时，可用下列方法来建立和维持其对安全工作的兴趣。

① 告诉工人，发生工伤事故将影响班组、企业的安全记录。有荣誉感的人为保持本工作部门的安全记录，不会产生不安全行为。

② 有荣誉感的人喜欢支持上级，并遵守安全规程。对此类人不必过分强调与群众合作的好处，而应强调不合作是不荣誉的。

③ 告诉工人不安全行为不仅易于发生事故，而且也减少产品数量和降低产品质量，还会增加国家经费开支。这对调动有荣誉感的人的安全生产积极性是有利的。

4. 责任感

责任感即能认清自己所尽义务的心理特征。大多数人不论对自己或他人都有某种程度的责任感，责任感也是一种易于被利用以引起安全兴趣的特征。

可以增加有责任感的人在安全生产工作中所负的责任；也可用指派工作的方法以发展其兴趣。例如，选派其当安全员，或令其负责安全指导之类的宣传工作等。

5. 自尊心

自尊心即希望得到自我满足与受到赞赏。自尊心来自于对自己工作价值的认识与报偿。称赞其工作良好，即表扬，乃是引起自尊心的一种刺激。也可用展览图表或统计数字来显示职工安全努力的成果，或颁发奖状或奖金给表现良好的个人或集体。

有自尊心的人，在给予其部分安全生产管理责任时，往往会有特别积极的表现。

6. 从众性

从众性即害怕被人认为与众不同。有从众心理的人一般均愿意遵守安全规程和安全习惯。对具有这种特性的人，可利用制定标准（公布大多数人都能接受的标准），采用比较法（指出违反劳动纪律和安全规程为大家所不齿），强调系统性和规律性（如定时上油、更换工具，定期召开安全会议）以及指出违反安全法规会脱离群众等方法调动其安全兴趣。

7. 竞争性

竞争性即希望与人竞争。这种人在有人与其竞争时，往往比单独工作时有干劲。对此种特性的人，可确定有竞争性的安全目标，如安全行车若干公里、几百天或几年无事故等。

8. 希望出头露面

对这种人可加重其安全工作的责任，如指派其作群众安全监督岗，令其管理个体防护器材，在安全互检中指定其作组长或评定人员等。

9. 逻辑思考力，即理解的特殊能力

这种人往往以"明察秋毫"自负，好做公正的结论。如果以事实和数据为基础，进行事故分析，可引起此种人对安全的兴趣以修正其不安全的行为；也可安排其在安全组织中担任一定职务，用以发挥其思考力的特征。

10. 希望得到精神奖励和物质奖励

通常许多人希望得到精神上、经济上或其他形式的鼓励。因此，当工人在安全工作方面有突出表现时，可给予表扬或酬劳（如发奖金、发奖状、给赠品，或指派有关安全活动的任务），以建立其对安全的兴趣。要把精神鼓励与物质奖励结合起来。

在安全生产管理的实践中，可以充分利用上述心理特征为安全生产服务。

二、作业标准化与执行岗位安全操作规程

根据对人的不安全行为产生原因的调查，下列三种原因在不安全行为产生原因中占有相当比例：①不知道正确的操作方法；②虽然知道正确的操作方法，却为了快点干完而省略了一些必要的步骤；③按自己的习惯操作。

为了克服这些问题，认真推行标准化作业经实践证明是一条有效的途径，按科学的作业标准来规范人的行为。

作业标准与安全操作规程不同。安全操作规程只规定了作业人员应该做什么和不该做什么；而作业标准则具体规定了应该怎样做和怎样做得更好。按照作业标准操作的前提，是要科学、合理地制定作业标准。作业标准应该由管理人员、工程技术人员、工人共同研究、反复实践后确定。好的作业标准至少应满足下述要求。

（1）作业标准应该明确规定操作步骤、程序　例如，对于人力搬运作业，不是简单地规定"搬运过程中不要把东西掉了"，而应具体地规定怎样搬、搬到什么地方。

（2）作业标准不应该给操作者增加精神负担　例如，对操作者的熟练技能或注意力的要求不能过高，操作尽可能简单化、专业化；尽量减少使用夹具或工具的次数，采用自动送料装置等。

（3）作业标准应该符合现场实际情况　由于生产实际情况千变万化，通用的作业标准往往很难获得效果，所以应该针对具体情况制定切合实际的作业标准。例如，不能一说到高处作业就一定规定佩戴安全带，因为有些高处作业采取了其他防坠落措施，完全可以满足安全要求。

在制定作业标准时，首先把作业分解为单元动作，对各单元动作逐一设计，然后将其相互衔接。一般地，制定的作业标准要考虑到人员身体的运动、作业场地的布置，以及使用的设备、工具等要符合人机学要求。

在制定作业标准时，还要特别明确地规定出一些动作要点，强调违背了这些动作要点就不安全、就不能生产出高质量产品、就不能高效率地完成生产任务。

制定出作业标准后，要对职工进行教育和训练，让职工认识到习惯作业不科学、不安全，自觉地按作业标准进行生产操作。只进行一次教育和训练是不够的，要经常监督、检查，反复教育、反复训练。国内许多企业通过开展群众性的安全活动来推广标准化作业，取得了较好的效果。

安全操作规程通常可分为装置（如仪器设备）安全操作规程和作业安全操作规程两类。

装置安全操作规程主要涉及以下内容：

（1）对操作人员的能力或资格的要求；

（2）操作前准备工作的要求；

（3）操作过程中的要求；

（4）操作过程突发事件的应急对策；

（5）操作结束的要求。

作业安全操作规程主要涉及以下内容：

（1）对操作人员的能力或资格的要求；对作业禁忌的要求（如何种情况下不能作业）；

（2）对作业条件的要求；

（3）对作业现场安全管理的要求；

（4）对作业安全预防措施的要求；

（5）对露天作业气象条件的要求；

（6）对作业过程中注意事项的要求；

（7）作业过程突发事件的对策；

（8）作业结束善后工作的要求。

编制安全操作规程前，要详细了解装置运行或作业过程中的危险有害因素，分析操作或作业过程中可能产生的事故与职业危害，清楚所应采取的措施。并收集相关的法规及标准，熟悉法规及标准对操作人员能力与资格、安全技术措施、安全管理等方面的要求。

三、安全教育与训练

安全教育与训练是防止和改变人的不安全行为的重要途径，可增强人的安全素质，提高安全意识和安全技能。

安全教育与训练的内容主要包括安全思想教育、安全知识教育和安全技能训练。

通过安全思想教育提高企业全员的安全意识，熟悉国家安全生产方针政策、安全法规，提高对安全生产工作的认识水平，继而提高搞好安全工作的责任感、自觉性和主动性，达到充分调动每个人主观能动性实现安全生产的目的。

通过安全知识教育，使企业全员的安全技术知识得到普及和提高，掌握工业伤害事故和职业病发生发展的客观规律，熟悉生产过程的危险性和安全防护知识。

通过安全技能训练提高岗位安全操作技能、安全检测技能和危险防护与处理的技能。

安全教育与训练的三个方面是相辅相成的，缺一不可。安全思想教育是先导，安全知识教育是基础，安全技能训练是手段。人的行为受思想意识所支配，安全思想不过硬，再好的知识和技能也无用武之地；没有安全知识就谈不上安全意识水平的提高，安全技能训练也就缺少了坚实的基础；而安全技能缺乏，就不能把安全知识付诸实践，就不能达到安全生产的最终目的。

关于安全教育更详细的内容详见本书第七章第四节安全教育制度。此处重点针对安全技能训练的相关内容做一介绍。

安全技能是只有通过受教育者亲身实践才能掌握的。也就是说，只有通过反复的实际操作、不断摸索而熟能生巧，才能逐渐掌握安全技能。安全技能训练应按照标准化作业要求来进行。

技能是人为了完成具有一定意义的任务，经过训练而获得完善化、自动化的行为方式。技能达到一定的熟练程度，具有了高度的自动化和精密的准确性，便称为技巧。技能受意识的控制较少，并随时都可以转化为有意识的行为。

技能不同于习惯动作，其区别在于以下几个方面。

① 技能是根据需要为一定目的发生或停止的行为，随时都可以受意识的控制，习惯则是无目的伴随某些行为发生的完全自动化的行为（动作）。若要有意识地去控制它、停止它，则需要较大的意志努力和克服情绪上的不安。

② 技能是为达到一定的目的，经过意志努力练习而形成的；习惯往往是在无意中简单地重复同一动作而形成的。

③ 技能通常都是有意义的和有益的行为，习惯则可能是有益的，也可能是有害的。

1. 技能形成的阶段及其特征

技能的形成是有阶段性的，不同阶段显示出不同的特征。一般来说，技能的形成可以分为三个既有联系又有区别的阶段：掌握局部动作阶段，初步掌握完整动作阶段，动作的协调和完善阶段。

在技能形成过程中，各个阶段的变化主要表现在：行为的结构方面、行为的速度和品质方面及行为的调节方面的特征上。

① 行为结构的改变。动作技能的形成表现为许多局部动作联合为完整的动作系统，动作之间的互相干扰以及多余动作的逐渐减少；智力技能的形成表现为智力活动的各个环节逐渐联系成一个整体，概念之间的混淆现象逐渐减少以至消失，言语趋于概括化和简单化。

② 行为的速度和品质。动作技能的形成表现为动作速度的加快和动作的准确性、协调性、稳定性、灵活性的提高；智力技能的形成则表现为思维的敏捷性与灵活性、思维的广度与深度，思维的独立性等品质的提高，掌握新知识的速度和水平是智力技能的主要标志。

③ 行为的调节。一般动作技能的形成表现为视觉控制的减弱与动觉控制的增强，以及动作的紧张性的消失；智力技能则表现为智力活动的熟练化，神经（大脑）劳动的消耗减少。

2. 练习曲线

技能是通过练习逐步形成的。在练习过程中，学习成绩的变化情况可以用统计曲线表示出来，这种曲线叫做"练习曲线"。从练习曲线上可以看出工作效率、行为速度和动作的准确性等各方面的变化。在各种技能的形成过程中，有一些共同的趋势，如练习成绩逐步提高，表现为速度的加快和准确性的提高。速度的加快具体表现为单位时间内完成的工作量的增加或每次练习所需时间的减少；准确性的提高表现为每次练习的错误次数减少。这可以用图 3-7 的典型练习曲线表示。

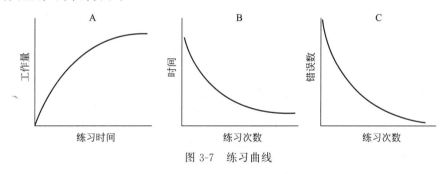

图 3-7　练习曲线

练习的共同趋势一般可以概括为以下三种情况。

① 练习成绩进步的快慢前后不一致。在多数情况下，技能在练习初期的成绩提高较快，以后就逐渐慢了下来。这种练习成绩先快后慢的主要原因是，在练习开始时，人们已经熟悉了摆在他们面前的任务，采用了过去的经验方法，不必花费很多的时间去学习有关练习的知识和方法，所以开始进步很快。但是，在练习后期，任何一点改进都是经验中所没有的，甚至还要改进旧有的经验，这就要付出巨大的努力；其次，有些技能可以分解成一些比较容易掌握的局部动作进行练习，所以显得练习初期进步较快。在练习后期，需要将这些局部的动作连接为协调统一的动作时，就比局部动作复杂得多、困难得多，所以技能的提高较慢。

② 高原现象。在技能形成的过程中，一般是在练习中期，往往出现成绩进步暂时停顿的现象，这就是练习曲线上的所谓"高原现象"。它表现为曲线保持一定而不上升，或者甚至有所下降，但在高原之后，又可以看到曲线的继续上升（见图 3-8）。

高原现象产生的主要原因是，由于成绩的提高需要改变旧的行为结构和方式，代之以新

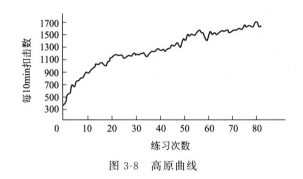

图 3-8　高原曲线

的行为结构和方式。在没有完成这一改造以前，成绩就会处于暂时停顿状态。通过练习，已经完成了这一改造过程之后，成绩又会有新的进步。其次，由于练习兴趣的降低，产生了厌倦、灰心等消极情绪，也可能导致暂时停顿现象，一旦克服这些消极因素，练习成绩又会上升。

③ 起伏现象。在各种技能形成的过程中，一般可以看到成绩时而上升、时而下降和进步时快时慢的起伏现象。这种现象产生的原因是，客观条件的变化，包括学习环境和练习工具的改变、指导方面的改变等，以及主观状态的变化，包括自我感觉是否良好，有无强烈的动机和浓厚的兴趣，注意力是否集中和稳定，有无自满情绪，意志努力程度如何，有没有信心，是否掌握了比较有成效的方式方法，以及身体状况如何等。

3.训练计划

技能是人们在后天通过练习形成的。练习是掌握技能的基本途径。但练习不同于机械地重复，它是有目的、有步骤、有指导的活动。在制订训练计划时，要考虑以下几个方面的问题。

① 要循序渐进。对于一些较困难、较复杂的技能，可以把它划分成若干简单的、局部的部分，有步骤地进行练习。在掌握了这些分解的部分以后，再过渡到比较复杂的、完整的操作。

② 正确掌握对练习的速度和质量的要求。在开始练习的阶段可以要求慢一些，而对操作的准确性则要严格要求，使之打下一个良好的基础。随着练习的进展，要适当地增加速度，逐步提高效率。

③ 要正确安排练习时间。一般来说，在开始阶段，每次练习时间不宜过长，各次练习之间的间隔可以短一些。随着技能的掌握可以适当延长各次练习之间的间隔，每次练习的时间也可延长一些。

④ 练习方式要多样化。多样化的练习方式可以提高兴趣，促进练习的积极性，保持高度的注意力。练习方式的多样化，还可以培养人们灵活运用知识的技能。当然，方式过多，变化过于频繁也会导致相反的结果，即影响技能的形成。

四、安全监督和检查

制度化的安全监督和检查是防止操作者发生不安全行为的重要途径。通过上级监管部门、本企业安全技术管理人员定期与不定期的安全检查，劳动者本身以及相互之间的不间断监督，使劳动者在生产的全过程中，不断提高执行岗位安全操作规程及其他法律规范的自觉性，最终实现对不安全行为的自我约束（具体的安全检查的方法详见本教材第七章）。

🔄 本章小结

　　本章内容主要包括不安全行为的生理因素和心理因素，行为科学的基本原理，群集行为与群集事故，控制不安全行为的途径等基本知识。掌握影响不安全行为的因素的基本知识，学习制定防范不安全行为的管理方案可作为本章学习的重点。

👥 课堂讨论题

　　1.哪些生理因素会影响人的行为？试举例说明生理因素会导致人的不安全行为。
　　2.哪些心理因素会影响人的行为？试举例说明心理因素会导致人的不安全行为。
　　3.如何防范群集事故？
　　4.如何控制人的不安全行为？

🐸 能力训练项目

　　项目名称：编制油桶补焊作业安全操作规程

　　【事故案例】　某年 2 月 4 日，某单位安排翁某（女，33 岁，气焊工，工龄 3 年）焊补油桶（油桶已经过灌水试验，并将浮油用胶皮管导出）。补焊时油桶在地面上（大盖子已打开），翁某面部对准大盖孔进行补焊，突然油桶猛烈爆炸，圆柱形的油桶变成了腰鼓形。桶内的火焰气浪从大盖孔内喷出，将翁某的眉毛、部分头发烧掉，脸部Ⅱ度烧伤，于春节前夕住院治疗。（注：油桶顶面有大、小两个盖孔）

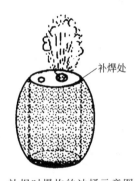

补焊处

补焊时爆炸的油桶示意图

　　项目要求：1.分析事故的直接原因和间接原因。
　　2.编制油桶补焊作业安全操作规程。

✏️ 思考题

　　1.在安全生产管理中如何运用"注意"的规律？
　　2.在安全生产管理中如何使劳动者树立正确的安全生产动机？
　　3.如何运用需要层次理论提高安全生产管理的效果？
　　4.在安全生产领域哪些情况下需要考虑人的群集行为，并应采取何种措施防止群集事故的发生？
　　5.如何通过安全管理控制人的不安全行为？

第四章
人失误的分析与预防

知识目标　1. 掌握人失误的定义及分类。
　　　　　2. 熟悉在信息处理过程中人失误的主要表现形式。
　　　　　3. 了解影响人失误的各种因素。
　　　　　4. 了解心理紧张与人失误的关系。
　　　　　5. 掌握疲劳的分类、原因及预防疲劳的措施。
　　　　　6. 掌握人失误的预防措施。
能力目标　1. 能够制定预防疲劳的方案。
　　　　　2. 能够制定防止人失误的方案。

第一节　概　　述

一、人失误的定义

按系统安全的观点，人也是构成系统的一种元素。当人作为一种元素发挥功能时，会发生失误。人失误是指人的行为的结果偏离了规定的目标，并产生了不良的影响。

实际上，不安全行为也是一种人失误。一般来讲，不安全行为主要是指操作人员在生产过程中发生的，是直接导致事故的人失误，人的不安全行为是导致工业事故的直接原因，而人失误可能发生在从事计划、设计、制造、安装、维修等各项工作的各类人员身上。管理者发生的人失误是管理失误。所有的工业事故中都涉及一系列的管理失误，这些管理失误使得不安全行为和不安全状态得以存在和发展。现代安全理论认为，管理者发生的失误是一种更加危险的人失误。

二、人失误的分类

为了找出造成人失误的原因、采取恰当措施防止发生人失误或减少发生人失误的可能性，人们对人失误进行了不同的分类。人失误分类方法很多，下面介绍按人失误原因进行的分类。

按人失误产生的原因可以把人失误分为以下三类。

（1）随机失误（random error）　由于人的行为、动作的随机性质引起的人失误。如用手操作时用力的大小、精确度的变化、操作的时间差、简单的错误或一时的遗忘等。随机失误往往是不可预测、不能重复的。

（2）系统失误（system error）　由于系统设计方面的问题或人的不正常状态引起的失误。系统失误主要与工作条件有关，在类似的条件下失误可能发生甚至重复发生。通过改善工作条件及职业训练能有效地克服此类失误。

系统失误又有两种情况：①工作任务的要求超出了人的能力范围；②在正常作业条件下形成的下意识行动、习惯做法往往使人们不能适应偶然出现的异常情况。

（3）偶发失误（sporadic error）　偶发失误是指一些偶然的过失行为，它往往是事先难以预料的意外行为，如违反操作规程、违反劳动纪律等。

同样的人失误在不同的场合可能属于不同类别。例如，坐在控制台前的一名操作工人，为了扑打一只蚊子而触动了控制台上的启动按钮，造成设备误运转，属于偶发失误。但是，如果控制室里的蚊子很多又无有效的灭蚊措施，则该操作工的失误应属于系统失误。

第二节　信息处理与人失误

一、人的信息处理过程

人的信息处理过程可以简单地表示为输入→处理→输出。输入是经过人的感官接受外界刺激或信息的过程。在处理阶段，大脑把输入的刺激或信息进行选择、记忆、比较和判断，进而做出决策。输出是通过人的运动器官和语言器官把决策付诸实现的过程。图 4-1 为人的信息处理过程模型。

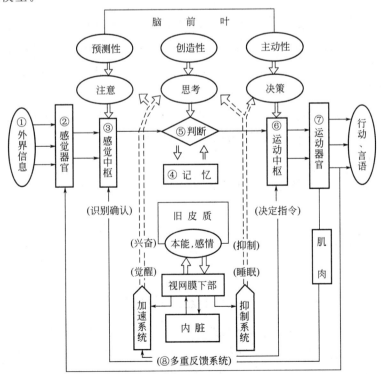

图 4-1　人的信息处理过程模型

日本学者黑田等提出了图 4-2 所示的简化模型。他们认为，在生产过程中，新工人往往由于缺乏经验而失误；老工人则往往是由于信息处理过程中对信息的压缩处理而产生失误。

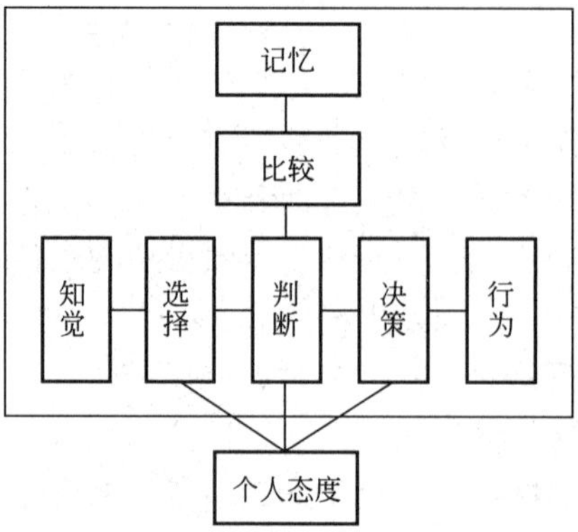

二、信息处理过程中的人失误倾向

人在信息处理过程中常常出现以下一些失误倾向。

1. 简单化

人具有图省力、把事物简单化的倾向。如在工作中把自认为与当前操作无关的步骤舍去，或拆掉安全防护装置等。

图 4-2　黑田模型

2. 依赖性

人具有依赖性，喜欢依赖他人，如上级、下级和同事等，或依赖他物，如规程、说明书及自动控制装置等。

3. 选择性

对输入的信息进行迅速地扫描并选择，按信息的轻重缓急排队处理和记忆。这使得人们的注意力过分地集中于某些特定的事物（操作、规程或显示装置）而忽视其他。

4. 经验与熟练

对于某项操作达到熟练以后，导致不经大脑处理而下意识地直接行动。这一方面有利于熟练、高效地工作；而另一方面，这种条件反射式的行为在一些特殊情况下，如危急情况下则是有害的。

5. 简单推断

当眼前的事物与记忆中的过去的经验相符合时，人们就容易认为事物将按照以往经验的那样发展下去，从而对其余的可能性不再加以考虑而排斥。

6. 粗枝大叶、走马观花

随着对输入的信息的扫描范围和速度的增加而忽略细节，或舍弃定量而只收集一些定性的信息。

为了克服上述倾向，在工艺及操作、设备等的设计中要采取恰当的技术措施。例如，在设计警报装置时，要充分考虑如何把工人从过度的精神集中的状态下解放出来，并针对紧急情况进行训练、演习，避免产生条件反射式的动作。

三、信息处理过程中的人失误表现及其产生原因

日本安全评价研究会根据人的信息处理过程，总结归纳了化工企业生产操作过程中人失误的表现形式及其产生原因，对研究生产过程中的人失误问题具有很好的参考价值。

他们把人失误分为五大类，每一大类中分别包含若干种人失误的表现形式，见表 4-1 所列。

表 4-1　失误的表现及其产生原因

A　没有正确提供和传达作业信息

(1)没有提供、传达信息；

(2)信息的内容不明确或被误解；

(3)位置或传达的方法不适当，不能一目了然；

(4)环境条件不完善或受到环境的干扰(如黑暗和噪声等)

B　识别、确认的错误

B1　没有感觉输入

(1)正在听或看其他事物；

(2)感觉器官被遮挡(如戴墨镜、耳罩)；

(3)感觉器官性能下降(老花眼、疲劳、困倦)

B2　感觉错误

(1)对长度、形状、距离、高度、速度及文字的阅读等感觉错误；

(2)错觉；

(3)仪表读数及文字读错

B3　辨认错误

(1)形状和颜色相似的物品并列；

(2)记忆错误，记错了事物的性质或名称

B4　漏识

(1)不懂得提供的信息(知识与经验不足)；

(2)时间紧迫，惊慌失措，没有注意到提供的信息；

(3)正在注意和思考其他问题；

(4)从事厌倦的单调作业或因疲劳而心不在焉

B5　没确认

(1)自以为是，未予确认；

(2)认为同伴已经确认，而未加过问

C　判断、决策失误

C1　判断失误

(1)记忆错误，用错了分析问题的理论和方法；

(2)过去虽知道但一时未想起来，继续以原来的习惯方式做事；

(3)有过类似的经验，不以为然，轻率从事；

(4)情况复杂，千头万绪，头脑混乱；

(5)重复单调作业，因疲劳而头脑模糊

C2　判断决策缺陷、忘记

(1)时间紧迫，状态严峻，无思考余地；

(2)为他事缠绕，精力不集中；

(3)刚从紧张气氛中解脱，希望获得轻松；

(4)认为工作已结束，问题应当不复存在

C3　决策和动作失误

(1)以为伙伴知道，自己既没做也不同对方联系；

(2)出现习惯性动作、反射性动作；

(3)未加思考，顺手就干；

(4)控制不住感情冲动，胡乱操作；

(5)拿不准主意，动手迟缓；

(6)其他

续表

| D　操作、动作失误 |
| D1　姿势错乱 |
| (1)连续屈身后,不自觉地伸腰; |
| (2)起立时,身摇目眩 |
| D2　动作错误(无意义的动作) |
| (1)紧张之余,导致意识僵化; |
| (2)用力过猛、节奏过快、不合时宜; |
| (3)由于疲劳,动作失调、鲁莽 |
| D3　动作遗漏(程序错误) |
| (1)时间紧迫,势态严峻,跳跃程序,超前行动; |
| (2)连续从事单调作业,使程序混乱,遗漏操作; |
| (3)操作意外中断,致使后续工作失常; |
| (4)有心事,左顾右盼,操作程序错乱漏项 |
| D4　选错了操作对象 |
| (1)分神于意外事情,弄错对象; |
| (2)形状大小相同的开关并列,选择错误 |
| D5　操作方向错误 |
| (1)操作不协调; |
| (2)心不在焉,反向操作; |
| (3)其他 |
| E　对操作后果确认失误(反馈失误) |
| E1　对操作失误未察觉 |
| (1)操作后果无反馈; |
| (2)对反馈信息没辨认出来; |
| (3)把确认的反馈信息忘记了 |
| E2　对操作失误有察觉,但对发生在何处、因何缘故辨认不清 |

　　他们调查了338起没有造成伤害的事故,分析引起事故的人失误表现及原因。发现在信息处理过程中,在接受信息和判断、决策部分人失误所占比例最大,尤其以"没确认"和"判断失误"发生最多(见表4-2)。

表4-2　人失误表现形式

信息处理过程	比例/%	失误表现形式	0	10%	20%
信息不良	14	没有正确提供和传达作业信息			
识别、确认的错误	14	没有感觉输入			
		感觉错误			
		辨认错误			
		漏识			
		没确认			
判断、决策失误	42	判断失误			
		判断决策缺陷、忘记			
		决策和动作失误			

续表

信息处理过程	比例/%	失误表现形式	0	10%	20%
操作、决策失误	7	姿势错乱			
		动作错乱			
		动作遗漏			
		选错了操作对象			
		操作方向错误			
对操作后果确认失误	2	对操作失误未察觉			
		有察觉,但对发生在何处辨认不清			

第三节　人失误致因分析

一、概述

菲雷尔（Russell Ferrell）认为，作为事故原因的人失误的发生是由于下述三方面原因：①超过人的承受能力的过负荷；②与外界刺激要求不一致的反应；③由于不知道正确的方法或故意采取不恰当的行动。

皮特森（Petersen）在菲雷尔理论的基础上提出，事故原因包括人失误及管理缺陷两方面的原因；而过负荷、人机学方面的问题及决策错误是造成人失误的原因（见图 4-3）。

图 4-3 中，过负荷是指某种心理状态下的承受能力与负荷不适应。负荷包括操作任务方面的负荷、环境负荷、心理负荷（担心、忧虑等）及立场方面的负荷（如态度是否暧昧、人际关系如何等）。人的承受能力取决于身体状况、精神状态、熟练程度、疲劳及药物反应等。

不一致反应是指对外界刺激的反应与刺激要求的反应不一致，或操作与要求的操作不一致（尺寸或力等）。

采取不恰当的行为可能是由于不知道什么是正确的行为（教育训练上的问题），或由于决策错误。

决策错误是由于低估了事故发生的可能性或低估了事故可能带来的后果，它取决于个人的性格和态度。其中还包括由于同事的压力或生产方面的压力，认为不安全的作业较安全作业更合理而选择了不安全行动等问题，由于性格上或精神上的问题造成的下意识的失误倾向的问题等。

二、影响人失误的个人因素

影响人失误的个人因素主要涉及硬件状态、心理状态和软件状态三个方面。

1. 硬件状态

所谓硬件状态包括生理状态、身体状态、病理状态和药理状态。

（1）生理状态　如疲劳、睡眠不足、醉酒、饥饿等情况引起的低血糖等生理状态的变化会影响大脑的意识水平。生产环境中的温度、照明、噪声及振动等物理因素以及倒班、人体

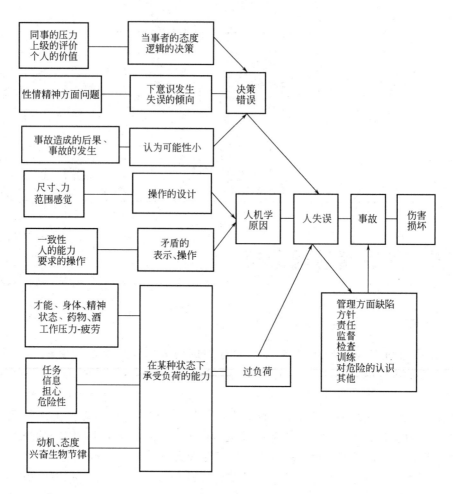

图 4-3 皮特森的人失误模型

生物节律等因素同样会影响人的生理状态。

（2）身体状态 身体各部分的尺寸，各方向用力的大小，视力、听力及灵敏性等为身体状态的内容。

（3）病理状态 疾病、心理或精神异常、慢性酒精中毒、脑外伤后遗症等因素会影响大脑的意识水平。

（4）药理状态 服用某些药剂而产生的药理反应容易导致人失误，对安全生产的影响不容忽视。下面简要介绍一些药物及其不利于安全的药理反应。

① 精神类药物。镇静剂，包括利眠宁、安定、舒乐安定等，这类药物可使人成瘾，服药后有昏睡、晕眩、镇静神经、抑郁、动作不协调、失忆等症状；兴奋剂，如安非他明、可卡因等，这类药物能使人暂时忘却烦恼，得到暂时的活力，服用过量后会有食欲不振、失眠、妄想、抑郁等心理现象；迷幻剂，如大麻、氯胺酮等，这类药物会使人陷入迷幻的状态，令人变得举止失常、判断力失准、记忆模糊、消极或沮丧；麻醉镇痛剂，如鸦片、海洛因、吗啡等，这类药物有止痛、降低焦虑的作用，可使人产生昏睡、压抑呼吸、恶心。

② 消化系药物。治疗溃疡药物如西咪替丁可致头痛头晕、疲乏、嗜睡、智能缺损，少

数有烦躁、幻觉、妄想、记忆障碍。

③ 呼吸系药物。如可待因、克咳敏、咳特灵等可致精神抑郁、烦闷、意志消沉；氨茶碱还可导致昏睡乃至昏迷，也可兴奋情绪而惊厥。

④ 心血管药物。如利多卡因、奎尼丁可引起行为反常、烦躁、痴呆、胡言乱语；胺碘酮则可致幻听、多语、行为冲动、自责妄想等；普萘洛尔、卡普托利、维脑路通、可乐定等也可干扰心理活动。

⑤ 抗菌药物。如庆大霉素可致幻觉、兴奋、恐惧、失眠、自言自语、语无伦次等；头孢唑啉、磺胺类药物还伴有错觉、身体运动协调障碍；大剂量青霉素应用可导致焦虑不安、意识混乱、抽搐等症状。

⑥ 泼尼松类药物。5％的用药者有心理反常，如欣快感、兴奋不眠、妄想、抑郁，甚至精神分裂等；少数人则自制力丧失、易冲动等。

因此，在安全管理工作中，应重视药物对职工的心理和行为造成的不利影响。

2. 心理状态

恐慌、焦虑会扰乱正常的信息处理过程。过于自信、头脑发热也会妨碍正常的信息处理。社会、家庭的变化导致的情绪不安定会分散注意力，甚至忘了必要的操作。生产作业环境、工作负荷及人际关系等因素也影响人的心理状态。

一般来说，人们生活状况的变化会导致心理状态的变化而容易发生事故。国外有人提出了一种所谓生活变化单位论（life change unit）。表4-3为生活变化单位打分表。该表中所列的项目是国外人们在生活中发生的、对个人的心理状态影响较大的事件以及相应的分数值。当生活变化单位的总和超过150时，有37％的可能性在2年内会生病或受伤；超过200时生病或受伤的可能性为51％，超过300时生病或受伤的可能性达79％。

我国的安全管理实践也表明，职工家庭生活及社会生活中的重大事件会导致职工心理状态的变化，容易产生人失误，甚至造成伤害事故。例如，沈阳某厂一名工人，技术相当熟练，但有一段时间却经常碰手碰脚，导致轻伤。经过调查发现，该工人家中有人卧病在床，老少三代生活负担重，以致心情沉闷，工作时不能集中精力。在解决了生活补助问题后，精神负担消除了，工作中就很少碰手碰脚了。此类例子不胜枚举。因此，在日常安全管理工作中，要及时掌握职工心理状态的变化，采取恰当措施消除心理负担，对保证安全生产具有重要意义。

表4-3　生活变化单位打分表

序号	事　件	平均数	序号	事　件	平均数
1	配偶死亡	100	9	复婚	45
2	离婚	73	10	退职	45
3	分居	65	11	家属健康状况变化	44
4	入狱	63	12	妊娠	40
5	近亲死亡	63	13	爱情的挫折	39
6	受伤,生病	53	14	家属增加	39
7	结婚	50	15	重新工作	39
8	失业	47	16	经济状况变化	38

续表

序号	事　件	平均数	序号	事　件	平均数
17	亲人死亡	37	31	工作时间,条件变化	20
18	调换职务	36	32	迁居	20
19	与配偶争吵次数增加	35	33	转学	20
20	1万美元以上借款	31	34	娱乐方面的变化	19
21	抵押或借出的钱荒账	30	35	宗教活动的变化	19
22	职务上的变化	29	36	社会活动的变化	18
23	子女生活独立	29	37	1万美元以下借款	17
24	法律上的麻烦	29	38	睡眠习惯的变化	16
25	实现了大目标	28	39	同居家属人数的变化	15
26	妻子就业或停职	26	40	饮食习惯的变化	15
27	入学或毕业	26	41	休假	13
28	生活状况变化	25	42	圣诞节	12
29	改变习惯	24	43	轻微违反法律	11
30	与上级争吵	23			

3. 软件状态

软件包括技能的熟练程度、按规则行动的能力及知识水平。经过职业教育和训练及长期工作实践，可提高软件水平。

日本学者黑田把上述的生理的（physiological）状态、身体的（physical）状态、病理的（pathological）状态、药理的（pharmaceutical）状态与心理的（psychological）状态及社会心理的（psychosocial）状态统称为影响人的可靠性的6P。

在上述诸因素中，操作者的生理状态、心理状态及软件状态对人失误的发生影响最大。其中，前面两种因素在较短的时间内就会发生变化；而后者要经历较长的时间才能变化。

三、影响人失误的外部因素

1. 状况特征

（1）建筑学特征　建筑学特征是指空间的大小、距离、配置，物体的大小、数量等工作场所的几何特性。如前所述，人有图省事的倾向。操作工愿意从远处读取分散在不同地点的仪表而把数读错。

（2）环境的质量　温度、湿度、粉尘、噪声、振动、肮脏及热辐射等影响人的健康。恶劣的环境也会增加人的心理紧张度。在恶臭及高温等环境下，操作员急于尽快结束工作而容易造成失误。

（3）劳动与休息　劳动与休息时间分配不当及休息不好可导致工作失误。

（4）装置、工具、消耗品等的质量及利用可能性　装置、工具、消耗品等的质量不合格或由于某种原因而影响使用会增大人失误的可能性。

（5）人员安排　人员安排不合适时，会增加职工的心理紧张度。

（6）组织机构　职权范围不明晰、责任不清、思想工作不到位都会对职工的心理产生不良影响。

（7）人际关系   人际关系不好，会增加心理负担与紧张程度。

（8）报酬、利益   由于个人利益得不到保障，容易导致人的心情不好而引起心理紧张。

2. 工作指令

工作指令包括书面规程、口头命令、警告等形式，正确的工作指令有利于正确地进行信息处理。

3. 工作任务及装置特性

（1）知觉的要求   视觉表示比其他种类（如听觉等）的指示更常用，但是人的视力有局限性。一定情况下某种表示装置比其他的更容易被感知。

（2）动作的要求   人的手足动作的速度、精度及力量是有限的。

（3）记忆的要求   短期记忆的可靠性不如长期记忆的可靠性高。

（4）计算的要求   人进行计算的可靠性较低。

（5）有无反馈   反馈可以调动主动性和积极性。

（6）班组结构   有时一人干某项工作需由他人监督，人与人之间良好的协作关系有助于降低失误率。

（7）人机接口   人机接口是否符合安全人机学原理对失误率的高低具有较大的影响。

四、决策失误

决策失误理论认为，事故的发生是由于人对外界刺激反应失误引起的。

威格里沃思（Wigglesworth）曾经提出，人失误构成了所有类型伤害事故的基础。他把失误定义为"错误的或不适当地回应一个外界刺激"。在工人操作过程中，各种刺激会不断地出现。若工人对刺激做出了正确、恰当的反应，事故不会发生。如果工人反应不正确或不恰当，即发生失误，则有可能造成危险局面。若客观上存在着不安全因素，则事故能否造成伤害取决于各种机会因素，即伤害的发生是随机的。威格里沃思的事故模型如图 4-4 所示。

下面通过著名的决策失误理论——莎莉（Surry）模型进一步说明人失误在事故中的地位。

莎莉模型是莎莉以萨切曼（Suchman）的流行病学模型为基础，提出的以人失误为主的事故模型。

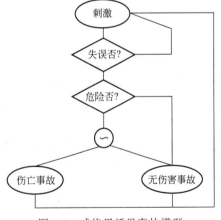

图 4-4   威格里沃思事故模型

在莎莉的模型中，假定危险的出现是由于人的行为的失误造成的。同样，在危险出现的情况下，由于人的失误造成伤害或损坏。这样，把伤亡事故过程划分为危险出现和造成伤害两个阶段。每个阶段都涉及人的信息处理过程，即知觉、认识及反应三个环节，其中每个环节中的失误都会使情况恶化（见图 4-5）。

由图 4-5 可以看出，在人的决策过程中有很多发生失误而导致事故的可能。该模型适用于描述危险局面出现得比较缓慢而若不及时改正则有可能发生事故的情况下，作业人员、安全员、管理者的决策与事故间的关系。即使对于发展迅速的事故的描述，该模型也具有一定的参考意义。

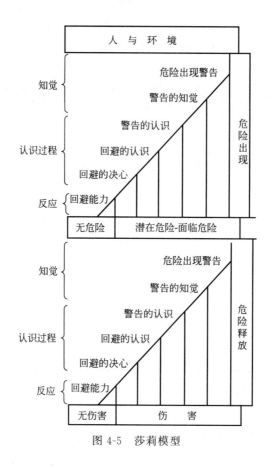

图 4-5　莎莉模型

第四节　心理紧张与人失误

一、信息处理能力与心理紧张

不注意是大脑正常活动的一种状态，注意力集中程度取决于大脑的意识水平（警觉度）。研究表明，意识水平降低而引起信息处理能力的降低是发生人失误的内在原因。根据人的脑电波的变化情况，可以把大脑的意识水平划分为无意识、迟钝、被动、能动和大脑出现空白5个等级。

（1）无意识　在熟睡或癫痫发作等情况下，大脑完全停止工作，不能进行任何信息处理，这时大脑处于无意识状态。

（2）迟钝　过度疲劳或者从事单调的作业以及困倦或醉酒时，大脑对外界信息的反应非常迟钝，信息处理能力极低。

（3）被动　从事熟悉的、重复性的工作时，大脑被动地活动。

（4）能动　从事复杂的、不太熟悉的工作时，大脑清晰而高效地工作，积极地发现问题和思考问题，主动地进行信息处理。但是，这种状态仅能维持较短的时间，然后将进入被动状态。

（5）大脑出现空白　工作任务过重以及精神过度紧张或恐惧时，由于缺乏冷静而不能认真思考问题，信息处理能力降低。在极端恐慌时，会出现大脑"空白"现象，信息处理过程中断。

在工业生产过程中人员正常工作时，大脑意识水平经常处在能动状态和被动状态下，信息处理能力高、失误少。当大脑意识水平处于迟钝状态或恐慌状态时，信息处理能力低、失误多。人的大脑意识水平与心理紧张度有密切的关系，而人的心理紧张度主要取决于工作任务对人的信息处理要求的情况。

图 4-6 为人的信息处理能力与心理紧张度之间关系的示意。由该图可以看出，存在着最优的心理紧张度，此时大脑的意识水平经常处于能动状态，信息处理能力最高，失误最少。可以把心理紧张度划分为四个等级。

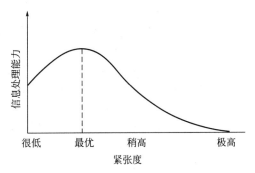

图 4-6　人的信息处理能力与心理
紧张度之间关系的示意

（1）很低紧张度　当从事缺少刺激的、过于轻松的工作时，几乎不用动脑筋思考，心理紧张度很低。

（2）最优紧张度　从事较复杂的、需要思考的作业时，大脑能动地工作，此时具有最优紧张度。

（3）稍高紧张度　在要求迅速采取行动或一旦发生失误可能出现危险的工作中，心理紧张度稍高，容易发生失误。

（4）极高紧张度　当人员面临生命危险时，大脑紧张度极高，处于恐慌状态而很容易发生失误。

除了工作任务之外，还有许多增加心理紧张度的因素，如饮酒后的反应、疲劳等生理因素，不安、焦虑等心理因素，照明不良、温度异常及噪声等环境因素。心理紧张度还与个人经验及技能有关。缺乏经验及操作不熟练的人心理紧张度就较高。

合理安排工作任务，消除各种增加心理紧张的因素以及经常进行教育、训练，是使职工保持最优心理紧张度的主要途径。

人作为高等动物，也具有动物的特征。人的大脑活动还部分地受到自主神经及内脏器官的限制。

（1）生物节律　精神上、肉体上的过度疲劳对生命是有害的。当疲劳出现时，自主神经会催促大脑休息。

（2）本能与感情　追求快感而避免不愉快是人的本能。当人得到快感时大脑活动兴奋；当心情不愉快时大脑活动则受到抑制；在恐惧、愤怒、焦虑等场合大脑甚至出现空白。当人面临生命危险时，大脑把信息传递给肌体，或奋起决一死战、置之死地而后生，或使人逃之夭夭。很多情况下是导致大脑意识水平的恐慌状态。

一种理论认为，偶尔施加于操作者的、扰乱其精神的应力容易发生事故。按此理论，温度、照明、嘈杂、处理对象过重、饮酒及疾病等应力源是造成人失误的内因或外因。

所谓应力源，是指那些引起心理紧张的各种因素。应力源可分为生理应力源、心理应力源及物理应力源。饮酒、服用麻醉药物是生理应力源；不安及疲劳属于心理应力源；极高温或极低温，噪声及昏暗的照明等属于物理应力源。这些应力源可能单独存在，也可能几种应力源同时存在并相互影响。

二、紧急情况下人的行为特征

在面临危险时，大脑活动紧张度较高，在信息处理方面往往有如下倾向。

① 注意力集中于异常事物一点而忽略其他。

② 产生幻觉或错觉，如弄错颜色和形状，把尺寸或运动速度、状态弄错。

③ 收集信息的精度降低，为在有限时间内获得尽量多的信息而走马观花、粗枝大叶。

④ 由于过分紧张而被动地旁观，不能主动地收集信息。

⑤ 分不清轻重缓急，缺乏对信息的选择能力。

⑥ 一时想不起已记住的事情，或回想起一些无关的事情。

⑦ 很难做出全面判断，只能根据手头的一点信息做一些简单的决策。

⑧ 不能进行定量判断而只能定性地思考。

⑨ 对做出的判断正确与否不加验证。

⑩ 考虑一些与现实无关的问题。

⑪ 下意识地按习惯或经验行动。

⑫ 思考问题简单，对形势做悲观的估计。

⑬ 大脑空白，不能进行信息处理。

紧张时运动器官的动作不灵活，人的动作特征表现为动作不协调、弄错操作对象或操作方向。由于肌肉紧张和缺乏反馈，往往动作生硬，用力过猛。

作为动物的一种本能，恐惧时往往产生肌肉收缩，使人不能正常行动。

根据对火灾时人们行动的观察发现，处于困境中的人有如下表现。

① 火灾现场力。这是一种具有破坏性的、令人害怕的力。

② 趋光性。此时人们害怕黑暗，认为光亮处安全而努力奔向有光的方向。

③ 奔向开阔空间。此时人们怕被关在有危险的建筑物里而奔向外面敞开的空间以求安全。

④ 向隅性。由于恐惧，人们常逃向隅角把自己藏起来。

⑤ 从众性。自己不能冷静地判断，看见别人怎样做自己就怎样做，盲目地追从。

⑥ 绝望行动。此时人们极易悲观地估计形势，做出跳楼等绝望动作。

针对紧急状态时人的行动特征，为避免发生伤害事故，一方面可在有关的物的方面采取措施，使之适合紧急状态时人的行为特点；另一方面主要是通过经常的应急训练，增强人们的应变能力。

如果在事故现场有很多人，由于各个人有不同的行动特征，他们又相互影响，情况往往比较复杂。

第五节　作业疲劳及其预防

一、疲劳及其产生机理

疲劳是指在长时间连续或过度活动后引起的机体不适和工作绩效下降的现象。无论是从事体力劳动还是脑力劳动，都会产生疲劳。这是由于长时间或高强度的体力活动，使得体内储存的能量和潜能耗尽，导致身体内部生物化学环境失调，使得确保活动的各个系统工作失调，从而产生了疲劳；而长时间的脑力活动，致使大脑中枢神经系统从兴奋状态转为抑制状态，导致思维活动迟缓，注意力不集中，动作反应迟钝，从而出现疲劳状态。

二、疲劳的主要特征

疲劳是人们在日常生产及生活中常常体验到的一种生理和心理现象，其主要特征可以表现在以下几个方面。

1. 休息的欲望

人的肌肉和大脑经过长时间的大量活动后就会出现"累了"或"需要休息"的疲劳感觉，而且身体的各个部位都会出现疲劳症状，比如颈部酸软、头昏眼花，这些疲劳感觉不仅仅自己感觉很明显，而且周围的人也同样可以感觉到。

2. 心理功能下降

疲劳时人的各项心理功能下降，例如反应速度、注意力集中程度、判断力程度都有相应的减弱，同时还会出现思维放缓、健忘、迟钝等。

3. 生理功能下降

疲劳时人的各种生理功能都会下降，随后人就进入疲劳状态。

① 对于消化系统，会出现诸如口渴、呕吐、腹痛、腹泻、食欲不振、便秘、消化不良、腹胀等现象。

② 对于循环系统，会出现诸如心跳加速、心口痛、头昏、眼花、面红耳赤、手脚发冷、嘴唇发紫等现象。

③ 对于呼吸系统，会出现诸如呼吸困难、胸闷、气短、喉头干燥等现象。

④ 对于新陈代谢系统，会出现诸如盗汗、身体发热等现象。

⑤ 对于肌肉骨骼系统，会出现诸如肌肉疼痛、关节酸痛、腰酸、肩痛、手脚酸痛等现象。

出现以上各种现象的同时，眼睛会觉得发红发痛，出现眼皮下垂、视觉模糊、视敏度下降、泪水增多、眼睛发干、眼球颤动、刺眼感、眨眼次数增多等现象；听力也会相对下降，出现辨不清方位和声音大小，耳内轰鸣，感觉烦躁、恍惚等现象。此外，甚至会出现尿频、尿量减少等现象。

4. 作业姿势异常

疲劳可以从疲劳人员作业的姿势中看出来。在作业姿势中，立姿最容易疲劳，其次是坐姿，卧姿最不容易疲劳。

据有关资料，作业疲劳的姿势特征主要有：

① 头部前倾；

② 上身前屈；

③ 脊柱弯曲；

④ 低头行走；

⑤ 拖着脚步行走；

⑥ 双肩下垂；

⑦ 姿势变换次数增加，无法保持一定姿势；

⑧ 站立困难；

⑨ 靠在椅背上坐着；

⑩ 双手托腮；

⑪ 仰面而坐；

⑫ 关节部位僵直或松弛。

5. 工作质量下降

疲劳会导致工作质量和速度下降，使差错率增加，进而可能导致事故的发生，甚至造成人身伤亡与财产的损失。我国铁路交通事故统计资料表明，在 1978 年 12 月至 1980 年 10 月间，因为乘务员瞌睡引起的事故占总事故的 42%。随疲劳程度不同，会出现诸如精神涣散、注意力和记忆力减弱、动作不灵活、反应变慢、对事物的判断力下降等不良表现，致使工作能力下降。许多事故就是在这种情况下发生的。

三、疲劳的分类

根据疲劳发生的功能特点，可以将疲劳分为生理性疲劳和心理性疲劳。

1. 生理性疲劳

生理性疲劳是指由于长期持续活动使人体生理功能失调而引起的疲劳。例如铁路机车司机长时间的连续驾驶之后，会出现盗汗、心跳变缓、手脚发冷或者发热等现象，这些都是生理性疲劳的表现。

生理性疲劳又可以分为肌肉疲劳、中枢神经系统疲劳、感官疲劳等几种不同的类型。

（1）肌肉疲劳　它是指由于人体肌肉组织持久重复地收缩，能量减弱，从而使工作能力下降的现象。例如车床操作工长时间加班劳动，就会出现腰酸背痛、手脚酸软无力、关节疼痛、肌肉抽搐等症状，这些都是肌肉疲劳的明显表现。

（2）中枢神经系统疲劳　它也被称为脑力疲劳，是指人在活动中由于用脑过度，使大脑神经活动处于抑制状态的一种现象，是一种不愿意再作任何活动和懒惰的感觉，中枢神经系统疲劳意味着肌体迫切需要休息。如脑力劳动者在经过长时间的学习或思考问题后，会出现头昏脑涨、注意力涣散、反应迟缓、思维反应变慢。

（3）感官疲劳　它是指人的感觉器官由于长时间活动而导致机能暂时下降的现象。例如司机经过长途驾驶后，会出现视力下降、色差辨别能力下降、听觉迟钝的现象。所有这些表现，都表明了人体感官功能的疲劳状态。

以上的肌肉疲劳、中枢神经系统疲劳和感官疲劳这三者是相互联系、相互制约的。就司机而言，他的疲劳主要是中枢神经系统疲劳和感官疲劳，特别是他的视觉器官最先开始疲劳，随后就是肌肉疲劳的发生。这是由于在公路上长时间驾驶，必须时时刻刻注意道路上千变万化的状况，这使得司机的眼睛和大脑长时间持续保持高度紧张状态，特别是在高速行驶时，司机眼睛的工作负荷很重，大脑要连续不断地处理路上各种突发的情况。在这种情况下，司机的以上两项疲劳很容易出现。

2. 心理性疲劳

心理性疲劳是指在活动过程中过度使用心理能力而使其他功能降低的现象，或者长期单调地进行重复简单作业而产生的厌倦心理。比如车床操作工负责的机床工作是长时间不变的，在每天的反复操作中，听到的是同样的机床运转嘈杂声，重复的是同样的操作流程，在这样的情况下，感觉器官长时间接受单调重复的刺激，使得操作工的大脑活动觉醒水平下降，人显得昏昏欲睡、头脑不清醒，从而会引起其心理性疲劳。

心理性疲劳和生理性疲劳有着显著的差别，它与群体的心理气氛、工作环境、工作态度和工作动机以及与周围共同工作的同事的人际关系、自身的家庭关系、工作的薪金等诸多因素有着密切的关系。就好比足球比赛后，胜负双方的疲劳感觉是完全不同的。

四、引起疲劳的原因

人的生理因素、心理因素及管理方面的因素，都可能是造成疲劳的原因。具体而言，主要包括以下几个方面的原因。

① 工作单调，简单重复，如起重作业。

② 超过生理负荷的激烈动作和持久的体力或脑力劳动，如长时间不间断地工作。

③ 作业环境不良，如作业现场存在噪声、粉尘以及其他有毒有害物质，作业场地肮脏杂乱、作业现场光线阴暗等。

④ 不良的精神因素，多由于家庭变化或社会诸多不良因素而导致。

⑤ 肌体状况不良以及长期劳逸安排不当，多由于个人因素或由于企业工作制度安排不合理而导致。

⑥ 机器本身在设计制造时，没有按人机工程学原理设计。

【案例 1】　疲劳导致事故

某厂 40t 冲床正在冲制零部件。由于任务比较紧张，冲床操作工王某已连续 7 天，每天从早晨上班一直干到晚上 7 时半下班。第 7 天时，她的体力已明显下降，头脑昏昏沉沉，手脚的协调性也比平时差了。但是，为了完成任务王某还是继续上机操作。到了下午 2 时，她的操作节奏突然发生紊乱，安放工件的手还未离开，竟下意识地踏下了开关。冲头迅速落下，将她的右手中指、无名指、小指压在工件与冲床台面之间，造成三指断裂。

显而易见，工伤事故的发生是与疲劳密切相关的，因此管理者必须重视因疲劳而引起的伤害问题，采取积极、有效地消除疲劳的措施。

五、预防疲劳的措施

预防疲劳的措施归纳起来可以有以下几方面。

1. 合理安排休息时间

（1）工间暂歇　工间暂歇是指工作过程中短暂休息，例如操作中的暂时停顿。工间暂歇对保持工作效率有很大的帮助，它对保证大脑皮层的兴奋与抑制、耗损与恢复、肌细胞的能量消耗与补充有良好的影响。心理学家认为，在操作中有短暂的间歇是很重要的，每个基本动作（操作单元）之间至少应该有零点几秒到几秒的间歇，以减轻员工工作的紧张程度。

苏联工业心理学家列曼认为："有人认为最短和最快的动作是最好的，其实这是完全错误的，因为这种操作方法会引起员工的过度疲劳，因此必须要有适当的间歇时间。"工间暂歇的合理安排、数量多寡和持续时间的正确选择非常重要。一般来说，工作日开始时工间暂歇应该较少，随着工作的继续进行应该适当加多，尤其是较为紧张的体力劳动和脑力劳动，流水作业线作业应适当增加工间暂歇的次数和延长持续时间。

（2）工间休息　在劳动中，机体尤其是大脑皮层细胞会遭受耗损，与此同时，虽然也有部分恢复，若作业较长时间进行，则耗损会逐渐大于恢复，此时作业者的工作效率势必逐渐下降并导致失误率提高。若在工作效率开始下降或在明显下降之前及时安排工间休息，则不仅大脑皮层细胞的生理机能得到恢复，而且体内蓄积的氧债也会及时得到补偿，因而有利于保持一定的工作效率。心理学家指出，休息次数太少，对某些体力或心理负荷较大的作业来说，难以消除疲劳；而休息次数太多，会影响作业者对工作环境的适应性与中断对工作的兴趣，也会影响工作效率和造成工作中的分心。因此，工间休息必须根据作业的性质和条件而定。

休息的方法也很重要。一般重体力劳动可以采取安静休息，也就是静卧或静坐。对局部体力劳动为主的作业，则应加强其对称部位相应地活动，从而使原活动旺盛的区域受到抑制，处于休息状态。作业较为紧张而费力的，可多做些放松性活动。一般轻体力劳动和脑力劳动，最好采取积极的休息方式，例如打羽毛球、做工间操等，这样的效果相对较好。

（3）工余时间的休息　工作后生理上或多或少会有一些疲劳，因此注意工余时间的休息同样重要。要根据自身的具体情况适当合理地安排休息、学习和家务活动，而且应该适当地安排文娱和体育活动，例如郊游、摄影、培养盆栽等。当然，安静和充足的睡眠更是非常必要的。

2. 合理安排作业休息制度，适当调整轮班工作制度

以上方法主要是从休息的角度来消除疲劳的各种方法，但是要从根本上解决违反人体生物规律的轮班工作制度所带来的疲劳，必须对轮班工作制度做出合理的调整，以更加符合人生理需要的要求，尽量减少两者之间的冲突。

最好的方法是将所采取的轮班工作制度彻底地消除，采取新的工作时间制度如弹性工作制度，但这种方法对于一些必须24h不间断工作的行业企业（例如铁路、航空等）并不适用。在这种情况下，可以采用以下几种方法。

（1）调整轮班工作制度的周期　有研究表明，班次更迭过快，员工对昼夜生理节律改变的调节难以适应，势必使大部分员工始终处于不适应状态。有人对三种轮班制度进行了比较，认为最佳方案是根据生理节律的特点，早班、中班、晚班分别从凌晨4点、中午12点和晚上8点开始上班。轮班应该轮换得慢些，即每上一种班的时间都要长达一个月。目前大多数学者认为，每个月的夜班次数最多不超过14天为宜，长期从事夜班工作有害于员工健康、影响工作效率、有碍生活的乐趣。

我国企业以往主要实行的是"三班三运转"制，也就是早班、中班、晚班各连续工作一周后轮班，每周休息一天。目前，已有部分企业实行"四班三运转制"，也就是二天白班、二天中班、二天夜班、二天空班。这种轮班制轮换周期不长，对人体正常的生理节奏干扰不大，员工能得到充分的休息，有利于员工身心健康和提高工作效率，更有利于防止事故发生。一些对智力或者视觉、听觉要求较高的作业，如发电厂的炉机电集控室的控制人员，有些电厂已经实行"四六工作制"，也就是每天四班倒，每班工作6h，在工作时间轮班吃饭。实践证明，"四六工作制"缩短了工作时间，使轮班制对人体生物钟的干扰降低，同时又提高了工作效率，效果很好。

总体来说，不同的企业应该根据自身企业的生产特点，同时要充分考虑员工的身心健康，合理地安排工作的轮班制度，尽量降低导致疲劳和不安全操作的因素。

（2）对轮班工作员工的休息给予充分的照顾　企业应该对于轮班工作的员工给予充分的关心和照顾，尽量创造良好的条件使轮班工作员工得到充分休息，例如对于上中班和夜班的员工设置休息宿舍。当工作任务比较重、比较紧的时候，作业人员的工作强度会更大，并且睡眠时间更难以得到保证。在这种情况下，尽量创造安静和舒适的环境，使倒班工作的人员能够得到及时良好的休息。

此外，应该尽量关心轮班制员工的膳食营养问题，尽量保证轮班工作人员，尤其是保证中班、晚班工作人员能够及时地吃饭，并且能够尽量让轮班工作人员吃得合理而且有营养。企业应该开设针对轮班工作人员的食堂，并且合理设计饭菜，使轮班工作人员的体能消耗得到及时的补充。

3. 改进操作方法，合理分配体力

正确选择作业姿势，使作业者处于一种合理的姿态。尽量降低由于单调的重复作业引发的不良影响，可以采取如下措施：①通过播放音乐等手段克服单调乏味的作业；②交换不同工作内容的作业岗位。

4. 改善环境条件及其他因素

改善工作环境，科学地安排环境色彩、环境装饰及作业场所布局，设置合理的温度、湿度，确保充足的光照，努力消除或降低作业现场存在的噪声、粉尘以及其他有毒有害物质，创造一个整洁有序的作业场地等，都对于减少疲劳有所帮助。

5. 建立合理的医疗监督制度

为工作人员建立一套医务档案，定期对其生理功能、心理功能进行检查。特别应该针对年龄较大、工龄较长且其心理功能和生理功能开始下降的劳动者，更应该加强诊断和治疗。企业可以和医院建立紧密联系，使工作人员能够经常得到简易的检查，了解其一段时间内休息是否充分、有无疲惫感等，预防控制由于疲劳而产生事故的隐患。

第六节　人失误的预防

由于导致人失误的因素非常复杂，因此防止人失误是件非常困难的工作，需要从多个方面采取措施。

一、防止人失误的安全技能教育措施

拉氏姆逊（J. Rasmussen）把生产过程中的人的行为划分为三个层次，即反射层次、规则层次及知识层次。

反射层次的行为发生在外界刺激与以前的经验一致时，熟练的操作就属于反射层次的行为。

规则层次的行为发生在操作比较复杂时，人们首先判断应按怎样的操作步骤进行操作，然后再按选定的程序操作。

知识层次的行为是最高层次的行为。行动前，首先需要观察周围的情况，进而判断事情的进展情况，并思考如何采取行动。例如在从事新的工作时，或处理未曾经历过的事情时，

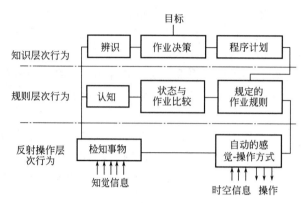

图 4-7　安全技能教育层次

均需要经过深思熟虑后再行动。

根据生产操作特征对人的行为层次的要求，安全技能教育实际上可分为相应的三个层次的教育（见图 4-7），分别为反射操作层次的教育、规则层次的教育、知识层次的教育。

反射操作层次的教育（skill based education）通过反复地操作训练，使手脚熟练地、正确地、条件反射地工作。这时的信息处理特征是：知觉的外界信息不经大脑处理，下意识地行动。这一方面可以节省信息处理时间，迅速地采取措施应付紧急情况；另一方面，可能产生错误的下意识动作，或空间上的错乱。操作者由于不注意而错误地接受刺激，或操作程序、工作场所变更，仪表、设备、人机学设计不合理而发生失误。

规则层次的教育（rule based education）是教育操作者按一定的操作规则、步骤进行复杂的作业。经过这样的教育，操作者可以不漏任何步骤地完成规定的操作。但是在长期从事这样的作业之后，形成习惯操作而不用脑思考，当出现异常情况时，容易发生失误。操作者可能由于思路错误或按常规办事，或由于忘记程序、省略某些操作、选错了替代方案而失误。

知识层次的教育（knowledge based education）要求操作者不只学会生产操作，而且要学习掌握整个生产过程、生产系统的构造、工作原理、操作的依据及步骤等广泛的知识并且经过长期的工作实践。生产过程自动化程度越高，则该层次的教育越显得重要。知识层次教育的问题在于：受固有概念的局限而忽略一些重要的事情和对事故原因与对策的关联性考虑不足等，在实际工作中应努力克服。

针对上述各种行为层次教育中存在的问题，在进行安全技能教育时应采取恰当的弥补措施。

二、防止人失误的技术措施

由于人本身的特性决定了人的行为失误倾向。单纯依靠教育、训练来防止人失误，所能取得的效果是有限的，必须尽可能地采取技术措施防止人失误。一般地，可以从以下几方面采取技术措施。

1. 用机器代替人

用机器代替人，实现无人化作业，可以彻底消除人失误的根源。但是，由于人具有机器不能取代的一些特性，以现阶段的科学技术水平完全用机器代替人在众多的生产过程中是不可能的。另外，机器的设计、制造、维修、保养总是离不开人的参与。所以，只能用机器部分地代替人。例如，各种检测仪器代替人的感官、计算机代替人的大脑、各种机械代替人的肢体等。

2. 防失误设计

防失误设计是一些保证人员正确操作的设计。如果人员以错误的方式操作，则操作无法完成，从而防止人失误的发生。防失误设计多用于电气设备上。例如，不同形状和尺寸的插座、插头可以防止插错；带有接地线的电源插头设计成如图 4-8 所示的样子，可以避免把电源线与接地线混淆而发生事故。

图 4-8　三芯插头

3. 机械设备工具、作业环境符合人机学要求

人、机、环境的合理匹配，可以使人员能方便、准确地获得外界信息，以及方便、省力、准确地操作。

4. 警告措施

在容易发生人失误的场合，设置警告装置，提醒人员注意。有关警告措施的具体内容详见本教材第五章第二节的相关内容。

5. 采取预防作业疲劳的技术措施

预防作业疲劳的技术措施详见本章第五节的内容。

三、防止人失误的管理措施

在上述防止人失误措施的基础上，通过实施安全管理措施可以进一步减少人失误发生的可能性。对于那些一旦发生人失误可能导致严重后果的操作，安全管理措施尤其重要。下面介绍的就是在安全管理实践中行之有效的防止人失误的几项管理措施。

1. 作业审批

凡时间允许的情况下，危险作业应事先提出申请，经有关部门同意后办理审批手续。履行作业审批手续，可以保证操作者的资格、技术水平等个人因素符合作业要求，可以保证作业在有充分准备、足够的安全措施的情况下进行。

以下作业均应考虑实施作业审批制度：

① 在危险区域或不安全状态下作业；

② 在易燃易爆区域的各类动火作业（如燃气管道的焊接作业）；

③ 接触危险物质的作业（如存在有毒气体、高温、辐射等）；

④ 高处作业（建筑施工现场进行各类脚手架搭拆作业、塔吊、施工电梯的装拆作业以及 2m 以上其他高处悬空作业等）；

⑤ 缺氧或有毒的场所作业（如容器内、下水井等）；

⑥ 爆破作业等。

2. 安全监护

进行重要的、一旦人失误会带来危险的作业时，由一人操作，一人在旁边监视操作情况及周围情况，可以及时发现问题及时解决，使失误被迅速纠正，避免造成严重后果。例如，矿井中运输人员用大型提升机要同时安排 2 名操作工，一人操作，一人监视；在电气系统检修时以及大型较复杂的设备大修时，均需要由安全管理人员进行安全监护。

3. 安全确认

安全确认是在进行某种操作之前，对操作对象、作业环境及即将进行的动作进行确认。通过安全确认，可以在操作之前发现及改正存在的异常情况或不安全问题，防止操作过程中发生人失误。

日本企业较早地推行了安全确认活动，一要高声回答，二要配合动作，这对于克服工作

中"犯困"现象极为有效，同时也取得了较好地防止人失误的效果。

4.采取预防作业疲劳的管理措施

预防作业疲劳的管理措施详见本章第五节的内容。

 本章小结

　　本章内容主要包括人失误的定义及分类，信息处理过程中的人失误，人失误致因分析，心理紧张与人失误，作业疲劳及其预防，人失误的预防。熟悉导致人失误的各种因素，能够制定预防人失误的方案可作为本章学习的重点。

课堂讨论题

1.举例说明人在何种状况下容易产生失误？

2.如何防止人失误？

能力训练项目

项目名称：人的行为分析及管理对策

项目要求：对本书第三章【案例4】进行人的行为分析，针对分析的结果提出防止人的不安全行为及人失误的管理对策。

思考题

1.试分析人的不安全行为与人失误的异同。

2.如何控制信息处理过程中的人失误？

3.如何控制导致人失误的个人因素？

4.如何预防人的作业疲劳？

5.可以采取哪些措施防止人失误？

第五章

安全技术措施

知识目标　1. 掌握安全技术措施的种类及其优先次序。
　　　　　2. 熟悉预防事故的安全技术措施的基本内容。
　　　　　3. 熟悉避免或减少事故损失的安全技术措施的基本内容。
　　　　　4. 熟悉劳动防护用品的分类、选用原则和使用要求。
　　　　　5. 了解作业现场安全管理的基本内容。
能力目标　1. 能够拟订预防事故的安全技术措施。
　　　　　2. 能够拟订避免和减少事故损失的安全技术措施。

第一节　概　　述

在人类与生产过程中危险因素的斗争中，创造和发展了许多安全技术措施，从而推动了安全工程的发展。18 世纪中期，蒸汽动力的应用引发了工业革命。同时，也发生了大量压力容器爆炸事故。为解决锅炉爆炸问题，人们研究、开发了安全阀、压力表、水位计和水压检验等安全装置和安全技术措施。为了克服液体炸药不安全的弱点，1866 年诺贝尔完成了安全炸药的研制，有效地减少了爆炸事故。自工业革命以来，差不多每 10 年就有一项重大的技术或产品问世。最近几十年来，新科学、新技术比历史上任何时期都发展迅速。新的科学技术或产品，在改善了人们的物质生活、精神生活的同时，也带来越来越多的危险。这就要求人们采取有效的安全技术措施，保证安全生产。

安全技术措施主要是通过改善生产工艺、改进生产设备以及为其增设安全防护装置来实现的。由于生产工艺和设备种类繁多，相应地，安全技术措施的种类也相当多。随着安全科学技术的发展，逐渐形成了较完整的安全技术措施体系。

一、能量与屏蔽

1. 能量与伤害事故

在生产过程中能量是不可缺少的，人类利用能量做功以实现生产目的。为了利用能量做功，必须控制能量。在正常生产过程中，能量受到种种约束和限制，按照人们的意志流动、转换和做功。如果由于某种原因能量失去了控制，超越了人们设置的约束或限制而意外地逸出或释放，就会发生事故。

如果失去控制或意外释放的能量作用于人体，且超过了人体的承受能力，人体将受到伤害。根据能量意外释放理论，伤害事故原因如下：

① 接触了超过机体组织（或结构）抵抗力的某种形式的过量的能量；

② 有机体与周围环境的正常能量交换受到了干扰（如窒息、淹溺等）。

研究表明，人体对每一种形式能量的作用都有一定的抵抗能力，或者说有一定的伤害阈值。当人体与某种形式的能量接触时，能否产生伤害及伤害的严重程度如何，主要取决于作用于人体的能量的大小。作用于人体的能量越大，造成严重伤害的可能性越大。例如，球形弹丸以 4.9N 的冲击力打击人体时，只能轻微地擦伤皮肤；重物以 68.6N 的冲击力打击人的头部，会造成头骨骨折。此外，人体接触能量的时间和频率、能量的集中程度以及身体接触能量的部位等，也影响人员受伤害的程度。

因此，防止伤害事故就是防止能量意外释放、防止人体接触能量控制作用于人体的能量在人体可承受范围之内、有效保护人体要害部位免受能量冲击。根据这种理论，人们要经常注意生产过程中能量的流动、转换以及不同形式能量的相互作用，防止发生能量的意外逸出和释放。

据调查统计资料分析，大多数伤亡事故都是由于过量的能量或干扰人体与外界正常能量交换的危险物质的意外释放引起的。并且，几乎毫无例外地，这种过量能量或危险物质的释放都是由于人的不安全行为或物的不安全状态造成的。即人的不安全行为或物的不安全状态使得能量或危险物质失去了控制，是能量或危险物质释放的导火线。

因此，各种形式的能量是构成伤害的根本原因，可以通过控制能量或控制能量载体来预防伤害事故。

2. 能量的表现形式

机械能、电能、热能、化学能、电离辐射及非电离辐射、声能和生物能等形式的能量，都可能导致人员伤害，其中前四种形式的能量引起的伤害最为常见。

意外释放的机械能是造成工业伤害事故的主要能量形式。处于高处的人员或物体具有较高的势能，当人员具有的势能意外释放时，发生坠落或跌落事故。当物体具有的势能意外释放时，将发生物体打击等事故。除了势能外，动能是另一种形式的机械能，各种运输车辆和各种机械设备的运动部分都具有较大的动能，工作人员一旦与之接触，将发生车辆伤害或机械伤害事故。

现代化工业生产中广泛利用电能，当人们意外地接近或接触带电体时，可能发生触电事故而受到伤害。

工业生产中广泛利用热能，生产中利用的电能、机械能或化学能可以转变为热能，可燃物燃烧时释放出大量的热能，人体在热能的作用下可能遭受烧灼或发生烫伤。

有毒有害的化学物质使人员中毒，是化学能引起的典型伤害事故。

3. 防止能量意外释放的屏蔽措施

从能量意外释放的观点出发，预防伤害事故就是防止能量或危险物质的意外释放，防止人体与过的能量或危险物质接触。一般把约束、限制能量和防止人体与能量接触的措施叫做屏蔽，这是一种广义的屏蔽。

在工业生产中经常采用的防止能量意外释放的屏蔽措施主要有以下几种。

（1）用安全的能源代替不安全的能源　若被利用的能源危险性较高，可考虑用较安全的能源取代。例如，在容易发生漏电的作业场所，用压缩空气动力代替电力，可以防止发生触电事故。但是应该注意，绝对安全的能源是没有的。以压缩空气作动力替代电力虽然避免了触电事故，但是压缩空气管路破裂、脱落的软管抽打等都可能带来新的危害。

（2）限制能量　在生产工艺中尽量采用低能量的工艺或设备，这样即使发生了意外的能量释放，也不致发生严重伤害。例如，利用低电压设备防止电击、限制设备运转速度以防止机械伤害、限制露天矿爆破装药量以防止飞石伤人等。

（3）防止能量蓄积　能量的大量蓄积会导致能量的突然释放，因此要及时泄放多余的能量，防止能量蓄积。例如，通过接地消除静电蓄积、利用避雷针保护重要设施等。

（4）缓慢地释放能量　缓慢地释放能量可以降低单位时间内释放的能量，减轻能量对人体的作用。例如，各种减振装置可以吸收冲击能量，防止人员受到伤害。

（5）开辟释放能量的渠道　例如，在矿山抽放水可以防止透水事故；预先抽放煤体内瓦斯可以防止瓦斯蓄积爆炸等。

（6）设置屏蔽设施　屏蔽设施是一些防止人员与能量接触的物理实体，即狭义的屏蔽。屏蔽设施可以被设置在带有能量的装置上（如安装在机械转动部分外面的防护罩），也可以被设置在人员与能源之间（如安全围栏等）。人员佩戴的个体防护用品，可被看作是设置在人员身上的屏蔽设施。在时间和空间上把能量与人隔离也是一种屏蔽。

在生产过程中也有两种或两种以上的能量相互作用引起事故的情况。例如，一台吊车移动的机械能作用于化工装置，使化工装置破裂而引起有毒物质泄漏，引起人员中毒。针对两种能量相互作用的情况，应该考虑设置两组屏蔽设施：一组设置于两种能量之间，防止能量间的相互作用；一组设置于能量与人之间，防止能量作用于人体。

（7）提高防护标准　如采用双重绝缘工具防止高压电能触电事故；对瓦斯连续监测和遥控遥测以及增强对伤害的抵抗能力；使用耐高温、耐高寒以及高强度材料制作的个体防护用具等。

（8）信息形式的屏蔽　各种警告措施等信息形式的屏蔽，可以提醒相关人员注意自己的行为，防止人员接触能量。

（9）恢复与急救　对于已发生的事故与灾害，采取及时的恢复措施，防止事态的扩大及预防次生事故与灾害。对于在事故与灾害中受到伤害的人员实施紧急救护或受到伤害的人员进行自救行动，防止伤害扩大等。

根据可能发生的意外释放的能量的种类及数量，可以设置单一屏蔽或多重屏蔽，并且应该尽早设置屏蔽，做到防患于未然。

二、安全技术措施的种类及其优先次序

安全技术是以工程技术手段解决生产中出现的不安全问题，并预防事故的发生及减少事故造成的伤害或损失。因此，安全技术措施可以划分为两大类：分别是预防事故发生的安全技术措施以及避免或减少事故损失的安全技术措施。首先应该着眼于前者，做到防患于未然。另一方面，一旦发生了事故，应努力防止事故扩大或引起其他事故，把事故造成的损失限制在尽可能小的范围之内。在实践中，应同时采用两类安全技术措施，这也是贯彻安全生产方针的具体体现。

一般而言，预防事故发生的安全技术措施，可按下面的优先次序选择：①根除危险因素；②限制或减少危险因素；③隔离、屏蔽或联锁；④故障-安全设计；⑤减少故障；⑥警告。

其中前两项应优先考虑，因为根除或控制危险因素有利于实现或接近系统的"本质安全化"。当然，在实际工作中，针对生产工艺或设备的具体情况，还要考虑生产效率、成本及可行性等问题，应该综合地加以考虑，不能一概而论。预防事故发生的安全技术措施的具体内容详见本章的第二节。

选取避免或减少事故损失的安全技术措施的优先次序为：①隔离；②个体防护；③接受少的损失；④避难与援救。

减少事故损失的安全技术措施的具体内容详见本章的第三节。

安全寓于生产之中，安全技术与生产技术密不可分，努力提高设计、设备或工艺过程的安全性对于安全生产管理而言可以起到事半功倍的作用。评价一个设计、设备或工艺过程的安全性，可以从以下几个方面进行判断。

（1）防止人失误的能力　是否能够防止在装配、安装、检修或操作过程中发生可能导致严重后果的人失误。如单向阀门不宜过紧、三相电源插头不能插错等。

（2）对失误后果的控制能力　一旦人失误可能引起事故时，是否能够控制或限制目标部件或元件的运行以及控制或限制与其他部件或元件的相互作用。例如，若按 A 钮启动之前按 B 钮可能引起事故，则应实行联锁，使之先按 B 钮也没有危险。

（3）防止故障传递能力　是否能防止一个部件或元件的故障引起其他部件或元件的故障，从而避免事故。例如，电动机内部短路时保险丝熔断，可防止烧毁电动机。

（4）失误或故障导致事故的难易程度　发生一次失误或故障就导致事故的设计、设备或工艺过程是不可接受的，是否能保证至少有两次或以上相互独立的失误或故障同时发生才可能引起系统事故。

（5）承受能量释放的能力　运行过程中偶尔可能产生高于正常水平的能量释放，系统能否承受这种高能量释放。通常在压力罐上安装减压阀以把罐内压力降低到安全压力，如果减压阀故障，则超过正常值的压力将强加于管路。为了使管路能承受高压，必须增加管路的强度或在管路上增设减压阀。

二维码5-1　日常生活中的与安全有关的三个精妙设计

（6）防止能量蓄积的能力　能量蓄积的结果将导致意外的能量释放。因此，应有防止能量蓄积的措施，如安全阀、爆破片等。

日常生活中，就有许多与安全有关的精妙设计，感兴趣的读者可以扫描二维码 5-1 看看里面提及的内容你是否注意到了。

第二节　预防事故的安全技术措施

一、根除和限制危险因素

根除和限制生产工艺过程或设备中的危险因素，就可实现系统的本质安全化。

可以通过选择恰当的设计方案、工艺过程和合适的原材料来彻底消除危险因素。例如：①用不燃性材料代替可燃性材料，以防止发生火灾；②用压气系统或液压系统代替电力系统，以防止电气事故；③道路立体交叉以防止撞车；④去除物品的毛刺、尖角或粗糙、破裂的表面，以防止割、擦、刺伤皮肤等。

在许多情况下，危险因素不能被根除或很难被根除。这时应该设法限制它，使它不能造成伤害或损坏。例如：①在必须利用电力时，采用低电压；②利用金属喷层或导电涂层限制蓄积的静电，以预防静电引起的爆炸；③利用液位控制装置，防止液位过高；④限制可燃性气体含量，使其达不到爆炸极限等。

为了根除和限制危险因素，首先必须识别危险因素，评价其危险性，然后才能有效地采取措施。另外必须注意，有时采取的安全技术可以根除或限制一种危险因素，却又带来另外一种危险因素。例如，利用低电压可以防止触电，但是如果用电池供电，则电池有爆炸危险。

二、隔离

隔离是经常被采用的安全技术措施。一般地，一旦判明有危险因素存在，就应该设法把它隔离起来。

预防事故发生的隔离措施包括分离和屏蔽两种。前者是指空间上的分离；后者是指应用物理的屏蔽措施进行隔离，它比空间上的分离更可靠，因而最为常见。

利用隔离措施可以把不能共存的物质分开以防止事故。例如，把燃烧三要素中的任何一种要素与其余的分开，可以防止火灾。

对人有害的一些物质必须被隔离起来。对于机械的转动部分、热表面、冲头或电力设备应装设防护装置，将其封闭起来，防止人接触危险部位，是广泛被采用的隔离措施。

常见的隔离措施有：

① 利用各种隔热屏蔽把人或物与热源隔离；

② 封闭电器的接头，防止潮湿和其他有害物质影响；

③ 利用防护罩、防护网防止外界物质进入，以免受到污染或卡住重要的控制器，堵塞孔口或阀门；

④ 电焊作业时使用电焊镜防止电弧光线，戴防尘、防毒口罩防止吸入有害物质等；

⑤ 在放射线设备上安装防护屏，抑制辐射；

⑥ 利用防护门、防护栅把人与危险区域隔开；

⑦ 把带油的擦布装进金属容器内，防止接触空气发生自燃；

⑧ 利用限位器防止机械部位运动范围等。

为了确保隔离措施发挥作用，有时还需要采用联锁措施。但是，联锁本身并非隔离措施。联锁主要被用于下面两种情况。

（1）安全防护装置与设备之间的联锁　如果不利用安全防护装置，则设备不能运转或处于最低能量状态。例如，竖井安全栅、摇台与卷扬机启动电路联锁，可以防止误启动卷扬机。

（2）防止错误操作或设备故障造成不安全状态　例如，利用限位开关防止设备运转超出安全范围；利用光电联锁装置防止人体或人体的一部分进入危险区域等。联锁措施还可用于防止因操作顺序错误而引起的事故。

应用最多的是电气设备上的联锁。一些联锁直接用于防止误操作或误动作；有些联锁装置则通过输出信号而间接地防止误操作或误动作。联锁装置的类型非常多，这里仅介绍一些常见的联锁类型及其原理。

① 限位开关。当限位开关被触动时，打开或关闭电路。

② 擒纵机构。通过擒纵装置，如棘爪机构、自动离合机构等，锁住或放开运动部位。

③ 锁。把重要的开关等锁起来，防止他人误操作。

④ 运动联锁。当安全防护装置失去效能时，机械不能运转。

⑤ 双手控制。用双手控制可以防止把手伸入危险区域。它适用于操作速度较慢的操作。

⑥ 顺序控制。用于必须按一定次序运转的情况。

⑦ 定时及延时。只在一定时刻或经过一定时间间隔之后才开始执行某项操作，应用定时开关或延时开关获得定时时间或延迟时间。

⑧ 分离通路。把电路或机械的一部分移开，使其不能构成通路而防止误动作。

⑨ 参数传感装置。根据压力、温度、流量等参数控制设备的运转。例如，当汽车速度超过 10km/h 时，车门自动锁住。

⑩ 光电联锁。利用光电装置控制设备运转。

⑪ 磁或电磁联锁。利用磁场来控制。例如，煤矿用矿灯只有用专用的磁力设备才能打开电池盒。

⑫ 水银开关。当水银开关倾斜时，电路断开。

在某些特殊情况下，要求联锁措施暂时不起作用，以便于人员进行一些必要的操作。这种可以暂时不起作用的联锁叫做可绕过式联锁。当联锁被暂时绕过之后，必须保证能恢复其机能。如果绕过联锁可能发生事故时，应该设置警告信号，提醒人们注意联锁没起作用，需要采取其他安全措施。安装在矿井井架上部的过卷开关就是一种可绕过式联锁。

三、故障-安全设计

在系统、设备的一部分发生故障或破坏的情况下，在一定时间内也能保证系统、设备安全的安全技术措施称为故障-安全设计（fail-safe）。一般来说，通过精心的技术设计，使得系统、设备发生故障时处于低能量状态，便能防止能量意外释放。例如，电气系统中的熔断器就是典型的故障-安全设计。当系统过负荷时熔断器熔断切断电路，从而保证安全。

采用故障-安全设计的基本原则是，首先要保证故障发生后人员的安全，其次是保护环境，然后是保护设备，最后是考虑防止系统或设备机能的降低。

故障-安全设计方案可以利用重力、电磁力或闭合电路等原理实现。

四、减少故障

机械、设备故障在事故致因中占有重要位置。虽然利用故障-安全设计可以保证发生故障时也不至于引起事故，但是故障却使设备系统或生产停顿或降低效率。另外，故障-安全机构本身发生故障会使其失去效用而不能预防事故的发生。因此，应努力使故障最少。一般而言，减少故障可以通过三条技术途径实现，即安全监控系统、安全系数和增加可靠性。

1. 安全监控系统

在生产过程中，利用安全监控系统对某些参数进行监测，以控制这些参数不达到危险水平而避免事故。

监测只是发现问题，要解决问题则必须把监测与警告、联锁或其他安全防护措施结合起来。通过警告把信息传达给操作者，以便让他们采取恰当的措施。通过联锁装置可以停止设备或系统的运行，或者启动安全装置。实际上监控与上述机能结合构成了监控系统。典型的监测系统具有 3 种功能，即检知、比较判断、控制。相应地，安全监控系统由检知部分、判断部分和驱动部分组成，如图 5-1 所示。

图 5-1　安全监控系统

检知部分主要由传感元件构成，用以感知特定物理量的变化。一般地，检知部分的灵敏度较人的感官灵敏度要高得多，所以能够发现人员难以直接觉察的潜在的变化。为了使操作者在危险情况出现之前有充分的时间采取措施，检知部分应该有足够的灵敏度，同时还应具有一定的抗干扰能力。

检知部分的传感元件应安放在能感受到被测物理量参数变化的地方。有时安装位置不恰当会使监控系统不起作用。

判断部分是将检知部分感知的参数值与预先规定的参数值进行比较，判断被监测对象是否处于正常状态。当驱动部分的功能由人员来完成时，往往把预定的参数值定得低一些，以保证人员有充足的时间做出恰当的决策和行动。

驱动部分的功能在于判断部分判明存在异常，有可能出现危险时，实施适当的措施。这些措施包括：停止设备、装置的运转，启动安全装置，或是向人员发出警告，让人员采取措施处理或回避危险。对于若不立即采取措施就可能发生严重事故的场合，则应该采用自动装置以迅速消除危险。

2. 安全系数

最早的减少故障的方法是在设计中采用安全系数，安全系数的基本思想是把结构、部件的强度设计得超出其必须承受的应力的若干倍。这样就可以减少因设计计算错误、未知因素、制造缺陷及劣化等因素造成的故障。安全系数即结构、部件的最小强度与所承受的最大应力之比。

因此，可以通过减少承受的应力、增加强度等办法来增加安全系数。

3. 增加可靠性

所谓可靠性，即元件（如系统、设备、部件等）在规定的条件下和预定的时间内完成规定功能的能力。提高可靠性可以减少故障。在可靠性工程中可以采用许多方法来减少故障。

（1）降低额定值　与机械部件、结构设计中的安全系数类似，对于电气、电子元部件或设备，可以通过降低额定值的办法来提高它们的可靠性。具体的办法有冷却或选用功率较大的部件或设备等。

（2）冗余设计　采用冗余设计可以大大提高可靠性。所谓冗余设计，即为完成某种机能而附加一些元部件或手段，于是即使其中之一发生了故障，仍能实现预定的机能。

常见的冗余方式有以下三种。

① 关联冗余。附加的冗余部件与原有的元部件同时工作。

② 备用冗余。冗余元部件通常处于备用状态，当原有的元部件发生故障时才被投入使用。

③ 表决冗余。表决冗余又可称作 n 中取 k 冗余。当 n 个相同的元部件中有几个正常时，就能保证正常的工作，可以对元件、部件、设备或系统实现冗余。但是，可靠性理论已经证明，元件冗余的效果最好。

（3）选用高质量元部件　高质量的元部件其可靠性较高，由它们组成的设备、系统的可靠性相应也较高。

（4）维修保养及定期更换　及时、正确地维修保养可以延长设备使用寿命，提高可靠性。在元部件耗损之前及时更换它们，可以维持恒定的故障率。

五、警告

在生产操作过程中，人们需要经常注意到危险因素的存在以及一些必须注意的问题。警告是提醒人们注意的主要方法。

提醒人们注意的各种信息都是经过人的感官传达到大脑的。因此，可以通过人的各种感官实现警告。根据利用的感官不同，警告分为视觉警告、听觉警告、气味警告、触觉警告及味觉警告等。

1. 视觉警告

视觉是人们感知外界的主要器官，视觉警告是最广泛被应用的警告方式。视觉警告的种类很多，常用的有下面几种。

（1）亮度　让有危险因素的地方比没有危险因素的地方更明亮，以便注意力集中在有危险的地方。明亮的变电所可以明示那里有危险。障碍物上的灯光可防止行人、车辆撞到障碍物上。

（2）颜色　明亮、鲜明的颜色很容易引起人们的注意。设备、车辆、构筑物等涂上黄色或橘黄色，很容易与周围环境相区别。在有危险的生产区域，以特殊的颜色与其他区域相区别，防止人员误入。有毒、有害、可燃、腐蚀性的气体、液体管路应按规定涂上特殊的颜色。国家标准 GB 2893—2001 规定，红色、蓝色、黄色、绿色四种颜色为安全色（safety colours，即传递安全信息含义的颜色），黑色、白色两种颜色为对比色（contrast colours，即使安全色更加醒目的反衬色）。

凡涂有安全色的部位，最少半年至一年检查一次，应经常保持整洁、明亮，如有变色、褪色等不符合安全色范围和逆反射系数低于 70% 的要求时，需要及时重涂或更换，以保证安全色的正确、醒目，以达到安全的目的。

与安全色相关的其他内容的进一步介绍详见本教材第七章第二节的相关内容。

（3）信号灯　经常用信号灯来表示一定的意义，也常用来提醒人们危险的存在。一般地，信号灯的颜色含义如下：①红色表示有危险，发生了故障或失误，应立即停止；②黄色表示危险即将出现的临界状态，应注意缓慢进行；③绿色表示安全、满意的状态；④蓝色表示正常。

信号灯可以利用固定灯光或闪动灯光。闪动灯光较固定灯光更能吸引人们的注意，警告的效果更好。反射光也可用于警告，在障碍物或构筑物上安装反光的标志，夜晚被汽车灯光照射反光而引起司机的注意。

（4）旗　利用旗做警告已有很长的历史。可以把旗固定在旗杆上或绳子上、电缆上等。如爆破作业时挂上红旗以防止人员进入。在开关上挂上小旗，表示正在修理或因其他原因不能合开关。

（5）标记　在设备上或有危险的地方可以贴上标记以示警告。如指出高压危险、功率限制、负荷、速度或温度限制等，提醒人们危险因素的存在或需要穿戴防护用品等。

（6）标志　利用事先规定了含义的符号标志警告危险因素的存在或应采取的措施。如道路急转弯处的标志、交叉道口标志等。国家标准 GB 2894 规定，安全标志（由安全色、几何图形和图形符号构成，用以表达特定的安全信息）分为禁止标志、警告标志、指令标志及提示标志四类。

标准规定，安全标志牌应设在醒目、与安全有关的地方，并使人们看到后有足够的时间来注意它所表示的内容。而不宜将安全标志牌设在门、窗、架等可移动的物体上，以免这些物体位置移动后使人们看不见安全标志。此外，安全标志牌每年至少应检查一次，如发现有变形、破损或图形符号脱落以及变色不符合安全色的范围，应及时修整或更换。

与安全标志相关的其他内容的进一步介绍详见本教材第七章第二节的相关内容。

（7）书面警告　在操作、维修规程、指令、手册及检查表中写进警告及注意事项，警告人们存在着危险因素，提示特别需要注意的事项及应采取的行动，提示应佩戴的劳动保护器具等。如果一旦发生事故可能造成伤害或破坏，则应该把一些预防性的注意事项写在前面明显的地方，以引起人们的注意。

2. 听觉警告

在有些情况下，只有视觉警告不足以引起人们的注意。例如，当人们非常繁忙时，即便视觉警告离得很近也顾不上看，人们也可能转移到看不见视觉警告的地方去工作等。尽管有时明亮的视觉信号可以在远处就被发现，但是设计在听觉范围内的听觉警告更能唤起人们的注意。

有时也利用听觉警告唤起对视觉警告的注意。在这种情况下，视觉警告会提供更详细的信息。

当要求对紧急情况做出反应时，除了采用听觉警告外，还要有补充的信息或冗余的警告信号。

常用的听觉警报器有喇叭、电铃、蜂鸣器或闹钟等。

3. 气味警告

可以利用一些带特殊气味的气体进行警告。气体可以在空气中迅速传播，使人们感受到危险的来临。

人对气味能迅速地产生过敏作用，因而用气味做警告有时间限制。只有在没有产生过敏作用之前的较短期间内可以利用气味做警告。

工程上常见的采用气味警告的例子列举如下。

（1）在易燃易爆气体里加入气味剂　例如，天然气是没味的，为减少天然气的火灾爆炸危险，把少量浓郁气味的芳香气体加入输送管道中，一旦天然气泄漏，可以立即被人们所察觉。

（2）根据燃烧产生的气味判断火的存在　不同物质燃烧时产生不同的气味，于是可以判定什么东西在燃烧。

（3）利用芳香气体发警报　在紧急情况下，在人员不能迅速到达的地方利用芳香气体发出警报。例如，矿井发生火灾时，往压缩空气管路中加入乙硫醇，把一种芳香气味送入工作面，通知井下工人采取措施。

（4）用芳香气味剂检测设备过热　当设备过热时，芳香气味剂蒸发，使检修人员迅速发现问题。但吸烟会降低人对气味的敏感度。

4. 触觉警告

震动是一种主要的触觉警告。国外交通设施中广泛采用震动警告的方式，凸起的路标使汽车震动，即使瞌睡的司机也会惊醒，从而避免危险。温度是触觉警告的另一种。

工业安全技术中很少利用味觉做警告。

第三节　避免和减少事故损失的安全技术措施

事故发生后如果不能迅速控制局面，则事故规模可能进一步扩大，甚至引起二次事故，释放出大量的能量。因此，在事故发生前就应考虑到采取避免或减少事故损失的技术措施。避免或减少事故损失的安全技术包括隔离、个体防护、接受少的损失、避难与援救等技术措施。

一、隔离

隔离除了作为一种预防事故发生的技术措施被广泛应用外，也是一种在能量剧烈释放时减少损失的有效措施。这里的隔离措施分为远离、封闭和缓冲措施三种。

1. 远离

把可能发生事故、释放出大量能量或危险物质的工艺、设备或设施布置在远离人群或被保护物的地方。例如，把爆破材料的加工制造、储存安排在远离居民区和建筑物的地方；爆破材料之间保持一定距离；矿山重要建筑物布置在地表移动带之外等。

2. 封闭

利用封闭措施可以控制事故造成的危险局面，限制事故的影响。封闭措施主要应用于下述目的。

① 控制事故造成的危险局面。例如，在发生森林火灾时，利用防火带可以限制森林火灾的蔓延；在火源的周围喷水，防止引燃附近的可燃物和烤坏附近的东西。

② 限制事故的影响，避免破坏和伤亡。防火密闭可以防止火灾时有毒、有害气体的蔓延。公路两侧的围栏用于防止失控的汽车冲到公路两侧的沟里去。

③ 为人员提供保护。有些情况下，把某一区域作为安全区，人员在这里得到保护。矿井里的避难硐室就是一个例子。

④ 为物资、设备提供保护。在漏水或洪水泛滥时，把重要材料放入防水箱中防止受浸泡。

3. 缓冲

缓冲可以吸收能量、减轻能量的破坏作用。桥式起重机上的缓冲器就是为此而装设的。

二、个体防护

利用劳动防护用品实施个体防护是保护职工安全与健康所采取的必不可少的预防性、辅助性措施（特别提示：不得以劳动防护用品替代工程防护设施和其他技术、管理措施），在某种意义上，个体防护是劳动者防止职业毒害和伤害的最后一项有效措施。劳动防护用品与职工的福利待遇以及保护产品质量、产品卫生和生活卫生需要的非防护性的工作用品有着本质区别。在劳动条件差、危害程度高或防护措施起不到防护作用的情况下（如在抢修或检修设备、野外露天作业、生产工艺落后以及设备老化等），劳动防护用品可能成为保护劳动者免受伤害的主要措施。因此，用人单位应依据相关法规要求，建立健全劳动防护用品的购买、验收、保管、发放、使用、更换、报废等管理制度和使用档案，并进行必要的监督检查，确保落实到位。

劳动防护用品在劳动过程中，是必不可少的生产性装备，因此用人单位必须按照《中华人民共和国劳动法》和《中华人民共和国安全生产法》等法律法规的有关规定提供必需的劳动防护用品而不得任意削减（特别提示：用人单位更不得以货币或者其他物品替代劳动防护用品），依据本单位劳动防护用品管理制度，加强劳动防护用品配备、发放、使用等各个环节的管理工作，教育督促劳动者按照劳动防护用品使用规则和防护要求正确使用劳动防护用品。

1. 劳动防护用品的分类

依据《用人单位劳动防护用品管理规范》（安监总厅安健〔2018〕3号），劳动防护用品分为以下十大类：

① 防御物理、化学和生物危险、有害因素对头部伤害的头部防护用品。
② 防御缺氧空气和空气污染物进入呼吸道的呼吸防护用品。
③ 防御物理和化学危险、有害因素对眼面部伤害的眼面部防护用品。
④ 防噪声危害及防水、防寒等的耳部防护用品。
⑤ 防御物理、化学和生物危险、有害因素对手部伤害的手部防护用品。
⑥ 防御物理和化学危险、有害因素对足部伤害的足部防护用品。
⑦ 防御物理、化学和生物危险、有害因素对躯干伤害的躯干防护用品。
⑧ 防御物理、化学和生物危险、有害因素损伤皮肤或引起皮肤疾病的护肤用品。
⑨ 防止高处作业劳动者坠落或者高处落物伤害的坠落防护用品。
⑩ 其他防御危险、有害因素的劳动防护用品。

（1）头部防护用品　为防御头部不受外来物体打击和其他因素危害配备的个人防护装备，按照防护功能可分为一般防护帽、防尘帽、防水帽、安全帽、防寒帽、防静电帽、防高温帽、防电磁辐射帽、防昆虫帽等。

（2）呼吸防护用品　为防御有害气体、蒸气、粉尘、烟、雾由呼吸道吸入，直接向使用者供氧或清净空气，保证使用者在尘、毒污染环境或缺氧环境中正常呼吸的防护用具，如防尘口罩（面具）、防毒口罩（面具）、空气呼吸器等。

（3）眼面部防护用品　预防烟雾、尘粒、金属火花和飞屑、热、电磁辐射、激光、化学飞溅物等伤害眼睛或面部的个人防护用品，如焊接护目镜和面罩、炉窑护目镜和面罩以及防冲击眼护具等。

（4）耳部防护用品　能够防止过量的声能侵入外耳道，使人耳避免噪声的过度刺激，减少听力损失，预防由噪声对人身引起的不良影响的个体防护用品，如耳塞、耳罩、防噪声头盔等，有些耳部防护用品还可以起到防水、防寒的作用。

（5）手部防护用品　保护手和手臂，供作业者劳动时戴用的劳动防护手套，按照防护功能可分为一般防护手套、防水手套、防寒手套、防毒手套、防静电手套、防高温手套、防X射线手套、耐酸碱手套、防油手套、防振手套、防切割手套、绝缘手套等。

（6）足部防护用品　足部防护用品是防止生产过程中有害物质和能量损伤劳动者足部的护具。按照防护功能可分为防刺穿鞋、防尘鞋、防水鞋、防寒鞋、防静电鞋、防高温鞋、耐酸碱鞋、防滑鞋、电绝缘鞋、防振鞋、防砸鞋（防足趾鞋）等。

（7）躯干防护用品　躯干防护用品主要包括各类防护服，按照防护功能可分为一般防护服、防水工作服、防寒工作服、防砸背心、防毒工作服、阻燃防护服、防静电工作服、防高温工作服、防电磁辐射工作服、耐酸碱工作服、防油工作服、水上救生衣、防昆虫工作服、防风沙工作服等。

（8）护肤用品　指用于防止皮肤（主要是面、手等外露部分）免受化学、物理等因素的危害的用品，如防毒、防腐、防射线、防油漆的护肤品等。

（9）坠落防护用品　坠落防护用品主要用于高空作业时防止作业人员高空坠落事故造成的伤害。坠落防护用品主要有：安全带、安全帽、安全网、安全自锁器、速差自控器、水平安全绳、防滑鞋等。

2. 劳动防护用品的选用

《安全生产法》规定："生产经营单位必须为从业人员提供符合国家标准或者行业标准的劳动防护用品，并监督、教育从业人员按照使用规则佩戴、使用。"

《用人单位劳动防护用品管理规范》第十一条规定了用人单位应按照识别、评价、选择的程序（可扫描二维码5-2），结合劳动者作业方式和工作条件，并考虑其个人特点及劳动强度，选择防护功能和效果适用的劳动防护用品。

二维码5-2 劳动防护用品选择程序

① 接触粉尘、有毒、有害物质的劳动者应当根据不同粉尘种类、粉尘浓度及游离二氧化硅含量和毒物的种类及浓度配备相应的呼吸器（可扫描二维码5-3）、防护服、防护手套和防护鞋等。具体可参照《呼吸防护 自吸过滤式防颗粒物呼吸器》（GB 2626）、《呼吸防护用品的选择、使用与维护》（GB/T 18664）、《防护服装 化学防护服的选择、使用和维护》（GB/T 24536）、《手部防护 防护手套的选择、使用和维护指南》（GB/T 29512）和《个体防护装备 足部防护鞋（靴）的选择、使用和维护指南》（GB/T 28409）等标准进行选择。

二维码5-3 呼吸器和护听器的选用

② 接触噪声的劳动者，当暴露于 80dB≤LEX，8h<85dB 的工作场所时，用人单位应当根据劳动者需求为其配备适用的护听器；当暴露于 LEX，8h≥85dB 的工作场所时，用人单位必须为劳动者配备适用的护听器，并指导劳动者正确佩戴和使用（可扫描二维码5-3）。具体可参照《护听器的选择指南》（GB/T 23466）进行选择。

③ 工作场所中存在电离辐射危害的，经危害评价确认劳动者需佩戴劳动防护用品的，用人单位可参照电离辐射的相关标准及《个体防护装备配备基本要求》（GB/T 29510）为劳动者配备劳动防护用品，并指导劳动者正确佩戴和使用。

④ 从事存在物体坠落、碎屑飞溅、转动机械和锋利器具等作业的劳动者，用人单位还可参照《个体防护装备选用规范》（GB/T 11651）、《头部防护 安全帽选用规范》（GB/T 30041）和《坠落防护装备安全使用规范》（GB/T 23468）等标准，为劳动者配备适用的劳动防护用品。

同一工作地点存在不同种类的危险、有害因素的，用人单位应当为劳动者同时提供防御各类危害的劳动防护用品。需要同时配备的劳动防护用品，还应考虑其可兼容性。

劳动者在不同地点工作，并接触不同的危险、有害因素，或接触不同的危害程度的有害因素的，用人单位为其选配的劳动防护用品应满足不同工作地点的防护需求。

用人单位劳动防护用品的选择还应当考虑其佩戴的合适性和基本舒适性，根据个人特点和需求选择适合号型、式样。

此外，在可能发生急性职业损伤的有毒、有害工作场所，用人单位应配备应急劳动防护用品，放置于现场临近位置并有醒目标识；用人单位还应当为巡检等流动性作业的劳动者配备随身携带的个人应急防护用品。

2000 年，原国家经贸委颁布了《劳动防护用品配备标准（试行）》（国经贸安全〔2000〕189 号），规定了国家工种分类目录中的 116 个典型工种的劳动防护用品配备标准。

用人单位应当根据劳动者工作场所中存在的危险、有害因素种类及危害程度、劳动环境条件、劳动防护用品有效使用时间，制定适合本单位的劳动防护用品配备标准（基本格式可扫描二维码 5-4）。

二维码5-4　用人单位劳动防护用品配备标准

3. 劳动防护用品的采购、保管、维护、发放与更换

用人单位应当根据劳动防护用品配备标准制订采购计划，购买符合标准的合格产品；查验并保存劳动防护用品检验报告等质量证明文件的原件或复印件。

劳动防护用品应当按照要求妥善保存，及时更换，保证其在有效期内。

用人单位应当对应急劳动防护用品进行经常性的维护、检修，定期检测劳动防护用品的性能和效果，保证其完好有效。

公用的劳动防护用品应当由车间或班组统一保管，定期维护。

用人单位应当按照劳动防护用品发放周期、本单位制定的配备标准，根据不同工种和劳动条件及时发给职工个人劳动防护用品，并作好登记（登记表格式可扫描二维码 5-5）。

二维码5-5　劳动防护用品发放登记表

对工作过程中损坏的劳动防护用品，用人单位应及时更换。

4. 劳动防护用品的正确使用

用人单位应教育从业人员，按照防护用品的使用规则和防护要求正确使用，通过培训使职工掌握劳动防护用品的"三会"技能，即会检查劳动防护用品的可靠性，会正确使用，会正确维护保养。用人单位应按照产品说明书的要求，及时更换、报废过期和失效的劳动防护用品。

使用劳动防护用品的一般要求如下所述。

① 劳动防护用品使用前应首先做一次外观检查。检查的目的是确认防护用品对危险有害因素防护效能的程度。检查的内容包括外观有无缺陷或损坏，各部件组装是否严密，启动是否灵活等。

② 劳动防护用品的使用必须在其性能范围内，不得超极限使用；不得使用未经国家指定、未经监测部门认可和检测还达不到标准的产品；不能随便代替，更不能以次充好。

③ 严格按照使用说明书正确使用劳动防护用品。

安全帽、呼吸器、绝缘手套等安全性能要求高、易损耗的劳动防护用品，应当按照有效防护功能最低指标和有效使用期，到期强制报废。

用人单位应当定期对劳动防护用品的使用情况进行检查，确保劳动者正确使用。

三、接受少的损失

由于系统超负荷或运转部件超过其规定限度，或者设备电气线路中电流增大等原因均会致使某些部位有可能出现危险，如不及时处理，就有可能引起全系统出现更大的危险如系统完全瘫痪或被破坏。所以在设计时，应坚持接受少的损失的原则，采用薄弱环节控制的技术手段，即在系统相应的某些部位有意识地设计薄弱环节（如防爆片、保险丝），这些薄弱环节可以是机械强度较差或厚度较薄而容易断裂的部件。

当系统出现超负荷等异常时，薄弱环节被破坏，能量在系统的薄弱部分释放，使整个系统或系统的某个部分停止运转，从而防止事故殃及整个系统及人身安全，以达到防护的目的。虽然薄弱部分被破坏了，但损失很小，却避免了大的损失及更严重的事故。以下是几个常见的接受少的损失所采取措施的例子。

① 当汽车汽缸水套中的水结冰时体积膨胀，把发动机冷却水系统的防冻塞顶开而保护汽缸。

② 当锅炉里的水降低到一定水平时，易熔塞温度升高并熔化，蒸汽泄放而降低锅炉内的压力，避免爆炸。

③ 在有爆炸危险的厂房设置泄压窗，周围设置易碎墙，当发生意外爆炸时保护主要建筑物不受破坏。

④ 电路中的熔断器、驱动设备上的安全连接棒等都可减少事故损失。

四、避难与援救

事故发生后，应及时采取应急措施控制事态的发展。但是，当判明事态已经发展到了不可控制的地步时，应迅速避难和撤离危险区。

一般来说，在厂区布置、建筑物设计及交通设施设计中，要充分考虑事故一旦发生时的避难和救援问题。具体地应能保证如下事项：通过隔离措施来保护人员，如防火避难硐室等；人员能迅速撤离危险区；即使危险区域里的人员不能逃脱，也应能够被救援人员搭救。

为了在一旦发生事故时人员能迅速地逃离事故现场，事前应该做好应急计划，并且平时应进行应急救援演练。有关应急救援的其他问题详见本教材第八章的相关内容。

第四节　作业现场安全管理

作业现场的安全管理主要包括对人的安全管理和对物的安全管理两个方面。

对人的安全管理工作的主要内容包括：①制定并不断完善安全操作规程及作业标准，以规范人的行为，为人员安全而高效地进行操作提供训练；②为了使人员自觉地遵守安全操作规程及作业标准，必须按计划不间断地对人员进行教育和训练；③进行定期的与不定期的安全检查与巡视，对发现的不安全行为及时采取纠正措施。

对物的安全管理工作的主要内容包括：①确保生产设备的设计、制造、安装符合有关的技术规范和安全规程的要求，安全防护装置齐全、可靠；②经常进行检查和维修保养，使设备处于完好状态，防止由于磨损、老化、疲劳、腐蚀等原因而降低设备的安全性；③进行定期的与不定期的安全检查与巡视，对发现的不安全状态及时采取纠正措施。

以下着重介绍作业现场安全管理中的几个具体问题。

一、安全合理的作业现场布置

在生产现场，除机器设备能构成不安全状态以致造成事故之外，生产所用的原料、材料、半成品、工具以及边角废料等物，如放置不当（包括位置不当、放置方法不当等），也会形成物的不安全状态。例如日本 1977 年制造业所发生的 87377 件因物的不安全状态所造成的事故中，有 16015 件事故的原因是物的放置不当引起的，约占 18.3%；作业环境缺陷为 687 件，占 0.79%。

日本工业企业开展的所谓"5S"活动，即整理、整顿、清洁、清扫、习惯（纪律）（因此 5 个项目其日文的罗马拼音的首字母均为 S，故简称"5S"）。其中整理、整顿与创造安全的作业现场直接相关。整理，是把作业现场内的物品分出哪些有用、哪些无用，把无用的东西从作业现场清理出去。整顿，是把作业现场内有用的东西有条不紊地摆放整齐，并且在摆放时要考虑使用时取用方便。

整理、整顿的目的在于消除作业现场的混乱状况。因此，必须找出造成混乱的原因。一般应注意以下几个方面的问题。

① 作业流程与设备布置应该一致，这样不仅可以避免不必要的搬运作业，而且还能够避免在过道处或地面上堆放大量的原材料或半成品。

② 设置通道及出入口和紧急出口，并保持畅通无阻，通道两侧应画上白线或设置围栏以示区别，平时经常清扫和清除油污、灰尘，道路尽量取直，避免弯角。

③ 明确规定原材料、半成品堆放处，限制作业现场危险品的存放量，并妥善保管。

④ 放置物品时，重物放在地上，轻物放在架上。

⑤ 立体堆放原材料、半成品时，不要堆积过高，堆积高度不得超过底边长度的 3 倍。

二、安全点检

安全点检是安全检查的一种形式，重点检查对象是作业现场的物的因素，目的在于发现物的不安全状态，以便尽早采取措施消除异常。

设备、工具等随使用时间的增加要磨损、腐蚀、老化，甚至发生故障。因此，每隔一定时间要进行认真检查，及时发现并排除异常状况。特别重要的是，可以通过安全点检进一步探讨设备、操作方法本身是否还有改进的余地。美国的一些安全专家认为，如果认为安全点检的目的是确认设备或操作方法的安全性的话，那么这种看法已经过时了。今后的安全点检是检查设备、操作方法等是否危险、有害，并在此基础上进行彻底改进。

由于安全点检是调查作业现场的设备、工具等是否存在不安全状态，所以安全点检应由最熟悉作业现场情况的人员进行。操作者在每日开始作业之前，应该对自己所使用的设备、工具、安全装置及防护用品等进行检查。班组长、车间主任、安全员应经常对自己负责范围内的作业场所、设备、工具、安全装置及防护用品等进行检查。企业领导、职能部门应定期对全厂的设备、工具、作业条件进行检查。

安全点检是日常生产作业的一部分，应形成制度定期进行。安全点检的时间间隔随被检查对象的具体情况不同而有所不同。有些设备或设备的某些部分的性能几乎不随时间变化，或者虽有变化但对安全生产没有太大影响，此时点检间隔时间可以长些；反之，对安全生产影响重大的部分，应该每天作业前进行一次点检。安全点检时间要严格按预定计划认真执行。

为了减少人的主观因素的影响，应规定安全点检的判别标准，以客观地衡量被检查对象是否有问题。例如，美国的化工企业中设有安全点检标准委员会，定期地研究点检标准，使安全点检水平不断提高，从而适应生产技术的发展。

为了保证安全点检的效果，应该掌握有关被检查对象的丰富知识，了解设备运转过程中哪个部分会发生什么问题、哪个地方容易出故障，使安全点检真正抓到点子上。安全点检过程中，安全管理人员要针对某一点的情况，听取有关人员的反映，必要时应该利用仪器、仪表测定参数，通过听、看、测而做出正确判断。为了防止漏检一些项目，可以事先制定安全检查表，然后按照安全检查表上列出的项目进行检查。使用安全检查表时，应注意区分各项目的重要程度，对重点项目应予以重点检查。

安全点检中发现的问题要立即解决，一时不能解决的，也要做出计划并限期解决，否则就不能实现安全点检的目的。

三、劳动防护用品的正确使用

作业服装的作用在于针对寒暑变化而调节体温、保证人体健康以及防止人体受到外界危险因素的伤害。但是，由于作业服装选择或穿用不正确而导致伤害事故的情况也屡见不鲜。例如，袖口肥大的工作服易被机器的旋转部分挂住而使人员受伤；系在脖子上的毛巾被机器挂住使人员窒息死亡等。一般而言，满足安全要求的作业服装的选择及穿用应符合下列条件。

① 工作服应该紧身、轻便。肥大的工作服容易被机械运动部分挂住或绞住，夹克式服装较安全。工作服应该没有口袋或有一两个小口袋，不要带没用的褶、带等。

② 工作服绽线、破损的地方要立即缝好。

③ 工作服要经常清洗。当工作服沾上油污或易燃性溶剂时，应立即清洗，以免易燃。

④ 操纵机械时，应该戴上工作帽，把头发完全罩住，以免头发被绞入机器引起伤害。

⑤ 在工作场所严禁赤脚及穿拖鞋、凉鞋、草鞋等，以免扎脚、砸脚、烫脚。在装卸作业中，70%的事故是由于脚站得不稳使身体失去平衡引起的。在有可能滑倒的地面上工作时，应该穿防滑鞋（靴）。为了避免掉落的物体把脚砸伤，应该穿护趾安全鞋。一般，适合作业穿用的鞋应具有下述性能：物体掉落在脚上时能保护脚部不受伤害；在光滑地面上行走时防滑；踏在尖锐物体上能防止扎脚；质量轻；不妨碍操作。

⑥ 禁止半裸作业。在炎热的夏季或高温条件下，有些工人半裸作业，使大部分身体裸露出来，很容易受到烫伤等伤害。

⑦ 禁止把容易引起燃烧、爆炸的东西及尖锐的东西放在工作服口袋里，以免伤害自身和他人。

⑧ 禁止机械作业时戴领带、围巾，或把手巾系在脖子上、挂在腰间。

⑨ 禁止戴手套在机械的回转部位操作。

⑩ 正确使用劳动防护用品。应根据生产作业的性质和要求按规定正确使用相应的劳动防护用品。如戴安全帽时要系好帽带，防止坠落时安全帽脱落，起不到保护作用；安全带的一端要按规定挂在牢固的地方等。

⟳ 本章小结

　　本章内容主要包括能量与屏蔽，安全技术措施的种类及其优先次序，预防事故的安全技术措施，避免或减少事故损失的安全技术措施，以及作业现场安全管理等内容。两类安全技术措施的优先次序，劳动防护用品的分类、选用及使用要求，针对事故案例拟订事故整改方案可作为本章学习的重点。

👥 课堂讨论题

　　如何正确理解安全技术措施的种类及其优先次序？

能力训练项目

　　项目名称：事故原因分析与事故整改措施拟订

　　【事故案例】　　在某施工现场，一名工人在施工中脚踩的木板断裂，导致该工人从离地面三米高的脚手架上跌落到水泥地上，在送往医院的路上死亡。

　　项目要求：1.分析事故的直接原因和间接原因。

　　2.拟订防止同类高处坠落事故的整改措施。

✏ 思考题

　　1.拟订安全技术措施应遵循哪些原则？

　　2.如何正确地选择和使用劳动防护用品？

　　3.在作业现场的安全管理中应注意哪些环节？

第六章
安全生产法规与标准

知识目标　1. 了解我国法律法规的基本知识。
　　　　　2. 知晓我国职业健康安全法规体系和标准体系。
　　　　　3. 熟悉我国主要职业健康安全法规的主要内容。
　　　　　4. 掌握我国主要职业健康安全法规对生产经营单位的基本要求。
能力目标　能够对法规执行情况进行符合性判断。

第一节　相关的基本法律知识

一、我国的立法体制

关于立法体制，我国现行宪法做了基本界定，确立了立法体制的框架，《地方各级人民代表大会和地方各级人民政府组织法》和《中华人民共和国立法法》（以下简称《立法法》）做了进一步的界定。

① 全国人大（人民代表大会）及其常委会行使国家立法权，制定法律。

② 国务院根据宪法和法律制定行政法规。

③ 省、自治区、直辖市人大及其常委在不同宪法法律、行政法规相抵触的前提下制定地方性法规。

④ 民族自治地方的人大有权制定自治条例和单行条例，分别报上级人大常委会批准。

⑤ 国务院部委可以根据法律、行政法规制定规章。

⑥ 较大的市（包括省、自治区人民政府所在地的市，经济特区所在地的市，经国务院批准的较大的市）人大及其常委会根据本市的具体情况和实际需要，在不同宪法、法律、行政法规和本省、自治区的地方性法规相抵触的前提下，可以制定地方性法规，报省、自治区人大常委会批准后施行。

⑦ 省、自治区、直辖市人民政府以及省、自治区人民政府所在地的市和经国务院批准的较大的市的人民政府，可以根据法律、行政法规和本省、自治区的地方性法规，制定规章。

二、我国法规的制定和发布

1. 法律

我国法律的制定权是全国人大及其常委会。

我国法律由国家主席签署主席令予以公布。其中，主席令载明了法律的制定机关、通过日期和施行日期。在立法实践中，全国人大及其常委会通过法律的当天，国家主席即签署主席令予以公布。

关于法律的公布方式，《立法法》明确规定法律签署公布后，应及时在全国人大常委会公报和在全国范围内发行的报纸上刊登。此外还规定，全国人大常委会的特定刊物——全国人大常委会公报上刊登的法律文本为标准文本（又称正式文本和官方文本）。

2. 行政法规

行政法规的制定权是国务院。

行政法规由总理签署国务院令公布。其中，国务院令载明了行政法规的制定机关、通过日期、发布日期和施行日期。在以往实践中，国务院行政法规的公布大体有两种方式：一是由总理签署国务院令公布；二是由国务院批准、国务院有关部门发布。按《立法法》的规定，今后将不再保留第二种方式。

关于行政法规的公布方式，《立法法》明确规定行政法规签署公布后，应及时在国务院公报和在全国范围内发行的报纸上刊登。此外还规定，国务院公报上刊登的行政法规文本为标准文本。

3. 地方性法规、自治条例和单行条例

地方性法规的制定权是：

① 省、自治区、直辖市人大及其常委会；

② 较大的市的人大及其常委会。

自治条例和单行条例的制定权是民族自治地区的人大。

地方性法规的公布分为以下三种情况：

① 省、自治区、直辖市人大制定的地方性法规由大会主席团发布公告予以公布；

② 省、自治区、直辖市人大常委会制定的地方性法规由常委会发布公告予以公布；

③ 较大的市的人大及其常委会制定的地方性法规由常委会发布公告予以公布。

自治条例和单行条例分别由自治区、自治州、自治县人大常委会发布公告予以公布。

地方性法规、自治条例和单行条例的发布令中一般都载明地方性法规、自治条例和单行条例，还同时注明批准机关的名称和批准时间。

关于地方性法规、自治条例和单行条例的公布方式，《立法法》明确规定地方性法规、自治条例和单行条例签署公布后，应及时在本级人大常委会公报和在本行政区范围内发行的报纸上刊登。此外还规定，常委会公报上勘定的地方性法规、自治条例和单行条例文本为标准文本。

4. 规章

规章的制定权是：

① 国务院各部、委员会、中国人民银行、审计署和具有行政管理职能的直属机构；

② 省、自治区、直辖市和较大的市的人民政府。

规章的发布分为以下两种情况：

① 部门规章由部门首长签署命令予以公布；

② 地方政府规章由省长或者自治区主席或者市长签署命令予以公布。

关于规章的公布方式，《立法法》明确规定：

① 部门规章签署公布后，应及时在国务院公报或者部门公报和在全国范围内发行的报纸上刊登；

② 地方政府规章签署公布后，应及时在本级人民政府公报或者部门公报和在本行政区域范围内发行的报纸上刊登；

③ 国务院公报或者部门公报和地方人民政府公报上刊登的规章文本为标准文本。

三、法规效力

在我国，宪法具有最高的法律效力，一切法律、行政法规、地方性法规、自治条例和单行条例、规章都不得同宪法相抵触。

在宪法之下，各种法规在效力上是有层次之分的，上一层的法规高于下一层的法规。法规的层次划分见表 6-1 所列。

表 6-1　法规层次划分

层　次	法　规	层　次	法　规
第一层次	法律	第三层次	地方性法规
第二层次	行政法规	第四层次	规章

关于法规的效力，具体来说有以下几个方面：

① 法律的效力高于行政法规、地方性法规和规章；

② 行政法规的效力高于地方性法规、规章；

③ 地方性法规的效力高于本级和下级地方政府的规章；

④ 省、自治区人民政府制定的规章的效力高于本行政区域内的较大的市的人民政府制定的规章；

⑤ 自治条例和单行条例、经济特区法规依法和根据授权对法律、行政法规、地方性法规作变通规定的，在本自治地方和经济特区适用自治条例和单行条例、经济特区法规的规定；

⑥ 部门规章之间、部门规章与地方政府规章之间具有同等效力；

⑦ 地方性法规与部门规章之间无高低之分，但在一些必须由中央统一管理的事项方面，应以部门规章的规定为准。

二维码6-1 我国法律的修订与修正

我国法律的修改有两种方式，一种是修订，一种是修正。两者究竟有哪些区别？详见二维码 6-1。

第二节　职业健康安全法规体系及相关法规

一、职业健康安全法规体系介绍

做好安全生产工作是一项系统工程，需要建立在系统完善的法律法规体系之上。按照"安全第一、预防为主、综合治理"的安全生产方针，我国制定了一系列的职业健康安全法规，初步形成了结构比较完善的法规体系。目前，我国的职业健康安全法规体系及其层次与分类如图 6-1 和图 6-2 所示。

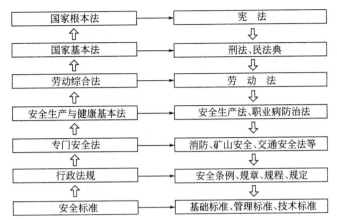

图 6-1　我国职业健康安全法规体系及其层次

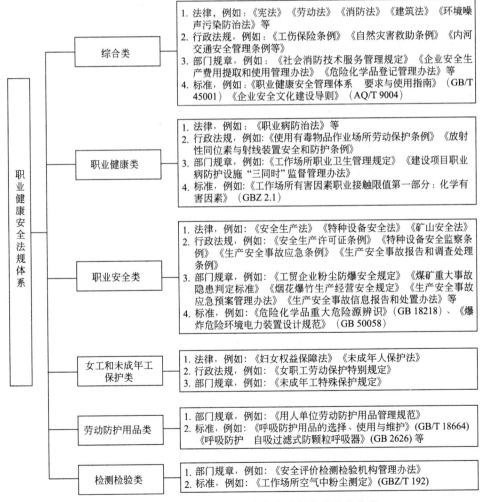

图 6-2　我国职业健康安全法规体系及其分类

二、"三大规程"和"五项规定"

"三大规程"和"五项规定"是我国改革开放之前在安全生产管理方面重要的法规，在当时的历史条件下发挥了重要作用。了解这方面的知识将有助于全面理解我国职业健康安全法规建设的历史进程。

1. "三大规程"

1956年，国务院发布了《工厂安全卫生规程》《建筑安装工程安全技术规程》《工人职员伤亡事故报告规程》及《关于防止厂、矿业中的矽尘危害的决定》，其中前三者被统称为"三大规程"。

（1）《工厂安全卫生规程》 该规程对厂院、通道、物料堆放、照明、通风、机械防护、电气、防火、锅炉及压力容器、粉尘、化学危险物品、生活设施、防护用品等方面提出了原则要求，做了原则规定，以后又颁布了《工业企业设计卫生标准》，对相关内容提出了更为详尽的规定。

（2）《建筑安装工程安全技术规程》 该规程对建筑安装工程施工过程中的安全技术设施标准做出规定，同时对施工组织管理方面也提出了安全要求。规定建筑企业在充分考虑施工安全的基础上，合理布置施工现场，妥善安排施工工艺和方法。重点对预防坍塌、土方塌陷、高处坠落、物体打击、触电、脚手架、土石方工程、机电设备及拆除工程方面做了明确规定。

（3）《工人职员伤亡事故报告规程》 该规程对职工因工伤亡事故的报告、调查、处理、统计和分析都做了具体规定。该规程是伤亡事故报告制度的法律依据。以后，在此基础上，又制定了GB 6441—86《企业职工伤亡事故分类标准》、GB 6442—86《企业职工伤亡事故经济损失统计标准》，使伤亡事故报告制度逐渐完善。

2. 五项规定

在1963年5月国务院颁发的《关于加强企业生产中安全工作的几项规定》中，规定从以下五个方面加强安全管理工作。它们构成了当时我国企业安全管理的基本制度。

（1）安全生产责任制 主要规定了以下五种人员的安全生产责任制。

① 企业各级领导人员的安全生产责任制，强调在管理生产的同时必须负责管理安全工作，认真贯彻执行国家有关安全生产的法规，在计划、布置、检查、总结、评比生产的同时要计划、布置、检查、总结、评比安全工作（"五同时"）。

② 企业中各职能部门的安全生产责任制，要求企业中的生产、技术、设计、供销、运输、财务等各有关职能科室都应在各自业务范围内，对实现安全生产负责。

③ 安全机构和专职人员的安全生产责任制，主要是当好领导抓安全工作的助手、参谋，协助领导组织、推动、督促、检查安全工作。

④ 小组安全员的安全生产责任制，主要是协助小组长经常对本组工人进行安全生产教育，督促全组人员遵守安全操作规程和各种安全生产制度。

⑤ 职工的安全生产责任制，主要是自觉遵章守纪，不违章作业，并且随时制止他人违章作业。

（2）安全技术措施计划 规定了企业在编制生产、技术、财务计划的同时，必须编制安全技术措施计划，以有计划地集中人力、物力、财力，改善劳动条件，消除生产过程中的不安全因素。

（3）安全生产教育　主要规定了四种教育对象及教育的内容。四种教育对象分别是新工人三级教育、特殊工种培训、职工全员教育和采用新工艺、工人换岗教育。教育的内容包括国家方针政策、法规教育、安全生产技术知识教育、事故教训等。

（4）安全生产定期检查　规定对企业的安全生产情况必须定期进行检查，包括全面检查、专业检查（针对行业安全特点）和季节性检查。要求安全检查必须有计划、有领导地进行，并且要依靠群众，讲究实效。

（5）伤亡事故的调查和处理　强调要严格执行（工人职员伤亡事故报告规程），发生伤亡事故后一定要查明原因、弄清责任、落实整改措施。对不同程度的责任者要分别给予不同处分。要定期分析事故，找出规律，采取措施预防事故发生。

三、《中华人民共和国宪法》中与职业安全相关的规定

宪法是国家的根本法，具有最高的法律效力。一切法律、行政法规和地方性法规都不得同宪法相抵触。可以说宪法是各种法律的总法律或总准则。

《中华人民共和国宪法》（以下简称《宪法》）总纲中的第一条明确指出：中华人民共和国是工人阶级领导的，以工农联盟为基础的人民民主专政的社会主义国家。这一规定就决定了我国的社会主义制度是保护以工人、农民为主体的劳动者的。在《宪法》中又规定了公民的基本权利和义务。

《宪法》第四十二条规定：中华人民共和国公民有劳动的权利和义务。国家通过各种途径，创造劳动就业条件，加强劳动保护，改善劳动条件，并在发展生产的基础上，提高劳动报酬和福利待遇。国家对就业前的公民进行必要的劳动就业训练。宪法的这一规定，是生产经营单位进行安全生产与从事各项工作的总的原则、总的指导思想和总的要求。我国各级政府管理部门、各类企事业单位机构，都要按照这一规定，确立安全第一、预防为主、综合治理的思想，积极采取组织管理措施和安全技术保障措施，不断改善劳动条件，加强安全生产工作，切实保护从业人员的安全和健康。

《宪法》第四十三条规定：中华人民共和国劳动者有休息的权利。国家发展劳动者休息和休养的设施，规定职工的工作时间和休假制度。这一规定的作用和意义有两个方面，一是劳动者的休息权利不容侵犯，二是通过建立劳动者的工作时间和休息休假制度，既保证劳动者的工作时间，又保证劳动者的休息时间和休假时间，注意劳逸结合，禁止随意加班加点，以保持劳动者有充沛的精力进行劳动和工作，防止因疲劳过度而发生伤亡事故或积劳成病，变成职业病。

《宪法》第四十八条规定：中华人民共和国妇女在政治的、经济的、文化的、社会的和家庭的生活等方面享有同男子平等的权利。国家保护妇女的权利和利益。该规定从各个方面充分肯定了我国广大妇女的地位，她们的权利受到国家法律保护。为了贯彻这个原则，国家还针对妇女的生理特点，专门制定了有关女职工的特殊劳动保护法规。

四、《中华人民共和国刑法》中与职业安全相关的规定

《中华人民共和国刑法》1979年7月1日第五届全国人民代表大会第二次会议通过。2020年12月26日《中华人民共和国刑法修正案（十一）》修正。《刑法修正案（十一）》（以下简称《刑法》）自2021年3月1日起施行。

　　《刑法》对安全生产方面构成犯罪的违法行为的惩罚做了规定。在危害公共安全罪中，《刑法》第一百三十一条至第一百三十九条，规定了重大飞行事故罪、铁路运营安全事故罪、交通肇事罪、危险驾驶罪、重大责任事故罪、强令组织违章冒险作业罪、重大劳动安全事故罪、大型群众性活动重大安全事故罪、危险物品肇事罪、工程重大安全事故罪、教育设施重大安全事故罪、消防责任事故罪和不报、谎报安全事故罪等罪名。《刑法》第一百四十六条规定了生产、销售不符合安全标准的产品罪。第三百九十七条规定渎职罪，包括滥用职权罪、玩忽职守罪。此外，还有重大环境污染事故罪、环境监管失职罪。刑事责任是对犯罪行为人的严厉惩罚，安全事故的责任人或责任单位构成犯罪的将按《刑法》所规定的罪名追究刑事责任。具体条款见表 6-2 所列。

表 6-2　《刑法》中与安全事故罪相关的内容

条　款	罪　名	犯罪主体	犯罪原因	处　罚
第一百三十一条	重大飞行事故罪	特殊主体，航空人员，包括空勤人员和地勤人员	违反规章制度	3 年以下有期徒刑或拘役；3～7 年有期徒刑
第一百三十二条	铁路运营安全事故罪	铁路职工，包括从事运输、管理、建设、维修人员	违反规章制度	3 年以下有期徒刑或拘役；3～7 年有期徒刑
第一百三十三条	交通肇事罪 危险驾驶罪	从事交通运输人员（含非正式从事人员）	违反交通运输管理法规	拘役，并处罚金；1 年以下有期徒刑、拘役或者管制，并处或者单处罚金；3 年以下有期徒刑或拘役；3～7 年有期徒刑；7 年以上有期徒刑
第一百三十三条之二	妨害安全驾驶罪	从事交通运输人员（含非正式从事人员）	违反交通运输管理法规	1 年以下有期徒刑、拘役或者管制，并处或者单处罚金
第一百三十四条	重大责任事故罪	工厂、矿山、林场、建筑施工企业或其他企业、事业单位的职工	违反安全管理规定，造成重大伤亡或重大损失	3 年以下有期徒刑或拘役；3～7 年有期徒刑
第一百三十四条	强令、组织违章冒险作业罪	工厂、矿山、林场、建筑施工企业或其他企业、事业单位的职工	强令他人违章冒险作业，或者明知存在重大事故隐患而不排除，仍冒险组织作业	5 年以下有期徒刑或者拘役；情节特别恶劣的，处 5 年以上有期徒刑
第一百三十四条之一	危险作业罪	工厂、矿山、林场、建筑施工企业或其他企业、事业单位的职工	在生产、作业中违反有关安全管理规定	1 年以下有期徒刑、拘役或者管制
第一百三十五条	重大劳动安全事故罪	工厂、矿山、林场、建筑施工企业或其他企业、事业单位的主管人员和其他直接责任人员	安全生产设施或者安全生产条件不符合国家规定	3 年以下有期徒刑或拘役；3～7 年有期徒刑
第一百三十五条	大型群众性活动重大安全事故罪	举办大型群众性活动的直接负责的主管人员和其他直接责任人员	违反安全管理规定	3 年以下有期徒刑或者拘役；3～7 年有期徒刑
第一百三十六条	危险物品肇事罪	一般主体，包括单位和个人	违反爆炸性、易燃性、放射性、毒害性、腐蚀性物品的管理规定	3 年以下有期徒刑或者拘役；3～7 年有期徒刑

续表

条　款	罪　名	犯罪主体	犯罪原因	处　罚
第一百三十七条	工程重大安全事故罪	建设单位、设计单位、施工单位、工程监理单位的直接责任人员	违反国家规定，降低工程质量标准	5年以下有期徒刑或者拘役，并处罚金；5～10年有期徒刑，并处罚金
第一百三十八条	教育设施重大安全事故罪	特殊主体，对学校设施负有采取安全措施和及时报告的直接责任人员	明知校舍或者教育教学设施有危险，而不采取措施或者不及时报告	3年以下有期徒刑或者拘役；3～7年有期徒刑
第一百三十九条	消防责任事故罪	特殊主体，国家机关、企业、事业单位内与防火直接有关的责任人员	违反消防管理法规，经消防监督机构通知采取改正措施而拒绝执行	3年以下有期徒刑或者拘役；3～7年有期徒刑
第一百三十九条之一	不报、谎报安全事故罪	负有事故报告职责的人员	在安全事故发生后，不报或者谎报事故情况	3年以下有期徒刑或者拘役；3～7年有期徒刑
第一百四十六条	生产、销售不符合安全标准的产品罪	一般主体，包括单位和个人	生产、销售不符合安全标准的产品	5年以下有期徒刑，并处销售金额百分之五十以上二倍以下罚金；5年以上有期徒刑，并处销售金额百分之五十以上二倍以下罚金
第三百九十七条	滥用职权罪玩忽职守罪	国家机关工作人员	滥用职权玩忽职守	3年以下有期徒刑或者拘役；3～7年有期徒刑

五、《中华人民共和国民法典》中与劳动合同、职业安全相关的规定

《中华人民共和国民法典》（以下简称《民法典》）被称为"社会生活的百科全书"，是新中国第一部以法典命名的法律，在法律体系中居于基础性地位，也是市场经济的基本法（施行时间为2021年1月1日）。

《民法典》共7编、1260条，各编依次为总则、物权、合同、人格权、婚姻家庭、继承、侵权责任，以及附则。通篇贯穿以人民为中心的发展思想，着眼满足人民对美好生活的需要，对公民的人身权、财产权、人格权等作出明确翔实的规定，并规定侵权责任，明确权利受到削弱、减损、侵害时的请求权和救济权等，体现了对人民权利的充分保障，被誉为"新时代人民权利的宣言书"。

1.《民法典》第三编合同的相关规定

第四百九十四条第三款规定：依照法律、行政法规的规定负有作出承诺义务的当事人，不得拒绝对方合理的订立合同要求。

第四百九十六条规定：格式条款是当事人为了重复使用而预先拟定并在订立合同时未与对方协商的条款。

采用格式条款订立合同的，提供格式条款的一方应当遵循公平原则，确定当事人之间的权利和义务，并采取合理的方式提示对方注意、免除或者减轻其责任等与对方有重大利害关系的条款，按照对方的要求对该条款予以说明。提供格式条款的一方未履行提示或者说明义务，致使对方没有注意或者理解与其有重大利害关系的条款的，对方可以主张该条款不成为合同的内容。

第四百九十七条规定：有下列情形之一的，该格式条款无效：一是具有本法第一篇第六章第三节（编者注：如第一百五十三条规定：违反法律、行政法规的强制性规定的民事法律行为无效。违背公序良俗的民事法律行为无效。第一百五十六条规定，民事法律部分行为部分无效，不影响其他部分效力的，其他部分仍然有效）和本法第五百零六条规定的无效情形。二是提供格式条款一方不合理地免除或者减轻其责任，加重对方责任，限制对方主要权利。三是提供格式条款一方排除对方主要权利。

第四百九十八条规定：对格式条款的理解发生争议的，应当按照通常理解予以解释。对格式条款有两种以上解释的，应当作出不利于提供核实条款一方的解释。格式条款和非格式条款不一致的，应当采用非格式条款。

第五百零六条规定：合同中的下列免责条款无效：一造成对方人身损害的，二因故意或者重大过失造成对方财产损失的。

第五百零七条规定：合同不生效、无效、被撤销或者终止的，不影响合同中有关解决争议方法的条款的效力。

2.《民法典》第七编侵权责任的相关规定

第一千一百六十七条对【危及他人人身、财产安全的责任承担方式】作了明确规定。侵权行为危及他人人身、财产安全的，被侵权人有权请求侵权人承担停止侵害、排除妨碍、消除危险等侵权责任。

第一千一百七十九条对【人身损害赔偿范围】作了明确规定。侵害他人造成人身损害的，应当赔偿医疗费、护理费、交通费、营养费、住院伙食补助费等为医疗和康复支出的合理费用，以及因误工减少的收入；造成残疾的，还应当赔偿辅助器具费和残疾赔偿金；造成死亡的，还应当赔偿丧葬费和死亡赔偿金。

第一千一百八十三条对【精神损害赔偿】作了明确规定。侵害自然人人身权益造成严重精神损害的，被侵权人有权请求精神损害赔偿。

因故意或者重大过失侵害自然人具有人身意义的特定物造成严重精神损害的，被侵权人有权请求精神损害赔偿。

第一千一百九十一条对【用人单位责任和劳务派遣单位、劳务用工单位责任】作了明确规定。用人单位的工作人员因执行工作任务造成他人损害的，由用人单位承担侵权责任。用人单位承担侵权责任后，可以向有故意或者重大过失的工作人员追偿。

劳务派遣期间，被派遣的工作人员因执行工作任务造成他人损害的，由接受劳务派遣的用工单位承担侵权责任；劳务派遣单位有过错的，承担相应的责任。

第一千一百九十三条对【承揽关系中的侵权责任】作了明确规定。承揽人在完成工作过程中造成第三人损害或者自己损害的，定作人不承担侵权责任；但是定作人对定作、指示或者选任有过错的，应当承担相应的责任。

第一千二百三十六条对【高度危险责任的一般规定】作了明确规定。从事高度危险作业，造成他人损害的，应当承担侵权责任。

第一千二百三十九条对【占有或使用高度危险物致害责任】作了明确规定。占有或者使用易燃、易爆、剧毒、高放射性、强腐蚀性、高致病性等高度危险物造成他人损害的，占有人或者使用人应当承担侵权责任。但是能够证明损害是因受害人故意或者不可抗力造成的，不承担责任。被侵权人对损害的发生有重大过失的，可以减轻占有人或者使用人的责任。

第一千二百四十条对【从事高空、高压、地下挖掘活动或者使用高速轨道运输工具致害责任】作了明确规定。从事高空、高压、地下挖掘活动或者使用高速轨道运输工具造成他人损害的，经营者应当承担侵权责任。但是能够证明损害是因受害人故意或者不可抗力造成的，不承担责任。被侵权人对损害的发生有重大过失的，可以减轻经营者的责任。

第一千二百四十一条对【遗失、抛弃高度危险物致害责任】作了明确规定。遗失、抛弃高度危险物造成他人损害的，由所有人承担侵权责任。所有人将高度危险物交由他人管理的，由管理人承担侵权责任。所有人有过错的，与管理人承担连带责任。

第一千二百四十二条对【非法占有高度危险物致害责任】作了明确规定。非法占有高度危险物造成他人损害的，由非法占有人承担侵权责任。所有人、管理人不能证明对防止非法占有尽到高度注意义务的，与非法占有人承担连带责任。

第一千二百四十三条对【高度危险场所安全保障责任】作了明确规定。未经许可进入高度危险活动区域或者高度危险物存放区域受到损害，管理人能够证明已经采取足够安全措施并尽到充分警示义务的，可以减轻或者不承担责任。

第一千二百四十四条对【高度危险责任赔偿限额】作了明确规定。承担高度危险责任，法律规定赔偿限额的，依照其执行。但是行为人有故意或者重大过失的除外。

第一千二百五十二条对【建筑物、构筑物或者其他设施倒塌、塌陷致害责任】作了明确规定。建筑物、构筑物或者其他设施倒塌、塌陷造成他人损害的，由建设单位与施工单位承担连带责任。但是建设单位与施工单位能够证明不存在质量缺陷的除外。建设单位、施工单位赔偿后，有其他责任人的，有权向其他责任人追偿。

因所有人、管理人、使用人或者第三人的原因，建筑物、构筑物或者其他设施倒塌、塌陷造成他人损害的，由所有人、管理人、使用人或者第三人承担侵权责任。

第一千二百五十四条对【不明抛掷物、坠落物致害责任】作了明确规定。禁止从建筑物中抛掷物品，从建筑物中抛掷物品或者从建筑物上坠落的物品造成他人损害的，由侵权人依法承担侵权责任。经调查难以确定具体请侵权人的，除能够证明自己不是侵权人的外，由可能加害的建筑物使用人给予补偿。可能加害的建筑物使用人补偿后，有权向侵权人追偿。

物业服务企业等建筑物管理人应当采取必要的安全保障措施，防止前款规定情形的发生；未采取必要的安全保障措施的应当依法承担未履行安全保障义务的侵权责任。

第一千二百五十五条对【堆放物倒塌、滚落或者滑落致害责任】作了明确规定。堆放物倒塌、滚落或者滑落，造成他人损害，堆放人不能证明自己没有过错的，应当承担侵权责任。

第一千二百五十六条对【在公共道路上堆放、倾倒、遗撒妨碍通行的物品致害责任】作了明确规定。在公共道路上堆放、倾倒、遗撒妨碍通行的物品造成他人损害的，由行为人承担侵权责任。公共道路管理人不能证明已经尽到清理、防护、警示等义务的，应当承担相应的责任。

第一千二百五十七条对【林木折断、倾倒或者果实坠落等致人损害的侵权责任】作了明确规定。因林木折断、倾倒或者果实坠落等造成他人损害，林木的所有人或者管理人不能证明自己没有过错的，应当承担侵权责任。

第一千二百五十八条对【公共场所或者道路上施工致害责任和窨井等地下设施致害责任】作了明确规定。在公共场所或者道路上挖掘、修缮、安装地下设施等造成他人损害，施工人不能证明已经设置明显标志和采取安全措施的，应当承担侵权责任。

窖井等地下设施造成他人损害，管理人不能证明尽到管理职责的，应当承担侵权责任。

六、《中华人民共和国劳动法》中与劳动安全卫生相关的规定

《中华人民共和国劳动法》（以下简称《劳动法》）1994 年 7 月 5 日由第八届全国人民代表大会第八次会议通过，1995 年 5 月 1 日起施行，2018 年 12 月 29 日第十三届全国人民代表大会常务委员会第七次会议通过修正案。劳动法是调整劳动关系以及与劳动关系密切联系的其他关系的法律规范。

1. 用人单位在劳动安全卫生方面的职责

《劳动法》第五十二条规定：用人单位必须建立、健全劳动安全卫生制度，严格执行国家劳动安全卫生规程和标准，对劳动者进行劳动安全卫生教育，防止劳动过程中的事故，减少职业危害。

《劳动法》第五十三条规定：劳动安全卫生设施必须符合国家规定的标准。新建、改建、扩建工程的劳动安全卫生设施必须与主体工程同时设计、同时施工、同时投入生产和使用（简称"三同时"）。"劳动安全卫生设施"是指安全技术方面的设施、劳动卫生方面的设施、生产性辅助设施（如女工卫生室、更衣室、饮水设施等）。

《劳动法》第五十四条规定：用人单位必须为劳动者提供符合国家规定的劳动安全卫生条件和必要的劳动防护用品。对从事有职业危害作业的劳动者应当定期进行健康检查。

《劳动法》第五十五条规定：从事特种作业的劳动者必须经过专门培训并取得特种作业资格。

《劳动法》第五十七条规定：国家建立伤亡和职业病统计报告和处理制度。县级以上各级人民政府劳动行政部门、有关部门和用人单位应当依法对劳动者在劳动过程中发生的伤亡事故和劳动者的职业病状况，进行统计、报告和处理。

2. 劳动者的权利和义务

《劳动法》第三条规定：劳动者享有平等就业和选择职业的权利、取得劳动报酬的权利、休息休假的权利、获得劳动安全卫生保护的权利、接受职业技能培训的权利、享受社会保险和福利的权利、提请劳动争议处理的权利以及法律规定的其他劳动权利。劳动者应当完成劳动任务，提高职业技能，执行劳动安全卫生规程，遵守劳动纪律和职业道德。

《劳动法》第五十六条规定：劳动者在劳动过程中必须严格遵守安全操作规程。劳动者对用人单位管理人员违章指挥、强令冒险作业有权拒绝执行；对危害生命安全和身体健康的行为，有权提出批评、检举和控告。

3. 女职工和未成年工特殊保护

《劳动法》第五十八条规定：国家对女职工和未成年工实行特殊劳动保护。未成年工是指年满 16 周岁未满 18 周岁的劳动者。

《劳动法》第五十九条规定：禁止安排女职工从事矿山井下、国家规定的第四级体力劳动强度的劳动和其他禁忌从事的劳动。

《劳动法》第六十条规定：不得安排女职工在经期从事高处、低温、冷水作业和国家规定的第三级体力劳动强度的劳动。

《劳动法》第六十一条规定：不得安排女职工在怀孕期间从事国家国家规定的第三级体力劳动强度的劳动和孕期禁忌从事的劳动。对怀孕 7 个月以上的女职工，不得安排其延长工

作时间和夜班劳动。

《劳动法》第六十二条规定：女职工生育享受不少于 90 天的产假。

《劳动法》第六十三条规定：不得安排女职工在哺乳未满 1 周岁的婴儿期间从事国家规定的第三级体力劳动强度的劳动和哺乳期禁忌从事的其他劳动，不得安排其延长工作时间和夜班劳动。

《劳动法》第六十四条规定：不得安排未成年工从事矿山井下、有毒有害、国家规定的第四级体力劳动强度的劳动和其他禁忌从事的劳动。

《劳动法》第六十五条规定：用人单位应当对未成年工定期进行健康检查。

4. 劳动合同法律效力的规定

《劳动法》第十八条规定：违反法律、行政法规的劳动合同，以及采取欺诈、威胁等手段订立的劳动合同，为无效劳动合同。

无效的劳动合同，从订立的时候起，就没有法律约束力。确认劳动合同部分无效的，如果不影响其余部分的效力，其余部分仍然有效。劳动合同的无效，由劳动争议仲裁委员会或者人民法院确认。

关于劳动合同，《劳动法》还规定，建立劳动关系应当订立劳动合同，劳动合同应具备劳动合同期限、工作内容、劳动保护和劳动条件、劳动报酬、劳动纪律、劳动合同终止的条件、违反劳动合同的责任等条款；劳动合同可以约定试用期，试用期最长不得超过六个月。

七、《中华人民共和国安全生产法》（2021 年第 3 次修正）

《中华人民共和国安全生产法》（以下简称《安全生产法》）分为总则、生产经营单位的安全生产保障、从业人员的权利和义务、安全生产的监督管理、生产安全事故的应急救援与调查处理、法律责任、附则，共计七章 119 条。

《安全生产法》是关于安全生产的基本法，适用于在中华人民共和国领域内从事生产经营活动的单位（以下统称生产经营单位）的安全生产。下面内容主要围绕《安全生产法》对生产经营单位安全生产的要求而展开。

1. 对生产经营单位的安全生产提出了基本要求

① 安全生产工作坚持中国共产党的领导。

安全生产工作应当以人为本，坚持人民至上、生命至上，把保护人民生命安全摆在首位，树牢安全发展理念，坚持安全第一、预防为主、综合治理的方针，从源头上防范化解重大安全风险。

安全生产工作实行管行业必须管安全、管业务必须管安全、管生产经营必须管安全，强化和落实生产经营单位主体责任与政府监管责任，建立生产经营单位负责、职工参与、政府监管、行业自律和社会监督的机制。

② 生产经营单位必须遵守《安全生产法》和其他有关安全生产的法律、法规，加强安全生产管理，建立健全全员安全生产责任制和安全生产规章制度，加大对安全生产资金、物资、技术、人员的投入保障力度，改善安全生产条件，加强安全生产标准化、信息化建设，构建安全风险分级管控和隐患排查治理双重预防机制，健全风险防范化解机制，提高安全生产水平，确保安全生产。

③ 生产经营单位的主要负责人是本单位安全生产第一责任人，对本单位的安全生产工

作全面负责。其他负责人对职责范围内的安全生产工作负责。

④ 生产经营单位的从业人员有依法获得安全生产保障的权利,并应当依法履行安全生产方面的义务。

⑤ 工会组织依法对安全生产工作进行监督。

生产经营单位的工会依法组织职工参加本单位安全生产工作的民主管理和民主监督,维护职工在安全生产方面的合法权益。生产经营单位制定或者修改有关安全生产的规章制度,应当听取工会的意见。

⑥ 生产经营单位必须执行依法制定的保障安全生产的国家标准或者行业标准。

⑦ 生产经营单位委托依法设立的为安全生产提供技术、管理服务的机构提供安全生产技术、管理服务的,保证安全生产的责任仍由本单位负责。

⑧ 国家实行生产安全事故责任追究制度,依照本法和有关法律、法规的规定,追究生产安全事故责任单位和责任人员的法律责任。

2. 对生产经营单位的安全生产保障提出了具体要求

① 生产经营单位应当具备《安全生产法》和有关法律、行政法规和国家标准或者行业标准规定的安全生产条件;不具备安全生产条件的,不得从事生产经营活动。

② 明确了生产经营单位的主要负责人对本单位安全生产工作负有的职责:

a. 建立健全并落实本单位全员安全生产责任制,加强安全生产标准化建设;

b. 组织制定并实施本单位安全生产规章制度和操作规程;

c. 组织制定并实施本单位安全生产教育和培训计划;

d. 保证本单位安全生产投入的有效实施;

e. 组织建立并落实安全风险分级管控和隐患排查治理双重预防工作机制,督促、检查本单位的安全生产工作,及时消除生产安全事故隐患;

f. 组织制定并实施本单位的生产安全事故应急救援预案;

g. 及时、如实报告生产安全事故。

③ 生产经营单位的全员安全生产责任制应当明确各岗位的责任人员、责任范围和考核标准等内容。

生产经营单位应当建立相应的机制,加强对全员安全生产责任制落实情况的监督考核,保证全员安全生产责任制的落实。

④ 明确了对安全投入的要求和责任。生产经营单位应当具备的安全生产条件所必需的资金投入,由生产经营单位的决策机构、主要负责人或者个人经营的投资人予以保证,并对由于安全生产所必需的资金投入不足导致的后果承担责任。

有关生产经营单位应当按照规定提取和使用安全生产费用,专门用于改善安全生产条件。安全生产费用在成本中据实列支。

⑤ 规定了设置安全生产管理机构或配备安全生产管理人员的基本要求。

a. 矿山、金属冶炼、建筑施工、运输单位和危险物品的生产、经营、储存、装卸单位,应当设置安全生产管理机构或者配备专职安全生产管理人员。

b. 其他生产经营单位,从业人员超过一百人的,应当设置安全生产管理机构或者配备专职安全生产管理人员;从业人员在一百人以下的,应当配备专职或者兼职的安全生产管理人员。

⑥ 对生产经营单位的主要负责人和安全生产管理人员的管理能力提出了基本要求。

生产经营单位的主要负责人和安全生产管理人员必须具备与本单位所从事的生产经营活动相应的安全生产知识和管理能力。

危险物品的生产、经营、储存、装卸单位以及矿山、金属冶炼、建筑施工、运输单位的主要负责人和安全生产管理人员，应当由主管的负有安全生产监督管理职责的部门对其安全生产知识和管理能力考核合格。考核不得收费。

危险物品的生产、储存、装卸单位以及矿山、金属冶炼单位应当有注册安全工程师从事安全生产管理工作。鼓励其他生产经营单位聘用注册安全工程师从事安全生产管理工作。

⑦ 规定了生产经营单位的安全生产管理机构以及安全生产管理人员应履行的职责。

a.组织或者参与拟订本单位安全生产规章制度、操作规程和生产安全事故应急救援预案；

b.组织或者参与本单位安全生产教育和培训，如实记录安全生产教育和培训情况；

c.组织开展危险源辨识和评估，督促落实本单位重大危险源的安全管理措施；

d.组织或者参与本单位应急救援演练；

e.检查本单位的安全生产状况，及时排查生产安全事故隐患，提出改进安全生产管理的建议；

f.制止和纠正违章指挥、强令冒险作业、违反操作规程的行为；

g.督促落实本单位安全生产整改措施。

生产经营单位可以设置专职安全生产分管负责人，协助本单位主要负责人履行安全生产管理职责。

⑧ 生产经营单位的安全生产管理机构以及安全生产管理人员应当恪尽职守，依法履行职责。生产经营单位作出涉及安全生产的经营决策，应当听取安全生产管理机构以及安全生产管理人员的意见。生产经营单位不得因安全生产管理人员依法履行职责而降低其工资、福利等待遇或者解除与其订立的劳动合同。危险物品的生产、储存单位以及矿山、金属冶炼单位的安全生产管理人员的任免，应当告知主管的负有安全生产监督管理职责的部门。

⑨ 规定了从业人员安全生产教育和培训的目标。

a.生产经营单位应当对从业人员进行安全生产教育和培训，保证从业人员具备必要的安全生产知识，熟悉有关的安全生产规章制度和安全操作规程，掌握本岗位的安全操作技能，了解事故应急处理措施，知悉自身在安全生产方面的权利和义务。未经安全生产教育和培训合格的从业人员，不得上岗作业。

b.生产经营单位应当建立安全生产教育和培训档案，如实记录安全生产教育和培训的时间、内容、参加人员以及考核结果等情况。

c.生产经营单位采用新工艺、新技术、新材料或者使用新设备，必须了解、掌握其安全技术特性，采取有效的安全防护措施，并对从业人员进行专门的安全生产教育和培训。

d.特种作业人员必须按照国家有关规定经专门的安全作业培训，取得相应资格，方可上岗作业。

⑩ 对建设项目规定了基本要求。

a.生产经营单位新建、改建、扩建工程项目（以下统称建设项目）的安全设施，必须与主体工程同时设计、同时施工、同时投入生产和使用。安全设施投资应当纳入建设项目概算。

b.矿山、金属冶炼建设项目和用于生产、储存、装卸危险物品的建设项目，以及国务院安全生产监督管理部门会同国务院有关部门规定的安全风险较大的其他建设项目，应当按照国家有关规定进行安全条件论证，并由具有国家规定资质条件的机构进行安全预评价。

建设项目的安全条件论证和安全预评价的情况报告应当按照规定报建设项目所在地设区的市级以上人民政府安全生产监督管理部门或者有关部门审核。

c. 建设项目安全设施的设计人、设计单位应当对安全设施设计负责。

矿山、冶金建设项目和用于生产、储存危险物品的建设项目的安全设施设计应当按照国家有关规定报经有关部门审查，审查部门及其负责审查的人员对审查结果负责。

d. 矿山、金属冶炼建设项目和用于生产、储存、装卸危险物品的建设项目的施工单位必须按照批准的安全设施设计施工，并对安全设施的工程质量负责。

e. 矿山、金属冶炼建设项目和用于生产、储存、装卸危险物品的建设项目竣工投入生产或者使用前，应当由建设单位负责组织对安全设施进行验收；验收合格后，方可投入生产和使用。安全生产监督管理部门应当加强对建设单位验收活动和验收结果的监督核查。

⑪ 对生产经营场所和设施、设备规定了基本要求。

a. 生产经营单位应当在有较大危险因素的生产经营场所和有关设施、设备上设置明显的安全警示标志。

b. 安全设备的设计、制造、安装、使用、检测、维修、改造和报废，应当符合国家标准或者行业标准。

生产经营单位必须对安全设备进行经常性维护、保养，并定期检测，保证正常运转。维护、保养、检测应当做好记录，并由有关人员签字。

c. 生产经营单位使用的危险物品的容器、运输工具，以及涉及人身安全、危险性较大的海洋石油开采特种设备和矿山井下特种设备，必须按照国家有关规定，由专业生产单位生产，并经取得专业资质的检测、检验机构检测、检验合格，取得安全使用证或者安全标志，方可投入使用。检测、检验机构对检测、检验结果负责。

d. 生产经营单位不得使用应当淘汰的危及生产安全的工艺、设备。

⑫ 对危险物品生产经营单位规定了基本要求。

a. 生产、经营、运输、储存、使用危险物品或者处置废弃危险物品的，由有关主管部门依照有关法律、法规的规定和国家标准或者行业标准审批并实施监督管理。

b. 生产经营单位生产、经营、运输、储存、使用危险物品或者处置废弃危险物品，必须执行有关法律、法规和国家标准或者行业标准，建立专门的安全管理制度，采取可靠的安全措施，接受有关主管部门依法实施的监督管理。

c. 生产、经营、储存、使用危险物品的车间、商店、仓库不得与员工宿舍在同一座建筑物内，并应当与员工宿舍保持安全距离。

生产经营场所和员工宿舍应当设有符合紧急疏散要求、标志明显、保持畅通的出口、疏散通道。禁止占用、锁闭、封堵生产经营场所或者员工宿舍的出口、疏散通道。

⑬ 对存在重大危险源的生产经营单位提出了基本要求。

生产经营单位对重大危险源应当登记建档，进行定期检测、评估、监控，并制定应急预案，告知从业人员和相关人员在紧急情况下应当采取的应急措施。

生产经营单位应当按照国家有关规定将本单位重大危险源及有关安全措施、应急措施报有关地方人民政府负责安全生产监督管理的部门和有关部门备案。

⑭ 对安全生产检查与管理提出了具体要求。

a. 生产经营单位进行爆破、吊装、动火、临时用电以及国务院安全生产监督管理部门会同国务院应急管理部门规定的其他危险作业，应当安排专门人员进行现场安全管理，确保操作规程的遵守和安全措施的落实。

b.生产经营单位应当教育和督促从业人员严格执行本单位的安全生产规章制度和安全操作规程；并向从业人员如实告知作业场所和工作岗位存在的危险因素、防范措施以及事故应急措施。

生产经营单位应当关注从业人员的身体、心理状况和行为习惯，加强对从业人员的心理疏导、精神慰藉，严格落实岗位安全生产责任，防范从业人员行为异常导致事故发生。

c.生产经营单位必须为从业人员提供符合国家标准或者行业标准的劳动防护用品，并监督、教育从业人员按照使用规则佩戴、使用。

d.生产经营单位应当建立安全风险分级管控制度，按照安全风险分级采取相应的管控措施。

生产经营单位应当建立健全并落实生产安全事故隐患排查治理制度，采取技术、管理措施，及时发现并消除事故隐患。事故隐患排查治理情况应当如实记录，并通过职工大会或者职工代表大会、信息公示栏等方式向从业人员通报。其中，重大事故隐患排查治理情况应当及时向负有安全生产监督管理职责的部门和职工大会或者职工代表大会报告。

生产经营单位的安全生产管理人员应当根据本单位的生产经营特点，对安全生产状况进行经常性检查；对检查中发现的安全问题，应当立即处理；不能处理的，应当及时报告本单位有关负责人，有关负责人应当及时处理。检查及处理情况应当如实记录在案。

e.两个以上生产经营单位在同一作业区域内进行生产经营活动，可能危及对方生产安全的，应当签订安全生产管理协议，明确各自的安全生产管理职责和应当采取的安全措施，并指定专职安全生产管理人员进行安全检查与协调。

f.生产经营单位不得将生产经营项目、场所、设备发包或者出租给不具有安全生产条件或者相应资质的单位或者个人。生产经营项目、场所发包或者出租给其他单位的，生产经营单位应当与承包单位、承租单位签订专门的安全生产管理协议，或者在承包合同、租赁合同中约定各自的安全生产管理职责；生产经营单位对承包单位、承租单位的安全生产工作统一协调、管理，定期进行安全检查，发现安全问题的，应当及时督促整改。

g.生产经营单位发生重大生产安全事故时，单位的主要负责人应当立即组织抢救，并不得在事故调查处理期间擅离职守。

h.生产经营单位必须依法参加工伤社会保险，为从业人员缴纳保险费。

国家鼓励生产经营单位投保安全生产责任保险；属于国家规定的高危行业、领域的生产经营单位，应当投保安全生产责任保险。

i.生产经营单位应当安排用于配备劳动防护用品、进行安全生产培训的经费。

3.规定了从业人员的权利和义务

① 对生产经营单位与从业人员订立的劳动合同的要求与说明。生产经营单位与从业人员订立的劳动合同，应当载明有关保障从业人员劳动安全、防止职业危害的事项，以及依法为从业人员办理工伤社会保险的事项。

生产经营单位不得以任何形式与从业人员订立协议，免除或者减轻其对从业人员因生产安全事故伤亡依法应承担的责任。

② 规定了从业人员的权利。

　　a. 从业人员有权了解其作业场所和工作岗位存在的危险因素、防范措施及事故应急措施，有权对本单位的安全生产工作提出建议。

　　b. 从业人员有权对本单位安全生产工作中存在的问题提出批评、检举、控告；有权拒绝违章指挥和强令冒险作业。

　　生产经营单位不得因从业人员对本单位安全生产工作提出批评、检举、控告或者拒绝违章指挥、强令冒险作业而降低其工资、福利等待遇或者解除与其订立的劳动合同。

　　c. 从业人员发现直接危及人身安全的紧急情况时，有权停止作业或者在采取可能的应急措施后撤离作业场所。

　　生产经营单位不得因从业人员紧急情况下停止作业或者采取紧急撤离措施而降低其工资、福利等待遇或者解除与其订立的劳动合同。

　　d. 因生产安全事故受到损害的从业人员，除依法享有工伤社会保险外，依照有关民事法律尚有获得赔偿的权利的，有权向本单位提出赔偿要求。

　　上述从业人员的权利即：知情权、建议权、批评权、检举权、控告权、拒绝权、紧急避险权、申请赔偿权，简称为从业人员的八项权利。

　　③ 规定了从业人员的义务。

　　a. 从业人员在作业过程中，应当严格遵守本单位的安全生产规章制度和操作规程，服从管理，正确佩戴和使用劳动防护用品。

　　b. 从业人员应当接受安全生产教育和培训，掌握本职工作所需的安全生产知识，提高安全生产技能，增强事故预防和应急处理能力。

　　c. 从业人员发现事故隐患或者其他不安全因素，应当立即向现场安全生产管理人员或者本单位负责人报告；接到报告的人员应当及时予以处理。

　　上述内容简称为从业人员的三项义务。

　　生产经营单位使用被派遣劳动者的，被派遣劳动者享有本法规定的从业人员的权利，并应当履行本法规定的从业人员的义务。

　　4. 生产安全事故的应急救援与调查处理

　　① 生产经营单位应当制定本单位生产安全事故应急救援预案，与所在地县级以上地方人民政府组织制定的生产安全事故应急救援预案相衔接，并定期组织演练。

　　② 危险物品的生产、经营、储存单位以及矿山、金属冶炼、城市轨道交通运营、建筑施工单位应当建立应急救援组织；生产经营规模较小，可以不建立应急救援组织的，应当指定兼职的应急救援人员。

　　危险物品的生产、经营、储存、运输单位以及矿山、金属冶炼、城市轨道交通运营、建筑施工单位应当配备必要的应急救援器材、设备和物资，并进行经常性维护、保养，保证正常运转。

　　③ 对生产经营单位的事故报告做出了如下规定：生产经营单位发生生产安全事故后，事故现场有关人员应当立即报告本单位负责人。

　　单位负责人接到事故报告后，应当迅速采取有效措施，组织抢救，防止事故扩大，减少人员伤亡和财产损失，并按照国家有关规定立即如实报告当地负有安全生产监督管理职责的部门，不得隐瞒不报、谎报或者迟报，不得故意破坏事故现场、毁灭有关证据。

　　④ 明确了生产安全事故的调查处理的基本任务：及时、准确地查清事故原因，查明事

故性质和责任，总结事故教训，提出整改措施，并对事故责任者提出处理意见。

5. 说明

① 第六章法律责任部分规定了未执行本法规定内容所应承担的法律责任。并明确：对本法规定的违法行为，其他法律、行政法规规定的行政处罚严于本法规定的，依照其规定。

② 本法下列用语的含义：

a. 危险物品，是指易燃易爆物品、危险化学品、放射性物品等能够危及人身安全和财产安全的物品。

b. 重大危险源，是指长期或者临时地生产、搬运、使用或者储存危险物品，且危险物品的数量等于或者超过临界量的单元（包括场所和设施）。

八、《中华人民共和国职业病防治法》（2018 年第 4 次修正）

《中华人民共和国职业病防治法》（以下简称《职业病防治法》）于 2001 年 10 月 27 日第九届全国人民代表大会常务委员会第二十四次会议通过。根据 2011 年 12 月 31 日第十一届全国人民代表大会常务委员会第二十四次会议《关于修改〈中华人民共和国职业病防治法〉的决定》第一次修正。根据 2016 年 7 月 2 日第十二届全国人民代表大会常务委员会第二十一次会议《关于修改〈中华人民共和国节约能源法〉等六部法律的决定》第二次修正。根据 2017 年 11 月 4 日第十二届全国人民代表大会常务委员会第三十次会议《关于修改〈中华人民共和国会计法〉等十一部法律的决定》第三次修正。根据 2018 年 12 月 29 日第十三届全国人民代表大会常务委员会第七次会议通过的全国人民代表大会常务委员会关于修改《中华人民共和国劳动法》等七部法律的决定第四次修正。

这部法律的立法目的是为了预防、控制和消除职业病危害，防治职业病，保护劳动者健康及其相关权益，促进经济发展。

《职业病防治法》分总则、前期预防、劳动过程中的防护与管理、职业病诊断与职业病病人保障、监督检查、法律责任、附则共 7 章 88 条。

该法规定，职业病防治工作采取"预防为主、防治结合"的方针，建立用人单位负责、行政机关监管、行业自律、职工参与和社会监督的机制，实行分类管理、综合治理。该法规定，产生职业病危害的用人单位的设立除应当符合法律、行政法规规定的设立条件外，其工作场所还应当符合下列职业卫生要求：①职业病危害因素的强度或者浓度符合国家职业卫生标准；②有与职业病危害防护相适应的设施；③生产布局合理，符合有害与无害作业分开的原则；④有配套的更衣间、洗浴间、孕妇休息间等卫生设施；⑤设备、工具、用具等设施符合保护劳动者生理、心理健康的要求；⑥法律、行政法规和国务院卫生行政部门关于保护劳动者健康的其他要求。

该法规定，用人单位应当采取下列职业病防治管理措施：①设置或者指定职业卫生管理机构或者组织，配备专职或者兼职的职业卫生管理人员，负责本单位的职业病防治工作；②制定职业病防治计划和实施方案；③建立、健全职业卫生管理制度和操作规程；④建立、健全职业卫生档案和劳动者健康监护档案；⑤建立、健全工作场所职业病危害因素监测及评价制度；⑥建立、健全职业病危害事故应急救援预案。

劳动者享有的 7 项职业卫生保护权利是：①获得职业卫生教育、培训的权利；②获得职业健康检查、职业病诊疗、康复等职业病防治服务的权利；③了解作业场所产生或者可能产生的职业病危害因素、危害后果和应当采取的职业病防护措施的权利；④要求用人单位提供符合防治职业病要求的职业病防治设施和个人使用的职业病防护用品，改善工作条件的权利；⑤对违反职业病防治法律、法规以及危及生命健康行为提出批评、检举和控告的权利；⑥拒绝完成违章指挥和强令没有职业病防护措施的作业的权利；⑦参与用人单位职业卫生工作的民主管理，对职业病防治工作提出意见和建议的权利。

为避免不符合职业卫生要求的项目上马后，再走先危害后治理的老路，从根本上控制或消除职业危害，该法规定，实行职业危害预评价制度。①在建设项目可行性论证阶段，建设单位应当对可能产生的职业病危害因素及其对工作场所和劳动者健康的影响进行评价，确定危害类别和防护措施，并向卫生行政部门提交报告。②建设项目的职业病防护设施所需费用应当纳入工程预算，防护设施应当与主体工程同时设计、同时施工、同时投入生产和使用；建设项目竣工验收时，建设单位应当进行职业病危害控制效果评价，经卫生行政部门验收合格后，方可投入正式生产和使用。

对已经被诊断为职业病的病人，该法规定用人单位应当按照国家有关规定，安排病人进行治疗、康复和定期检查；职业病病人的诊疗、康复费用，伤残以及丧失劳动能力的职业病病人的社会保障，按照国家有关工伤保险的规定执行；用人单位没有依法参加工伤社会保险的，职业病病人的医疗和生活保障由最后的用人单位承担，除非最后的用人单位有证据证明该职业病与己无关。

关于职业病病人的安置和社会保障，该法规定，用人单位在疑似职业病病人诊断或者医学观察期间，不得解除或者终止与其订立的劳动合同。用人单位对不适宜继续从事原工作的职业病病人应将其调离原岗位并妥善安置。职业病病人变动工作单位，其依法享有的待遇不变；用人单位发生分立、合并、解散、破产等情形的，应当对从事接触职业危害作业的劳动者进行健康检查，并按照国家有关规定妥善安置职业病病人。

九、《中华人民共和国消防法》（2021年第2次修正）

《中华人民共和国消防法》（以下简称《消防法》）1998年4月29日第九届全国人民代表大会常务委员会第二次会议通过，2008年10月28日第十一届全国人民代表大会常务委员会第五次会议修订通过。2019年4月23日第十三届全国人民代表大会常务委员会第十次会议第1次修正。2021年4月29日第十三届全国人民代表大会常务委员会第二十八次会议第2次修正。

1.《消防法》在第一章总则中的相关规定

① 消防工作贯彻预防为主、防消结合的方针，按照政府统一领导、部门依法监管、单位全面负责、公民积极参与的原则，实行消防安全责任制，建立健全社会化的消防工作网络。

② 任何单位和个人都有维护消防安全、保护消防设施、预防火灾、报告火警的义务。任何单位和成年人都有参加有组织的灭火工作的义务。

③ 教育、人力资源行政主管部门和学校、有关职业培训机构应当将消防知识纳入教育、教学、培训的内容。

2.《消防法》在第二章火灾预防中的相关规定

① 建设工程的消防设计、施工必须符合国家工程建设消防技术标准。建设、设计、施工、工程监理等单位依法对建设工程的消防设计、施工质量负责。

② 对按照国家工程建设消防技术标准需要进行消防设计的建设工程，实行建设工程消防设计审查验收制度。

③ 国务院住房和城乡建设主管部门规定应当申请消防验收的建设工程竣工，建设单位应当向住房和城乡建设主管部门申请消防验收；其他建设工程，建设单位在验收后应当报住房和城乡建设主管部门备案；依法应当进行消防验收的建设工程，未经消防验收或者消防验收不合格的，禁止投入使用；其他建设工程经依法抽查不合格的，应当停止使用。

④ 公众聚集场所在投入使用、营业前，建设单位或者使用单位应当向场所所在地的县级以上地方人民政府消防救援机构申请消防安全检查。

⑤《消防法》第十六条规定，机关、团体、企业、事业等单位应当履行下列消防安全职责：

a. 落实消防安全责任制，制定本单位的消防安全制度、消防安全操作规程，制定灭火和应急疏散预案；

b. 按照国家标准、行业标准配置消防设施、器材，设置消防安全标志，并定期组织检验、维修，确保完好有效；

c. 对建筑消防设施每年至少进行一次全面检测，确保完好有效，检测记录应当完整准确，存档备查；

d. 保障疏散通道、安全出口、消防车通道畅通，保证防火防烟分区、防火间距符合消防技术标准；

e. 组织防火检查，及时消除火灾隐患；

f. 组织进行有针对性的消防演练；

g. 法律、法规规定的其他消防安全职责。

单位的主要负责人是本单位的消防安全责任人。

⑥ 县级以上地方人民政府消防救援机构应当将发生火灾可能性较大以及发生火灾可能造成重大的人身伤亡或者财产损失的单位，确定为本行政区域内的消防安全重点单位，并由应急管理部门报本级人民政府备案。

消防安全重点单位除应当履行第十六条规定的职责外，还应当履行下列消防安全职责：

a. 确定消防安全管理人，组织实施本单位的消防安全管理工作；

b. 建立消防档案，确定消防安全重点部位，设置防火标志，实行严格管理；

c. 实行每日防火巡查，并建立巡查记录；

d. 对职工进行岗前消防安全培训，定期组织消防安全培训和消防演练。

⑦ 同一建筑物由两个以上单位管理或者使用的，应当明确各方的消防安全责任，并确定责任人对共用的疏散通道、安全出口、建筑消防设施和消防车通道进行统一管理；住宅区的物业服务企业应当对管理区域内的共用消防设施进行维护管理，提供消防安全防范服务。

⑧ 生产、储存、经营易燃易爆危险品的场所不得与居住场所设置在同一建筑物内，并应当与居住场所保持安全距离。

⑨ 举办大型群众性活动，承办人应当依法向公安机关申请安全许可，制定灭火和应急疏散预案并组织演练，明确消防安全责任分工，确定消防安全管理人员，保持消防设施和消防器材配置齐全、完好有效，保证疏散通道、安全出口、疏散指示标志、应急照明和消防车通道符合消防技术标准和管理规定。

⑩ 禁止在具有火灾、爆炸危险的场所吸烟、使用明火。因施工等特殊情况需要使用明

火作业的，应当按照规定事先办理审批手续，采取相应的消防安全措施；作业人员应当遵守消防安全规定。

进行电焊、气焊等具有火灾危险作业的人员和自动消防系统的操作人员，必须持证上岗，并遵守消防安全操作规程。

此外，以下规定也应保持关注，"禁止非法携带易燃易爆危险品进入公共场所或者乘坐公共交通工具""人员密集场所室内装修、装饰，应当按照消防技术标准的要求，使用不燃、难燃材料""任何单位、个人不得损坏、挪用或者擅自拆除、停用消防设施、器材，不得埋压、圈占、遮挡消火栓或者占用防火间距，不得占用、堵塞、封闭疏散通道、安全出口、消防车通道。人员密集场所的门窗不得设置影响逃生和灭火救援的障碍物"。

3.《消防法》在第三章消防组织中的相关规定

《消防法》第三十九条规定下列单位应当建立单位专职消防队，承担本单位的火灾扑救工作：

① 大型核设施单位、大型发电厂、民用机场、主要港口；

② 生产、储存易燃易爆危险品的大型企业；

③ 储备可燃的重要物资的大型仓库、基地；

④ 第一项、第二项、第三项规定以外的火灾危险性较大、距离国家综合性消防救援队较远的其他大型企业；

⑤ 距离国家综合性消防救援队较远、被列为全国重点文物保护单位的古建筑群的管理单位。

4.《消防法》在第四章灭火救援中的相关规定

①《消防法》第四十四条规定任何人发现火灾都应当立即报警。任何单位、个人都应当无偿为报警提供便利，不得阻拦报警。严禁谎报火警。

人员密集场所发生火灾，该场所的现场工作人员应当立即组织、引导在场人员疏散。

任何单位发生火灾，必须立即组织力量扑救。邻近单位应当给予支援。

消防队接到火警，必须立即赶赴火灾现场，救助遇险人员，排除险情，扑灭火灾。

②《消防法》第四十九条规定国家综合性消防救援队、专职消防队扑救火灾、应急救援，不得收取任何费用；单位专职消防队、志愿消防队参加扑救外单位火灾所损耗的燃料、灭火剂和器材、装备等，由火灾发生地的人民政府给予补偿。

5.《消防法》中涉及的专业术语的含义

① 消防设施，是指火灾自动报警系统、自动灭火系统、消火栓系统、防烟排烟系统以及应急广播和应急照明、安全疏散设施等。

② 公众聚集场所，是指宾馆、饭店、商场、集贸市场、客运车站候车室、客运码头候船厅、民用机场航站楼、体育场馆、会堂以及公共娱乐场所等。

③ 人员密集场所，是指公众聚集场所，医院的门诊楼、病房楼，学校的教学楼、图书馆、食堂和集体宿舍，养老院，福利院，托儿所，幼儿园，公共图书馆的阅览室，公共展览馆、博物馆的展示厅，劳动密集型企业的生产加工车间和员工集体宿舍，旅游、宗教活动场所等。

十、《安全生产许可证条例》

《安全生产许可证条例》（中华人民共和国国务院令第 397 号）于 2004 年 1 月 7 日经国

务院第 34 次常务会议通过，自公布之日 2004 年 1 月 13 日起施行。该条例共计 24 条。

1. 该条例制定的目的和依据

条例第一条明确提出：为了严格规范安全生产条件，进一步加强安全生产监督管理，防止和减少生产安全事故，根据《中华人民共和国安全生产法》的有关规定，制定本条例。

2. 该条例的适用范围

条例第二条指出：国家对矿山企业、建筑施工企业和危险化学品、烟花爆竹、民用爆炸物品生产企业实行安全生产许可制度。上述范围企业未取得安全生产许可证的，不得从事生产活动。

二维码6-2　各行业
企业对应的安全生
产许可证颁发与
管理部门

3. 企业取得安全生产许可证，应当具备的安全生产条件

① 建立、健全安全生产责任制，制定完备的安全生产规章制度和操作规程。

② 安全投入符合安全生产要求。

③ 设置安全生产管理机构，配备专职安全生产管理人员。

④ 主要负责人和安全生产管理人员经考核合格。

⑤ 特种作业人员经有关业务主管部门考核合格，取得特种作业操作资格证书。

⑥ 从业人员经安全生产教育和培训合格。

⑦ 依法参加工伤保险，为从业人员缴纳保险费。

⑧ 厂房、作业场所和安全设施、设备、工艺符合有关安全生产法律、法规、标准和规程的要求。

⑨ 有职业危害防治措施，并为从业人员配备符合国家标准或者行业标准的劳动防护用品。

⑩ 依法进行安全评价。

⑪ 有重大危险源检测、评估、监控措施和应急预案。

⑫ 有生产安全事故应急救援预案、应急救援组织或者应急救援人员，配备必要的应急救援器材、设备。

⑬ 法律、法规规定的其他条件。

4. 其他规定

① 条例第九条规定，安全生产许可证的有效期为三年。有效期满需要延期的，企业应当于期满前三个月向原安全生产许可证颁发管理机关办理延期手续。

② 条例第十三条规定，企业不得转让、冒用安全生产许可证或者使用伪造的安全生产许可证。

③ 条例第十四条规定，企业取得安全生产许可证后，不得降低安全生产条件，并应当加强日常安全生产管理，接受安全生产许可证颁发管理机关的监督检查。

安全生产许可证颁发管理机关应当加强对取得安全生产许可证的企业的监督检查，发现其不再具备本条例规定的安全生产条件的，应当暂扣或者吊销其安全生产许可证。

④ 条例第十九条规定，违反本条例规定，未取得安全生产许可证擅自进行生产的，责令停止生产，没收违法所得，并处 10 万元以上 50 万元以下的罚款；造成重大事故或者其他严重后果，构成犯罪的，依法追究刑事责任。

⑤ 条例第二十一条规定，违反本条例规定，转让安全生产许可证的，没收违法所得，

处 10 万元以上 50 万元以下的罚款，并吊销其安全生产许可证；构成犯罪的，依法追究刑事责任；接受转让的，依照本条例第十九条的规定处罚。

十一、《危险化学品安全管理条例》

《危险化学品安全管理条例》（以下简称《条例》）于 2002 年 1 月 26 日中华人民共和国国务院令第 344 号公布，2011 年 2 月 16 日国务院第 144 次常务会议修订通过，以国务院令第 591 号公布，本次修订版本自 2011 年 12 月 1 日起施行。共有八章 102 个条款。2013 年修正。

1. 适用范围与危险化学品的内涵及确定路径

（1）适用范围及相关事项　《条例》内容适用于危险化学品生产、储存、使用、经营和运输的安全管理。废弃危险化学品的处置，依照有关环境保护的法律、行政法规和国家有关规定执行。

（2）危险化学品的内涵及确定路径　《条例》所称危险化学品，是指具有毒害、腐蚀、爆炸、燃烧、助燃等性质，对人体、设施、环境具有危害的剧毒化学品和其他化学品。

危险化学品目录，由国务院安全生产监督管理部门会同国务院工业和信息化、公安、环境保护、卫生、质量监督检验检疫、交通运输、铁路、民用航空、农业主管部门，根据化学品危险特性的鉴别和分类标准确定、公布，并适时调整。

实际应用中，只有危险化学品目录（最新版本）中记录的化学品才是本条例所指的危险化学品。

2. 对危险化学品的生产、储存、使用、经营、运输负有安全监督管理职责的部门应履行的职责

（1）安全生产监督管理部门　负责危险化学品安全监督管理综合工作，组织确定、公布、调整危险化学品目录，对新建、改建、扩建生产、储存危险化学品（包括使用长输管道输送危险化学品，下同）的建设项目进行安全条件审查，核发危险化学品安全生产许可证、危险化学品安全使用许可证和危险化学品经营许可证，并负责危险化学品登记工作。

（2）公安机关　负责危险化学品的公共安全管理，核发剧毒化学品购买许可证、剧毒化学品道路运输通行证，并负责危险化学品运输车辆的道路交通安全管理。

（3）质量监督检验检疫部门　负责核发危险化学品及其包装物、容器（不包括储存危险化学品的固定式大型储罐，下同）生产企业的工业产品生产许可证，并依法对其产品质量实施监督，负责对进出口危险化学品及其包装实施检验。

（4）环境保护主管部门　负责废弃危险化学品处置的监督管理，组织危险化学品的环境危害性鉴定和环境风险程度评估，确定实施重点环境管理的危险化学品，负责危险化学品环境管理登记和新化学物质环境管理登记；依照职责分工调查相关危险化学品环境污染事故和生态破坏事件，负责危险化学品事故现场的应急环境监测。

（5）交通运输主管部门　负责危险化学品道路运输、水路运输的许可以及运输工具的安全管理，对危险化学品水路运输安全实施监督，负责危险化学品道路运输企业、水路运输企业驾驶人员、船员、装卸管理人员、押运人员、申报人员、集装箱装箱现场检查员的资格认定。铁路主管部门负责危险化学品铁路运输的安全管理，负责危险化学品铁路运输承运人、托运人的资质审批及其运输工具的安全管理。民用航空主管部门负责危险化学品航空运输以及航空运输企业及其运输工具的安全管理。

（6）卫生主管部门　负责危险化学品毒性鉴定的管理，负责组织、协调危险化学品事故受伤人员的医疗卫生救援工作。

（7）工商行政管理部门　依据有关部门的许可证件，核发危险化学品生产、储存、经营、运输企业营业执照，查处危险化学品经营企业违法采购危险化学品的行为。

（8）邮政管理部门　负责依法查处寄递危险化学品的行为。

（9）负有危险化学品安全监督管理职责的部门依法进行监督检查可以采取的措施

① 进入危险化学品作业场所实施现场检查，向有关单位和人员了解情况，查阅、复制有关文件、资料；

② 发现危险化学品事故隐患，责令立即消除或者限期消除；

③ 对不符合法律、行政法规、规章规定或者国家标准、行业标准要求的设施、设备、装置、器材、运输工具，责令立即停止使用；

④ 经本部门主要负责人批准，查封违法生产、储存、使用、经营危险化学品的场所，扣押违法生产、储存、使用、经营、运输的危险化学品以及用于违法生产、使用、运输危险化学品的原材料、设备、运输工具；

⑤ 发现影响危险化学品安全的违法行为，当场予以纠正或者责令限期改正。

负有危险化学品安全监督管理职责的部门依法进行监督检查时监督检查人员不得少于 2 人，并应当出示执法证件；有关单位和个人对依法进行的监督检查应当予以配合，不得拒绝、阻碍。

3. 危险化学品生产、储存单位的职责

① 新建、改建、扩建生产、储存危险化学品建设项目（以下简称建设项目）的安全条件审查。

建设单位应当对建设项目进行安全条件论证，委托具备国家规定的资质条件的机构对建设项目进行安全评价，并将安全条件论证和安全评价的情况报告报建设项目所在地设区的市级以上人民政府安全生产监督管理部门进行审查；安全生产监督管理部门自收到报告之日起 45 日内做出审查决定，并书面通知建设单位。

新建、改建、扩建储存、装卸危险化学品的港口建设项目，由港口行政管理部门按照国务院交通运输主管部门的规定进行安全条件审查。

② 生产、储存危险化学品的单位，应当对其铺设的危险化学品管道设置明显标志，并对危险化学品管道定期检查、检测。

进行可能危及危险化学品管道安全的施工作业，施工单位应当在开工的 7 日前书面通知管道所属单位，并与管道所属单位共同制定应急预案，采取相应的安全防护措施。管道所属单位应当指派专门人员到现场进行管道安全保护指导。

③ 危险化学品生产企业进行生产前，应当依照《安全生产许可证条例》的规定，取得危险化学品安全生产许可证。

生产列入国家实行生产许可证制度的工业产品目录的危险化学品的企业，应当依照《中华人民共和国工业产品生产许可证管理条例》的规定，取得工业产品生产许可证。

④ 危险化学品生产企业应当提供与其生产的危险化学品相符的化学品安全技术说明书，并在危险化学品包装（包括外包装件）上粘贴或者挂挂与包装内危险化学品相符的化学品安全标签。化学品安全技术说明书和化学品安全标签所载明的内容应当符合国家标准的要求。

危险化学品生产企业发现其生产的危险化学品有新的危险特性的，应当立即公告，并及时修订其化学品安全技术说明书和化学品安全标签。

⑤ 生产实施重点环境管理的危险化学品的企业，应当按照国务院环境保护主管部门的规定，将该危险化学品向环境中释放等相关信息向环境保护主管部门报告。

⑥ 危险化学品生产装置或者储存数量构成重大危险源的危险化学品储存设施（运输工具加油站、加气站除外），与下列场所、设施、区域的距离应当符合国家有关规定：

a.居住区以及商业中心、公园等人员密集场所；

b.学校、医院、影剧院、体育场（馆）等公共设施；

c.饮用水源、水厂以及水源保护区；

d.车站、码头（依法经许可从事危险化学品装卸作业的除外）、机场以及通信干线、通信枢纽、铁路线路、道路交通干线、水路交通干线、地铁风亭以及地铁站出入口；

e.基本农田保护区、基本草原、畜禽遗传资源保护区、畜禽规模化养殖场（养殖小区）、渔业水域以及种子、种畜禽、水产苗种生产基地；

f.河流、湖泊、风景名胜区、自然保护区；

g.军事禁区、军事管理区；

h.法律、行政法规规定的其他场所、设施、区域。

本条例所称重大危险源，是指生产、储存、使用或者搬运危险化学品，且危险化学品的数量等于或者超过临界量的单元（包括场所和设施）。

储存数量构成重大危险源的危险化学品储存设施的选址，应当避开地震活动断层和容易发生洪灾、地质灾害的区域。

⑦ 生产、储存危险化学品的单位，应当根据其生产、储存危险化学品的种类和危险特性，在作业场所设置相应的监测、监控、通风、防晒、调温、防火、灭火、防爆、泄压、防毒、中和、防潮、防雷、防静电、防腐、防泄漏以及防护围堤或者隔离操作等安全设施、设备，并按照国家标准、行业标准或者国家有关规定对安全设施、设备进行经常性维护、保养，保证安全设施、设备的正常使用。

生产、储存危险化学品的单位，应当在其作业场所和安全设施、设备上设置明显的安全警示标志。

⑧ 生产、储存危险化学品的单位，应当在其作业场所设置通信、报警装置，并保证处于适用状态。

⑨ 生产、储存危险化学品的企业，应当委托具备国家规定的资质条件的机构，对本企业的安全生产条件每三年进行一次安全评价，提出安全评价报告。安全评价报告的内容应当包括对安全生产条件存在的问题进行整改的方案。

生产、储存危险化学品的企业，应当将安全评价报告以及整改方案的落实情况报所在地县级人民政府安全生产监督管理部门备案。在港区内储存危险化学品的企业，应当将安全评价报告以及整改方案的落实情况报港口行政管理部门备案。

⑩ 生产、储存剧毒化学品或者国务院公安部门规定的可用于制造爆炸物品的危险化学品（以下简称易制爆危险化学品）的单位，应当如实记录其生产、储存的剧毒化学品、易制爆危险化学品的数量、流向，并采取必要的安全防范措施，防止剧毒化学品、易制爆危险化学品丢失或者被盗；发现剧毒化学品、易制爆危险化学品丢失或者被盗的，应当立即向当地公安机关报告。

生产、储存剧毒化学品、易制爆危险化学品的单位，应当设置治安保卫机构，配备专职治安保卫人员。

⑪ 危险化学品应当储存在专用仓库、专用场地或者专用储存室（以下统称专用仓库）内，并由专人负责管理；剧毒化学品以及储存数量构成重大危险源的其他危险化学品，应当在专用仓库内单独存放，并实行双人收发、双人保管制度。

危险化学品的储存方式、方法以及储存数量应当符合国家标准或者国家有关规定。

⑫ 储存危险化学品的单位应当建立危险化学品出入库核查、登记制度。

对剧毒化学品以及储存数量构成重大危险源的其他危险化学品，储存单位应当将其储存数量、储存地点以及管理人员的情况，报所在地县级人民政府安全生产监督管理部门（在港区内储存的，报港口行政管理部门）和公安机关备案。

⑬ 危险化学品专用仓库应当符合国家标准、行业标准的要求，并设置明显的标志。储存剧毒化学品、易制爆危险化学品的专用仓库，应当按照国家有关规定设置相应的技术防范设施。

储存危险化学品的单位应当对其危险化学品专用仓库的安全设施、设备定期进行检测、检验。

⑭ 生产、储存危险化学品的单位转产、停产、停业或者解散的，应当采取有效措施，及时、妥善处置其危险化学品生产装置、储存设施以及库存的危险化学品，不得丢弃危险化学品；处置方案应当报所在地县级人民政府安全生产监督管理部门、工业和信息化主管部门、环境保护主管部门和公安机关备案。

4. 危险化学品使用安全的有关规定

① 使用危险化学品的单位，其使用条件（包括工艺）应当符合法律、行政法规的规定和国家标准、行业标准的要求，并根据所使用的危险化学品的种类、危险特性以及使用量和使用方式，建立、健全使用危险化学品的安全管理规章制度和安全操作规程，保证危险化学品的安全使用。

② 使用危险化学品从事生产并且使用量达到规定数量的化工企业（属于危险化学品生产企业的除外），应当依照本条例的规定取得危险化学品安全使用许可证。

危险化学品使用量的数量标准，由国务院安全生产监督管理部门会同国务院公安部门、农业主管部门确定并公布。

③ 申请危险化学品安全使用许可证的化工企业，除应当符合本条例关于使用危险化学品的单位的安全规定外，还应当具备下列条件：

a. 具有与所使用的危险化学品相适应的专业技术人员；

b. 具有安全管理机构和专职安全管理人员；

c. 具有符合国家规定的危险化学品事故应急预案和必要的应急救援器材、设备；

d. 依法进行了安全评价。

④ 申请危险化学品安全使用许可证的化工企业，应当向所在地设区的市级人民政府安全生产监督管理部门提出申请，并提交其符合本条例规定条件的证明材料。

5. 危险化学品经营安全的有关规定

① 国家对危险化学品经营（包括仓储经营，下同）实行许可制度。未经许可，任何单位和个人不得经营危险化学品。

依法设立的危险化学品生产企业在其厂区范围内销售本企业生产的危险化学品，不需要取得危险化学品经营许可。

依照《中华人民共和国港口法》的规定取得港口经营许可证的港口经营人，在港区内从事危险化学品仓储经营，不需要取得危险化学品经营许可。

② 从事危险化学品经营的企业应当具备下列条件：

a. 具有符合国家标准、行业标准的经营场所，储存危险化学品的还应当有符合国家标准、行业标准的储存设施；

b. 从业人员经过专业技术培训并经考核合格；

c. 具有健全的安全管理规章制度；

d. 具有专职安全管理人员；

e. 具有符合国家规定的危险化学品事故应急预案和必要的应急救援器材、设备；

f. 法律、法规规定的其他条件。

③ 从事剧毒化学品、易制爆危险化学品经营的企业，应当向所在地设区的市级人民政府安全生产监督管理部门提出申请，从事其他危险化学品经营的企业，应当向所在地县级人民政府安全生产监督管理部门提出申请（有储存设施的，应当向所在地设区的市级人民政府安全生产监督管理部门提出申请）。予以批准的，颁发危险化学品经营许可证。

申请人持危险化学品经营许可证向工商行政管理部门办理登记手续后，方可从事危险化学品经营活动。法律、行政法规或者国务院规定经营危险化学品还需要经其他有关部门许可的，申请人向工商行政管理部门办理登记手续时还应当持相应的许可证件。

④ 危险化学品经营企业储存危险化学品的，应当遵守本条例关于储存危险化学品的规定。危险化学品商店内只能存放民用小包装的危险化学品。

⑤ 危险化学品经营企业不得向未经许可从事危险化学品生产、经营活动的企业采购危险化学品，不得经营没有化学品安全技术说明书或者化学品安全标签的危险化学品。

⑥ 依法取得危险化学品安全生产许可证、危险化学品安全使用许可证、危险化学品经营许可证的企业，凭相应的许可证件购买剧毒化学品、易制爆危险化学品。民用爆炸物品生产企业凭民用爆炸物品生产许可证购买易制爆危险化学品。

其他单位购买剧毒化学品的，应当向所在地县级人民政府公安机关申请取得剧毒化学品购买许可证；购买易制爆危险化学品的，应当持本单位出具的合法用途说明。

个人不得购买剧毒化学品（属于剧毒化学品的农药除外）和易制爆危险化学品。

⑦ 申请取得剧毒化学品购买许可证，申请人应当向所在地县级人民政府公安机关提交下列材料：

a. 营业执照或者法人证书（登记证书）的复印件；

b. 拟购买的剧毒化学品品种、数量的说明；

c. 购买剧毒化学品用途的说明；

d. 经办人的身份证明。

县级人民政府公安机关应当自收到前款规定的材料之日起 3 日内，做出批准或者不予批准的决定。予以批准的，颁发剧毒化学品购买许可证；不予批准的，书面通知申请人并说明理由。

⑧ 危险化学品生产企业、经营企业不得向不具有相关许可证件或者证明文件的单位销售剧毒化学品、易制爆危险化学品。对持剧毒化学品购买许可证购买剧毒化学品的，应当按照许可证载明的品种、数量销售。如实记录购买单位的名称、地址、经办人的姓名、身份证

号码以及所购买的剧毒化学品、易制爆危险化学品的品种、数量、用途。销售记录以及经办人的身份证明复印件、相关许可证件复印件或者证明文件的保存期限不得少于 1 年。

禁止向个人销售剧毒化学品（属于剧毒化学品的农药除外）和易制爆危险化学品。

剧毒化学品、易制爆危险化学品的销售企业、购买单位应当在销售、购买后 5 日内，将所销售、购买的剧毒化学品、易制爆危险化学品的品种、数量以及流向信息报所在地县级人民政府公安机关备案，并输入计算机系统。

⑨ 使用剧毒化学品、易制爆危险化学品的单位不得出借、转让其购买的剧毒化学品、易制爆危险化学品；因转产、停产、搬迁、关闭等确需转让的，应当向具有本条例规定的相关许可证件或者证明文件的单位转让，并在转让后将有关情况及时向所在地县级人民政府公安机关报告。

6. 危险化学品的运输安全的有关规定

① 从事危险化学品道路运输、水路运输企业，应当分别依照有关道路运输、水路运输的法律、行政法规的规定，取得危险货物道路运输许可、危险货物水路运输许可，并向工商行政管理部门办理登记手续；配备专职安全管理人员。驾驶人员、船员、装卸管理人员、押运人员、申报人员、集装箱装箱现场检查员应当经交通运输主管部门考核合格，取得从业资格。

危险化学品的装卸作业应当遵守安全作业标准、规程和制度，并在装卸管理人员的现场指挥或者监控下进行。水路运输危险化学品的集装箱装箱作业应当在集装箱装箱现场检查员的指挥或者监控下进行，并符合积载、隔离的规范和要求；装箱作业完毕后，集装箱装箱现场检查员应当签署装箱证明书。

② 运输危险化学品，应当根据危险化学品的危险特性采取相应的安全防护措施，并配备必要的防护用品和应急救援器材。

用于运输危险化学品的槽罐以及其他容器应当封口严密，能够防止危险化学品在运输过程中因温度、湿度或者压力的变化发生渗漏、洒漏；槽罐以及其他容器的溢流和泄压装置应当设置准确、起闭灵活。

危险化学品运输车辆应当悬挂或者喷涂符合国家标准要求的警示标志。

③ 通过道路运输剧毒化学品的，托运人应当向运输始发地或者目的地县级人民政府公安机关申请剧毒化学品道路运输通行证。

申请剧毒化学品道路运输通行证，托运人应当向县级人民政府公安机关提交下列材料：

a. 拟运输的剧毒化学品品种、数量的说明；

b. 运输始发地、目的地、运输时间和运输路线的说明；

c. 承运人取得危险货物道路运输许可、运输车辆取得营运证以及驾驶人员、押运人员取得上岗资格的证明文件；

d. 购买剧毒化学品的相关许可证件，或者海关出具的进出口证明文件。

④ 剧毒化学品、易制爆危险化学品在道路运输途中丢失、被盗、被抢或者出现流散、泄漏等情况的，驾驶人员、押运人员应当立即采取相应的警示措施和安全措施，并向当地公安机关报告。

⑤ 禁止通过内河封闭水域运输剧毒化学品以及国家规定禁止通过内河运输的其他危险化学品。

前款规定以外的内河水域，禁止运输国家规定禁止通过内河运输的剧毒化学品以及其他危险化学品。

禁止通过内河运输的剧毒化学品以及其他危险化学品的范围，由国务院交通运输主管部门会同国务院环境保护主管部门、工业和信息化主管部门、安全生产监督管理部门，根据危险化学品的危险特性、危险化学品对人体和水环境的危害程度以及消除危害后果的难易程度等因素规定并公布。

托运人应当委托依法取得危险货物水路运输许可的水路运输企业承运，不得委托其他单位和个人承运。

通过内河运输危险化学品，危险化学品包装物的材质、形式、强度以及包装方法应当符合水路运输危险化学品包装规范的要求。

⑥ 托运危险化学品的，托运人应当向承运人说明所托运的危险化学品的种类、数量、危险特性以及发生危险情况的应急处置措施，并按照国家有关规定对所托运的危险化学品妥善包装，在外包装上设置相应的标志。

托运人不得在托运的普通货物中夹带危险化学品，不得将危险化学品匿报或者谎报为普通货物托运。

任何单位和个人不得交寄危险化学品或者在邮件、快件内夹带危险化学品，不得将危险化学品匿报或者谎报为普通物品交寄。

⑦ 通过铁路、航空运输危险化学品的安全管理，依照有关铁路、航空运输的法律、行政法规、规章的规定执行。

7. 危险化学品登记与事故应急救援的有关要求

① 国家实行危险化学品登记制度，为危险化学品安全管理以及危险化学品事故预防和应急救援提供技术、信息支持。

② 危险化学品生产企业、进口企业，应当向国务院安全生产监督管理部门负责危险化学品登记的机构（以下简称危险化学品登记机构）办理危险化学品登记。

危险化学品登记包括下列内容：

a. 分类和标签信息；

b. 物理、化学性质；

c. 主要用途；

d. 危险特性；

e. 储存、使用、运输的安全要求；

f. 出现危险情况的应急处置措施。

危险化学品生产企业、进口企业发现其生产、进口的危险化学品有新的危险特性的，应当及时向危险化学品登记机构办理登记内容变更手续。

③ 危险化学品单位应当制定本单位危险化学品事故应急预案，配备应急救援人员和必要的应急救援器材、设备，并定期组织应急救援演练，并将其危险化学品事故应急预案报所在地设区的市级人民政府安全生产监督管理部门备案。

④ 发生危险化学品事故，事故单位主要负责人应当立即按照本单位危险化学品应急预案组织救援，并向当地安全生产监督管理部门和环境保护、公安、卫生主管部门报告；道路运输、水路运输过程中发生危险化学品事故的，驾驶人员、船员或者押运人员还应当向事故发生地交通运输主管部门报告。

⑤ 有关危险化学品单位应当为危险化学品事故应急救援提供技术指导和必要的协助。

8. 说明

① 《条例》详细规定了未执行本条例规定内容所应承担的法律责任。

② 本条例施行前已经使用危险化学品从事生产的化工企业，依照《条例》规定需要取得危险化学品安全使用许可证的，应当在国务院安全生产监督管理部门规定的期限内，申请取得危险化学品安全使用许可证。

十二、《特种设备安全监察条例》

《特种设备安全监察条例》（简称《条例》）于 2003 年 3 月 11 日中华人民共和国国务院令第 373 号公布。根据 2009 年 1 月 24 日《国务院关于修改〈特种设备安全监察条例〉的决定》国务院令第 549 号修订。修订条例自 2009 年 5 月 1 日起施行，条例共有八章 103 个条款。

1. 明确特种设备的分类、条例适用范围及主管部门

《条例》所称特种设备是指涉及生命安全、危险性较大的锅炉、压力容器（含气瓶，下同）、压力管道、电梯、起重机械、客运索道、大型游乐设施和场（厂）内专用机动车辆。

特种设备的目录由国务院负责特种设备安全监督管理的部门（以下简称国务院特种设备安全监督管理部门）制定，报国务院批准后执行。

特种设备的生产（含设计、制造、安装、改造、维修，下同）、使用、检验检测及其监督检查，应当遵守本条例，但本条例另有规定的除外。

军事装备、核设施、航空航天器、铁路机车、海上设施和船舶以及矿山井下使用的特种设备、民用机场专用设备的安全监察不适用本条例。

房屋建筑工地和市政工程工地用起重机械、场（厂）内专用机动车辆的安装、使用的监督管理，由建设行政主管部门依照有关法律、法规的规定执行。

压力管道设计、安装、使用的安全监督管理办法由国务院另行制定。

国务院特种设备安全监督管理部门负责全国特种设备的安全监察工作，县以上地方负责特种设备安全监督管理的部门对本行政区域内特种设备实施安全监察。

特种设备生产、使用单位应当建立健全特种设备安全、节能管理制度和岗位安全、节能责任制度。

特种设备生产、使用单位和特种设备检验检测机构，应当接受特种设备安全监督管理部门依法进行的特种设备安全监察。

2. 特种设备的安全许可

① 压力容器的设计单位应当经国务院特种设备安全监督管理部门许可，方可从事压力容器的设计活动。

压力容器的设计单位应当具备下列条件：

a. 有与压力容器设计相适应的设计人员、设计审核人员；

b. 有与压力容器设计相适应的场所和设备；

c. 有与压力容器设计相适应的健全的管理制度和责任制度。

② 锅炉、压力容器中的气瓶（以下简称气瓶）、氧舱和客运索道、大型游乐设施以及高耗能特种设备的设计文件，应当经国务院特种设备安全监督管理部门核准的检验检测机构鉴定，方可用于制造。

③ 锅炉、压力容器、电梯、起重机械、客运索道、大型游乐设施及其安全附件、安全保护装置的制造、安装、改造单位，以及压力管道用管子、管件、阀门、法兰、补偿器、安全保护装置等（以下简称压力管道元件）的制造单位和场（厂）内专用机动车辆的制造、改造单位，应当经国务院特种设备安全监督管理部门许可，方可从事相应的活动。

特种设备的制造、安装、改造单位应当具备下列条件：

a. 有与特种设备制造、安装、改造相适应的专业技术人员和技术工人；

b. 有与特种设备制造、安装、改造相适应的生产条件和检测手段；

c. 有健全的质量管理制度和责任制度。

④ 特种设备出厂时，应当附有安全技术规范要求的设计文件、产品质量合格证明、安装及使用维修说明、监督检验证明等文件。

⑤ 锅炉、压力容器、电梯、起重机械、客运索道、大型游乐设施、场（厂）内专用机动车辆的维修单位，应当有与特种设备维修相适应的专业技术人员和技术工人以及必要的检测手段，并经省、自治区、直辖市特种设备安全监督管理部门许可，方可从事相应的维修活动。

⑥ 锅炉、压力容器、起重机械、客运索道、大型游乐设施的安装、改造、维修以及场（厂）内专用机动车辆的改造、维修，必须由依照本条例取得许可的单位进行。

电梯的安装、改造、维修，必须由电梯制造单位或者其通过合同委托、同意的依照本条例取得许可的单位进行。电梯制造单位对电梯质量以及安全运行涉及的质量问题负责。

特种设备安装、改造、维修的施工单位应当在施工前将拟进行的特种设备安装、改造、维修情况书面告知直辖市或者设区的市的特种设备安全监督管理部门，告知后即可施工。

⑦ 电梯井道的土建工程必须符合建筑工程质量要求。电梯安装施工过程中，电梯安装单位应当遵守施工现场的安全生产要求，落实现场安全防护措施。电梯安装施工过程中，施工现场的安全生产监督，由有关部门依照有关法律、行政法规的规定执行。

电梯安装施工过程中，电梯安装单位应当服从建筑施工总承包单位对施工现场的安全生产管理，并订立合同，明确各自的安全责任。

⑧ 锅炉、压力容器、电梯、起重机械、客运索道、大型游乐设施的安装、改造、维修以及场（厂）内专用机动车辆的改造、维修竣工后，安装、改造、维修的施工单位应当在验收后 30 日内将有关技术资料移交使用单位，高耗能特种设备还应当按照安全技术规范的要求提交能效测试报告。使用单位应当将其存入该特种设备的安全技术档案。

⑨ 锅炉、压力容器、压力管道元件、起重机械、大型游乐设施的制造过程和锅炉、压力容器、电梯、起重机械、客运索道、大型游乐设施的安装、改造、重大维修过程，必须经国务院特种设备安全监督管理部门核准的检验检测机构按照安全技术规范的要求进行监督检验；未经监督检验合格的不得出厂或者交付使用。

⑩ 移动式压力容器、气瓶充装单位应当经省、自治区、直辖市的特种设备安全监督管理部门许可，方可从事充装活动。

充装单位应当具备下列条件：

a. 有与充装和管理相适应的管理人员和技术人员；

b. 有与充装和管理相适应的充装设备、检测手段、场地厂房、器具、安全设施；

c. 有健全的充装管理制度、责任制度、紧急处理措施。

气瓶充装单位应当向气体使用者提供符合安全技术规范要求的气瓶，对使用者进行气瓶安全使用指导，并按照安全技术规范的要求办理气瓶使用登记，提出气瓶的定期检验要求。

3. 特种设备的使用

① 特种设备使用单位应当使用符合安全技术规范要求的特种设备。特种设备投入使用前，使用单位应当核对其是否附有条例规定的相关文件。

② 特种设备在投入使用前或者投入使用后 30 日内，特种设备使用单位应当向直辖市或者设区的市的特种设备安全监督管理部门登记。登记标志应当置于或者附着于该特种设备的显著位置。

③ 特种设备使用单位应当建立特种设备安全技术档案。安全技术档案应当包括以下内容：

a. 特种设备的设计文件、制造单位、产品质量合格证明、使用维护说明等文件以及安装技术文件和资料；

b. 特种设备的定期检验和定期自行检查的记录；

c. 特种设备的日常使用状况记录；

d. 特种设备及其安全附件、安全保护装置、测量调控装置及有关附属仪器仪表的日常维护保养记录；

e. 特种设备运行故障和事故记录；

f. 高耗能特种设备的能效测试报告、能耗状况记录以及节能改造技术资料。

④ 特种设备使用单位应当对在用特种设备进行经常性日常维护保养，并定期自行检查。

特种设备使用单位对在用特种设备应当至少每月进行一次自行检查，并做出记录。特种设备使用单位在对在用特种设备进行自行检查和日常维护保养时发现异常情况的，应当及时处理。

特种设备使用单位应当对在用特种设备的安全附件、安全保护装置、测量调控装置及有关附属仪器仪表进行定期校验、检修，并做出记录。

锅炉使用单位应当按照安全技术规范的要求进行锅炉水（介）质处理，并接受特种设备检验检测机构实施的水（介）质处理定期检验。

从事锅炉清洗的单位，应当按照安全技术规范的要求进行锅炉清洗，并接受特种设备检验检测机构实施的锅炉清洗过程监督检验。

⑤ 特种设备使用单位应当按照安全技术规范的定期检验要求，在安全检验合格有效期届满前 1 个月向特种设备检验检测机构提出定期检验要求。

未经定期检验或者检验不合格的特种设备，不得继续使用。

⑥ 特种设备出现故障或者发生异常情况，使用单位应当对其进行全面检查，消除事故隐患后，方可重新投入使用。

特种设备不符合能效指标的，特种设备使用单位应当采取相应措施进行整改。

⑦ 特种设备存在严重事故隐患，无改造、维修价值，或者超过安全技术规范规定使用年限，特种设备使用单位应当及时予以报废，并应当向原登记的特种设备安全监督管理部门办理注销。

⑧ 电梯的日常维护保养必须由依照本条例取得许可的安装、改造、维修单位或者电梯制造单位进行。

电梯应当至少每 15 日进行一次清洁、润滑、调整和检查。

⑨ 电梯、客运索道、大型游乐设施等为公众提供服务的特种设备运营使用单位，应当设置特种设备安全管理机构或者配备专职的安全管理人员；其他特种设备使用单位，应当根据情况设置特种设备安全管理机构或者配备专职、兼职的安全管理人员。

特种设备的安全管理人员应当对特种设备使用状况进行经常性检查，发现问题的应当立即处理；情况紧急时，可以决定停止使用特种设备并及时报告本单位有关负责人。

⑩ 客运索道、大型游乐设施的运营使用单位在客运索道、大型游乐设施每日投入使用前，应当进行试运行和例行安全检查，并对安全装置进行检查确认。

电梯、客运索道、大型游乐设施的运营使用单位应当将电梯、客运索道、大型游乐设施的安全注意事项和警示标志置于易于被乘客注意的显著位置。并结合本单位的实际情况，配备相应数量的营救装备和急救物品。

客运索道、大型游乐设施的运营使用单位的主要负责人至少应当每月召开一次会议，督促、检查客运索道、大型游乐设施的安全使用工作。

⑪ 锅炉、压力容器、电梯、起重机械、客运索道、大型游乐设施、场（厂）内专用机动车辆的作业人员及其相关管理人员（以下统称特种设备作业人员），应当按照国家有关规定经特种设备安全监督管理部门考核合格，取得国家统一格式的特种作业人员证书，方可从事相应的作业或者管理工作。

⑫ 特种设备使用单位应当对特种设备作业人员进行特种设备安全、节能教育和培训，保证特种设备作业人员具备必要的特种设备安全、节能知识。

特种设备作业人员在作业中应当严格执行特种设备的操作规程和有关的安全规章制度。

⑬ 特种设备作业人员在作业过程中发现事故隐患或者其他不安全因素，应当立即向现场安全管理人员和单位有关负责人报告。

4. 特种设备的检验检测

① 本条例规定的特种设备检验检测机构，应当经国务院特种设备安全监督管理部门核准。

特种设备使用单位设立的特种设备检验检测机构，经国务院特种设备安全监督管理部门核准，负责本单位核准范围内的特种设备定期检验工作。

② 特种设备检验检测机构，应当具备下列条件：

a. 有与所从事的检验检测工作相适应的检验检测人员；

b. 有与所从事的检验检测工作相适应的检验检测仪器和设备；

c. 有健全的检验检测管理制度、检验检测责任制度。

③ 特种设备的检验、检测应当由依照本条例经核准的特种设备检验检测机构进行。

④ 从事本条例规定的检验、检测的特种设备检验检测人员应当经国务院特种设备安全监督管理部门组织考核合格，取得检验检测人员证书，方可从事检验检测工作。

5. 特种设备的监督检查

① 特种设备安全监督管理部门对特种设备生产、使用单位和检验检测机构实施安全监察时，应当有两名以上特种设备安全监察人员参加，并出示有效的特种设备安全监察人员证件。

② 特种设备安全监督管理部门对特种设备生产、使用单位和检验检测机构进行安全监察时，发现有违反本条例规定和安全技术规范要求的行为或者在用的特种设备存在事故隐患、不符合能效指标的，应当以书面形式发出特种设备安全监察指令，责令有关单位及时采取措施，予以改正或者消除事故隐患。紧急情况下需要采取紧急处置措施的，应当随后补发书面通知。

6. 特种设备事故预防和调查处理

① 有下列情形之一的，为特别重大事故：

a. 特种设备事故造成30人以上死亡，或者100人以上重伤（包括急性工业中毒，下同），或者 1 亿元以上直接经济损失的；

　　b. 600MW 以上锅炉爆炸的；

　　c. 压力容器、压力管道有毒介质泄漏，造成 15 万人以上转移的；

　　d. 客运索道、大型游乐设施高空滞留 100 人以上并且时间在 48h 以上的。

　　② 有下列情形之一的，为重大事故：

　　a. 特种设备事故造成 10 人以上 30 人以下死亡，或者 50 人以上 100 人以下重伤，或者 5000 万元以上 1 亿元以下直接经济损失的；

　　b. 600MW 以上锅炉因安全故障中断运行 240h 以上的；

　　c. 压力容器、压力管道有毒介质泄漏，造成 5 万人以上 15 万人以下转移的；

　　d. 客运索道、大型游乐设施高空滞留 100 人以上并且时间在 24h 以上 48h 以下的。

　　③ 有下列情形之一的，为较大事故：

　　a. 特种设备事故造成 3 人以上 10 人以下死亡，或者 10 人以上 50 人以下重伤，或者 1000 万元以上 5000 万元以下直接经济损失的；

　　b. 锅炉、压力容器、压力管道爆炸的；

　　c. 压力容器、压力管道有毒介质泄漏，造成 1 万人以上 5 万人以下转移的；

　　d. 起重机械整体倾覆的；

　　e. 客运索道、大型游乐设施高空滞留人员 12h 以上的。

　　④ 有下列情形之一的，为一般事故：

　　a. 特种设备事故造成 3 人以下死亡，或者 10 人以下重伤，或者 1 万元以上 1000 万元以下直接经济损失的；

　　b. 压力容器、压力管道有毒介质泄漏，造成 500 人以上 1 万人以下转移的；

　　c. 电梯轿厢滞留人员 2h 以上的；

　　d. 起重机械主要受力结构件折断或者起升机构坠落的；

　　e. 客运索道高空滞留人员 3.5h 以上 12h 以下的；

　　f. 大型游乐设施高空滞留人员 1h 以上 12h 以下的。

　　除前款规定外，国务院特种设备安全监督管理部门可以对一般事故的其他情形做出补充规定。

　　上述事故分类所称的"以上"包括本数，所称的"以下"不包括本数。

　　⑤ 特种设备安全监督管理部门应当制定特种设备应急预案。特种设备使用单位应当制定事故应急专项预案，并定期进行事故应急演练。

　　压力容器、压力管道发生爆炸或者泄漏，在抢险救援时应当区分介质特性，严格按照相关预案规定程序处理，防止二次爆炸。

　　⑥ 特种设备事故发生后，事故发生单位应当立即启动事故应急预案，组织抢救，防止事故扩大，减少人员伤亡和财产损失，并及时向事故发生地县以上特种设备安全监督管理部门和有关部门报告。

　　⑦ 特别重大事故由国务院或者国务院授权有关部门组织事故调查组进行调查。

　　重大事故由国务院特种设备安全监督管理部门会同有关部门组织事故调查组进行调查。

　　较大事故由省、自治区、直辖市特种设备安全监督管理部门会同有关部门组织事故调查组进行调查。

　　一般事故由设区的市的特种设备安全监督管理部门会同有关部门组织事故调查组进行调查。

⑧ 事故调查报告应当由负责组织事故调查的特种设备安全监督管理部门的所在地人民政府批复，并报上一级特种设备安全监督管理部门备案。

有关机关应当按照批复，依照法律、行政法规规定的权限和程序，对事故责任单位和有关人员进行行政处罚，对负有事故责任的国家工作人员进行处分。

7. 其他说明

① 本条例对违反本条例规定的各种情形明确了详细的法律责任。

② 本条例下列用语的含义是：

a. 锅炉，是指利用各种燃料、电或者其他能源，将所盛装的液体加热到一定的参数，并对外输出热能的设备，其范围规定为容积大于或者等于30L的承压蒸汽锅炉；出口水压大于或者等于0.1MPa（表压），且额定功率大于或者等于0.1MW的承压热水锅炉；有机热载体锅炉。

b. 压力容器，是指盛装气体或者液体，承载一定压力的密闭设备，其范围规定为最高工作压力大于或者等于0.1MPa（表压），且压力与容积的乘积大于或者等于2.5MPa·L的气体、液化气体和最高工作温度高于或者等于标准沸点的液体的固定式容器和移动式容器；盛装公称工作压力大于或者等于0.2MPa（表压），且压力与容积的乘积大于或者等于1.0MPa·L的气体、液化气体和标准沸点等于或者低于60℃液体的气瓶；氧舱等。

c. 压力管道，是指利用一定的压力，用于输送气体或者液体的管状设备，其范围规定为最高工作压力大于或者等于0.1MPa（表压）的气体、液化气体、蒸气介质或者可燃、易爆、有毒、有腐蚀性、最高工作温度高于或者等于标准沸点的液体介质，且公称直径大于25mm的管道。

d. 电梯，是指动力驱动，利用沿刚性导轨运行的箱体或者沿固定线路运行的梯级（踏步），进行升降或者平行运送人、货物的机电设备，包括载人（货）电梯、自动扶梯、自动人行道等。

e. 起重机械，是指用于垂直升降或者垂直升降并水平移动重物的机电设备，其范围规定为额定起重量大于或者等于0.5t的升降机；额定起重量大于或者等于1t，且提升高度大于或者等于2m的起重机和承重形式固定的电动葫芦等。

f. 客运索道，是指动力驱动，利用柔性绳索牵引箱体等运载工具运送人员的机电设备，包括客运架空索道、客运缆车、客运拖牵索道等。

g. 大型游乐设施，是指用于经营目的，承载乘客游乐的设施，其范围规定为设计最大运行线速度大于或者等于2m/s，或者运行高度距地面高于或者等于2m的载人大型游乐设施。

h. 场（厂）内专用机动车辆，是指除道路交通、农用车辆以外仅在工厂厂区、旅游景区、游乐场所等特定区域使用的专用机动车辆。

③ 特种设备包括其所用的材料、附属的安全附件、安全保护装置和与安全保护装置相关的设施。

十三、《生产安全事故应急条例》

2018年12月5日国务院第33次常务会议通过《生产安全事故应急条例》（中华人民共和国国务院令 第708号）（以下简称《应急条例》），自2019年4月1日起施行。共计四章三十五条。《应急条例》适用于储存、使用易燃易爆物品、危险化学品等危险物品的科研机构、学校、医院等单位的安全事故应急工作，参照本条例有关规定执行。本书主要介绍《应急条例》对生产经营单位应急工作的要求。

1. 明确了生产安全事故应急工作的职责权限

《应急条例》第三条规定，国务院统一领导全国的生产安全事故应急工作，县级以上地方人民政府统一领导本行政区域内的生产安全事故应急工作。生产安全事故应急工作涉及两个以上行政区域的，由有关行政区域共同的上一级人民政府负责，或者由各有关行政区域的上一级人民政府共同负责。

县级以上人民政府应急管理部门和其他对有关行业、领域的安全生产工作实施监督管理的部门（以下统称负有安全生产监督管理职责的部门）在各自职责范围内，做好有关行业、领域的生产安全事故应急工作。

县级以上人民政府应急管理部门指导、协调本级人民政府其他负有安全生产监督管理职责的部门和下级人民政府的生产安全事故应急工作。

乡、镇人民政府以及街道办事处等地方人民政府派出机关应当协助上级人民政府有关部门依法履行生产安全事故应急工作职责。

第四条规定，生产经营单位应当加强生产安全事故应急工作，建立、健全生产安全事故应急工作责任制，其主要负责人对本单位的生产安全事故应急工作全面负责。

2. 对生产安全事故应急救援预案的编写原则、内容、修订、备案与公布以及演练提出了要求

《应急条例》第六条规定，生产安全事故应急救援预案应当具有科学性、针对性和可操作性，明确规定应急组织体系、职责分工以及应急救援程序和措施。

有下列情形之一的，生产安全事故应急救援预案制定单位应当及时修订相关预案：

（1）制定预案所依据的法律、法规、规章、标准发生重大变化；

（2）应急指挥机构及其职责发生调整；

（3）安全生产面临的风险发生重大变化；

（4）重要应急资源发生重大变化；

（5）在预案演练或者应急救援中发现需要修订预案的重大问题；

（6）其他应当修订的情形。

《应急条例》第七条规定，易燃易爆物品、危险化学品等危险物品的生产、经营、储存、运输单位，矿山、金属冶炼、城市轨道交通运营、建筑施工单位，以及宾馆、商场、娱乐场所、旅游景区等人员密集场所经营单位，应当将其制定的生产安全事故应急救援预案按照国家有关规定报送县级以上人民政府负有安全生产监督管理职责的部门备案，并依法向社会公布。

《应急条例》第八条规定，易燃易爆物品、危险化学品等危险物品的生产、经营、储存、运输单位，矿山、金属冶炼、城市轨道交通运营、建筑施工单位，以及宾馆、商场、娱乐场所、旅游景区等人员密集场所经营单位，应当至少每半年组织1次生产安全事故应急救援预案演练，并将演练情况报送所在地县级以上地方人民政府负有安全生产监督管理职责的部门。

3. 对应急队伍建设、应急救援装备等做出了规定

《应急条例》第十条规定，易燃易爆物品、危险化学品等危险物品的生产、经营、储存、运输单位，矿山、金属冶炼、城市轨道交通运营、建筑施工单位，以及宾馆、商场、娱乐场所、旅游景区等人员密集场所经营单位，应当建立应急救援队伍；其中，小型企业或者微型企业等规模较小的生产经营单位，可以不建立应急救援队伍，但应当指定兼职的应急救援人员，并且可以与邻近的应急救援队伍签订应急救援协议。

工业园区、开发区等产业聚集区域内的生产经营单位，可以联合建立应急救援队伍。

《应急条例》第十一条规定，应急救援队伍的应急救援人员应当具备必要的专业知识、技能、身体素质和心理素质。

应急救援队伍建立单位或者兼职应急救援人员所在单位应当按照国家有关规定对应急救援人员进行培训；应急救援人员经培训合格后，方可参加应急救援工作。

应急救援队伍应当配备必要的应急救援装备和物资，并定期组织训练。

《应急条例》第十三条规定，易燃易爆物品、危险化学品等危险物品的生产、经营、储存、运输单位，矿山、金属冶炼、城市轨道交通运营、建筑施工单位，以及宾馆、商场、娱乐场所、旅游景区等人员密集场所经营单位，应当根据本单位可能发生的生产安全事故的特点和危害，配备必要的灭火、排水、通风以及危险物品稀释、掩埋、收集等应急救援器材、设备和物资，并进行经常性维护、保养，保证正常运转。

4. 对建立应急值班制度及成立应急技术组织做出了规定

《应急条例》第十四条规定，危险物品的生产、经营、储存、运输单位以及矿山、金属冶炼、城市轨道交通运营、建筑施工单位应当建立应急值班制度，配备应急值班人员；规模较大、危险性较高的易燃易爆物品、危险化学品等危险物品的生产、经营、储存、运输单位应当成立应急处置技术组，实行 24h 应急值班。

5. 对生产经营单位采取的应急救援措施提出了要求

《应急条例》第十七条规定，发生生产安全事故后，生产经营单位应当立即启动生产安全事故应急救援预案，采取下列一项或者多项应急救援措施，并按照国家有关规定报告事故情况：

（1）迅速控制危险源，组织抢救遇险人员；

（2）根据事故危害程度，组织现场人员撤离或者采取可能的应急措施后撤离；

（3）及时通知可能受到事故影响的单位和人员；

（4）采取必要措施，防止事故危害扩大和次生、衍生灾害发生；

（5）根据需要请求邻近的应急救援队伍参加救援，并向参加救援的应急救援队伍提供相关技术资料、信息和处置方法；

（6）维护事故现场秩序，保护事故现场和相关证据；

（7）法律、法规规定的其他应急救援措施。

应急救援队伍根据救援命令参加生产安全事故应急救援所耗费用，由事故责任单位承担；事故责任单位无力承担的，由有关人民政府协调解决。

参加生产安全事故现场应急救援的单位和个人应当服从现场指挥部的统一指挥。

十四、《生产安全事故报告和调查处理条例》

2007 年 4 月 9 日，国务院总理温家宝签署公布了《生产安全事故报告和调查处理条例》（以下简称《条例》），《条例》于 2007 年 6 月 1 日起施行。《条例》共分为 6 章 46 条。

1. 生产安全事故的等级划分

根据生产安全事故（以下简称事故）造成的人员伤亡或者直接经济损失，事故一般分为以下四个等级。

（1）特别重大事故　是指造成 30 人以上死亡，或者 100 人以上重伤（包括急性工业中毒，下同），或者 1 亿元以上直接经济损失的事故。

（2）重大事故　是指造成 10 人以上 30 人以下死亡，或者 50 人以上 100 人以下重伤，或者 5000 万元以上 1 亿元以下直接经济损失的事故。

（3）较大事故　是指造成 3 人以上 10 人以下死亡，或者 10 人以上 50 人以下重伤，或者 1000 万元以上 5000 万元以下直接经济损失的事故。

（4）一般事故　是指造成 3 人以下死亡，或者 10 人以下重伤，或者 1000 万元以下直接经济损失的事故。

此外《条例》明确国务院安全生产监督管理部门可以会同国务院有关部门，制定事故等级划分的补充性规定。上述分类中所称的"以上"包括本数，所称的"以下"不包括本数。

2. 报告事故应当包括内容

《条例》规定报告事故应当包括下列内容：

① 事故发生单位概况；

② 事故发生的时间、地点以及事故现场情况；

③ 事故的简要经过；

④ 事故已经造成或者可能造成的伤亡人数（包括下落不明的人数）和初步估计的直接经济损失；

⑤ 已经采取的措施；

⑥ 其他应当报告的情况。

3. 事故报告的原则、程序及其注意事项

事故报告应当及时、准确、完整，任何单位和个人对事故不得迟报、漏报、谎报或者瞒报。

事故发生后，事故现场有关人员应当立即向本单位负责人报告；单位负责人接到报告后，应当于 1h 内向事故发生地县级以上人民政府安全生产监督管理部门和负有安全生产监督管理职责的有关部门报告。

情况紧急时，事故现场有关人员可以直接向事故发生地县级以上人民政府安全生产监督管理部门和负有安全生产监督管理职责的有关部门报告。

自事故发生之日起 30 日内，事故造成的伤亡人数发生变化的，应当及时补报。道路交通事故、火灾事故自发生之日起 7 日内，事故造成的伤亡人数发生变化的，应当及时补报。

事故发生单位负责人接到事故报告后，应当立即启动事故相应应急预案，或者采取有效措施，组织抢救，防止事故扩大，减少人员伤亡和财产损失。

在启动事故相应应急预案过程中，应当妥善保护事故现场以及相关证据，任何单位和个人不得破坏事故现场、毁灭相关证据。

因抢救人员、防止事故扩大以及疏通交通等原因，需要移动事故现场物件的，应当做出标志，绘制现场简图并做出书面记录，妥善保存现场重要痕迹、物证。

4. 事故调查报告的内容及注意事项

事故调查处理应当及时、准确地查清事故经过、事故原因和事故损失，查明事故性质，认定事故责任，总结事故教训，提出整改措施，并对事故责任者依法追究责任。

（1）事故调查报告的内容

① 事故发生单位概况；

② 事故发生经过和事故救援情况；

③ 事故造成的人员伤亡和直接经济损失；

④ 事故发生的原因和事故性质；

⑤ 事故责任的认定以及对事故责任者的处理建议；

⑥ 事故防范和整改措施。

事故调查报告应当附具有关证据材料。事故调查组成员应当在事故调查报告上签名。

（2）事故调查过程中的注意事项

① 事故调查组有权向有关单位和个人了解与事故有关的情况，并要求其提供相关文件、资料，有关单位和个人不得拒绝。

② 事故发生单位的负责人和有关人员在事故调查期间不得擅离职守，并应当随时接受事故调查组的询问，如实提供有关情况。

③ 事故调查中发现涉嫌犯罪的，事故调查组应当及时将有关材料或者其复印件移交司法机关处理。

5. 法律责任

① 事故发生单位主要负责人有下列行为之一的，处上一年年收入 40%～80% 的罚款；属于国家工作人员的，并依法给予处分；构成犯罪的，依法追究刑事责任：

a. 不立即组织事故抢救的；

b. 迟报或者漏报事故的；

c. 在事故调查处理期间擅离职守的。

② 事故发生单位及其有关人员有下列行为之一的，对事故发生单位处 100 万元以上 500 万元以下的罚款；对主要负责人、直接负责的主管人员和其他直接责任人员处上一年年收入 60%～100% 的罚款；属于国家工作人员的，并依法给予处分；构成违反治安管理行为的，由公安机关依法给予治安管理处罚；构成犯罪的，依法追究刑事责任：

a. 谎报或者瞒报事故的；

b. 伪造或者故意破坏事故现场的；

c. 转移、隐匿资金、财产，或者销毁有关证据、资料的；

d. 拒绝接受调查或者拒绝提供有关情况和资料的；

e. 在事故调查中作伪证或者指使他人作伪证的；

f. 事故发生后逃匿的。

③ 事故发生单位对事故发生负有责任的，依照下列规定处以罚款：

a. 发生一般事故的，处 10 万元以上 20 万元以下的罚款；

b. 发生较大事故的，处 20 万元以上 50 万元以下的罚款；

c. 发生重大事故的，处 50 万元以上 200 万元以下的罚款；

d. 发生特别重大事故的，处 200 万元以上 500 万元以下的罚款。

④ 事故发生单位主要负责人未依法履行安全生产管理职责，导致事故发生的，依照下列规定处以罚款；属于国家工作人员的，并依法给予处分；构成犯罪的，依法追究刑事责任：

a. 发生一般事故的，处上一年年收入 30% 的罚款；

b. 发生较大事故的，处上一年年收入 40% 的罚款；

c. 发生重大事故的，处上一年年收入 60% 的罚款；

d. 发生特别重大事故的，处上一年年收入 80% 的罚款。

该条例自 2007 年 6 月 1 日起施行后，国务院于 1989 年 3 月 29 日公布的《特别重大事故调查程序暂行规定》和 1991 年 2 月 22 日公布的《企业职工伤亡事故报告和处理规定》同时废止。

十五、《国务院关于特大安全事故行政责任追究的规定》

各地政府一把手是各地区安全生产的第一责任人，必须对该地区安全生产工作负总责。为此，国务院颁布了《国务院关于特大安全事故行政责任追究的规定》（国务院令第 302 号）（以下简称《规定》），共计 24 条。

《规定》明确：发生特大安全事故，不仅要追究直接责任人的责任，而且要追究有关领导干部的行政责任；构成犯罪的，还要依法追究刑事责任。同时，要执行"谁审批、谁负责"的原则，对承担涉及安全生产经营审批和许可事项的主管部门和有关责任人员，也要对后果承担相应责任。

第二条规定：地方人民政府主要领导人和政府有关部门正职负责人对下列特大安全事故的防范、发生，依照法律、行政法规和对该规定有失职、渎职情形或负有领导责任的，依照本规定给予行政处分；构成玩忽职守罪或其他罪的，依法追究刑事责任：

① 特大火灾事故；

② 特大交通安全事故；

③ 特大建筑质量安全事故；

④ 民用爆炸物品和化学品特大安全事故；

⑤ 煤矿和其他矿山特大安全事故；

⑥ 特种设备特大安全事故；

⑦ 其他特大安全事故。

第十一条规定：依法对涉及安全生产事项负责行政审批（包括批准、核准、许可、注册、认证、颁发证照、竣工验收等）的政府部门或者机构，必须严格依照法律、法规和规章规定的安全条件和程序进行审查；不符合法律、法规和规章规定的安全条件的，不得批准；不符合法律、法规和规章规定的安全条件，弄虚作假骗取批准或勾结串通行政审批工作人员取得批准的，负责行政审批的政府部门或者机构除必须立即撤销原批准外，还应当对弄虚作假骗取批准或勾结串通行政审批工作人员的当事人依法给予行政处分；构成行贿罪或者其他罪的，依法追究刑事责任。

负责行政审批的政府部门或者机构违反前款规定，对不符合法律、法规和规章规定的安全条件予以批准的，对部门或者机构正职负责人，根据情节轻重，给予降级、撤职甚至开除公职的行政处分；与当事人勾结串通的，应当开除公职；构成玩忽职守罪或者其他罪的依法追究刑事责任。

第十五条规定：发生特大安全事故，社会影响特别恶劣或者性质特别严重的，由国务院对负有领导责任的省长、自治区主席、直辖市市长和国务院有关部门正职负责人给予行政处分。

第十六条规定：特大安全事故发生后，有关县（市、区）、市（地、州）和省、自治区、直辖市人民政府及政府有关部门应当按照国家规定的程序和时限立即上报，不得隐瞒不报、谎报或延报，并应当配合、协助事故调查，不得以任何方式阻碍、干涉事故调查。

特大事故发生后，有关地方人民政府及政府有关部门违反前款规定的，对政府主要领导人和政府部门正职负责人给予降级的行政处分。

十六、《工伤保险条例》（国务院令第 586 号）

《工伤保险条例》于 2003 年 4 月 27 日中华人民共和国国务院令第 375 号公布，根据 2010 年 12 月 20 日《国务院关于修改〈工伤保险条例〉的决定》修订。该条例自 2004 年 1 月 1 日起施行。

该条例分为总则、工伤保险基金、工伤认定、劳动能力鉴定、工伤保险待遇、监督管理、法律责任和附则，共 11 章 67 条。

1. 工伤保险的目的和实施范围

实施《工伤保险条例》的目的是为了保障因工作遭受事故伤害或者患职业病的职工获得医疗救治和经济补偿，促进工伤预防和职业康复，分散用人单位的工伤风险。

条例规定，中华人民共和国境内的企业、事业单位、社会团体、民办非企业单位、基金会、律师事务所、会计师事务所等组织和有雇工的个体工商户（以下称用人单位）应当依照本条例规定参加工伤保险，为本单位全部职工或者雇工缴纳工伤保险费。

中华人民共和国境内的企业、事业单位、社会团体、民办非企业单位、基金会、律师事务所、会计师事务所等组织的职工和个体工商户的雇工，均有依照本条例的规定享受工伤保险待遇的权利。

2. 工伤保险的主管部门

条例规定，国务院社会保险行政部门负责全国的工伤保险工作。县级以上地方各级人民政府社会保险行政部门负责本行政区域内的工伤保险工作。社会保险行政部门按照国务院有关规定设立的社会保险经办机构具体承办工伤保险事务。

条例还规定，劳动保障行政部门等部门制定的工伤保险政策、标准，应当征求工会组织、用人单位代表的意见。

3. 工伤保险费率的确定原则及方式

① 工伤保险费根据以支定收、收支平衡的原则，确定费率。

② 国家根据不同行业的工伤风险程度确定行业的差别费率，并根据工伤保险费使用、工伤发生率等情况在每个行业内确定若干费率档次。行业差别费率及行业内费率档次由国务院社会保险行政部门制定，报国务院批准后公布施行。

③ 统筹地区经办机构根据用人单位工伤保险费使用、工伤发生率等情况，适用所属行业内相应的费率档次确定单位缴费费率。

4. 工伤认定条件

① 条例规定，职工有下列情形之一的，应当认定为工伤：

a. 在工作时间和工作场所内，因工作原因受到事故伤害的；

b. 工作时间前后在工作场所内，从事与工作有关的预备性或者收尾性工作受到事故伤害的；

c. 在工作时间和工作场所内，因履行工作职责受到暴力等意外伤害的；

d. 患职业病的；

e. 因工外出期间，由于工作原因受到伤害或者发生事故下落不明的；

f. 在上下班途中，受到非本人主要责任的交通事故或者城市轨道交通、客运轮渡、火车事故伤害的；

g. 法律、行政法规规定应当认定为工伤的其他情形。

② 条例同时规定，职工有下列情形之一的，视同工伤：

a. 在工作时间和工作岗位，突发疾病死亡或者在 48h 之内经抢救无效死亡的；

b. 在抢险救灾等维护国家利益、公共利益活动中受到伤害的；

c. 职工原在军队服役，因战、因公负伤致残，已取得革命伤残军人证，到用人单位后旧伤复发的。

职工有前款 a 项、b 项情形的，按照本条例的有关规定享受工伤保险待遇；职工有前款 c 项情形的，按照本条例的有关规定享受除一次性伤残补助金以外的工伤保险待遇。

③ 条例还规定，职工有下列情形之一的，不得认定为工伤或者视同工伤：

a. 故意犯罪的；

b. 醉酒或者吸毒的；

c. 自残或者自杀的。

④ 职工或者其近亲属认为是工伤，用人单位不认为是工伤的，由用人单位承担举证责任。

5. 工伤认定申请的时限与程序

① 职工发生事故伤害或者按照职业病防治法规定被诊断、鉴定为职业病，所在单位应当自事故伤害发生之日或者被诊断、鉴定为职业病之日起 30 日内，向统筹地区社会保险行政部门提出工伤认定申请。遇有特殊情况，经报社会保险行政部门同意，申请时限可以适当延长。用人单位未在规定的时限内提交工伤认定申请，在此期间发生符合本条例规定的工伤待遇等有关费用由该用人单位负担。

② 用人单位未按前款规定提出工伤认定申请的，工伤职工或者其直系亲属、工会组织在事故伤害发生之日或者被诊断、鉴定为职业病之日起 1 年内，可以直接向用人单位所在地统筹地区社会保险行政部门提出工伤认定申请。

6. 工伤认定申请应当提交的材料

条例规定应当提交的材料包括：

① 工伤认定申请表；

② 与用人单位存在劳动关系（包括事实劳动关系）的证明材料；

③ 医疗诊断证明或者职业病诊断证明书（或者职业病诊断鉴定书）。

7. 工伤保险待遇

条例规定，职工因工作遭受事故伤害或者患职业病进行治疗，享受工伤医疗待遇。

职工治疗工伤应当在签订服务协议的医疗机构就医，情况紧急时可以先到就近的医疗机构急救。

职工住院治疗工伤的伙食补助费，以及经医疗机构出具证明，报经办机构同意，工伤职工到统筹地区以外就医所需的交通、食宿费用从工伤保险基金支付，基金支付的具体标准由统筹地区人民政府规定。

工伤职工到签订服务协议的医疗机构进行工伤康复的费用，符合规定的，从工伤保险基金支付。

工伤职工因日常生活或者就业需要，经劳动能力鉴定委员会确认，可以安装假肢、矫形器、假眼、假牙和配置轮椅等辅助器具，所需费用按照国家规定的标准从工伤保险基金支付。

工伤职工治疗非工伤引发的疾病，不享受工伤医疗待遇，按照基本医疗保险办法处理。

职工因工作遭受事故伤害或者患职业病需要暂停工作接受工伤医疗的，在停工留薪期内，原工资福利待遇不变，由所在单位按月支付。

停工留薪期一般不超过 12 个月。伤情严重或者情况特殊，经设区的市级劳动能力鉴定委员会确认，可以适当延长，但延长不得超过 12 个月。工伤职工评定伤残等级后，停发原待遇，按照条例第五章的有关规定享受伤残待遇。工伤职工在停工留薪期满后仍需治疗的，继续享受工伤医疗待遇。

生活不能自理的工伤职工在停工留薪期需要护理的，由所在单位负责。

职工因工死亡，其近亲属按照条例规定从工伤保险基金领取丧葬补助金、供养亲属抚恤金和一次性工亡补助金。

工伤职工有下列情形之一的，停止享受工伤保险待遇：

① 丧失享受待遇条件的；

② 拒不接受劳动能力鉴定的；

③ 拒绝治疗的。

关于工伤保险待遇的其他规定限于篇幅不再赘述。

第三节　职业健康安全标准体系简介

一、职业健康安全标准的重要地位和作用

职业健康安全标准在我国标准体系中占有特殊重要的地位，其重要依据是《中华人民共和国标准化法》（以下简称《标准化法》）和《中华人民共和国标准化法实施条例》（以下简称《标准化法实施条例》）。

《标准化法》第七条规定："国家标准、行业标准分为强制性标准和推荐性标准，保障人体健康，人身、财产安全的标准和法律行政法规规定强制执行的标准是强制性标准，其他标准是推荐性标准。"此外，第十四条规定："强制性标准必须执行。"

《标准化法实施条例》第十八条规定：

"……下列标准属于强制性标准：

……

（二）产品及产品生产、储运和使用中的安全、卫生标准，劳动安全、卫生标准，运输安全标准；

（三）工程建设的质量、安全、卫生标准及国家需要控制的其他工程建设标准；

省、自治区、直辖市人民政府标准化行政主管部门制定的工业产品的安全、卫生要求的地方标准，在本行政区域内是强制性标准。"

另外，《标准化法实施条例》第二十三条规定："从事科研、生产、经营的单位和个人，必须严格执行强制性标准……"

显然，职业健康安全标准中的大部分标准，如职业安全标准、职业健康标准，属于强制性标准的范畴，是法规规定必须执行的标准。此外，职业健康安全标准不管是否为强制性标准，其目的本身就是为了规范职业健康安全活动，它与企业的职业健康安全管理具有密切的联系，是支持职业健康安全管理的重要技术手段。虽然法规在职业健康安全管理体系中占有举

足轻重的地位，但企业在进行安全管理时，更多的还是依赖于数量众多的职业健康安全标准，因为职业健康安全标准不仅提出了相应的要求，而且还为开展职业健康活动提供了相应的技术途径和方法。因此，职业健康安全标准在企业的安全生产管理活动中具有极其重要的作用。

二、我国的职业健康安全标准体系

我国的职业健康安全标准数量众多。这些国家标准再加上一定数量的职业健康安全行业标准和地方标准，基本形成了我国的职业健康安全标准体系。

我国的职业健康安全标准体系大体上可分为以下五个系列（见图6-3）。

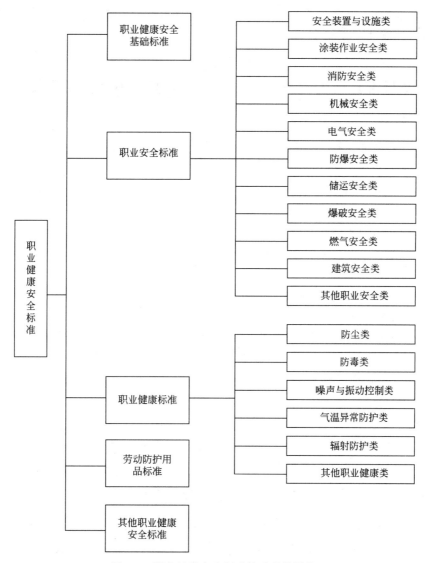

图 6-3　职业健康安全标准体系总体结构

1. 职业健康安全基础标准

列入职业健康安全基础标准系列的职业健康安全标准，在职业健康安全领域具有广泛指导意义，是其他职业健康安全标准的基础。

2. 职业安全标准

列入职业安全标准系列的职业健康安全标准，主要是为了控制各种安全事故。

3. 职业健康标准

列入职业健康标准系列的职业健康安全标准，是为了控制作业场所影响人体健康的各种因素和状态。

4. 劳动防护用品标准

列入劳动防护用品标准系列的职业健康安全标准，是为了规范劳动防护用品的生产、检验和使用等。

5. 其他职业健康安全标准

除上述四个标准系列之外的所有其他职业健康安全标准，均列入此标准系列。

三、国家标准、行业标准、地方标准、国际标准及其相互关系

1. 国家标准

职业安全健康国家标准是在全国范围内统一的技术要求，是中国职业安全健康标准体系中的主体。主要由国家安全生产部门、卫生部门组织制定、归口管理，国家技术监督局发布实施。强制性国家标准的代号为"GB"，推荐性国家标准的代号为"GB/T"。

2. 行业标准

职业安全健康行业标准是对没有国家标准而又需要在全国范围内统一制定的标准，是国家标准的补充。由安全生产行政管理部门及各行业部门制定并发布实施，国家技术监督局备案。

职业安全健康行业标准管理范围主要有如下标准：

① 职业安全及职业健康工程技术标准。

② 工业产品在设计、生产、检验、储运、使用过程中的安全、健康技术标准。

③ 特种设备和安全附件的安全技术标准，起重机械使用的安全技术标准。

④ 工矿企业工作条件及工作场所的安全健康技术标准。

⑤ 职业安全健康管理和工人技能考核标准。

⑥ 气瓶产品标准。

3. 地方标准

根据《中华人民共和国标准化法》，对没有国家标准和行业标准而又需要在省、自治区、直辖市范围内统一的工业产品的安全、健康要求，可以制定地方标准，地方标准由省、自治区、直辖市标准化行政主管部门制定，并报国务院标准化行政主管部门和国务院有关行政主管部门备案。

在公布国家标准或者行业标准之后，该项地方标准即行废止。地方职业安全健康标准是对国家标准和行业标准的补充，同时也为将来制定国家标准和行业标准打下了基础，创造了条件。

4. 国际标准

对于特殊情况而中国又暂无相对应的职业安全健康标准时，可采用国际标准。采用国际标准时，必须与中国标准体系进行对比分析或验证，应不低于中国相关标准或暂行规定的要求，并经有关安全生产综合管理部门批准。

🔄 本章小结

　　本章内容主要包括概括介绍了我国职业健康安全法规体系和标准体系，较细致地阐述了部分职业健康安全法规的内容。熟知劳动法、安全生产法、职业病防治法、安全生产许可证条例、生产安全事故报告和调查处理条例、危险化学品安全管理条例、特种设备安全法以及工伤保险条例对生产经营单位的规定是本章学习的重点。对法规执行情况进行符合性判断可作为本章学习的能力培养基本要求。

👥 课堂讨论题

　　1.安全生产法规层次是如何划分的？如何判断法规的效力？

　　2.安全生产法规定了哪些制度？对从业人员规定了哪些权利和义务？

⚙ 能力训练项目

　　项目名称：对生产事故案例的法规执行情况进行符合性分析

　　【事故案例】　××年×月×日，某冶金企业清渣班副班长在班前会上讲完安全注意事项后，做了当天的工作安排：由王某、李某负责吊、翻渣盆，其他人员到氧顶炉炉坑下打扫卫生和开氧顶渣车。10时30分左右，清渣工林某某、刘某某将渣车从氧顶炉炉坑开出，天车工张某将渣车上的渣盆吊起，由王某指挥将渣盆放在渣场回水池方向第三根柱头旁打水冷却，后回家吃中饭。

　　13时，王某与其他人继续清渣工作。约14时30分左右，王某为了扩大工作场地面积，以便于二班操作方便，违反车间"不准重叠渣盆"的规定，指挥天车工将渣场中央挡道的一个渣盆放在另一个渣盆即上午放置的渣盆上，并取掉吊钩；正要离开时，下方渣盆发生爆炸，将王某打倒在地，周身着火，烧伤Ⅲ度，面积99.9%，抢救无效于当日18时死亡。

　　调查组认为：渣盆重叠，将下面未冷却的熔渣壳震破，冷水渗透到下面未冷却熔渣上，引起水蒸气爆炸。

　　对炽热的金属渣盆打水强迫快速冷却这种作业程序已有时日，以前发生过数次类似的未遂事故。

　　背景情况：生产任务由去年产钢5万吨增加到该年10万吨，就是有资金也无法停产改造，何况条件还有限。10万吨钢的任务要求提前14天完成。对"打水强迫快速冷却"的作业程序，车间多次向厂领导反映过。

　　项目要求：逐一指出违法事实，指明违反法规（《安全生产法》）条款及其具体内容（可节选相关内容），并说明理由。

📱 思考题

　　1.何谓"五同时""三同时"？落实"五同时""三同时"对于保障企业的安全生产有何重要意义？

2.《劳动法》为保护女职工和未成年人而做出了哪些规定?

3.依据《安全生产法》,生产经营单位应当履行哪些职责?

4.说明我国职业病防治工作采取的方针及对策。

5.依据《危险化学品安全管理条例》,危险化学品生产、储存单位应当履行哪些职责?

6.为确保特种设备的安全使用,《特种设备安全法》对特种设备使用单位提出了哪些要求?

7.依据《生产安全事故报告和调查处理条例》,企业在发生事故后应做好哪些工作?

8.如何进行工伤认定申请?

9.试说明职业健康安全法规与标准在企业安全管理中可以各自发挥哪些独特的作用?

第七章
安全生产基本条件与安全管理制度

知识目标　1. 了解我国安全生产工作机制。

　　　　　2. 知晓生产经营单位应具备的基本安全生产条件。

　　　　　3. 熟悉生产经营单位各项安全管理制度的基本内容。

能力目标　1. 能够对生产经营单位是否满足基本安全生产条件做出判断。

　　　　　2. 能够参与拟订或完善各项企业安全生产管理制度。

　　　　　3. 能够拟订安全检查表。

　　　　　4. 能够拟订事故调查方案。

第一节　我国安全生产工作机制

安全生产工作事关广大人民群众的根本利益，事关改革发展和稳定大局，历来受到党和国家的高度重视。安全生产管理体制和机制也随着我国法制建设、经济发展和体制改革的进程而不断完善。

安全生产是一项系统工程，需要多方面统筹协调、综合施策、标本兼治、齐抓共管，同时要充分调动全社会力量，群防群治，才能达到预期目标。

《安全生产法》第三条明确规定：建立生产经营单位负责、职工参与、政府监管、行业自律和社会监督的机制。

一、生产经营单位负责

生产经营单位负责就是要生产经营单位对本单位的安全生产负责。我国安全生产工作的实践证明：生产经营单位是保障安全生产的根本和关键所在。强调生产经营单位负责，是建立安全生产工作机制的根本和核心。

生产经营单位是生产经营活动的主体，也是安全生产的责任主体，对本单位的安全生产保障负责，也需对事故后果承担主要责任。《安全生产法》对生产经营单位应当具备法定的安全生产条件、生产经营单位主要负责人的安全生产职责、安全生产投入、安全生产责任制、安全生产管理机构以及安全生产管理人员的职责及配备、从业人员安全生产教育和培训、安全设施与主体工程"三同时"、安全警示标志、安全设备管理、危险物品安全管理、危险作业和交叉作业安全管理、发包及出租的安全管理、事故隐患排查治理、有关从业人员安全管理等多方面进行了规定。

生产经营单位要自觉接受政府的有效监管、行业部门的有效指导和社会的有效监督，承担安全生产的主体责任，确保企业持续稳定发展，确保安全生产目标的实现。

二、职工参与

职工参与就是要求从业人员积极参与本单位的安全生产管理，正确履行相应的权利和义务，积极参加安全生产教育培训，提高自身安全生产水平、自我保护意识和安全生产意识。

职工是生产经营活动的直接参与者，对生产过程中的危险有害因素及过程控制的利弊感受最深，生产经营单位制定或者修改有关安全生产的规章制度及技术文件时，应充分听取职工的意见和建议。

安全生产关系到职工的人身安全。很多生产事故中职工往往既是受害者也是肇事者。保障职工对安全生产工作的参与权、知情权、监督权和建议权，是保障职工切身利益的需要，也有利于充分调动职工的积极性，发挥其主人翁作用；同时，做好安全生产工作需要职工积极配合，承担民主管理、民主监督、遵章守纪等义务。没有职工的参与和配合，不可能真正做好安全生产工作。

三、政府监管

政府监管就是要切实履行各级政府及其监管部门的安全生产监督管理职责。坚持党政同责、一岗双责、齐抓共管、失职追责。

在强化和落实生产经营单位主体责任、保障职工参与的同时，还必须充分发挥政府在安全生产方面的监管作用，以国家强制力为后盾，保证安全生产法律、法规以及相关标准得到切实遵守，及时查处、纠正安全生产违法行为，消除事故隐患。这是保障安全生产不可或缺的重要方面。

健全完善安全生产综合监管和行业监管相结合的工作机制，强化各级应急管理部门对安全生产工作的综合监管，全面落实行业主管部门的专业监管和行业管理指导职责。各部门要加强协作，形成监管合力，在各级政府统一领导下，严厉打击违法生产、经营等影响安全生产的行为，对拒不执行监管监察指令的生产经营单位，要依法依规从重处罚。

四、行业自律

行业自律主要是指行业协会组织、各类第三方安全技术服务公司要自我约束。依法发挥社会主义市场经济体制下独特的不可或缺的作用。

一方面，各个行业都要遵守国家法律、法规和政策，另一方面行业组织要通过行规、行约制约本行业生产经营单位的行为。有关协会组织依照法律、行政法规和规章，为生产经营单位提供安全生产方面的信息、培训等服务，促进生产经营单位发挥自律作用，加强安全生产管理，促使生产经营单位能从自身安全生产的需要和保护从业人员生命健康的角度出发，自觉开展安全生产工作，切实履行生产经营单位的法定职责和社会职责。

五、社会监督

社会监督就是要充分发挥社会监督的作用，任何单位和个人都有权对违反安全生产的行为进行检举和控告。

安全生产工作涉及方方面面，必须充分发挥包括工会、基层群众自治组织、新闻媒体以及社会公众的监督作用，实行群防群治，有关部门和地区要进一步畅通安全生产的社会监督渠道，设立举报电话，接受人民群众的公开监督，将安全生产工作置于全社会的监督之下。

上述五个方面中，生产经营单位负责是根本，职工参与是基础，政府监管是关键，行业自律是发展方向，社会监督是实现预防和减少生产安全事故的重要推动力量。五个方面互相配合、互相促进，共同构成五位一体的安全生产工作机制。

第二节　企业安全生产基本条件

为了从根本上改变我国工业化进程中事故频发的现状，将安全工作纳入法制化轨道，2002 年我国颁布了《中华人民共和国安全生产法》，2004 年又发布了《安全生产许可证条例》，同时还制定、完善了许多与安全生产有关的法律、行政法规、规章和标准，使安全生产管理和技术在实施过程中有法可依且有法必依。

一、生产经营单位应当具备的基本安全生产条件

生产经营单位必须具备的安全生产条件，主要指生产经营单位在安全生产制度建设、安全投入、安全生产管理机构设置和人员配备、有关人员培训考核、生产经营单位的作业环境、生产设备、安全设施、工艺以及安全生产管理等方面必须符合法律法规规定的安全生产要求。

（一）建立、健全安全生产制度

生产经营单位必须建立、健全安全生产责任制，制定完备的安全生产规章制度和操作规程。安全生产制度是党和国家安全生产方针、政策、法律、法规的延伸，也是安全生产方针、政策、法律、法规在生产经营中贯彻执行的具体体现，是保障人身安全与健康以及财产安全的最基础的规定，是生产经营单位安全生产工作的"章法"。

安全生产管理制度通常可分为以下 4 类。

1. 面向一般管理的综合安全管理制度

面向一般管理的综合安全管理制度主要包括安全生产总则、安全生产责任制、安全技术措施管理、安全教育、安全检查、安全奖惩、"三同时"审批、安全检修管理、事故隐患管理与监控、事故管理、安全用火管理、承包合同安全管理、安全值班等规章制度。

2. 面向安全技术的安全技术管理制度

面向安全技术的安全技术管理制度主要包括特种作业管理、危险作业审批、危险设备管理、危险场所管理、易燃易爆有毒有害物品管理、厂区交通运输管理以及各生产岗位的安全操作规程等。

3. 面向职业危害的职业卫生管理制度

面向职业危害的职业卫生管理制度主要包括职业卫生管理、有毒有害物质监测、职业病、职业中毒管理等。

4. 其他有关管理制度

生产经营单位有关安全生产的其他管理制度主要包括女工保护、劳动保护用品、保健食

品、员工身体检查等管理制度。

（二）安全投入符合安全生产要求

具备和保持安全生产条件的工作贯穿于生产经营全过程，安全投入是生产经营单位具备安全生产条件的重要保障。所以，安全投入也同样要贯穿生产经营全过程。生产经营单位在项目建设中为了使建设项目通过安全审查，需要安全投入；在项目投入生产使用以后，为了保持生产经营条件持续安全可靠，在安全方面仍需不断地投入资金，用于改善安全设施，更新安全技术装备、器材、仪器、仪表，发放职工劳动防护用品，开展职工安全教育培训等。

作为生产经营单位的主要负责人，有责任保证安全投入符合安全生产要求，并切实发挥投入资金的作用；要根据本单位的安全生产状况，组织制订本单位安全生产投入的长远规划和年度计划；要设立安全生产投入资金专门的账户或者科目，专款专用，不得随意挪用；要定期召开会议，听取安全生产投入资金的使用情况，保证安全生产投入资金的有效使用。

《企业安全生产费用提取和使用管理办法》（财企〔2022〕136 号）第二章规定了煤炭生产企业、非煤矿山开采企业、石油天然气开采企业、建设工程施工企业、危险品生产与储存企业、交通运输企业、冶金企业、机械制造企业、烟花爆竹生产企业等行业企业安全费用提取标准。

如危险品生产与储存企业以上年度实际营业收入为计提依据，采取超额累退方式确定本年度应计提金额，逐年平均提取，具体如下：

① 上年度营业收入不超过 1000 万元的，按照 4.5% 提取；

② 上年度营业收入超过 1000 万元至 1 亿元的部分，按照 2.25% 提取；

③ 上年度营业收入超过 1 亿元至 10 亿元的部分，按照 0.55% 提取；

二维码7-1 其他行业企业规定的安全费用提取标准

④ 上年度营业收入超过 10 亿元的部分，按照 0.2% 提取。

其他行业企业规定的安全费用提取标准可扫描二维码 7-1 获取。

同时还做出以下规定：

① 中小微型企业和大型企业上年末安全费用结余分别达到本企业上年度营业收入的 5% 和 1.5% 时，经当地县级以上安全生产监督管理部门、煤矿安全监察机构商财政部门同意，企业本年度可以缓提或者少提安全费用。

② 企业在上述标准的基础上，根据安全生产实际需要，可适当提高安全费用提取标准。

③ 此前各省级政府已制定下发企业安全费用提取使用办法的，其提取标准如果低于本办法规定的标准，应当按照本办法进行调整；如果高于本办法规定的标准，按照原标准执行。

④ 新建企业和投产不足一年的企业以当年实际营业收入为提取依据，按月计提安全费用。

⑤ 混业经营企业，如能按业务类别分别核算的，则以各业务营业收入为计提依据，按上述标准分别提取安全费用；如不能分别核算的，则以全部业务收入为计提依据，按主营业务计提标准提取安全费用。

（三）设置安全生产管理机构，配备专职安全生产管理人员

生产经营活动的安全进行，除了有必要的物质保障和制度保障以外，还要从机构、人员上加以保障。

安全生产管理机构是指在人员分工和功能分化的基础上，使安全管理者群体中的各个成员担任不同的职务，承担不同的责任，赋予不同的权力，共同协作，为实现共同的安全工作

目标而组织起来的安全管理系统。在安全管理活动中，安全生产管理机构通过落实国家有关安全生产的法律法规、组织单位内部安全检查、进行日常安全检查、及时整改各种事故隐患、监督安全生产责任制的落实等活动，实现单位安全管理目标。

安全生产管理机构的设置及安全生产管理人员的配备，应当根据生产经营单位危险性的大小、从业人员的多少、生产经营规模的大小等因素依据《安全生产法》和地方法规确定。

(四) 对各级各类人员进行安全教育培训

对各级各类人员进行安全教育培训是《安全生产法》的基本要求，生产经营单位可参照《生产经营单位安全培训规定》执行，具体内容详见本章第四节。

(五) 依法参加工伤保险

工伤保险的主要目的是为了保障因工作遭受事故伤害或者患职业病的从业人员获得医疗救治和经济补偿，促进工伤预防和职业病患者康复，分散用人单位的工伤风险。广义地讲，它是生产经营单位安全生产的事后保障。实施工伤保险后，从业人员可以安心工作，也能促进生产经营单位保障其安全生产。

(六) 生产经营单位必须提供安全可靠的作业条件

生产经营单位应根据生产过程使用的原辅材料、设备设施、工艺的要求及中间产品、成品的性质，提供符合有关安全生产法律、法规、标准和规程要求的安全的作业场所，选择安全的生产工艺和可靠的安全设施、设备，以保障生产经营单位安全生产。

(七) 积极进行职业危害防治

职业危害是指对从事职业活动的劳动者可能导致职业病或者其他人身伤害的各种危害因素。生产经营单位除采取管理和技术的手段预防、控制和消除职业危害源以外，还应给从业人员配备符合国家标准或者行业标准的劳动防护用品。

(八) 依法进行安全评价

安全评价是以实现安全为目的，应用安全系统工程原理和方法，辨识与分析工程、系统、生产经营活动中的危险、有害因素，预测发生事故或造成职业危害的可能性及其严重程度，提出科学、合理、可行的安全对策措施建议，做出评价结论的活动。安全评价可针对一个特定的对象，也可针对一定区域范围。

安全评价按照实施阶段的不同分为三类：安全预评价、安全验收评价、安全现状评价。

1. 安全预评价

在建设项目可行性研究阶段、工业园区规划阶段或生产经营活动组织实施之前，根据相关的基础资料，辨识与分析建设项目、工业园区、生产经营活动潜在的危险、有害因素，确定其与安全生产法律法规、规章、标准、规范的符合性、预测发生事故的可能性及其严重程度，提出科学、合理、可行的安全对策措施建议。

2. 安全验收评价

在建设项目竣工后正式生产运行前或工业园区建设完成后，通过检查建设项目安全设施与主体工程同时设计、同时施工、同时投入生产和使用的情况或工业园区内的安全设施、设备、装置投入生产和使用的情况，检查安全生产管理措施到位情况，检查安全生产规章制度健全情况，检查事故应急救援预案建立情况，审查确定建设项目、工业园区建设满足安全生产法律法规、规章、标准、规范要求的符合性，从整体上确定建设项目、工业园区的运行状况和安全管理情况。

3. 安全现状评价

针对生产经营活动中、工业园区内的事故风险、安全管理等情况，辨识与分析其存在的危险、有害因素，审查确定其与安全生产法律法规、规章、标准、规范要求的符合性，预测发生事故或造成职业危害的可能性及其严重程度，提出科学、合理、可行的安全对策措施建议。

安全现状评价既适用于对一个生产经营单位或一个工业园区的评价，也适用于某一特定的生产方式、生产工艺、生产装置或作业场所的评价。

（九）有重大危险源检测、评估、监控措施和应急预案

为了预防重大事故、特大事故的发生，降低事故造成的损失，生产经营单位应当严格按照法律、法规和标准进行重大危险源辨识，对重大危险源逐一登记建档，定期对其进行检测，掌握危险源的动态变化情况。同时，根据重大危险源的分析、辨识情况，选择合适的评估方法，对危险源可能导致事故发生的可能性和严重程度进行定性评价和定量评价，在此基础上进行危险等级划分以确定管理的重点。生产经营单位必须建立有效的重大危险源控制系统；制定重大危险源应急预案，并定期检验和评估其有效程度，以便必要时进行修订。同时，要把有关应急救援知识通过演习、安全教育和培训等方式及时告知从业人员和相关人员，以便在紧急情况下采取应急措施。

（十）有生产安全事故应急救援预案、应急救援组织或者应急救援人员，配备必要的应急救援器材、设备

生产经营单位必须根据《安全生产法》及有关法律法规的规定，制定事故应急救援预案，并根据实际情况变化对应急预案适时进行修订，定期组织演练。事故应急救援预案和演练记录应当报当地卫生行政部门、安全生产监督管理部门和公安部门备案。

（十一）法律、法规规定的其他条件

由于各类生产经营单位的具体情况不同，其所应当具备的安全生产条件不完全相同。因此，应按照现行有效的法律、法规、规范及标准的规定，逐一达到所要求的安全生产条件。

二、作业场所职业卫生要求

工业企业建设项目的设计应优先采用有利于保护劳动者健康的新技术、新工艺、新材料、新设备，限制使用或者淘汰职业病危害严重的工艺、技术、材料；对于生产过程中尚不能完全消除的生产性粉尘、生产性毒物、生产性噪声以及高温等职业性有害因素，应采取综合控制措施，使工作场所职业性有害因素符合国家职业卫生标准要求，防止职业性有害因素对劳动者的健康损害。

（一）职业卫生内容

作业场所的职业卫生条件是安全生产条件的一部分。职业卫生工作主要包括以下内容：职业卫生管理组织机构的设立与日常管理；职业卫生管理责任制及规章制度和作业规程；有

关人员的职业卫生的培训与教育；劳动防护用品的发放与佩戴；建设项目职业卫生"三同时"；作业场所职业危害因素的检测和职业危害的评价；作业场所职业危害项目的申报；职业卫生基础建设和事故隐患的整改与消除；职业卫生应急救援预案；职业卫生档案和作业人员健康监护档案；作业场所职业卫生警示标志与职业危害防护设备设施的维护；劳动合同与从业人员的工伤社会保险；其他法律、法规和规定的监督检查内容等。

国家对使用有毒物品作业的用人单位实行职业卫生安全许可证制度。

（二）职业卫生工作的监督管理

根据《作业场所职业健康监督管理暂行规定》：生产经营单位应当加强作业场所的职业危害防治工作，为从业人员提供符合法律、法规、规章和国家标准、行业标准的工作环境和条件，采取有效措施，保障从业人员的职业健康。生产经营单位应当对从业人员进行上岗前的职业健康培训和在岗期间的定期职业健康培训，普及职业健康知识，督促从业人员遵章守纪；组织接触职业危害的从业人员进行上岗前、在岗期间和离岗时的职业健康检查，并将检查结果如实告知从业人员；开展作业场所职业危害因素日常监测，保证监测系统处于正常工作状态，监测的结果应当及时向从业人员公布；委托具有相应资质的中介技术服务机构，每年至少进行一次职业危害因素检测，每三年至少进行一次职业危害现状评价，定期检测、评价结果应当存入本单位的职业危害防治档案，向从业人员公布，并向所在地安全生产监督管理部门报告；对产生严重职业危害的作业岗位，应当在醒目位置设置警示标识和中文警示说明。

（三）作业场所职业卫生基本要求

生产经营单位应根据 GBZ 1—2010《工业企业设计卫生标准》的要求，为从业人员提供职业卫生要求的作业条件和作业环境。

1. 作业场所防寒、防暑、微小气候卫生要求

作业场所防寒、防暑、微小气候应满足表 7-1 的要求。

表 7-1　作业场所防寒、防暑、微小气候卫生要求

项目	卫生要求
防寒	凡近十年每年最冷月平均气温≤8℃的月数≥3 的地区应设集中采暖设施，<2 个月的地区应设局部采暖设施。当工作地点不固定，需要持续低温作业时，应在工作场所附近设置取暖室
防暑	高温作业车间应设有工间休息室，温度≤30℃，设有空气调节的休息室气温应保持在 24～28℃；工作人员经常停留或靠近的高温地面或高温壁板，其表面平均温度不应>40℃，瞬间最高温度也不宜>60℃；特殊高温作业，热辐射强度应<700W/m²，室内气温不应>28℃；当作业地点日最高气温≥35℃时，应采取局部降温和综合防暑措施，并应减少高温作业时间
微小气候	工作场所的新风应来自室外，新风口应设置在空气清洁区，新风量应满足下列要求：非空调工作场所人均占用容积<20m³ 的车间，应保证人均新风量≥30m³/h；如所占容积≥20m³ 时，应保证人均新风量≥20m³/h。采用空气调节的车间，应保证人均新风量≥30m³/h。洁净室的人均新风量应≥40m³/h。封闭式车间人均新风量宜设计为 30～50m³/h

2. 车间采光、照明卫生要求

作业场所及建筑采光、照明设计按照现行有效的《工业企业设计卫生标准》《建筑采光设计标准》《建筑照明设计标准》进行。

3. 噪声、振动控制卫生要求

工业企业应采用行之有效的新技术、新工艺、新材料、新方法控制噪声和振动。噪声和

振动控制设计按《工业企业噪声控制设计规范》和《工业企业卫生设计标准》进行。

4.车间建筑物墙体，墙面和地面的卫生要求

产生粉尘、毒物或酸碱等强腐蚀性物质的工作场所，应有冲洗地面、墙壁的设施。车间地面应平整防滑，易于清扫。经常有积液的地面应不透水，并设坡向排水系统，其废水应纳入工业废水处理系统。

产生强烈噪声和振动的车间墙体应加厚。车间内应进行有效的隔声、吸声、隔振处理。

生产时用水较多或产生大量湿气的车间，设计时应采取必要的排水防湿设施，防止顶棚滴水和地面积水。

（四）应急救援措施

生产经营单位应建立健全职业病危害事故应急救援预案，并在醒目位置设公告栏，公布职业病危害事故应急救援措施；对可能发生急性职业损伤的有毒、有害工作场所，用人单位应当设置报警装置，配置现场急救用品、冲洗设备、应急撤离通道和必要的泄险区；在生产中可能突然逸出大量有害物质或易造成急性中毒或易燃易爆的化学物质的作业场所，必须设计自动报警装置、事故通风设施，其通风换气次数不小于 12 次/h。事故排风装置的排出口应避免对居民和行人产生影响；因生产事故可能发生化学性灼伤及经皮肤吸收引起急性中毒的工作地点或车间，应设事故淋浴，并应设置不断水的供水设备；生产或使用剧毒物质的高风险度工业生产经营单位，必须在工作地点附近设置紧急救援站或有毒气体防护站，职工人数为 300～1000 人时，其使用面积为 30～60m^2。

（五）作业场所职业危害因素的常用技术防护措施

1.防尘

① 选用不产生或少产生粉尘的生产工艺，采用无危害或危害性较小的原辅材料。

② 通过密闭化、管道化，机械化、自动化、喷水喷雾抑尘，及时正确清扫以消除二次扬尘等方式，限制、抑制扬尘和粉尘扩散。

③ 考虑工艺特点和排尘要求，充分利用自然通风，或辅以全面或局部机械排风，通过除尘设备，改善作业环境，保证作业场所空气质量和排入大气的粉尘浓度符合有关标准的规定。

④ 辅以个体防护用品，减小生产性粉尘对劳动者的危害程度，保护劳动者的健康。

⑤ 加强通风除尘设施的维护检修，确保正常运行。

2.防毒

① 尽可能以无毒、低毒的工艺和原辅材料代替有毒、高毒的工艺和原辅材料。

② 通过密闭化、管道化，尽可能负压操作防止有毒物质泄漏、外逸；通过机械化、自动化、程序化、隔离操作，使操作人员不接触或少接触有毒物质，减少误操作造成的职业中毒事故。

③ 自然通风不能满足排毒要求时，采用全面通风、局部排风、局部送风等机械通风排毒措施，加以后续的净化装置，使工作场所或排入大气中的有毒物质浓度控制在有关标准允许的范围内。

④ 辅以个体防护用品，减小有毒物质对劳动者的危害程度，保护劳动者的健康。

⑤ 加强通风排毒设施的维护检修，确保正常运行。

3. 噪声、振动及高温防护

噪声、振动及高温防护措施见表 7-2 所列。

表 7-2　噪声、振动及高温防护措施

项目	防护措施
防噪声	选用低噪声设备,减少冲击性和高压气体排放工艺;采用隔离、远距离控制等措施,尽量将噪声源与操作人员隔开;有生产性噪声的车间应尽可能远离非噪声作业车间、行政区与生活区;采用隔声、消声、吸声、隔振等技术,降低工作场所噪声;为劳动者提供性能良好的个体防护用品,保护劳动者的健康
防振动	从工艺和技术上消除或减少振源;对厂房的设计和设备的布局采取安装减振支架、减振垫层、隔振沟等减振措施;采取个体防护措施,减小振动对劳动的危害程度,保护劳动者的健康
防暑	合理组织自然通风气流,设置全面、局部送风装置或空调降低工作环境的温度;采取有效的隔热措施,如水幕、隔热屏等;合理布局;高温车间设置工间休息室或观察室;限制持续接触热时间;使用个体防护用品,减小高温对劳动的危害程度,保护劳动者的健康

4. 电离辐射的防护

电离辐射指能使受作用物质发生电离现象的辐射,主要有 α 射线、β 射线、X 射线、γ 射线、中子等。

电离辐射的防护,主要是控制辐射源的质和量。电离辐射的防护分为外照射防护和内照射防护。外照射防护的基本方法有时间防护、距离防护和屏蔽防护,通称"外防护三原则";内照射防护的基本防护方法有围封隔离、除污保洁和个人防护等综合性防护措施;还应在有电离辐射处设置醒目的警告标志。

5. 非电离辐射的防护

非电离辐射指不足以引起生物体电离的电磁辐射,主要有微波、紫外、红外、激光和射频辐射。

对于在生产过程中有可能产生非电离辐射的设备,应制定非电离辐射防护规划,保证一定的卫生防护距离;采取有效的屏蔽、接地、吸收等工程技术措施及自动化或半自动化远距离操作,如预期不能屏蔽的应设计反射性隔离或吸收性隔离措施;设置醒目的警告标志;配备可靠的个体防护用品。

(六) 工作场所有害因素职业接触限值

工作场所有害因素职业接触限值是职业性有害因素的接触限制量值,指劳动者在职业活动过程中长期反复接触,对绝大多数接触者的健康不引起有害作用的允许接触水平。工作场所有害因素职业接触限值分为化学有害因素和物理因素职业接触限值两个部分。

1. 化学有害因素职业接触限值

GBZ 2.1—2019《工作场所有害因素职业接触限值　第 1 部分:化学有害因素》适用于工业企业卫生设计及存在或产生化学有害因素的各类工作场所,适用于工作场所卫生状况、劳动条件、劳动者接触化学因素的程度、生产装置泄漏、防护措施效果的监测、评价、管理及职业卫生监督检查等,不适用于非职业性接触。

化学有害因素的职业接触限值包括时间加权平均允许浓度、短时间接触允许浓度和最高允许浓度三类。

(1) 时间加权平均允许浓度（PC-TWA）   以时间为权数规定的 8h 工作日、40h 工作周的平均允许接触浓度。

(2) 短时间接触允许浓度（PC-STEL）   在遵守 PC-TWA 前提下允许短时间（15min）接触的浓度。

(3) 最高允许浓度（MAC）   工作地点、在一个工作日内、任何时间有毒化学物质均不应超过的浓度。

本标准规定了工作场所空气中化学物质允许浓度、粉尘允许浓度、生物因素允许浓度。

2. 物理因素职业接触限值

GBZ 2.2—2007《工作场所有害因素职业接触限值　第 2 部分：物理因素》适用于工业企业卫生设计及存在或产生物理因素的各类工作场所，适用于工作场所卫生状况、劳动条件、劳动者接触物理因素的程度、生产装置泄漏、防护措施效果的监测、评价、管理、职业卫生监督检查等，不适用于非职业性接触。

物理因素职业接触限值包括时间加权平均允许限值和最高允许限值。

本标准规定了超高频辐射、高频电磁场、工频电场、激光辐射、微波辐射、紫外辐射、高温作业、噪声、手传振动职业接触限值，煤矿井下采掘工作场所气象条件、体力劳动强度分级、体力工作时心率和能量消耗的生理限值卫生要求。

3. 监测检验方法

工作场所有害物质的测定方法按国家颁布的标准方法和有关采样规范进行检测。在无上述规定时，也可按国内外公认的测定方法执行。

三、安全通道设置及管线布置

（一）安全通道设置

安全通道包括厂区主干道和车间安全通道。厂区主干道是指汽车通行的道路，是保证厂内车辆行驶、人员流动以及消防灭火、救灾的主要通道；车间安全通道是指为了保证职工通行和安全运送材料、工件而设置的通道。

安全通道的布置，应满足生产要求，保证物流通畅，线路短捷，人流、货流组织合理；同时有利于提高运输效率，改善劳动条件，运行安全可靠，并使厂区内部、外部的运输、装卸、储存形成一个完整的、连续的运输系统；运输繁忙的线路，应避免平面交叉。

1. 通道的一般要求

通道标记应醒目，画出边沿标记；转弯处不能形成直角；通道路面应平整、无台阶、无坑、沟。道路土建施工应有警示牌或护栏，夜间要有红灯警示。

2. 厂区干道的要求

① 通道路面应平整、无台阶、无坑、沟，井盖、下水道盖等必须保持完好。

② 生产经营单位区域内道路、厂门、弯道、坡道、单行道、交叉路、危险品库以及禁止停放各种车辆地段，必须设有交通信号或明显标志。两侧路灯必须保持完好，且有足够照明。

③ 利用通道一边停放车辆的，应有划线（白色）标志，但不得超过通道中心线。

④ 道路土建施工应有警示牌或护栏，夜间要有红灯警示。

⑤ 道路两侧堆放的物资，要离道边 1～2m，堆放要牢固，跨越道路拉设的绳架高度不得低于 5m。

⑥ 车辆双向行驶的干道，宽度不小于 5m；有单向行驶标志的主干道，宽度不小于 3m。进入厂区门口，危险地段需设置限速牌、指示牌和警示牌。

3. 车间安全通道要求

① 安全通道标记应醒目、清晰，通道平坦，无台阶、坑、沟或斜坡，双线平行、笔直。

② 安全通道必须畅通，各类材料、设备、工位器具不能占道摆放。

③ 安全通道应有醒目标志，"安全出口"等安全标志牌应有夜光效果，高度不得超过 1m。

④ 通行汽车，宽度大于 3m；通行电瓶车的宽度大于 1.8m；通行手推车、三轮车的宽度大于 1.5m。一般人行通道的宽度大于 1m。

（二）管线布置

1. 管线布置的基本要求

管线综合布置应与生产经营单位总平面布置、竖向设计和绿化布置统一进行。应使管线之间、管线与建筑物和构筑物之间在平面及竖向上相互协调、紧凑合理、有利厂容。

① 管线敷设方式的确定，应根据管线内介质的性质、厂区地形、生产安全、交通运输、施工检修等因素，经技术经济比较后择优确定。

② 管线综合布置，必须在满足生产、安全、检修的条件下节约用地。当技术经济比较合理时，应共架、共沟布置。

③ 管线带的布置应与道路或建筑红线相平行。

④ 管线综合布置时，应减少管线与铁路、道路及其他干管的交叉。当管线与铁路或道路交叉时应为正交。在困难情况下，其交叉角不宜小于 45°。

⑤ 山区建厂，管线敷设应充分利用地形，并应避免山洪、泥石流及其他不良地质的危害。

⑥ 管道内的介质具有毒性、可燃、易燃、易爆性质时，严禁穿越与其无关的建筑物、构筑物、生产装置及储罐区等。可燃气体管道和甲类、乙类、丙类液体管道不应穿过通风管道和通风机房，也不应沿风管的外壁敷设。

⑦ 当工业生产经营单位分期建设时，管线布置应全面规划，近期集中，近远期结合。近期管线穿越远期用地时，不得影响远期用地的使用。

⑧ 管线综合布置时，干管应布置在用户较多的一侧或将管线分类布置在道路两侧。管线综合布置宜按下列顺序，自建筑红线向道路方向布置：电信电缆，电力电缆，热力管道，压缩空气、氧气、氮气、乙炔气、煤气的管道，各种工艺管道或管廊，生产及生活给水管道，工业废水（生产废水及生产污水）管道，生活污水管道，消防水管道，雨水排水管道，照明及电线杆柱。

⑨ 综合布置地下管线产生矛盾时，应按下列原则处理：压力管让自流管；管径小的让管径大的；易弯曲的让不易弯曲的；临时性的让永久性的，工程量小的让工程量大的；新建的让现有的；检修次数少的、方便的让检修次数多的、不方便的。

⑩ 改建、扩建工程中的管线综合布置，不应妨碍现有管线的正常使用。

2. 地下管线布置要求

① 地下管线、管沟，不得布置在建筑物、构筑物的基础压力影响范围内和平行敷设在铁路下面，并不宜平行敷设在道路下面。直埋式的地下管线，不应平行重叠敷设。

② 地下管线交叉布置时，给水管道应在排水管道上面；可燃气体管道应在其他管道上面（热力管道除外）；电力电缆应在热力管道下面、其他管道上面；氧气管道应在可燃气体管道下面、其他管道上面；腐蚀性的介质管道及碱性、酸性排水管道应在其他管线下面；热力管道应在可燃气体管道及给水管道上面。

③ 地下管线的管顶覆土厚度，应根据外部荷载、管材强度及土壤冻结深度等条件确定。

④ 地下管线（或管沟）穿越铁路、道路时，管顶至铁路轨底的垂直净距，不应小于1.2m；管顶至道路路面结构层底的垂直净距，不应小于0.5m。穿越铁路、道路的管线当不能满足上述要求时，应加防护套管（或管沟），其两端应伸出铁路路肩或路堤坡脚、城市型道路路面、公路型道路路肩或路堤坡脚以外，且不得小于1m。当铁路路基或道路路边有排水沟时，其套管应延伸出排水沟沟边1m。

⑤ 地下管线，不应敷设在腐蚀性物料的包装、堆存及装卸场地的下面。距上述场地的边界水平间距不应小于2m。

⑥ 地下管线之间的最小水平间距，地下管线与建筑物、构筑物之间的最小水平间距，不宜小于《工业生产经营单位总平面设计规范》的规定。

⑦ 管线共沟敷设，应注意：热力管道，不应与电力、通信电缆和物料压力管道共沟；排水管道，应布置在沟底。当沟内有腐蚀性介质管道时，排水管道应位于其上面，腐蚀性介质管道的标高，应低于沟内其他管线；火灾危险性属于甲类、乙类、丙类的液体、液化石油气、可燃气体、毒性气体和液体以及腐蚀性介质管道，不应共沟敷设，并严禁与消防水管共沟敷设，凡有可能产生相互影响的管线，不应共沟敷设。

3. 地上管道和电力、通信线路布置要求

① 地上管道的敷设，可根据安全要求、物料性质、生产操作、经营管理、运输和厂容等因素采用管架式、低架式、地面式及建筑物支撑式。

② 管架的净空高度及基础位置，不得影响交通运输、消防及检修，不应妨碍建筑物自然采光与通风；敷设有火灾危险性属于甲类、乙类、丙类的液体、液化石油气和可燃气体等管道的管架，火灾危险性大和腐蚀性强的生产、储存、装卸设施以及有明火作业的设施，应保持一定的安全距离，并减少与铁路交叉。

③ 火灾危险性属于甲类、乙类、丙类的液体管道，液化石油气、腐蚀性介质的管道，以及相对密度较大的可燃气体、有毒气体的管道等，均宜采用管架敷设。

④ 有火灾危险、腐蚀及有毒介质的管道，除使用该管线的建筑物外，均不得采用建筑物支撑式。

⑤ 架空电力线路的敷设，不应跨越用可燃材料建造的屋顶及生产火灾危险性属于甲类、乙类的建筑物、构筑物以及甲类、乙类、丙类液体和液化石油气及可燃气体储罐区。禁止在电线路下面植树，电线路附近的树枝与电线的距离，在市区内时不得小于1m，在市区外时不得小于2m。

⑥ 通信架空线的布置，应符合现行国家标准《工业生产经营单位通信设计规范》的规定。

⑦ 引入厂区内的 35kV 以上的高压线，如采用高架架空形式时，应减少高压线在厂区内的长度，并应沿厂区边缘布置。

⑧ 管架与建筑物、构筑物之间的最小水平间距，架空管线或管架跨越铁路、道路的最小垂直间距，应符合《工业生产经营单位总平面设计规范》的规定。

⑨ 电力电线路与铁路接近或交叉时的距离应符合下列规定。

接近或平行时，电杆（塔）外缘至线路中心线的水平距离：10kV 以下架空电力线路不小于 3m；35kV 架空电力线路，不小于电杆（塔）高加 3m。

电力线路跨越铁路（非电力牵引区段）时，电杆内侧距铁路中心线的水平距离不得小于 5m，其导线最大弧度的最低点距钢轨顶面的距离：110kV 及以下电力线路不得小于 7.5m；154～220kV 的电力线路不得小于 8.5m；330kV 的电力线路不得小于 9.5m。

⑩ 通信、信号架空线弧度最低点至地面、轨面的距离应符合下列规定：在区间，距地面不小于 2.5m；在站内，距地面不小于 3m；跨越道路，距路面不小于 5.5m；跨越铁路，距钢轨顶面不小于 7m。

四、安全标志和警示标识

根据《安全生产法》与《职业病防治法》的规定，应在存在危险因素的生产经营场所和设施、设备上，设置安全标志和警示标识，及时提醒作业人员和在场的其他人员注意防范危险，防止发生事故。因此，正确设置、使用安全标志和警示标识，也是生产经营单位必须具备的安全生产条件。

安全标志和警示标识及其设置必须遵照国家标准或行业标准。目前，有关安全标志和警示标识方面的国家标准主要有《安全色》《安全色卡》《安全色光通用规则》《安全标志》《安全标志使用导则》《消防安全标志》《消防安全标志设置要求》《工作场所职业病危害警示标识》等。

（一）安全色和安全色光

1. 安全色及其设置

安全色是表达安全信息（表示禁止、警告、指令、提示等）的颜色。安全色规定为红色、蓝色、黄色、绿色四种颜色，其含义和用途见表 7-3 所列。

表 7-3　安全色的含义和用途

颜色	含　义	用　途　举　例
红色	禁止、停止、危险、防火	禁止标志
		停止信号：如机器、车辆上的紧急停止手柄或按钮，以及禁止人们触动的部位
		提示消防设备、设施的信息
蓝色	必须遵守的规定的指令	指令标志：如必须佩戴个人防护用品，道路上指引车辆和行人行驶方向的指令
黄色	警告、注意	警告标志
		警戒标志：如厂内危险机器和坑边周围的警戒线等
		行车道中线
		机械上齿轮箱内部
		安全帽

颜色	含 义	用 途 举 例
绿色	安全	提示标志
		车间内的安全通道
		行人和车辆通行标志
		消防设备和其他安全防护设备的位置

注：1. 蓝色只有与集合图形同时使用时才表示指令。

2. 为了不与道路两旁绿色行道树相混淆，道路上的提示标志用蓝色。

2. 对比色及其设置

对比色为黑白两种颜色，其设置和使用要求如下所述。

① 如安全色需要使用对比色时，应按照表7-4进行设置。

表 7-4   安全色和对比色

安 全 色	对 比 色	安 全 色	对 比 色
红色	白色	黄色	黑色
蓝色	白色	绿色	白色

注：黑色与白色互为对比色。

② 黑色用于安全标志的文字、图形符号和警告标志的几何图形。

③ 白色用于安全标志为红色、蓝色、绿色的背景色，也可用于安全标志的文字和图形符号。

④ 红色与白色、黄色与黑色间隔条纹，是两种醒目的标志，其含义及用途见表7-5所列。

表 7-5   间隔条纹标志的含义及用途

颜 色	含 义	用 途 举 例
红色与白色	禁止或提示消防设备设施位置	道路上用的防护栏杆
黄色与黑色	危险位置	工矿生产经营单位内部的防护栏杆
		吊车吊钩的滑轮架
		铁路和道路交叉道口上的防护栏杆

3. 安全色光及其通用规则

安全色光是表示安全信息含义的色光。安全色光为红色、黄色、绿色、蓝色四种色光；白色为辅助色光。使用安全色光要考虑周围环境的亮度以及同其他颜色的关系，应使安全色光能够被正确辨认，同时还应注意安装位置的选择、周围环境的情况及便于维护。

安全色光表示事项及使用场所见表7-6所列。

表 7-6　安全色光表示事项及使用场所

颜色	表示事项	使用场所	用　途　举　例
红色光	禁止、停止、危险、紧急、防火	用于表示禁止、停止、危险、紧急、防火等事项的场所	危险区禁止入内标志的色光
			一般信号灯"停止"的色光
			道路施工中的红色标志灯的色光
			一般车辆尾灯的色光
			一般车辆上堆积货物超出车的前方设置标志灯的色光
			后方或超高时挂在其端部的红灯的色光
			装载火药等危险物车辆的夜间标志的色光
			隧道或坑道内列车尾灯的色光
			坑道内危险处挂的标志灯的色光
			指示紧急停止按钮所在位置的色光
			通报紧急事态以及求救时用的发光信号的色光
			指示消防栓、灭火器、火警警报设备及其他消防用具所在位置灯使用的色光
黄色光	注意	用于有必要强调注意事项的场所	一般信号的"注意"色光
			表示列车在进口行驶方向标志灯的色光
绿色光	安全、通行、救护	用于表示有关安全、通行及救护的事项或其场所	矿坑内避险处悬挂的标志灯的色光
			一般信号"通行"的色光
			表示急救箱、担架、救护所、急救车灯位置的色光
蓝色光	引导	通常用于指引方向和位置	如表示停车场的方向及所在位置的色光
白色光	辅助色光	主要用于文字、箭头等；常用于指示方向和所到之处	如用该色标志的文字、箭头以达到"指引"的目的

（二）安全标志及其使用

GB 2894《安全标志及其使用导则》规定了传递安全信息的标志及其设置、使用的原则。

1. 安全标志的类型

根据安全标志基本含义可将其分为禁止标志、警告标志、指令标志和提示标志四种类型。参见表 7-7 所列。

表 7-7　安全标志的分类及含义

标志类型	含　　义
禁止标志	禁止人们不安全行为的图形标志,其基本形式是带斜杠的圆形边框
警告标志	提醒人们对周围环境的危险因素引起注意,以避免可能发生危险的图形标志,其基本形式是正三角形边框
指令标志	强制人们必须做出某种动作或采用防范措施的图形标志,其基本形式是圆形边框
提示标志	向人们提供某种信息(如标明安全设施或场所等)的图形标志,其基本形式是正方形边框

2. 安全标志的使用和设置

安全标志的使用和设置应执行《安全标志使用导则》的规定。

（1）标志牌的设置高度　标志牌设置的高度，应尽量与人眼的视线高度相一致。悬挂式和柱式的环境信息标志牌的下缘距地面的高度不宜小于 2m；局部信息标志的设置高度应视具体情况确定。

（2）使用安全标志牌的要求

① 标志牌应设在与安全有关的醒目地方，并使大家看见后，有足够的时间来注意它所表示的内容。环境信息标志宜设在有关场所的入口处和醒目处；局部信息标志应设在所涉及的相应危险地点或设备（部件）附近的醒目处。

② 标志牌不应设在门、窗、架等可移动的物体上，以免这些物体位置移动后，人们看不见安全标志。标志牌前不得放置妨碍认读的障碍物。

③ 标志牌的平面与视线夹角应接近 90°角，观察者位于最大观察距离时，最小夹角 α 不低于 75°。

④ 标志牌应设置在明亮的环境中。

⑤ 多个标志牌在一起设置时，应按警告、禁止、指令、提示类型的顺序，先左后右、先上后下地排列。

⑥ 标志牌的固定方式分附着式、悬挂式和柱式三种。悬挂式和附着式的固定应稳固不倾斜，柱式的标志牌和支架应牢固地连接在一起。

⑦ 其他要求应符合 GB/T 15566.1—2020 的规定。

⑧ 安全标志牌每半年至少检查一次，如发现有破损、变形、褪色等不符合要求时应及时修整或更换。

（三）消防安全标志

消防安全标志是指由安全色、边框、以图像为主要特征的图形符号或文字构成的标志，用以表达与消防有关的安全信息。随着人们对消防安全意识的逐步提高，在重要场所和部位根据需要正确而恰当地设置较多的消防安全标志，能够起到教育人、警醒人，防止或减少火灾事故的重要作用。

1. 消防安全标志的分类

消防安全标志按照主题内容与适用范围分为五类。

① 底色呈红色的火灾报警和手动控制装置的标志。

② 底色呈绿色或红色的火灾时疏散途径的标志。

③ 底色呈红色的灭火设备的标志。

④ 底色呈黄色或红色的具有火灾、爆炸危险的地方或物质的标志。

⑤ 底色呈绿色或红色的方向辅助标志。

2. 消防安全标志设置原则

① 紧急出口或疏散通道中的单向门必须在门上设置"推开"标志，在其反面应设置"拉开"标志。紧急出口或疏散通道中的门上应设置"禁止锁闭"标志。疏散通道或消防车道的醒目处应设置"禁止阻塞"标志。

② 滑动门上应设置"滑动开门"标志，标志中的箭头方向必须与门的开启方向一致。

③ 要击碎玻璃板才能拿到钥匙或开门工具的地方或疏散中需要打开板面才能制造一个出口的地方必须设置"击碎板面"标志。

④ 建筑中的隐蔽式消防设备存放地点应相应地设置"灭火设备""灭火器"和"消防水带"等标志。室外消防梯和自行保管的消防梯存放点应设置"消防梯"标志。远离消防设备存放地点的地方应将灭火设备标志与方向辅助标志联合设置。

⑤ 火灾报警按钮和固定灭火系统的手动启动器等装置附近必须设置"消防手动启动器"标志。在远离装置的地方，应与方向辅助标志联合设置。

⑥ 有火灾报警器或火灾事故广播喇叭的地方应相应地设置"发声警报器"标志。有火灾报警电话的地方应设置"火警电话"标志。对于设有公用电话的地方（如电话亭），也可设置"火警电话"标志。

⑦ 有地下消火栓、消防水泵接合器和不易被看到的地上消火栓等消防器具的地方，应设置"地下消火栓""地上消火栓"和"消防水泵接合器"等标志。

⑧ 下列区域应相应地设置"禁止烟火""禁止吸烟""禁止放易燃物""禁止带火种""禁止燃放鞭炮""当心火灾——易燃物质""当心火灾——氧化物"和"当心爆炸——爆炸性物质"等标志：

a. 具有甲类、乙类、丙类火灾危险的生产厂区、厂房、仓库等的入口处或防火区内；

b. 具有甲类、乙类、丙类液体储罐、堆场等的防火区内；

c. 可燃、助燃气体储罐或罐区与建筑物、堆场的防火区内；

d. 民用建筑中燃油、燃气锅炉房，油浸变压器室，存放、使用化学易燃、易爆物品的商店、作坊、储藏间内及其附近；

e. 甲类、乙类、丙类液体及其他化学危险物品的运输工具上；

f. 森林和矿山等防火区内；

g. 遇水爆炸的物质或用水灭火会对周围环境产生危险的地方应设置"禁止用水灭火"标志；

h. 其他有必要设置消防安全标志的地方。

（四）工作场所职业病危害警示标识

工作场所职业病危害警示标识（GBZ 158—2003）规定了在工作场所设置的可以使劳动者对职业病危害产生警觉，并采取相应防护措施的图形标识、警示线、警示语句和文字。该标准适用于可产生职业病危害的工作场所、设备及产品。根据工作场所实际情况，组合使用各类警示标识。

1. 工作场所职业病危害警示标识

在工作场所设置职业病危害警示图形标识、警示线、警示语句和文字，可以使劳动者对职业病危害产生警觉，并采取相应防护措施。

（1）图形标识 图形标识分为禁止标识、警告标识、指令标识和提示标识。

禁止标识——禁止不安全行为的图形，如"禁止入内"标识。

警告标识——提醒对周围环境需要注意，以避免可能发生危险的图形，如"当心中毒"标识。

指令标识——强制做出某种动作或采用防范措施的图形，如"戴防毒面具"标识。

提示标识——提供相关安全信息的图形，如"救援电话"标识。

图形标识可与相应的警示语句配合使用。图形、警示语句和文字设置在作业场所入口处或作业场所的显著位置。

（2）警示线　警示线是界定和分隔危险区域的标识线，分为红色、黄色和绿色 3 种。按照需要，警示线可喷涂在地面或制成色带设置。

（3）警示语句　警示语句是一组表示禁止、警告、指令、提示或描述工作场所职业病危害的词语。警示语句可单独使用，也可与图形标识组合使用。

（4）有毒物品　根据实际需要，由各类图形标识和文字组合成《有毒物品作业岗位职业病危害告知卡》（简称《告知卡》）。《告知卡》是针对某一职业病危害因素，告知劳动者危害后果及其防护措施的提示卡。

《告知卡》设置在使用有毒物品作业岗位的醒目位置。

2. 警示标识的设置位置

（1）作业场所　使用或放置有毒物质和可能产生其他职业病危害的作业场所。

（2）设备　可能产生职业病危害的设备上或其前方醒目位置。

（3）产品外包装　可能产生职业病危害的化学品、放射性同位素和含放射性物质材料的产品外包装应设置醒目的警示标识和简要的中文警示说明。警示说明应载明产品特性、存在的有害因素、可能产生的危害后果、安全使用注意事项以及应急救治措施等内容。

（4）储存场所　储存有毒物质和可能产生其他职业病危害的场所。

（5）发生职业病危害事故的现场。

3. 警示标识的设置要求

① 应设在与职业病危害工作场所相关的醒目位置，并保证在一定距离和多个方位能够清晰地看到其表示的内容。

② 在较大的作业场所，应按照相关标准规定的布点原则和要求设置警示标识。岗位密集的作业场所应当选择有代表性的作业点设置一个或多个警示标识；分散的岗位应当在每个作业点分别设置警示标识。

③ 警示标识不得设置在门、窗等可活动物体上；警示标识前不得放置妨碍视线的障碍物。

④ 警示标识设置的位置应具有良好的照明条件。

⑤ 其他要求。

警示标识的设置高度、固定方式和对警示标识的其他要求参见《工作场所职业病危害警示标识》（GBZ 158—2003）。

第三节　安全生产责任制

所谓安全生产责任制，就是生产经营单位根据安全生产法律法规和相关标准要求，在生产经营活动中，根据企业岗位的性质、特点和具体工作内容，明确各级负责人、各职能部门及其工作人员、各类岗位从业人员在各自的职责范围内对安全生产工作应履行的职能和应承担的责任。安全生产责任制是企业一项最基本的安全生产制度，是落实各项安全生产制度，做好职业健康安全工作的重要环节。

生产经营单位由多个基层组织组成。每个基层组织又有不同的岗位，岗位员工各自具有不同的任务。安全寓于生产之中，且贯穿于生产过程始终，所以，只有建立健全严格的安全生产责任制，将法律法规赋予生产经营单位的安全生产责任由大家来共同承担，明确各自的职责，各司其职，各负其责，便可避免生产经营过程中管理脱节和混乱，同时也可避免遇到麻烦或出了事故则互相推诿与扯皮、问题得不到及时处理、无法公平公正追究责任人责任、员工也受不到警示和教育的被动局面。实行安全生产责任制，形成"分级管理、分线负责、一岗双责、党政同责"的全面安全生产管理格局，有利于增加生产经营单位职工的责任感，调动他们搞好安全生产的积极性和主动性，从而避免或减少事故的发生。使安全工作成为一个有机整体，有利于在发生事故时的责任追究，出了事故可以清楚地分析并找出从管理到实际操作各方面的问题和责任。为更好地吸取事故教训，搞好整改，避免事故重复发生起到保证作用。

一、建立安全生产责任制的原则要求

《中华人民共和国安全生产法》把建立和健全安全生产责任制作为生产经营单位安全管理必须实行的一项基本制度，在建立健全安全生产责任制过程中应遵循以下原则要求。

① 必须符合国家安全生产法律法规和政策、方针的要求。

② 与生产经营单位管理体制协调一致。

③ 要根据本单位、部门、班组、岗位的实际情况制定，既明确、具体，又具有可操作性，防止形式主义。

④ 明确专门的机构及人员制定和落实，并依法适时修订。

⑤ 建立配套的监督检查制度，以保证安全生产责任制得到真正落实。

⑥ 全员安全生产责任制应长期公示，以利于责任制的执行与监督。

二、生产经营单位各级领导的安全生产责任

《中华人民共和国安全生产法》要求生产经营单位的主要负责人负责建立、健全并落实本单位全员安全生产责任制。厂、车间、班、工段、小组的各级第一把手都负第一位责任。各级的副职根据各自分管业务工作范围负相应的责任。

1. 主要负责人的安全生产职责

《中华人民共和国安全生产法》明确指出：生产经营单位的主要负责人对本单位的安全生产工作全面负责。其安全生产责任制应明确以下安全生产职责。

① 建立健全并落实本单位全员安全生产责任制，对本单位的安全生产、职业健康负全面领导责任。

② 组织制定并实施本单位安全生产规章制度和操作规程，落实全员安全生产责任制。

③ 组织制订并实施本单位安全生产教育和培训计划。

④ 保证本单位安全生产投入的有效实施。

⑤ 建立安全生产委员会，主持安委会工作，听取安全工作汇报，研究解决安全生产方面的重大问题。

⑥ 依法依规设置安全生产管理机构或配备安全生产管理人员。

⑦ 督促、检查本单位安全生产和职业病防治工作，及时消除生产安全事故隐患。

⑧ 组织制定实施本单位生产安全事故应急救援预案。

⑨ 及时、如实报告生产安全事故，第一时间组织开展事故的应急救援工作。

⑩ 加强本单位安全生产标准化建设、安全文化建设。

⑪ 组织开展职业病防治工作，保障从业人员的职业健康。

2. 总工程师（包括副职）的安全生产职责

① 总工程师在厂长（总经理）领导下，对本单位安全技术工作负全面责任。副总工程师在总工程师领导下，对其分管工作范围内的安全生产技术工作负责。

② 贯彻上级有关安全生产方针、政策、法令和规章制度，负责组织或参与制定、修订和审定单位安全技术规程、安全技术措施计划等，并认真贯彻执行。

③ 负责解决本单位安全生产中的疑难和重大技术问题，推广和应用先进安全技术。督促技术部门对新产品、新材料的使用、储存、运输等环节提出安全技术要求；组织有关部门研究解决生产过程中出现的安全技术问题。在采用新技术、新工艺和设计、制造新的生产设备时，研究和采取安全防护措施，确保有符合要求的安全防护措施。

④ 负责审批重大生产工艺、检修措施安全技术方案。

⑤ 负责新建、改建、扩建、引进项目安全技术和安全工作"三同时"的落实。把好设计审查和竣工验收关。

⑥ 定期布置和检查安全技术工作。协助厂长组织安全大检查，对检查中发现的重大隐患，负责制订整改计划，组织有关部门实施。

⑦ 参加重大事故调查，主持或参与技术鉴定。

3. 部、处（主任）及其副职

① 对管辖业务范围内的安全工作负全面责任。

② 严格执行国家有关安全生产的方针、政策、法令和本单位安全生产管理制度。

③ 严格贯彻执行新建、改建、扩建、引进工程项目的安全工作"三同时"原则。认真执行安全生产"五同时"，把本职范围内的安全工作纳入主要议事日程。

④ 负责本职业务范围内有关新技术、新工艺、新材料的推广运用，不断提高本职业务范围内安全生产的可靠性。

⑤ 负责组织本职业务范围内安全生产标准化建设工作。

⑥ 在总工程师领导下，负责业务范围内安全技术规程的制定、修订工作；检查安全规章制度的执行情况，保证工艺文件、技术资料和工具等符合安全要求。

⑦ 负责对本职业务范围内的生产经营场所建筑物、设备、工具和安全设施等进行安全检查，及时排除隐患。

4. 工段长（工序主任、车间主任）的安全生产职责

① 认真贯彻执行国家安全生产、职业病防治法律法规和标准，对本工段（工序、车间）作业人员的安全、健康负责。

② 严格执行安全生产事故隐患排查与治理制度，把事故预防工作贯穿到生产的每个具体环节中去，保证在安全的条件下进行生产。

③ 严格执行安全生产"五同时"制度。

④ 严格执行安全生产教育培训制度，做好各类人员的安全培训教育，推广安全生产经验，确保上岗人员培训合格，确保特种作业人员持证上岗作业。

⑤ 严格执行危险作业审批制度，事前进行预先危险性分析，并采取安全防范措施，落

实现场安全监护。

⑥ 发生重伤、死亡事故后，保护现场，立即上报，积极组织抢救，参加事故调查，提出防范措施。

⑦ 监督检查作业人员正确使用个体防护用品、认真执行安全操作规程。对严格遵守安全规章制度、避免事故者，提出奖励意见；对违章蛮干造成事故的，提出惩罚意见。

5. 班组长的安全生产职责

① 全面负责本班（组）的安全生产工作。严格执行本单位安全生产规章制度和车间安全生产工作安排，针对班组岗位生产特点，对作业员工做好经常性的安全生产教育。

② 在安排班（组）工作时，严格执行安全生产"五同时"的原则。

③ 组织好岗位的安全检查，及时发现并消除隐患，一时消除不了的，应及时上报车间（工序）主任。

④ 做好本班（组）范围内生产装置、防护器材、安全装置以及个人劳动防护用品的维护检查工作，使其处于良好状况。

⑤ 教育本班（组）职工严格遵守安全操作规程和各项安全生产规章制度，制止违章作业行为。

⑥ 确保危险作业必须严格履行审批手续，采取安全防范措施，落实现场安全监护。

⑦ 主持本班（组）各类事故调查分析，并组织制定防范措施。

⑧ 认真执行交接班制度。遇有不安全问题，在未排除之前或责任未分清之前不交接。

⑨ 发生工伤事故，要保护现场，立即上报，详细记录，并组织全班组工人认真分析，吸取教训，提出防范措施。

三、各类人员的安全职责

1. 设备技术人员的安全职责

① 负责做好本职范围内的安全生产工作，确保各项技术工作的安全可靠性。

② 负责编制本专业的安全技术规程及管理制度。在编制开、停工或设备检修、技术改造方案时，要有可靠的安全卫生技术措施，并检查执行情况。

③ 在本专业范围内对员工进行安全操作技术与安全生产知识培训，组织技术练兵活动，定期考核。

④ 经常深入现场检查安全生产情况，发现事故隐患及时提出措施予以消除。制止违章作业，在紧急情况下对不听劝阻者，有权停止其工作，并立即请示领导处理。

⑤ 参加车间新建、扩建工程的设计审查、竣工验收；参加设备改造、工艺条件变动方案的审查，使之符合安全技术要求。

⑥ 参加有关事故调查、分析，查明原因，分清责任，提出预防措施，并及时向领导或主管部门报告。

⑦ 制定装置检修、停工、开工方案，做好开工前的交底工作。

2. 专职安全员安全职责

① 组织或参与拟订本单位安全生产规章制度、操作规程和安全生产事故应急预案。

② 组织或者参与本单位安全生产、职业病防治的教育和培训，如实记录安全生产和职业病防治的教育和培训情况。对班组安全员进行业务指导。

③ 督促落实本单位重大危险源、重大安全隐患的安全管理措施。

④ 组织或者参与本单位生产安全事故应急救援演练。

⑤ 检查本单位安全生产和职业病防治状况，开展生产作业场所的安全风险分级管控，及时排查生产安全事故隐患，提出改进安全生产管理的建议。

⑥ 配合主管部门实施特种（设备）作业人员的培训、考核、取证工作，特种（设备）作业人员持证上岗率100%。

⑦ 配合主管部门实施特种设备的定期检验工作，定检率达到100%。

⑧ 组织制定劳动防护用品的发放标准，审核年度领用计划，监督检查劳保用品的正确佩戴和使用情况。

⑨ 做好危险作业的申报、审批工作，以及现场监护工作，督促安全措施的落实。

⑩ 对承包、承租单位安全生产资质、条件进行审核，督促检查承包、承租单位履行安全生产职责。

⑪ 制止和纠正违章指挥、强令冒险作业、违反操作规程和劳动纪律的行为。

⑫ 按照《工伤事故管理制度》如实报告工伤事故，参与工伤事故的调查与处理，提出预防措施和处理意见。做好事故的统计、分析和上报工作，督促落实本单位安全生产整改措施。

3. 班组安全员的职责

① 班组安全员一般由班（组）长或副班（组）长兼任，接受公司安全督导员的业务指导，做好本班（组）的安全工作。

② 组织开展本班（组）的各种安全活动，认真做好安全活动记录，提出改进安全工作意见和建议。坚持班前安全讲话，班后安全总结。

③ 对新工人（包括实习、代培人员）进行岗位安全教育。负责岗位技术练兵和开展事故预知训练。

④ 检查督促本班组人员严格遵守安全生产规章制度和操作规程，及时制止违章作业，并及时报告。

⑤ 检查监督本班组人员正确使用和管理好劳动保护用品、各种防护器具及灭火器材。

⑥ 发生事故时，及时了解情况，维护好现场，救护伤员，并立即向领导报告。

4. 一线岗位员工安全职责

① 从业人员在作业过程中，应当严格遵守本单位安全生产规章制度和安全操作规程，遵守劳动纪律，服从管理，正确佩戴和使用劳动保护用品。

② 接受安全教育和培训，了解本岗位的危险源，掌握本岗位所需的安全生产知识，具备安全生产所需的技能，增强事故预防和应急处理能力。

③ 检查所使用的设备、设施、工具的安全状况，检查周边有无危险因素（如物体打击、倒塌、碰撞、挤压、坠落、爆炸、燃烧、绞碾、刺伤、触电等）。保持设备设施、安全防护装置的齐全和完好。

④ 保持生产现场清洁、整齐、道路畅通，成品、半成品、原材料摆放整齐，作业完毕及时清理现场。

⑤ 发现事故隐患或者其他不安全因素，及时消除（如可行），立即向现场安全生产管理人员或本单位负责人报告。

四、各业务部门的职责

生产经营单位中的生产、技术、设计、供销、运输、教育、卫生、基建、机动、情报、科研、质量检查、劳动工资、环保、人事组织、宣传、外办、生产经营单位管理、财务等有关专职机构，都应在各自工作业务范围内，对实现安全生产的要求负责。

① 组织或参与拟订本单位安全生产规章制度、操作规程和安全生产事故应急预案。

② 组织或者参与本单位安全生产、职业病防治的教育和培训，如实记录安全生产和职业病防治的教育和培训情况。对班组安全员进行业务指导。

③ 督促落实本单位重大危险源、重大安全隐患的安全管理措施。

④ 组织或者参与本单位生产安全事故应急救援演练。

⑤ 检查本单位安全生产和职业病防治状况，开展生产作业场所的安全风险分级管控，及时排查生产安全事故隐患，提出改进安全生产管理的建议。

⑥ 配合主管部门实施特种（设备）作业人员的培训、考核、取证工作，特种（设备）作业人员持证上岗率100%。

⑦ 配合主管部门实施特种设备的定期检验工作，定检率达到100%。

⑧ 组织制定劳动防护用品的发放标准，审核年度领用计划，监督检查劳保用品的正确佩戴和使用情况。

⑨ 做好危险作业的申报、审批工作，以及现场监护工作，督促安全措施的落实。

⑩ 对承包、承租单位安全生产资质、条件进行审核，督促检查承包、承租单位履行安全生产职责。

⑪ 制止和纠正违章指挥、强令冒险作业、违反操作规程和劳动纪律的行为。

⑫ 督促落实本单位安全生产整改措施。

1. 安全生产管理部门的安全生产职责

安全部门是生产经营单位领导在事故预防工作方面的助手，负责组织、推动、检查、督促和协调本单位安全生产工作的开展。其安全生产职责除专职安全员安全职责之外，还应该包括以下几个方面。

① 定期研究分析本单位伤亡事故、职业危害趋势和重大事故隐患，提出改进事故预防工作的意见。

② 组织或参与制订本单位安全生产目标管理计划和安全生产目标值；制订年、季、月事故预防工作计划，并负责贯彻实施。

③ 依法定期组织修订本单位安全生产管理制度，劳动保护用品、保健食品、防暑降温物资标准，并监督执行。督促有关部门贯彻安全技术规程和安全生产管理制度，检查各级各类人员对安全技术规程和安全管理制度的熟悉情况。

④ 参与审查和汇总安全技术措施计划，监督检查安全技术措施费用使用和安全技术措施项目完成情况。

⑤ 参加审查新建、改建、扩建工程的设计、试运行和工程的验收工作。负责新建、改建、扩建、大修工程和新产品项目的安全和"三同时"安全预评价、试运行过程中安全技术措施等工作的落实以及安全验收评价。

⑥ 组织或参与开展科学研究和安全生产竞赛，总结、推广安全生产科研成果和先进经

验，树立安全生产典型。

⑦ 组织三级安全教育和职工安全教育工作，负责厂级（公司级）安全教育。

⑧ 负责组织本单位事故应急救援预案的修订。

⑨ 负责本单位安全生产事故的归口管理（统计、报告、建档）工作，按照《工伤事故管理制度》如实报告工伤事故，主持或参与工伤事故的调查与处理，提出管理措施。做好事故的统计、分析和上报工作。负责职工工伤鉴定及申报等管理工作。

⑩ 负责本单位职业卫生（改善劳动条件、防尘、防毒、噪声、辐射、高温高热、职业中毒防治、有毒有害岗位职业健康监护等）管理工作；督促有关部门做好女职工和未成年工的劳动保护工作；对防护用品的质量和使用进行监督检查。

⑪ 在业务上接受上级主管部门领导及业务指导，如实向上级主管部门反映安全生产技职业病危害情况。

2. 生产计划部门的安全生产职责

① 组织生产调度人员学习安全生产法规和安全生产管理制度。在召开生产调度会以及组织经济活动分析等项工作中，应同时研究安全生产问题。

② 编制生产计划的同时，编制安全技术措施计划。在实施、检查生产计划时，应同时实施、检查安全技术措施计划完成情况。

③ 安排生产任务时，要考虑生产设备的承受能力，有节奏地均衡生产，控制加班加点。

④ 做好单位领导交办的有关安全生产工作。

3. 技术部门的安全生产职责

① 负责安全技术措施的设计。

② 在推广新技术、新材料、新工艺时，考虑可能出现的不安全因素和尘毒、物理因素危害等问题；在组织试验过程中，制定相应的安全操作规程；在正式投入生产前，做出安全技术鉴定。

③ 在产品设计、工艺布置、工艺规程、工艺装备设计时，严格执行有关的安全标准和规程，充分考虑到操作人员的安全和健康。

④ 负责编制、审查安全技术规程、作业规程和操作规程，并监督检查实施情况。

⑤ 承担安全科研任务，提供安全技术信息、资料，审查和采纳安全生产技术方面的合理化建议。

⑥ 协同有关部门加强对职工的技术教育与考核，推广安全技术方面的先进经验。

⑦ 参加重大伤亡事故的调查分析，从技术方面找出事故原因和防范措施。

4. 设备动力部门的安全生产职责

设备动力部门是生产经营单位领导在设备安全运行工作方面的参谋和助手，对全部生产经营单位设备安全运行负有具体指导、检查责任。

① 负责本生产经营单位各种机械、起重、压力容器、锅炉、电气和动力等设备的管理，加强设备检查和定期保养，使之保持良好状态。

② 制定有关设备维修、保养的安全管理制度及安全操作规程并负责贯彻实施。

③ 执行上级部门有关自制、改造设备的规定，对自制和改造设备的安全性能负责。

④ 确保机器设备的安全防护装置齐全、灵敏、有效。凡安装、改装、修理、搬迁机器设备时，安全防护装置必须完整有效，方可移交运行。

⑤ 负责安全技术措施项目所需的设备的制造和安装。列入固定资产的设备，应按固定设备进行管理。

⑥ 参与重大伤亡事故的调查、分析，做出因设备缺陷或故障而造成事故的鉴定意见。

5. 人力资源管理部门的安全生产职责

① 把安全技术作为对职工考核的内容之一，列入职工上岗、转正、定级、评奖、晋升的考核条件。在工资和奖金分配方案中，包含安全生产方面的要求。

② 做好特种作业人员的选拔及人员调动工作。

③ 参与重大伤亡事故调查，参加因工丧失劳动能力的人员的医务鉴定工作。

④ 关心职工身心健康，注意劳逸结合，严格审批加班加点。

⑤ 组织新录用员工进行体格检查；及时将新录用员工以及变换工种、复工人员信息通知安全生产管理部门，进行相应的安全教育。

第四节　安全教育制度

开展安全教育既是国家法律法规的要求，也是生产经营单位安全管理的需要。中华人民共和国成立以来，我国颁布了多项法律、法规，明确提出要加强安全教育；另一方面，开展安全教育，是生产经营单位发展经济、适应人员结构变化，使安全生产向广度和深度发展的需要，也是搞好安全管理的基础性工作，是掌握各种安全知识、避免职业危害的主要途径。

诚然，用安全技术手段消除或控制事故是解决安全问题的最佳选择。但在生产经营过程中，常因隐患不为人知、目前的科技水平或单位的经济实力制约，无法对其采取有效的技术措施进行预防或纠正；即使人们对已知的不安全因素已经采取了较好的技术措施对其进行预防和控制，但人的行为会受到某种程度的制约，这也不是现代管理所期望的结果。而安全教育的实施，则通过对从业人员的安全教育和培训，逐渐提高他们的综合安全素质，使其具备辨识危险因素的知识，掌握预防、控制、纠正危险的技能；即使其在面对新环境、新条件时，仍有一定的保证安全的能力和手段，更能从根本上达到消除和控制事故的目的。

如果安全教育培训不够，职工对党和国家的安全生产方针、政策、法规、制度和劳动纪律不了解，就可能导致安全意识淡薄，不能积极配合和主动参与安全工作；对安全生产技术知识、各种设备设施的工作原理和安全防范措施等没有学懂弄通，对本岗位的安全操作规程、安全防护方法、安全生产特点等一知半解，自然不能真正按规章制度操作，也就无法应对日常操作中遇到的各种安全问题，以致不能预防和控制事故。因此，生产经营单位必须建立健全安全教育制度，确保安全教育的有效实施。

一、安全教育的内容

安全教育的内容可概括为三个方面，即安全思想教育、安全知识教育和安全技能教育。

1. 安全思想教育

安全思想教育包括安全意识教育、安全生产方针政策教育和法纪教育。

（1）安全意识教育　安全意识是人们在长期生产、生活等各项活动中逐渐形成的。安全意识教育主要是通过学校教育、媒体宣传、政策导向、实践活动等形式加强对安全问题的认识并逐步深化，提高人的安全意识和素质，使人们学会从安全的角度观察和理解要从事的活动和面临的形势，用安全的观点解释和处理自己遇到的新问题，使人们更加关注安全并积极配合、主动参与安全工作，共同营造一个安全、和谐的环境。

（2）安全生产方针政策教育　安全生产方针政策教育是指对生产经营单位的各级领导和广大职工进行党和政府有关安全生产的方针、政策的宣传教育。党和政府提出的"安全第一、预防为主、综合治理"这一安全生产方针，是结合我国的具体情况制定的、与生产发展相适应的安全生产先进经验的总结。只有安全生产的方针、政策被各级领导和工人群众理解和掌握并得到贯彻执行，安全生产才有保证。只有充分认识、深刻理解其含义，才能在实践中处理好安全与生产的关系。特别是安全与生产发生矛盾时，要首先解决好安全问题，切实把安全工作提高到关系全局及稳定的高度来认识，把安全视作头等大事，从而提高安全生产的责任感与自觉性。

（3）法纪教育　法纪教育主要内容包括安全法规、安全规章制度、劳动纪律等。通过法纪教育，使人们懂得安全法规和安全规章制度是实践经验的总结，它们反映安全生产的客观规律，从而自觉地遵纪守法，安全生产就有了基本保证。同时，通过法纪教育还要使人们懂得，遵纪守法是劳动者的责任和义务，也是国家法律对劳动者的基本要求。加强劳动纪律教育，不仅是提高生产经营单位管理水平、合理组织劳动、提高劳动生产率的主要保证，也是减少或避免伤亡事故和职业危害、保证安全生产的必要前提。在生产经营过程中，因职工违反操作规程、不遵守劳动纪律而导致的安全事故屡见不鲜。

2. 安全知识教育

安全知识教育包括安全管理知识教育和安全技术知识教育。通过安全知识教育，使从业人员了解生产操作过程中潜在的危险因素及防范措施等，即解决"知"的问题。

（1）安全管理知识教育　安全管理知识教育包括对安全管理组织结构、管理体制、基本安全管理方法及安全心理学、安全人机工程学、系统安全工程等方面的知识。通过对这些知识的学习，可使各级领导和职工真正从理论到实践上认清事故是可以预防的；避免事故发生的管理措施和技术措施要符合人的生理和心理特点；安全管理是科学的管理，是科学性与艺术性的高度结合等主要概念。

（2）安全技术知识教育　安全技术知识教育的内容主要包括：一般生产技术知识、一般安全技术知识和专业安全技术知识教育。

① 一般生产技术知识教育。它主要包括：生产经营单位的基本生产概况，生产技术过程，作业方式或工艺流程，与生产过程和作业方法相适应的各种机器设备的性能和有关知识，工人在生产中积累的生产操作技能和经验及产品的构造、性能、质量和规格等。

② 一般安全技术知识。它是生产经营单位所有职工都必须具备的安全技术知识，主要包括：生产经营单位内危险设备所在的区域及其安全防护的基本知识和注意事项，有关电气设备（动力及照明）的基本安全知识，起重机械和厂内运输的有关安全知识，生产中使用的有毒有害原材料或可能散发的有毒有害物质的安全防护基本知识，生产经营单位中一般消防制度和规划，个人防护用品的正确使用以及伤亡事故报告方法等。

③ 专业安全技术知识。是指某一作业的职工必须具备的安全技术知识。专业安全技术知识比较专门和深入，其中包括安全技术知识、工业卫生技术知识以及根据这些技术知识和

经验制定的各种安全操作技术规程等。其内容涉及锅炉、受压容器、起重机械、电气、焊接、防爆、防尘、防毒和噪声控制等。

3. 安全技能教育

仅有安全技术知识，并不等于能够安全地从事操作，还必须把安全技术变成进行安全操作的本领，才能取得预期的安全效果，要实现从"知道"到"会做"的过程，就要借助于安全技能培训。通过安全技能教育培训，使从业人员掌握和提高熟练程度，即解决"会做"的问题。

安全技能有正常作业的安全技能和异常情况的处理技能，包括安全操作技能、防护技能、避险技能、救护技能及应急技能等。

安全技能培训应按照标准化作业要求来进行。故进行安全技能培训前，应先制定作业标准或异常情况时的处理标准，然后有计划有步骤地进行培训。

在安全教育中，只有将上述三个方面有机地结合在一起，即在思想上有了强烈的安全要求，又具备了必要的安全技术知识，掌握了熟练的安全操作技能，这样就能预防和控制事故和伤害的发生，取得较好的安全效果。

二、安全教育的形式和方法

根据教育的对象，可把安全教育分为对管理人员的安全教育和对生产岗位职工的安全教育两大部分。

《生产经营单位安全培训规定》对工矿商贸生产经营单位从业人员的安全培训做了明确规定。

（一）对管理人员的安全教育

生产经营单位管理人员，特别是上层管理人员对单位的影响是重大的，他们既是生产经营单位的计划者、经营者、控制者，又是决策者。其管理水平的高低、安全意识的强弱、对国家安全生产方针政策理解的深浅、对安全生产的重视与否、对安全知识掌握的多少，直接决定了生产经营单位的安全状态。因此，加强对管理人员的安全教育是十分必要的。

生产经营单位主要负责人和安全生产管理人员初次安全培训时间不得少于 32 学时。每年再培训时间不得少于 12 学时。煤矿、非煤矿山、危险化学品、烟花爆竹等生产经营单位主要负责人和安全生产管理人员安全资格培训时间不得少于 48 学时；每年再培训时间不得少于 16 学时。生产经营单位主要负责人和安全生产管理人员的安全培训必须依照安全生产监管监察部门制定的安全培训大纲实施。非煤矿山、危险化学品、烟花爆竹等生产经营单位主要负责人和安全生产管理人员的安全培训大纲及考核标准由国家安全生产监督管理总局统一制定。煤矿主要负责人和安全生产管理人员的安全培训大纲及考核标准由国家煤矿安全监察局制定。煤矿、非煤矿山、危险化学品、烟花爆竹以外的其他生产经营单位主要负责人和安全管理人员的安全培训大纲及考核标准，由省、自治区、直辖市安全生产监督管理部门制定。具备安全培训条件的生产经营单位，应当以自主培训为主；可以委托具备安全培训条件的机构，对从业人员进行安全培训。不具备安全培训条件的生产经营单位，应当委托具备安全培训条件的机构，对从业人员进行安全培训。安全生产监管监察部门对煤矿、非煤矿山、危险化学品、烟花爆竹等生产经营单位的主要负责人、安全管理人员应当按照本规定严格考核和颁发安全资格证书。

1. 生产经营单位主要负责人安全培训应当包括下列内容

① 国家安全生产方针、政策和有关安全生产的法律、法规、规章及标准。

② 安全生产管理基本知识、安全生产技术、安全生产专业知识。

③ 重大危险源管理、重大事故防范、应急管理和救援组织以及事故调查处理的有关规定。

④ 职业危害及其预防措施。

⑤ 国内外先进的安全生产管理经验。

⑥ 典型事故和应急救援案例分析。

⑦ 其他需要培训的内容。

2. 生产经营单位安全生产管理人员安全培训应当包括下列内容

① 国家安全生产方针、政策和有关安全生产的法律、法规、规章及标准。

② 安全生产管理、安全生产技术、职业卫生等知识。

③ 伤亡事故统计、报告及职业危害的调查处理方法。

④ 应急管理、应急预案编制以及应急处置的内容和要求。

⑤ 国内外先进的安全生产管理经验。

⑥ 典型事故和应急救援案例分析。

⑦ 其他需要培训的内容。

（二）对生产岗位职工的安全教育

煤矿、非煤矿山、危险化学品、烟花爆竹等生产经营单位新上岗的从业人员安全培训时间不得少于 72 学时，每年接受再培训的时间不得少于 20 学时；其他生产经营单位新上岗的从业人员，岗前培训时间不得少于 24 学时。

从业人员在本生产经营单位内调整工作岗位或离岗一年以上重新上岗时，应当重新接受车间（工段、区、队）和班组级的安全培训。

生产经营单位实施新工艺、新技术或者使用新设备、新材料时，应当对有关从业人员重新进行有针对性的安全培训。

1. 三级安全教育

生产经营单位对于新录用员工以及接收的各类学校实习的学生，均应进行三级安全教育。

（1）厂（矿）级岗前安全教育培训内容

①《中华人民共和国安全生产法》《中华人民共和国职业病防治法》等法律法规的相关规定，本单位的安全管理相关规章制度等规定。

② 安全生产的意义和任务，本人的权利和义务，安全生产基础知识。

③ 本单位基本概况和作业场所、工作岗位存在的主要安全风险与防范措施。

④ 生产安全事故、职业病和环境污染事件的典型案例及防范措施。

⑤ 其他需要培训的内容。

煤矿、非煤矿山、危险化学品、烟花爆竹等生产经营单位厂（矿）级安全培训除包括上述内容外，应当增加事故应急救援、事故应急预案演练及防范措施等内容。

（2）车间（工段、区、队）级岗前安全教育培训内容

① 本车间（科）的基本概况，主要生产流程和主要技术装备特点。

② 本车间（科）危险（易燃易爆）场所、危险产品、危险工艺、危险设备（部位）存在的可能危及安全健康、环境条件的危险有害因素和主要防范措施。

③ 本单位及车间（科）的安全环保、职业卫生规章制度，涉及危险性较大作业活动的安全标准规定及要求。

④ 本车间易发生的典型生产安全事故、职业病和环境污染事件案例，以及防范措施和应急处置措施。

⑤ 所从事工种的安全职责、操作技能及强制性标准。

⑥ 自救互救、急救方法、疏散和现场紧急情况的处理。

⑦ 其他需要培训的内容。

（3）班组级岗前安全教育培训内容

① 本班组的生产工艺流程和作业环境特点，本岗位设备设施的性能、各类安全防护装置以及职业危害防治设施的作用和正确使用方法及日常维护、保养。安全排除设备设施故障的具体方法及要求。

② 本岗位作业危险有害因素、易发事故类型、安全防范措施、安全操作规程和应急处置措施。从事危险性作业应采取的安全防护措施。

③ 本岗位安全达标标准和日常安全环保隐患自查自纠的内容、方法，参加班组安全环保活动日的要求等。

④ 个人劳动防护用品正确使用和维护方法，岗位之间工作衔接配合的安全注意事项等。

⑤ 其他需要培训的内容。

2. 特种作业人员安全技术培训考核

据国内外有关资料统计，由于特种作业人员违规违章操作造成的生产安全事故，占生产经营单位事故总量比例的80%左右。因此，加强特种作业人员安全技术培训考核，对保障安全生产十分重要。

为规范特种作业人员的安全技术培训考核工作，提高特种作业人员的安全技术水平，防止和减少伤亡事故，根据《安全生产法》《行政许可法》等有关法律、行政法规，国家安全生产监督管理总局制定并审议通过了新的《特种作业人员安全技术培训考核管理规定》，自2010年7月1日起施行。

本规定所称特种作业，是指容易发生事故，对操作者本人、他人的安全健康及设备、设施的安全可能造成重大危害的作业。共有11个作业类别，51个工种纳入了特种作业目录；本规定所称特种作业人员，是指直接从事特种作业的从业人员。

本规定适用于生产经营单位特种作业人员的安全技术培训、考核、发证、复审及其监督管理工作。

（1）培训　特种作业人员应当接受与其所从事的特种作业相应的安全技术理论培训和实际操作培训。从事特种作业人员安全技术培训的机构，必须按照有关规定取得安全生产培训资质证书后，方可从事特种作业人员的安全技术培训。

培训机构应当按照安全监管总局、煤矿安监局制定的特种作业人员培训大纲和煤矿特种作业人员培训大纲进行特种作业人员的安全技术培训，制订相应的培训计划、教学安排，并报有关考核发证机关审查、备案。

（2）考核　特种作业人员的考核包括考试和审核两部分。考试由考核发证机关或其委托的单位负责；审核由考核发证机关负责。

安全监管总局、煤矿安监局分别制定特种作业人员、煤矿特种作业人员的考核标准，并建立相应的考试题库；考核发证机关或其委托的单位应当按照安全监管总局、煤矿安监局统一制定的考核标准进行考核。

特种作业操作资格考试包括安全技术理论考试和实际操作考试两部分。考试不及格的，允许补考 1 次。经补考仍不及格的，重新参加相应的安全技术培训。

离开特种作业岗位 6 个月以上的特种作业人员，应当重新进行实际操作考试，经确认合格后方可上岗作业。

（3）发证　符合特种作业人员条件并经考试合格的特种作业人员，应当向其户籍所在地或者从业所在地的考核发证机关申请办理特种作业操作证，并提交身份证复印件、学历证书复印件、体检证明、考试合格证明等材料。

特种作业操作证有效期为 6 年，在全国范围内有效。特种作业操作证由安全监管总局统一式样、标准及编号。

特种作业操作证遗失的，应当向原考核发证机关提出书面申请，经原考核发证机关审查同意后，予以补发。

特种作业操作证所记载的信息发生变化或者损毁的，应当向原考核发证机关提出书面申请，经原考核发证机关审查确认后，予以更换或者更新。

（4）复审　特种作业操作证每 3 年复审 1 次。

特种作业人员在特种作业操作证有效期内，连续从事本工种 10 年以上，严格遵守有关安全生产法律法规的，经原考核发证机关或者从业所在地考核发证机关同意，特种作业操作证的复审时间可以延长至每 6 年 1 次。

特种作业操作证需要复审的，应当在期满前 60 日内，由申请人或者申请人的用人单位向原考核发证机关或者从业所在地考核发证机关提出申请，并提交下列材料：社区或者县级以上医疗机构出具的健康证明；从事特种作业的情况；安全培训考试合格记录。

特种作业操作证有效期届满需要延期换证的，应当按照规定申请延期复审。

特种作业操作证申请复审或者延期复审前，特种作业人员应当参加必要的安全培训并考试合格。安全培训时间不少于 8 个学时，主要培训法律、法规、标准、事故案例和有关新工艺、新技术、新装备等知识。

申请复审合格的，由考核发证机关签章、登记，予以确认；不合格的，说明理由。申请延期复审的，经复审合格后，由考核发证机关重新颁发特种作业操作证。

申请人对复审或者延期复审有异议的，可以依法申请行政复议或者提起行政诉讼。

3. 经常性安全教育

由于生产经营单位的生产方法、环境、机械设备的使用状态及人的心理状态都处于变化之中，加之人的大部分安全技术知识与技能均为短期记忆，必然随时间而衰减，即使上岗前进行了全面深入的教育培训，经过一段时间以后，员工所具备的安全知识和技能还有可能低于从事本职工作的最低要求，必须进行再培训，保证其始终处于"够用"状态。因此安全教育不可能一劳永逸，必须经常开展。

经常性安全教育的形式多种多样，如班前班后会、安全活动月、安全会议、安全技术交流、安全水平考试、安全知识竞赛、安全演讲等。不论采取哪种形式都应该切实结合安全生产情况而有的放矢，以提高职工的安全意识，得到较好的教育效果。

4. "五新"作业安全教育

"五新"作业安全教育是指凡采用新技术、新工艺、新材料、新产品、新设备（即进行"五新"作业）时，由于其未知因素多，变化较大，作业中极可能潜藏着不为人知的危险性且操作者失误的可能性也要比通常进行的作业更大，因此，在作业前，应尽可能应用科学方法进行分析和预测，找出潜在或存在的危险，制定出可靠的安全操作规程，对操作者及有关人员就作业内容进行有针对性的安全操作知识和技能及应急措施的教育和培训，预防事故的发生、控制事故的扩大。

5. 复工和变换岗位安全教育

① 复工人员安全教育　是针对离开工作岗位较长时间的作业人员进行的安全教育培训。应重新进行车间级和班组级的安全教育培训，经考试合格后，方可上岗作业。需要进行复工人员教育培训的离岗位时间可按照行业或地方的规定、规章、地方性法规的规定执行，原则上，作业岗位安全风险较大、技能要求较高的岗位，时间间隔应短一些。例如，《天津市安全生产条例》（2016）规定：生产经营单位应对歇工半年以上重新复工的人员进行复工培训，《冶金企业和有色金属企业安全生产规定》（国家安全生产监督管理总局令第 91 号）规定：离岗半年以上重新上岗的从业人员，应当经车间（职能部门）、班组安全生产教育和培训合格后，方可上岗作业。

② 变换岗位安全教育　是指从业人员由于各种原因变换工作岗位，由接收部门进行的安全教育。从业人员变换工作岗位后，必须按照规定对新员工进行安全教育培训，并经考试合格后方可上岗作业。《冶金企业和有色金属企业安全生产规定》（国家安全生产监督管理总局令第 91 号）规定：对调整工作岗位的从业人员，应当经车间（职能部门）、班组安全生产教育和培训合格后，方可上岗作业。

（三）安全教育的形式

安全教育应利用各种教育形式和教育手段，以生动活泼的方式来实现安全生产这一严肃的课题。

安全教育形式大体可分为如下几种。

（1）广告式　包括安全广告、标语、宣传画、标志、展览、黑板报等形式，以精练的语言、生动的方式，在醒目的地方展示，提醒人们注意安全和怎样才能安全。

（2）演讲式　包括教学、讲座的讲演，经验介绍，现身说法，演讲比赛等。可以是系统教学，也可以专题论证、讨论。用以丰富人们的安全知识，提高对安全生产的重视程度。

（3）会议讨论式　包括事故现场分析会、班前班后会、专题研讨会等，以集体讨论的形式，使与会者在参与过程中进行自我教育。

（4）竞赛式　包括抢答赛、书面知识竞赛，操作技能竞赛及其他安全教育活动评比，激发人们学安全、懂安全、会安全的积极性，促进职工在竞赛活动中树立安全第一的思想，丰富安全知识，掌握安全技能。

（5）声像式　它是用声像现代艺术手段，使安全教育寓教于乐，主要有安全宣传广播、电影、电视、录像等。

（6）文艺演出式　它是以安全为题材编写和演出的相声、小品、话剧等文艺演出的教育形式。

（7）学校正规教学　利用国家或生产经营单位办的大学、中专、技校，开办安全工程专业，或穿插渗透于其他专业的安全课程。

第五节　安全检查制度

安全检查是生产经营单位贯彻落实"安全第一、预防为主、综合治理"方针的有效途径，同时也是发现不安全因素、消除事故隐患、落实整改措施、堵塞安全漏洞、强化安全管理、防止伤亡事故、改善劳动条件的重要手段。

安全检查主要由各基层单位的专（兼）职安全员、安技部门、上级主管部门及有关设备的专职安全工作人员进行。生产经营单位管理人员、基层管理人员、工程技术人员和工人也应承担自己责任范围内的安全检查工作。

生产经营单位必须建立健全安全检查制度，确保安全检查能适时有效地进行。开展安全检查工作时，可根据生产经营单位各自的情况和季节特点，做到每次检查的内容有所侧重，突出重点，真正收到较好的效果。

生产经营单位通过安全检查，识别存在及潜在的危险，确定危害的根本原因，对危害源实施监控，采取有效措施，预防和控制事故，确保自身安全、健康、稳定发展。

一、安全检查的内容

所有与安全有关的工作都是安全检查的对象，主要内容包括：有关安全生产法律、法规和上级有关安全生产规定的执行情况；各种职业安全措施的执行情况；安全规章制度的执行情况；工作场所的安全情况；劳动保护用品的使用情况；事故管理等。

安全检查可从以下五个方面进行。

1. 查现场、查隐患

安全检查以查现场、查隐患为主。即深入生产作业现场，查劳动条件、生产设备、安全卫生设施是否符合要求，检查职工在生产中的不安全行为的情况等。

（1）生产现场情况

① 劳动防护用品。现场作业人员劳动防护用品的管理与使用是否规范，劳动防护用品质量符合安全技术要求，操作人员能否熟练使用。

② 安全卫生设备设施。安全防护设备设施配备是否符合国家及行业标准，安全防护设备设施是否齐全、有效；劳动保护设备设施是否满足作业要求，尘毒作业场所防护措施达到了国家标准。

③ 现场安全管理的执行。是否有安全检查制度，定期开展安全检查，并有检查记录和查出问题整改反馈单。

④ 安全生产关键装置、要害部位的施工现场和直接作业环节的安全管理制度是否健全，台账是否齐全，安全检查监督是否到位。

⑤ 作业环境。作业环境如有否安全出口和安全通道，且是否通畅；采暖、通风、空调、采光、照明，车间建筑物墙体、墙面、地面，管线布置等是否符合要求。

⑥ 安全标志和警示标识。是否在存在危险因素的生产经营场所和设施、设备上，正确设置、使用安全标志和警示标识，提醒作业人员和在场的其他人员注意防范危险，防止发生事故。

（2）特种设备使用管理

① 特种设备的管理。特种设备是否建立了完善的技术档案、台账、登记表，并有完整的操作规程、安全管理制度、维修保养制度。

② 特种设备的使用。是否按有关规定办理了使用登记手续，特种设备的维修改造是否按程序进行申报。

③ 特种设备的维护。特种设备设施是否有年度检验计划和安排，特种设备定期检验率能否达到100%，存在问题隐患能否按规定整改，有无检验报告的存档制度或记录。

（3）危险源监控　生产经营单位是否按照法律、法规和标准进行重大危险源辨识，对重大危险源逐一登记建档，定期对其进行检测，掌握危险源的动态变化情况；是否建立了危险源管理制度、应急预案，危险源档案是否齐全；有无危险源的检查制度，对可能发生的事故进行了预先分析。

2. 查思想、查意识

在查隐患和努力发现不安全因素的同时，应注意检查企业领导的思想意识，检查他们对安全生产认识是否正确、是否把职工的安全健康放在第一位，特别对各项劳动保护法规以及安全生产方针的贯彻执行情况更应严格检查。

查思想、查意识主要是检查各级生产管理人员对安全生产的认识，对安全生产的方针政策、法规和各项规定的理解与贯彻情况，全体职工是否牢固树立了"安全第一、预防为主、综合治理"的思想。如领导是否真正做到了关心职工的安全健康；现场有无违章指挥、违章作业；各有关部门及人员能否做到当生产、效益与安全发生矛盾时，把安全放在第一位。

3. 查管理、查制度

安全检查是对生产经营单位安全管理的大检查。主要检查安全管理的各项具体工作的执行情况。

（1）安全组织管理体系

① 是否设立安全管理机构。查是否设立了专职安全管理机构、部门，并成立以党政领导为主的安委会，安委会是否定期召开安全会议对安全事宜做出反应与决定。生产经营单位的安全机构是否健全、分级是否合理，安全部门是否岗位明确、工作协调。

② 安全人员配备情况。是否按安全生产法律法规的要求，按生产经营单位在册职工人数的一定比例配备专职或兼职安全人员，并在关键装置、要害部位配有专职安全工程师。

（2）安全生产管理制度完善及执行情况

① 安全生产责任制。各级领导、各个部门、各岗位的安全生产责任制是否健全；各级领导、各个部门能否认真履行安全生产责任制，并制订安全生产责任追究制度；各级领导的承包活动记录执行情况；基层班组的安全活动情况。

② 安全规章制度。包括制定安全生产管理、考核、奖惩等规定的情况；制定现场施工作业、危险源管理等安全规章制度的情况，安全制度在执行中能否得到不断细化、持续改进和及时完善等。

③ 岗位安全操作规程。是否制定了岗位安全操作规程并定期进行修订完善，岗位操作人员认真执行安全操作规程的情况。

④ 危险及特种作业审批程序。包括能否根据单位的生产实际，确定危险作业相关文件与记录，确定特种作业的审批记录，是否建立工业动火、临时用电、大型吊装等特殊作业的审批程序规定和管理台账。

⑤ 安全投入。是否按照国家规定和上级要求，保证了足额的安全投入，包括安全技术措施经费、隐患整改资金、劳动防护用品费用等。

（3）安全教育培训情况

① 职工安全教育。是否建立了职工安全教育培训制度并按规定开展了相应的教育培训，安全教育培训工作是否有计划、有落实、有考核、有档案。

② 特种作业人员持证上岗。是否做到了：特种作业人员持证率达 100%，特种作业人员复审率达 100%，并制订了相应的培训计划和考核制度。

③ 生产经营单位主要安全管理人员安全培训。对生产经营单位的主要安全负责人和安全管理人员是否制定了安全培训管理考核制度，并按制度制订了培训计划或已进行了培训。

④ 消防知识培训与演练。有无消防知识的培训制度、培训计划、培训记录以及消防演练计划、演练记录。

（4）应急预案及演练情况

① 应急预案制定。包括能否根据实际生产情况制定应急预案，并有不断改进与完善应急预案的制度，有应急预案的管理档案，有保障应急预案实施的程序。

② 应急预案演练。包括有无应急预案演练计划，并按应急预案定期演练，有演练记录、演练报告、演练效果分析。

③ 应急预案的完善。能否根据演练情况和生产情况的变化，不断改进应急预案。

（5）建设项目安全"三同时"管理情况

① 建设项目的安全预评价。在建设项目的可行性报告和设计报告中，是否有劳动安全卫生内容，是否对设计方案中的安全卫生安全专篇进行了审查。

② 投产前的安全验收。有明确的验收标准及验收档案，不符合项的记录、整改情况。

③ 投产后的安全评价管理。投产后，是否有安全评价的管理规定以及安全评价报告中措施的落实情况。

4. 查整改

对被检查单位上一次查出的问题，按其当时登记的项目、整改措施和期限进行复查。检查是否有：隐患整改措施，明确责任人员、责任部门；重大隐患的整改实施有计划、有控制、有记录；重大隐患整改计划资金到位并限期整改。检查是否进行了及时整改和整改的效果。如果没有整改或整改不力的，要重新提出要求，限期整改。

对重大事故隐患，应根据不同情况进行查封或拆除。

5. 查事故管理

查事故管理主要是检查生产经营单位对工伤事故是否及时报告、认真调查、严肃处理；是否根据找出的原因，采取了有效措施，以防止类似事故重复发生。

（1）事故上报　包括各类事故是否按规定及时上报。

（2）事故调查　能否做到事故调查程序合法，事故调查及时，信息资料翔实、充分、完整，事故调查报告符合规范。

（3）事故结案　事故处理结案后，公开宣布处理结果时，能否做到造成事故的原因清楚，责任划分明确，事故性质认定准确。

（4）事故处理"四不放过"的落实情况　事故后是否查清了事故原因，落实了防范措施，教育了职工群众，处理了事故责任者。

在检查中，如发现未按"四不放过"原则的要求草率处理事故，要重新严肃处理。

（5）事故统计分析　对事故进行统计、对比、分析，并提出相应对策的情况。

二、安全检查的方式

安全检查的方式可从不同的角度进行多种分类。按检查的性质，可分为一般性检查、专业性检查、季节性检查和节假日前后的检查等。

1. 一般性检查

又称普遍检查，是一种经常的、普遍性的检查，目的是对安全管理、安全技术、工业卫生的情况作一般性的了解。这种检查包括生产经营单位主管部门和生产经营单位或其基层单位适时组织的安全检查、专职安全人员进行的日常性检查，此外，还包括作业人员的自检和互检及交接班安全检查。在一般性检查中，检查项目依不同生产经营单位而异，但以下三个方面均需列入：各类设备有无潜在的事故危险；对上述危险采取了什么具体措施；对出现的紧急情况，有无可靠的立即消除措施。如：停车场、车道、人行道上有无能使人被绊倒或跌落的裂缝、孔洞、断裂；楼梯踏板和竖板是否良好、宽窄和高度是否一致，扶手是否标准、完好和稳固可靠；照明是否充足；有无物品随意堆码；对全厂房屋均应进行检查，通道是否标识和画界，通道内是否有物料堆放；电气设备有无漏电、短路、断路的可能性；配线绝缘是否可靠、是否有磨损和老化情况等；地板是否严重超负荷。此外，对变压器、配电盘、屋顶、烟囱、处理重物所用的承受拉伸的链条、绳缆以及其他用具也应做定期检查，及时发现其中的小毛病，以免造成严重情况；对有可能发展成为重大事故的危险必须予以特别的注意，如基础破坏、结构毁坏、超负荷、变质、火警及爆炸等。

教会从业人员自我安全检查非常重要。每一次安全生产事故，直接受害最大的往往是一线的生产人员，因此必须对他们进行必要的安全教育培训，使每位员工都掌握所在岗位的安全检查知识和方法，正确的自检对预防和控制事故能发挥非常重要的作用。自我安全检查一般从以下五个方面着手。

（1）工作区域的安全性　注意物料的堆放或储藏，装卸区域的大小，周围环境卫生，工序通道畅通，梯架台稳固，地面和工作台面平整。

（2）使用材料的安全性　注意材料有无断裂、毛刺、毒性、污染或特殊要求。

（3）工具的安全性　注意是否齐全、清洁、有无损坏，有何特殊使用规定、操作方法等。

（4）设备的安全性　注意防护、保险、报警、信号装置及控制机构是否满足使用要求的完好程度。

（5）其他防护的安全性　注意通风、防暑降温、保暖情况，防护用品是否齐备和正确使用，衣服鞋袜及头发是否合适，有无消防和急救物品等措施。

2. 专业性检查

专业性安全检查,是针对特殊作业、特殊设备、特殊场所进行的检查,这类设备和场所由于事故危险性大,如果发生事故,造成的后果极为严重。如电、气焊设备,起重设备,运输车辆,锅炉,压力容器,尘、毒、易燃、易爆场所等。

专业性检查一般以定期检查为主。通常由专业科室组织有关部门和人员,按安全技术规定的内容进行检查,每年不得少于一次。除此之外,上级有关部门也指定专业安全技术人员进行定期检查,国家对这类检查的检查内容和周期也有专门的规定。

必须详细登记专业性安全生产检查的每一个项目,每次检查都必须对前次检查登记的问题做出准确的鉴定。

专业性检查有以下特点。

① 专业性检查集中检查某一专业方面的装置、系统及与之有关的问题,专业性强,目标集中,检查可以进行得深入细致。

② 检查内容以生产、安全的技术规程和标准为依据,技术性强。

③ 以现场实际检查为主,检查方式灵活,牵扯人力少。

④ 不影响工作程序。

3. 季节性检查

季节性检查是根据季节特点,为保障安全生产的特殊要求所进行的检查。自然环境的季节性变化,对某些建筑、设备、材料或生产过程及运输、储存等环节会产生较大影响;某些季节性外部事件,如大风、雷电、洪水等,还会造成生产经营单位重大的事故和损失。因此,为了消除因季节变化而导致事故,必须进行季节性检查,根据季节变化的特点和存在的隐患或可能出现的问题,采取有效预防和纠正措施,如春季风大,应着重防火、防爆;夏季高温、多雨、多雷电,应抓好防暑、降温、防汛、检查雷电保护设备;冬季着重防寒、防冻、防滑等。

季节性安全生产检查应组织成群众性的安全大检查,组织和实施单位结合岗位责任制,根据不同的检查内容有计划地进行检查。

4. 节假日前后的检查

由于节日前职工容易因考虑过节等因素而造成精力分散,因而应进行安全生产、防火保卫、文明生产等综合检查;节日后则要进行遵章守纪和安全生产的检查,以避免因放假后职工精力涣散、纪律松懈而导致安全事故。

此外,也可分为定期检查、连续检查、突击检查、特种检查等。

三、检查准备

要使安全检查达到预期效果,必须做好充分准备,包括思想上的准备和业务上的准备。

1. 思想准备

思想准备主要是发动职工,开展群众性的自检活动,做到群众自检和检查组检查相结合,从而形成自检自改、边检边改的局面。这样,既可提高职工主人翁的思想意识,又可锻炼职工自己发现问题、自己动手解决问题的能力。

2. 业务准备

业务准备主要有以下几个方面。

① 确定检查目的、步骤和方法，抽调检查人员，成立检查组，安排检查日程。为了保证安全检查的效果，必须成立一个适应检查工作需要的检查组，配备适当的力量。安全检查的规模、范围较大时，由生产经营单位领导负责组织安技、工会及有关职能部门领导和专业人员参加，在厂长或总工程师带领下，深入现场，发动群众进行检查；专业性检查，可由生产经营单位领导人指定有关部门领导带队，组成由专业技术人员、安技、工会和有经验的老工人参加的安全检查组。

② 分析过去几年所发生的各类事故的资料，确定检查重点，以便把精力集中在那些事故多发的部门和岗位上。

③ 运用系统工程原理，设计、印制检查表格，以便按要求逐项检查，做好记录，避免遗漏应检的项目，使安全检查逐步做到系统化、科学化。

安全检查是搞好安全管理、促进安全生产的一种手段，目的是消除事故隐患和不安全因素，实现安全生产。消除事故隐患的关键是及时整改。由于某些原因不能立即整改的隐患，应逐项分析研究，做到"三定四不推"。即定具体负责人、定措施办法、定整改时间；凡是自己能够解决的问题，班组不推给车间，车间不推给厂，厂不推给主管局，主管局不推给上一级。

每一次检查，事前必须有准备、有目的、有计划，要边检查边整改，及时地总结和推广先进经验。如有限于物质技术条件当时不能解决的问题，也应该制订计划，按期解决，务必做到条条有着落、件件有交待。

第六节　安全技术措施计划制度

安全技术措施计划是生产经营单位综合计划的重要组成部分，是有计划地改善劳动条件、防止工伤事故和职业危害的重要措施。

一、编制依据

制订和实施安全技术措施计划是一项领导与群众相结合的工作。一方面生产经营单位各级领导对编制与执行措施计划要负起总的责任；另一方面，又要充分发动群众，依靠群众，群策群力，才能使改善劳动条件的计划很好实现。这样，在计划执行过程中，既可鼓舞职工群众的劳动热情，也可更好地吸引职工群众参加安全管理，发挥职工群众的监督作用。

通过编制和实施安全技术措施计划，把改善劳动条件工作纳入国家和企业的生产建设计划中，可以有计划有步骤地解决一些重大安全技术问题，使企业劳动条件的改善逐步走向计划化和制度化；也可以更合理地统筹安排、使用资金，使国家在改善劳动条件方面的投入发挥最大的作用。

生产经营单位编制安全技术措施计划的主要依据归纳起来有五个方面。

① 国家公布的安全生产法令、法规和各行业部门公布的有关安全生产的各项政策、指示等。

② 安全检查中发现的隐患。

③ 职工提出的有关安全、职业卫生方面的合理化建议。

④ 针对工伤事故，职业病发生的主要原因所采取的措施。

⑤ 采用新技术、新工艺、新设备等应采取的安全措施。

二、编制原则

编制安全技术措施计划要根据需要和可能两方面的因素综合考虑，对拟安排的安全技术措施项目要进行可行性分析，并根据安全效果好、花钱尽可能少的原则综合选择确定，主要应考虑以下四个方面：

① 当前的科学技术水平是否能够做到；

② 结合本单位生产技术、设备以及发展规划考虑；

③ 本单位人力、物力、财力是否允许；

④ 安全技术措施产生的安全效果和经济效益。

根据国家或地方政府的规定，生产经营单位安全技术措施经费按一定比例从生产经营单位更新改造资金中划拨出来的。

安全技术措施经费要在财务上单独立账，专款专用，不得挤占和挪用。

三、项目范围

安全技术措施计划的范围包括在正常运营条件下，以改善生产经营单位劳动条件、防止伤亡事故和职业病为目的一切技术措施，依据《企业安全生产费用提取和使用管理办法》，大体可包括以下内容。

① 完善、改造和维护安全防护设施设备（不含"三同时"要求初期投入的安全防护设施设备）

a.危险品生产与储存企业，包括车间、库房、罐区等作业场所的监控、监测、通风、防晒、调温、防火、灭火、防爆、泄压、防毒、消毒、中和、防潮、防雷、防静电、防腐、防渗漏、防护围堤或者隔离操作等设施设备。

b.建设工程施工企业，包括施工现场临时用电系统、洞口、临边、机械设备、高处作业防护、交叉作业防护、防火、防爆、防尘、防毒、防雷、防台风、防地质灾害、地下工程有害气体监测、通风、临时安全防护等设施设备。

c.冶金企业，包括车间、站、库房等作业场所的监控、监测、防火、防爆、防坠落、防尘、防毒、防噪声与振动、防辐射和隔离操作等设施设备。

d.机械制造企业，包括生产作业场所的防火、防爆、防坠落、防毒、防静电、防腐、防尘、防噪声与振动、防辐射或者隔离操作等设施设备支出，大型起重机械安装安全监控管理系统。

② 配备、维护、保养应急救援器材、设备支出和应急演练。

③ 开展重大危险源和事故隐患评估、监控和整改。

④ 安全生产检查、评价（不包括改建、新建、扩建项目安全评价）、咨询和标准化建设。

⑤ 配备和更新现场作业人员安全防护用品。

⑥ 安全生产宣传、教育、培训。

⑦ 安全生产适用的新工艺、新标准、新技术、新装备的推广应用。

⑧ 安全设施及特种设备检测检验。

⑨ 其他与安全生产直接相关的项目。

四、实施步骤

生产经营单位一般应在每年的第三季度开始着手编制下一年度的生产、技术、财务计划的同时，编制安全技术措施计划。编制时应根据本单位情况向各基层单位提出具体要求，进行布置。各基层单位负责人会同有关人员定出所辖范围具体的安全技术措施计划。由厂安全部门审查汇总，生产计划部门负责综合平衡，在厂长召集有关部门领导、车间主任、工会主席或安全生产委员会参加的会议上明确项目、设计和施工负责人，规定完成期限，经厂长批准正式下达计划。对于重大的安技措施项目，还应提请厂职工代表大会审议通过，然后报请上级主管部门核定批准后与生产计划同时下达到有关部门。

第七节　生产安全事故调查与处理制度

对已发生的事故进行调查处理是安全管理工作中极其重要的一环。只有通过对生产安全事故的深入调查、对事故进行严格处理，才能准确地分析事故的原因和规律，从而有效地采取技术措施和管理措施，降低事故发生的概率或控制事故导致的后果。

为了规范生产安全事故的报告和调查处理，落实生产安全事故责任追究制度，防止和减少生产安全事故，根据《中华人民共和国安全生产法》和有关法律的规定，2007年国务院颁布了《生产安全事故报告和调查处理条例》，对生产经营活动中发生的造成人身伤亡或者直接经济损失的生产安全事故的报告和调查处理做出了明确规定。安全生产监督监察部门和生产经营单位都应据此建立健全并严格执行生产安全事故调查与处理制度，确保生产安全事故调查与处理能公开、公正、实事求是、有条不紊地进行。

一、生产安全事故调查与处理的内涵及意义

1. 生产安全事故调查与处理的内涵

事故调查与事故处理，是两项相对独立而又密切联系的工作。事故调查的任务主要是查明事故发生的原因和性质，分清事故的责任，提出防范类似事故的措施；事故处理的任务主要是根据事故调查的结论，对照国家有关法律法规，对事故责任人进行处理，落实防范类似事故重复发生的措施，贯彻"四不放过"原则的要求。

2. 生产安全事故调查与处理的意义

事故的发生既有它的偶然性，也有其必然性，并且具有因果性和规律性。如果事故隐患存在，什么时候发生事故是偶然的，但发生事故是必然的。只有通过事故调查，才能发现事故发生的潜在条件、揭示新的或未被人注意的危险、确认管理系统的缺陷；只有通过事故调查，积累事故资料，才能为事故的统计分析及类似系统、产品的设计与管理提供信息，为生产经营单位或政府有关部门安全工作的宏观决策提供依据；也只有通过对事故的调查，科学分析事故原因，总结事故发生的教训和规律，才能提出有针对性的措施，警示后人，防止类似事故的再度发生，达到最佳的事故预防和控制效果。

3. 事故调查处理的原则

依据《中华人民共和国安全生产法》、《国务院关于坚持科学发展安全生产，促进安全生

产形势持续稳定好转的意见》（国务院 2011 年 40 号文）和《生产安全事故报告和调查处理条例》，事故调查处理应遵守以下原则。

（1）科学严谨、依法依规、实事求是、注重实效的原则　对事故的调查处理要揭示事故发生的内外原因，找出事故发生的机理，研究事故发生的规律，制定预防重复发生事故的措施，做出事故性质和事故责任的认定，依法对有关责任人进行处理，因此，事故调查处理必须以事实为依据，以法律为准绳，严肃认真地对待，不得有丝毫的疏漏。

（2）"四不放过"的原则　即事故原因没有查清不放过；事故责任者没有严肃处理不放过；广大群众没有受到教育不放过；防范措施没有落实不放过。这四个方面互相联系、相辅相成，成为一个预防事故再次发生的防范系统。

（3）公正、公开的原则　公正，就是以事实为依据，以法律为准绳，既不准包庇事故责任人，也不得借机对其打击报复，更不得冤枉无辜；公开，就是对事故调查处理的结果要在一定范围内公开，以引起全社会对安全生产工作的重视，吸取事故的教训。

（4）分级分类调查处理的原则　事故的调查处理是依照事故的分类和级别来进行的，生产安全事故的调查和处理按《生产安全事故报告和调查处理条例》及其他有关的法律、法规的规定进行。

二、生产安全事故调查

1. 事故调查的目的和任务

事故调查的目的和任务是依据国家有关安全法规、方针、政策，运用数理统计学等科学，通过逻辑推理、模拟试验来科学地调查和分析事故，澄清事故的基本事实，找出事故发生的原因和规律，分清事故的责任，制定改进措施，预防和控制事故的再发生。

事故调查的任务包括以下各项。

（1）弄清事故发生的经过　事故的发生，伴随着人身伤害和财产损失的发生，且发生条件复杂，绝大多数是不能通过实验来重演的。因此调查人员必须通过事故现场留下的痕迹、空间环境的变化、事故见证人的叙述、受害人的自述，对有关事故原因和经过的内容进行整理，去伪存真，用简短文字精确地表达出来。

（2）找出事故原因　事故原因分析是事故调查工作的中心环节。事故的发生往往是多因素相互作用的结果，因此，事故调查的过程就是对造成事故的人为因素、管理因素、环境因素等进行综合分析，用科学的方法客观地提出与事故关联的各种因素，全面分析这些因素相互作用、相互联系的内在关系，揭示出事故发生的真正原因。

（3）吸取事故教训　通过对事故发生过程的调查和对事故原因的追查，会得到很多信息，这些信息会给人们以启迪，使人们接受很多教训，从而使其提高安全意识，学会预防同类事故所必需的知识、技术和技能。

（4）宏观研究事故规律，控制安全事故　按规定进行的事故调查资料逐级上报，构成各级安全监督监察部门的事故档案资料，利用这些资料进行科学研究和综合分析，可以发现事故发生的规律，为事故预防和政府决策提供依据。

（5）修正安全法规标准，强化安全监察　事故调查由多个管理部门和专业人员共同完成，通过事故调查，管理人员和专业技术人员深入了解了事故发生的原因，为建立健全各种安全法规、标准、安全措施、安全教育制度创造了条件。

（6）分清事故责任　通过事故调查，划清与事故事实有关的法律责任，运用法律的手段对事故的责任者给予行政处分、经济处罚，构成犯罪的，由司法机关依法追究刑事责任。

（7）恢复、建立生产经营单位正常的生产秩序　安全事故，特别是伤亡事故往往使职工悲伤和恐惧，对生产经营单位的正常生产十分不利，通过事故调查，找出事故原因，并且有针对性地采取安全措施，使职工重新获得安全感。同时，通过对事故的处理，也会使职工感到党和国家的关怀和温暖。这些对稳定职工情绪，建立生产经营单位正常的安全生产秩序将起到促进作用。

2. 事故调查组

（1）调查组的组成　事故调查组的组成应当遵循精简、效能的原则。

根据事故的具体情况，事故调查组由有关人民政府、安全生产监督管理部门、负有安全生产监督管理职责的有关部门、监察机关、公安机关以及工会派人组成，并应当邀请人民检察院派人参加。

事故调查组成员应当具有事故调查所需要的知识和专长，并与所调查的事故没有直接利害关系，事故调查组可以聘请有关专家参与调查。

事故调查组组长由负责事故调查的人民政府指定，主持事故调查组的工作。

（2）调查组的职责

① 查明事故经过、人员伤亡和直接经济损失情况；

② 查明事故原因和性质；

③ 确定事故责任，提出对事故责任者的处理建议；

④ 提出防止事故发生的措施建议；

⑤ 提交事故调查报告。

3. 事故调查的程序

事故调查是一项政策性、法律性、技术性很强的工作，加之事故调查工作时间性极强，有些信息、证据会随时间的推移而逐步消亡，有些信息则有着极大的不可重复性，因此要求事故调查人员快速和准确地实施调查，所以，事故调查需要遵循科学的调查程序。

事故调查程序包括：事故现场处理与勘查，物证搜集，事故事实资料的搜集，证人材料的搜集，事故现场摄影与现场事故图的绘制，事故原因分析，事故责任分析，撰写事故调查报告。

（1）现场处理　事故现场处理是事故调查的初期工作。事故调查人员携带必要调查工具及装备安全地抵达事故现场后，应及时收集和封存事故单位的有关资料；进行现场危险分析，救护受伤害者，采取措施制止事故蔓延扩大；尽可能保护事故现场，凡与事故有关的物体、痕迹、状态，不得被破坏；为抢救受伤害者需要移动现场某些物体时，必须做好现场标志。

（2）事故现场勘查及证据搜集　事故现场勘查是事故现场调查的中心环节，主要包括以下工作。

① 物证搜集。现场物证包括破损部件、碎片、残留物、致害物的位置、有关文件资料、各类票据、记录、数据记录装置等。

在现场搜集到的所有物件均应贴上标签，注明地点、时间、管理者；所有物件应保持原样，不准冲洗擦拭；对健康有危害的物品，应采取不损坏原始证据的安全防护措施。

② 事故事实材料的搜集。事故事实材料包含的内容较多，大致分为两个方面。

其一是与事故鉴别、记录有关的材料。主要包括：发生事故的单位、地点、时间；受害人和肇事者的姓名、性别、年龄、文化程度、职业、技术等级、工龄、本工种工龄、支付工资的形式；受害人和肇事者的技术状况、接受安全教育情况；出事当天，受害人和肇事者什么时间开始工作、工作内容、工作量、作业程序、操作时的动作（或位置）；受害人和肇事者过去的事故记录。

其二是事故发生的有关事实。主要包括：发生前设备、设施等的性能和质量状况；使用的材料，必要时进行物理性能或化学性能实验与分析；有关设计和工艺方面的技术文件、工作指令和规章制度方面的资料及执行情况；关于工作环境方面的状况；包括照明、湿度、温度、通风、声响、色彩度、道路工作面状况以及工作环境中的有毒、有害物质取样分析记录；个人防护措施状况；应注意它的有效性、质量、使用范围；出事前受害人和肇事者的健康状况；其他可能与事故致因有关的细节或因素。

③ 证人材料搜集。调查人员到达事故现场后，应尽快寻找证人，并对其进行保护，最好避免其互相接触及其与外界的接触或离开现场，使问询工作能尽快开始，以期获得尽可能多的信息。对证人的口述材料，应认真考证其真实程度。

④ 现场摄影。现场摄影是现场勘查工作中的重要组成部分和不可缺少的技术手段，特别是对于那些现场调查时很难注意到的细节或证据、那些容易随时间消失的证据及现场工作中需移动位置的物证，现场摄影的手段更为重要。

利用摄影或录像，获取和固定证据，为事故分析和处理提供较完善的信息内容。现场摄影资料包括显示残骸和受害者原始存息地的所有照片，可能被清除或被践踏的痕迹（刹车痕迹、地面和建筑物的伤痕），火灾引起损害的照片、冒顶下落物的空间，事故现场全貌等。

⑤ 现场绘图。事故现场绘图也是一种记录现场的重要手段，有现场位置图、现场全貌图、现场中心图、专项图（专业图）四种。它是运用制图学的原理和方法，通过几何图形来表示现场活动的空间形态，是记录事故现场的重要形式，能比较精确地反映现场上重要物品的位置和比例关系。

事故现场绘图、现场笔录、现场照相各具特点，相辅相成，不能互相取代。在现场绘图中，一般应在图中标明方向；天气、高度、距离、时间、绘制者等有关信息；主要残骸及关键物证的位置；受伤害者的原始存息地；关键的照片拍摄的位置和距离。

表格也是一种特殊形式的现场绘图，包含的信息主要包括统计数据和测量数据。这类数据以表格的形式加以记录，既便于取用，也便于比较，对调查者也有很大的帮助。

（3）**事故原因分析**　首先从人的不安全行为和物的不安全状态两方面确定事故的直接原因，继而对直接原因进行深入分析确定事故的间接原因，最后依据所确定的事故直接原因和间接原因中对事故的发生起主要作用的确定为事故的主要原因。通过事故原因分析，所确定的事故的直接原因、间接原因及主要原因是后续进行事故责任分析的前提。

（4）**事故责任分析**　在事故调查过程中，要注意区分责任事故、非责任事故和破坏事故，生产安全事故性质从"责任事故、非责任事故"两种性质中选择。对于责任事故，应根据单位安全生产责任制对事故的直接责任者、领导责任者和主要责任者进行认定，其行为与事故的发生有直接因果关系的，为直接责任者；对事故的发生负有领导责任的，为领导责任者；在直接责任者和领导责任者中，对事故的发生起主要作用的，为主要责任者。

（5）**撰写事故调查报告**　事故调查组在最终完成事故调查时，应当形成一份完整的事故调查报告，事故调查报告的撰写应当是严谨科学的。主要包括封面、标题页、摘要、目录、注释或叙述部分、事故原因的讨论以及结论和建议部分。

撰写事故调查报告必须坚持实事求是、尊重科学的原则，用朴实无华的语言表述；以法律为准绳，尽量使用法律语言；前后呼应，事故责任追究、事故防范措施与事故原因相对应，防范措施建议主要针对事故单位提出，有针对性，便于落实和监督检查，责任人应承担的责任等级、处分档次与违规事实相对应。

事故调查报告中应当包含以下主要信息。

① 背景信息。包括事故单位的基本情况、事故发生的时间和地点、事故涉及的人员及其他情况、职工伤亡事故登记表、操作人员及证人、事故应急救援情况。

② 事故描述。包括事故发生的顺序、破坏的程度、人员伤亡及经济损失情况、事故的类型、事故的性质、承载物或能量（能量或有害物质）。

③ 事故原因。包括直接原因、间接原因。

④ 事故教训及预防事故发生的建议。预防事故再发生的建议，包括立即采取的措施以及长期的行动规划。

⑤ 对事故责任人的处理建议。

⑥ 事故调查组的成员名单。

⑦ 其他需要说明的事项。

事故调查报告应当附具有关证据材料。事故调查组成员应当在事故调查报告上签名。事故调查报告报送负责事故调查的人民政府后，事故调查工作即告结束。

事故调查的有关资料应当归档保存。

三、生产安全事故处理

事故发生单位和其主管部门按照人民政府的批复，落实事故处理。安全生产事故处理工作包括两个方面的内容。

1. 对事故责任者的处理

按照负责事故调查的人民政府的批复，有关机关依照法律、行政法规规定的权限和程序，对事故发生单位和有关人员进行行政处罚，对负有事故责任的国家工作人员进行处分；事故发生单位对本单位负有事故责任的人员进行处理；负有事故责任的人员涉嫌犯罪的，依法追究刑事责任。

2. 对防范措施的处理

事故发生单位应当认真吸取事故教训，根据负责事故调查的人民政府的批复，落实防范和整改措施的要求，防止事故再次发生。防范和整改措施的落实情况应当接受工会和职工的监督。安全生产监督管理部门和负有安全生产监督管理职责的有关部门应当对事故发生单位落实防范和整改措施的情况进行监督检查。

事故处理的情况由负责事故调查的人民政府或者其授权的有关部门、机构向社会公布（依法应当保密的除外），以教育和警示他人。

第八节   生产安全事故隐患排查治理制度

《中华人民共和国安全生产法》第三十八条明确规定：生产经营单位应当建立健全生产

安全事故隐患排查治理制度，采取技术、管理措施，及时发现并消除事故隐患。事故隐患排查治理情况应当如实记录，并向从业人员通报。县级以上地方各级人民政府负有安全生产监督管理职责的部门应当建立健全重大事故隐患治理督办制度，督促生产经营单位消除重大事故隐患。此外，《安全生产事故隐患排查治理暂行规定》《安全生产事故隐患排查治理体系建设实施指南》等法规也对生产安全事故隐患排查治理的要求作了进一步说明。

"预防为主、综合治理"的前提，就是通过全范围、全方位、全过程地主动排查，及时发现存在的安全隐患，然后采取各种有效手段治理，把事故消灭在萌芽状态。安全隐患排查与治理是落实安全生产方针的最基本任务和最有效途径。

本节主要探讨生产经营单位生产安全事故隐患排查治理制度相关内容。

一、生产经营单位事故隐患排查治理工作职责

生产经营单位是事故隐患排查、治理、报告和防控的责任主体，应当建立健全并落实事故隐患排查治理制度，不断完善事故隐患自查、自改、自报的管理机制，落实从主要负责人到每位从业人员的事故隐患排查治理和防控责任，并加强对落实情况的监督考核，保证隐患排查治理的落实。

生产经营单位的具体职责应包括以下内容：

① 建立事故隐患报告和举报奖励制度，鼓励、发动职工发现和排除事故隐患，鼓励社会公众举报。

② 统一协调和监督管理承包、承租单位的事故隐患排查治理工作。

③ 积极配合安全监管监察部门和有关部门的监督检查人员依法履行事故隐患监督检查工作。

④ 应当定期组织安全生产管理人员、工程技术人员和其他相关人员排查本单位的事故隐患。

⑤ 对排查出的事故隐患，应当按照事故隐患的等级进行登记，建立事故隐患信息档案，各部门和单位应定期对安全检查和隐患治理情况进行统计分析，并向厂安全生产管理部门报告。厂安全管理部门按规定上报企业隐患排查和整改信息。

⑥ 对排查出的隐患按职责分工实施监控治理，在安全生产隐患治理过程中，要采取相应的安全防范措施，防止事故发生。

⑦ 对各项隐患排查治理工作进行监督、检查、通报、考核和奖励。

隐患排查治理是一项综合性很强的工作，涉及所有部门、所有生产流程、所有人员。涵盖了安全生产责任制、安全监管信息化建设、企业安全生产标准化建设、非法违法和违规违章治理、群众参与和监督、安全培训教育等方面的工作。与隐患排查治理工作相关的内容应体现在安全生产责任制中。

二、事故隐患排查

事故隐患排查的主要任务是进行危险源识别，排查事故隐患，对所查出的隐患进行分级和原因分析，提出整改措施，确定整改时限，落实整改责任，并对整改情况进行验证。

生产经营单位应当定期组织安全生产管理人员、工程技术人员和其他相关人员排查本单位的事故隐患。对排查出的事故隐患，应当按照事故隐患的等级进行登记，建立事故隐患信息档案。

实施隐患排查要从人、机、环、管等方面着手，涉及内容非常多，需要有计划、按部就班地开展。

1. 隐患排查的方式和频次

事故隐患排查可与日常巡查和专项安全检查相结合的方式进行。生产经营单位应根据生产过程的特点及隐患排查的方式规定隐患排查频次，内外部环境发生重大变化、气候条件发生大的变化或预报可能发生重大自然灾害时，应及时组织进行隐患排查。

（1）日常排查　与安全生产检查工作结合，具有日常性、及时性、全面性和群众性的特点。主要有企业全面的安全大检查、季节性安全检查、节假日安全检查、各管理层级的日常安全检查、岗位员工的现场安全检查、事故类比隐患排查、主管部门的专业安全检查、专业管理部门的专项安全检查等。

（2）专项排查　采用特定的、专门的排查方法，具有周期性、技术性和投入性的特点。主要有按隐患排查治理标准进行的全面自查、对重大危险源的定期评价、对危险化学品的定期现状安全评价等。

2. 隐患排查准备

实施隐患排查前要制订排查计划和方案，明确排查目的、范围，选择合理的排查方法。

排查工作涉及面广，需要制订一个比较详细可行的实施计划，确定参加人员、排查内容、排查时间、排查任务安排，编制《安全检查表》。《安全检查表》应包括检查项目、检查内容、检查标准或依据、检查结果等内容。安全检查时应按照安全检查表的内容逐项进行检查。为提高效率也可以与日常安全检查、安全生产标准化的自评工作或管理体系中的合规性评价和内审工作相结合。

3. 排查的实施

分为定期和不定期两种排查方法。按生产经营单位内部管理职能的设置，不同岗位、不同级别的部门和单位有不同的隐患排查周期，通常可以根据单位实际情况对岗位、班组级、车间级和厂级等管理层级分别规定从时、日、周、月到季度的定期周期。不定期为各类专业安全检查、上级检查及特殊情况排查。

进行企业全面的安全大检查、季节性安全检查、节假日安全检查及专项排查时，应组织隐患排查组，根据排查计划到各部门和各所属单位进行全面的排查。先由受检部门负责人简单介绍本部门安全生产现状及隐患排查治理情况；检查人员到生产现场进行检查，关注危险因素、环境因素的实际控制效果及相关记录；检查人员到被检查部门进行检查，重点检查文件和资料是否齐全、完整、真实、有效，并提出有关问题；检查人员与受检部门进行沟通，对存疑的地方要询问清楚，使双方理解一致。

排查时必须及时、准确和全面地记录排查情况和发现的问题，并随时与受检部门的人员做好沟通。

4. 排查结果的分析总结

① 评价本次隐患排查是否覆盖了计划中的范围和相关隐患类别。

② 评价本次隐患排查是否做到了"全面、抽样"的原则，是否做到了重点部门、高风险和重大危险源适当突出的原则。

③ 确定本次隐患排查发现：包括确定隐患清单、隐患级别以及分析隐患的分布（包括

隐患所在单位和地点的分布、种类）等。

④ 做出本次隐患排查工作的结论，填写隐患排查治理相关的表格。

⑤ 汇总、汇报隐患排查治理情况。通报隐患排查中发现的隐患和问题，并以简报形式通知被检单位；对严重威胁安全生产的隐患项目，应立即下达《隐患整改通知单》，限期进行整改；重大隐患应填写《重大事故隐患整改台账》，并及时上报。

三、事故隐患治理

事故隐患治理指消除或控制隐患的活动或过程。对排查出的事故隐患，及时下达隐患治理通知，限期治理。事故隐患治理应做到"四定"，即定治理措施，定负责人，定资金来源，定治理期限。

1. 一般事故隐患治理

（1）现场立即整改　有些隐患整改很简单，如明显的违反操作规程和劳动纪律的人的不安全行为或安全装置没有启用、现场混乱等物的不安全状态等，排查人员一旦发现，应当要求立即整改，并如实记录，以备对此类行为或状态进行统计分析，确定是否为习惯性、群体性或普遍性隐患，为防止此类事故再发生提出可靠的管理或技术措施。

（2）限期整改　有些难以立即整改的一般隐患，则应限期整改。限期整改通常由排查人员或排查主管部门对隐患所属单位发出"隐患整改通知"，其中需要明确列出排查出隐患的时间和地点、隐患现状的详细描述、隐患发生原因的分析、隐患整改责任的认定、隐患整改负责人、隐患整改的方法和要求、隐患整改完毕的时间要求等。

限期整改需要全过程监督管理。在实施隐患整改期间进行监督管理，以及时发现和解决整改中可能出现的问题，直至整改到位。

2. 重大事故隐患治理

针对重大事故隐患，由生产经营单位主要负责人组织制定并实施事故隐患治理方案。重大事故隐患治理方案应当包括以下内容：治理的目标和任务；采取的方法和措施；经费和物资的落实；负责治理的机构和人员；治理的时限和要求；安全措施和应急预案。在制定重大事故隐患治理方案时还必须考虑安全监管监察部门或其他有关部门所下达的"整改指令"和政府挂牌督办的有关内容的指示，也要将这些指示的要求体现在治理方案里。

重大事故隐患排除前或者排除过程中无法保证安全的，本单位负责人应当从危险区域内撤出作业人员，并疏散可能危及的其他人员，设置警戒标志，暂时停产停业或者停止使用；对暂时难以停产或者停止使用的相关生产储存装置、设施、设备，应当加强维护和保养，采取可靠的安全防范措施，编制应急预案，防止事故发生、减少事故损失。

四、事故隐患排查治理闭环管理

"闭环管理"是现代安全生产管理中的基本要求，对任何一个过程的管理最终都要通过"闭环"才能最后结束。

隐患排查治理工作的"闭环"管理，要求治理措施完成后，生产经营单位主管部门和人员对其结果进行验证和效果评估。检查措施的实现情况，是否按方案和计划的要求一一落实了；完成的措施是否起到了隐患治理和整改的作用，是彻底解决了问题还是部分的、达到某种可接受程度的解决，隐患的治理措施是否会带来或产生新的风险也需要特别关注。

挂牌督办并责令全部或者局部停产停业治理的重大事故隐患，治理完成后应对重大事故隐患的治理情况进行评估，经治理符合安全生产条件的，生产经营单位应当向安全监管监察部门和有关部门提出恢复生产的书面申请，经安全监管监察部门和有关部门审查同意后，方可恢复生产经营。

五、事故隐患排查治理情况报告和档案

1. 事故隐患排查治理报告

① 实施事故隐患排查后，实施者应认真填写检查记录表，并按相关程序逐级进行报告，各级领导和相关职能部门接到事故隐患报告后，应立即进行处理。

② 对综合检查、专业检查、季节性检查发现的隐患和问题，各相关职能部门以简报或其他形式通知被检单位；对严重威胁安全生产的隐患项目，应立即下达《隐患整改通知单》，限期进行整改。

③ 厂级、车间、班组均应建立隐患排查、整改台账，对事故隐患进行有效监控，落实整改责任人。台账内容包括隐患名称、检查日期、原因分析、整改措施、计划完成日期、实际完成日期、整改负责人、整改确认人、确认日期、隐患分级、整改效果评估、备注等项目内容。

④ 生产经营单位各部门和基层单位应定期对隐患排查和隐患治理情况进行统计分析，并向厂安全管理部门报告。

⑤ 厂安全生产管理部门根据上级部门要求，对本单位事故隐患排查治理情况进行统计分析，并向属地应急管理部门报送《安全生产隐患排查治理情况统计表》。

2. 事故隐患排查治理档案

生产经营单位应建立事故隐患排查治理档案。档案文件包括：

① 隐患排查治理相关制度，如《事故隐患排查治理制度》《隐患排查治理资金使用专项制度》《事故隐患建档监控制度》《事故隐患报告和举报奖励制度》等。

② 隐患排查治理相关表格，如《隐患整改通知单》《隐患整改台账》《安全检查表》《安全生产隐患排查治理情况统计表》等。

③ 其他文件和资料，如隐患排查计划、隐患排查治理标准、隐患排查清单、事故隐患治理方案、事故隐患评估报告、安全检查报告等。

通过全面开展隐患排查治理工作，将人员状况、设备安全、劳动作业环境、安全生产管理等各方面存在的影响人身和生产安全的问题充分暴露出来，并不断改进提高，最终实现"人员无伤害、系统无缺陷、管理无漏洞、设备无障碍、风险可控制、人机环境和谐统一"。

第九节　建设项目安全设施"三同时"监督管理制度

一、建设项目安全设施"三同时"的意义及依据

事故隐患排查治理是通过对生产经营单位现实安全生产状况进行检查，发现存在的问题

和隐患，采取措施对各种类型的问题和隐患进行治理，保障安全生产。而从源头上消除和控制危险有害因素，保护职工的安全健康，防止事故损失，对新建、扩建、改建项目在不同阶段进行安全审查，是确保建设项目如期投产和正常安全运行的重要手段。

2015年，为了贯彻落实2014年版《中华人民共和国安全生产法》，国家安全生产管理总局对《建设项目安全设施"三同时"监督管理暂行办法》进行修订，颁发了《建设项目安全设施"三同时"监督管理办法》，对经县级以上人民政府及其有关主管部门依法审批、核准或者备案的生产经营单位新建、改建、扩建工程项目（以下统称建设项目）安全设施的建设及其监督管理进行了规定。本节重点介绍《建设项目安全设施"三同时"监督管理办法》。

二、建设项目安全设施"三同时"监督管理的实施

落实建设项目安全设施"三同时"是监督管理部门、设计部门、监督检查部门、承建单位和项目建设单位（生产经营单位）的共同责任，生产经营单位应根据《建设项目安全设施"三同时"监督管理办法》的要求，承担起建设项目安全设施建设的主体责任。

（一）建设项目可行性研究阶段

根据《建设项目安全设施"三同时"监督管理办法》规定，建设项目做可行性研究时，根据生产经营单位的安全风险大小，分别要求进行建设项目安全预评价或安全生产条件和设施综合分析。

1. 建设项目安全预评价

根据《建设项目安全设施"三同时"监督管理办法》第七条、第八条规定下列建设项目在进行可行性研究时，生产经营单位应当委托具有相应资质的安全评价机构，按照国家规定对其建设项目进行安全预评价，并编制安全预评价报告。建设项目安全预评价报告应当符合国家标准或者行业标准的规定，生产、储存危险化学品的建设项目和化工建设项目安全预评价报告还应当符合有关危险化学品建设项目的规定：

① 非煤矿矿山建设项目；
② 生产、储存危险化学品（包括使用长输管道输送危险化学品）的建设项目；
③ 生产、储存烟花爆竹的建设项目；
④ 金属冶炼建设项目；
⑤ 使用危险化学品从事生产并且使用量达到规定数量的化工建设项目（属于危险化学品生产的除外）；
⑥ 法律、行政法规和国务院规定的其他建设项目。

2. 安全生产条件和设施综合分析

根据《建设项目安全设施"三同时"监督管理办法》第九条规定，除上述应进行安全预评价以外的其他建设项目，生产经营单位应当对其安全生产条件和设施进行综合分析，形成书面报告备查。

生产经营单位通过对建设项目安全生产条件和设施进行综合分析，根据所在区域或行业的要求编制建设项目安全生产条件和设施综合分析报告。

（二）建设项目初步设计阶段

生产经营单位在建设项目进行初步设计时，应当委托有相应资质的设计单位对建设项目

安全设施同时进行设计，编制安全设施设计。

安全设施设计必须符合有关法律、法规、规章和国家标准或者行业标准、技术规范的规定，并尽可能采用先进适用的工艺、技术和可靠的设备、设施。需进行安全预评价的建设项目安全设施设计还应当充分考虑建设项目安全预评价报告提出的安全对策措施。

安全设施设计单位、设计人应当对其编制的设计文件负责。

1. 建设项目安全设施设计内容

建设项目安全设施设计应当包括下列内容：

设计依据；建设项目概述；建设项目潜在的危险、有害因素和危险、有害程度及周边环境安全分析；建筑及场地布置；重大危险源分析及检测监控；安全设施设计采取的防范措施；安全生产管理机构设置或者安全生产管理人员配备要求；从业人员安全生产教育和培训要求；工艺、技术和设备、设施的先进性和可靠性分析；安全设施专项投资概算；安全预评价报告中的安全对策及建议采纳情况；预期效果以及存在的问题与建议；可能出现的事故预防及应急救援措施；法律、法规、规章、标准规定需要说明的其他事项。

2. 安全设施设计审查

（1）安全生产监督管理部门审查　《建设项目安全设施"三同时"监督管理办法》第七条第（一）项、第（二）项、第（三）项、第（四）项规定的建设项目安全设施设计完成后，生产经营单位应当按照本办法第五条的规定向安全生产监督管理部门提出审查申请，并提交下列文件资料：

① 建设项目审批、核准或者备案的文件；

② 建设项目安全设施设计审查申请；

③ 设计单位的设计资质证明文件；

④ 建设项目安全设施设计；

⑤ 建设项目安全预评价报告及相关文件资料；

⑥ 法律、行政法规、规章规定的其他文件资料。

建设项目安全设施设计有下列情形之一的，不予批准，并不得开工建设：

① 无建设项目审批、核准或者备案文件的；

② 未委托具有相应资质的设计单位进行设计的；

③ 安全预评价报告由未取得相应资质的安全评价机构编制的；

④ 设计内容不符合有关安全生产的法律、法规、规章和国家标准或者行业标准、技术规范的规定的；

⑤ 未采纳安全预评价报告中的安全对策和建议，且未作充分论证说明的；

⑥ 不符合法律、行政法规规定的其他条件的。

建设项目安全设施设计审查未予批准的，生产经营单位经过整改后可以向原审查部门申请再审。

已经批准的建设项目及其安全设施设计有下列情形之一的，生产经营单位应当报原批准部门审查同意；未经审查同意的，不得开工建设：

① 建设项目的规模、生产工艺、原料、设备发生重大变更的；

② 改变安全设施设计且可能降低安全性能的；

③ 在施工期间重新设计的。

（2）生产经营单位组织审查　《建设项目安全设施"三同时"监督管理办法》第七条第（一）项、第（二）项、第（三）项和第（四）项规定以外的建设项目安全设施设计，由生产经营单位按要求组织审查，并形成书面报告备查。

（三）建设项目安全设施施工和竣工验收阶段

1. 安全设施施工

建设项目安全设施的施工应当由取得相应资质的施工单位进行，并与建设项目主体工程同时施工。

施工单位应严格按照安全设施设计和相关施工技术标准、规范施工，并对安全设施的工程质量负责。施工单位发现安全设施设计文件有错漏的，应当及时向生产经营单位、设计单位提出。生产经营单位、设计单位应当及时处理。施工单位发现安全设施存在重大事故隐患时，应立即停止施工并报告生产经营单位进行整改。整改合格后，方可恢复施工。

工程监理单位、监理人员应当按照法律、法规和工程建设强制性标准实施监理，并对安全设施工程的工程质量承担监理责任。

建设项目安全设施建成后，生产经营单位应当对安全设施进行检查，对发现的问题及时整改。

2. 安全设施试运行

建设项目竣工后，根据规定建设项目需要试运行的，应当在正式投入生产或者使用前进行试运行。在生产设备调试阶段，应同时对安全设施、措施进行调试和考核，对其效果作出评价。

生产、储存危险化学品的建设项目和化工建设项目，应当在建设项目试运行前将试运行方案报负责建设项目安全许可的安全生产监督管理部门备案。

3. 安全设施竣工验收

（1）安全设施竣工安全验收评价　《建设项目安全设施"三同时"监督管理办法》第七条规定的建设项目安全设施竣工或者试运行完成后，生产经营单位应当委托具有相应资质的安全评价机构对安全设施进行验收评价，并编制建设项目安全验收评价报告。安全验收评价报告应当符合国家标准或者行业标准的规定。

生产、储存危险化学品的建设项目和化工建设项目安全验收评价报告还应当符合有关危险化学品建设项目的规定。

（2）安全设施竣工验收　建设项目竣工投入生产或者使用前，生产经营单位应当根据规定对安全设施进行竣工验收，并形成书面报告备查。生产经营单位对竣工验收中发现的问题进行整改，安全设施竣工验收合格后，方可投入生产和使用。

安全监管部门对本办法第七条第①项、第②项、第③项和第④项规定建设项目竣工验收活动和验收结果的按规定进行监督核查。

（3）安全设施竣工验收的主要内容

① 相关单位的资质条件（工勘、安评、设计、施工、监理）的符合性。

② 安全设施是否符合设计要求（数量、质量）。

③ 安全设施的施工质量：各单项工程应符合设计（包括变更设计要求）；有完备的经监理和业主确认的隐蔽工程记录；有具备资质的监理单位进行工程监理，并有监理记录；法定

检测检验报告；试运行证明安全条件满足生产和使用安全。

④ 安全标志及设置是否符合要求。

⑤ 安全管理机构、安全管理制度是否符合要求。

⑥ 主要负责人及安全管理人员的安全任职资格，特种作业人员操作证书。

⑦ 生产安全事故的预防措施及应急预案是否有效。

⑧ 验收评价报告提出的问题是否落实。

⑨ 安全资金的投入是否满足相关规定。

⑩ "三同时"审查是否落实。

⑪ 工程档案：建设档案、技术档案、管理资料。

（4）不得通过竣工验收的建设项目安全设施　建设项目的安全设施有下列情形之一的，建设单位不得通过竣工验收，并不得投入生产或者使用：

① 未选择具有相应资质的施工单位施工的；

② 未按照建设项目安全设施设计文件施工或者施工质量未达到建设项目安全设施设计文件要求的；

③ 建设项目安全设施的施工不符合国家有关施工技术标准的；

④ 未选择具有相应资质的安全评价机构进行安全验收评价或者安全验收评价不合格的；

⑤ 安全设施和安全生产条件不符合有关安全生产法律、法规、规章和国家标准或者行业标准、技术规范规定的；

⑥ 发现建设项目试运行期间存在事故隐患未整改的；

⑦ 未依法设置安全生产管理机构或者配备安全生产管理人员的；

⑧ 从业人员未经过安全生产教育和培训或者不具备相应资格的；

⑨ 不符合法律、行政法规规定的其他条件的。

（5）档案　生产经营单位应当按照档案管理的规定，建立建设项目安全设施"三同时"文件资料档案，并妥善保存。

建设项目安全设施未与主体工程同时设计、同时施工或者同时投入使用的，安全生产监督管理部门对与此有关的行政许可一律不予审批，同时责令生产经营单位立即停止施工、限期改正违法行为，对有关生产经营单位和人员依法给予行政处罚。

🔄 本章小结

　　本章内容主要包括我国安全生产工作机制，生产经营单位应具备的基本安全生产条件，安全生产责任制度、安全教育制度、安全检查制度、安全技术措施计划制度、生产安全事故调查与处理制度、生产安全事故隐患排查处理制度以及建设项目安全设施"三同时"监督管理制度。能够对生产经营单位是否满足基本安全生产条件做出判断，熟知安全管理部门及安全管理人员的职责，能够拟订安全检查表，熟知安全教育培训的要求及内容，熟知事故报告及事故现场处理的基本要求可作为本章学习的重点。

👥 课堂讨论题

1. 生产经营单位应具备的基本安全生产条件有哪些？
2. 如何建立及完善生产经营单位的安全生产责任制度？
3. 各级各类人员安全教育培训的主要内容有哪些？
4. 安全检查的内容涉及哪些方面？安全管理人员在安全检查前应做好哪些准备工作？
5. 如何实施事故报告及事故现场处理？事故调查应搜集哪些证据？

🐸 能力训练项目

项目名称：编制某某行业企业（如建筑施工单位）**安全管理检查表**

项目要求：本项目应包括以下内容：

1. 编制说明（如编制检查表的意义）；
2. 编制依据（相关的法规标准等）；
3. 检查表格式可参照下表：

序号	检查项目及内容	依据法规标准	检查结果	备注
1				
1.1				
1.2				
...				
2				
2.1				
2.2				
...				

4. 安全检查表的使用说明。如本检查表的适用性、检查结果符号使用建议等。

✏️ 思考题

1. 生产经营单位安全生产应具备的基本条件包括哪些方面？
2. 安全生产投入主要用在哪些方面？
3. 如何落实安全教育制度？
4. 如何落实安全检查制度？
5. 如何落实安全技术措施计划制度？
6. 根据安全标志的基本含义可将其分为哪几类？各代表什么意义？
7. 工作场所职业病危害警示标识有哪些类型？
8. 如何落实安全生产事故隐患排查与治理工作？

9.已知某危险品生产企业上年度实际营业收入为 12 亿元人民币,试依据《企业安全生产费用提取和使用管理办法》(财企〔2012〕16 号),试计算该企业本年度平均逐月提取的安全费用应为多少万元人民币?

10.重大事故隐患治理方案应当包括哪些内容?

11.哪些项目必须进行安全预评价?

12.建设项目安全设施设计应当包括哪些内容?

第八章

事故应急救援与伤亡事故统计分析

知识目标　1. 掌握应急管理的主要内容，熟悉事故应急救援体系的基本内容。
　　　　　2. 熟悉企业事故应急救援预案的基本内容。
　　　　　3. 了解事故应急救援预案演练与评价的基本内容。
　　　　　4. 熟悉事故统计指标及内涵，了解生产安全事故报表和事故综合分析的方法。
　　　　　5. 熟知伤亡事故经济损失的基本内容。
能力目标　1. 能够参与企业事故应急救援预案的制定。
　　　　　2. 能够对事故进行统计，并进行初步的分析。

随着现代工业的迅猛发展，生产过程中存在着巨大能量和危险有害物质，一旦发生重大事故，往往造成惨重的人员伤亡、财产损失和环境破坏。由于自然或技术的局限等原因，对于不可能完全避免的重大事故或灾害，建立重大事故应急救援体系，实施及时有效的应急救援行动，已成为抵御重大事故风险、控制灾害蔓延、降低危害后果的重要手段。

第一节　事故应急救援体系

一、事故应急救援的基本任务

事故应急救援的总目标是通过有效的应急救援行动，尽可能地降低事故的后果，包括人员伤亡、财产损失和环境破坏等。事故应急救援的基本任务包括以下几项。

① 立即组织营救受害人员，组织撤离或者采取其他措施保护危害区域内的其他人员。抢救受害人员是应急救援的首要任务。在应急救援行动中，快速、有序、有效地实施现场急救与安全转送伤员，是降低事故伤亡率、减少事故损失的关键。由于重大事故往往发生突然、扩散迅速、涉及范围广、危害大，应及时指导和组织群众采取各种措施进行自身防护，必要时迅速撤离出危险区或可能受到危害的区域。在撤离过程中，应积极组织群众开展自救和互救工作。

② 迅速控制危险源，并对事故造成的危害进行监测，测定事故的危害区域、危害性质及危害程度。及时控制住造成事故的危险源是应急救援工作的重要任务。只有及时地控制住危险源，防止事故的继续扩展，才能及时有效地进行救援。特别对发生在城市或人口稠密地区的化学事故，应尽快组织事故救援专业队伍、相关专家以及事故单位技术人员一起及时控制事故继续扩展。

③ 尽快消除危害后果，做好现场恢复。针对事故对人体、动植物、土壤、空气等造成的现实危害和可能的危害，迅速采取封闭、隔离、洗消、监测等措施，防止对人的继续危害和对环境的污染。及时清理废墟和恢复基本设施，将事故现场恢复至相对稳定的状态。

④ 查清事故原因，评估危害程度。事故发生后应及时调查事故的发生原因和事故性质，评估出事故的危害范围和危险程度，查明人员伤亡情况，做好事故原因调查，并总结救援工作中的经验和教训。

二、事故应急救援的相关法律法规要求

《中华人民共和国安全生产法》《危险化学品安全管理条例》《关于特大安全事故行政责任追究的规定》《特种设备安全监察条例》《生产安全事故应急条例》等法律法规，对编制生产安全事故应急救援预案以及对危险化学品、特大安全事故、重大危险源等的应急救援工作提出了相应的规定和要求。

《中华人民共和国安全生产法》第十八条规定："生产经营单位的主要负责人具有组织制定并实施本单位的生产安全事故应急救援预案的职责。"第三十七条规定："生产经营单位对重大危险源应当制定应急救援预案，并告知从业人员和相关人员在紧急情况下应当采取的应急措施。"第七十七条规定："县级以上地方各级人民政府应当组织有关部门制定本行政区域内生产安全事故应急救援预案，建立应急救援体系。"第七十八条规定："生产经营单位应当制定本单位生产安全事故应急救援预案，与所在地县级以上地方人民政府组织制定的生产安全事故应急救援预案相衔接，并定期组织演练。"

《危险化学品安全管理条例（修订版）》第六十九条规定："县级以上地方人民政府安全生产监督管理部门应当会同工业和信息化、环境保护、公安、卫生、交通运输、铁路、质量监督检验检疫等部门，根据本地区实际情况，制定危险化学品事故应急预案，报本级人民政府批准。"第七十条规定："危险化学品单位应当制定本单位危险化学品事故应急预案，配备应急救援人员和必要的应急救援器材、设备，并定期组织应急救援演练。危险化学品单位应当将其危险化学品事故应急预案报所在地设区的市级人民政府安全生产监督管理部门备案。"

国务院《关于特大安全事故行政责任追究的规定》第七条规定："市（地、州）、县（市、区）人民政府必须制定本地区特大安全事故应急处理预案。"

《特种设备安全监察条例》（国务院令第549号，自2009年5月1日起施行）第六十五条规定："特种设备安全监督管理部门应当制定特种设备应急预案。特种设备使用单位应当制定事故应急专项预案，并定期进行事故应急演练。"第六十六条规定："特种设备事故发生后，事故发生单位应当立即启动事故应急预案，组织抢救，防止事故扩大，减少人员伤亡和财产损失，并及时向事故发生地县以上特种设备安全监督管理部门和有关部门报告。"

国务院《使用有毒物品作业场所劳动保护条例》规定："从事使用高毒物品作业的用人单位，应当配备应急救援人员和必要的应急救援器材、设备，制定事故应急救援预案，并根据实际情况变化对应急预案适时进行修订，定期组织演练。事故应急救援预案和演练记录应当报当地卫生行政部门、安全生产监督管理部门和公安部门备案。"

《职业病防治法》规定："用人单位应当建立、健全职业病危害事故应急救援预案。"

《中华人民共和国消防法》规定："消防安全重点单位应当制定灭火和应急疏散预案，定期组织消防演练。"

《生产安全事故应急条例》第五条规定："县级以上人民政府及其负有安全生产监督管理

职责的部门和乡、镇人民政府以及街道办事处等地方人民政府派出机关，应当针对可能发生的生产安全事故的特点和危害，进行风险辨识和评估，制定相应的生产安全事故应急救援预案，并依法向社会公布。生产经营单位应当针对本单位可能发生的生产安全事故的特点和危害，进行风险辨识和评估，制定相应的生产安全事故应急救援预案，并向本单位从业人员公布。"

2006 年 1 月 8 日，国务院发布了《国家突发公共事件总体应急预案》，明确了各类突发公共事件分级分类和预案框架体系，规定了国务院应对特别重大突发公共事件的组织体系、工作机制等内容，是指导预防和处置各类突发公共事件的规范性文件。预案中规定，国务院是突发公共事件应急管理工作的最高行政领导机构；国务院办公厅设国务院应急管理办公室，履行值守应急、信息汇总和综合协调职责，发挥运转枢纽作用；国务院有关部门依据有关法律、行政法规和各自职责，负责相关类别突发公共事件的应急管理工作；地方各级人民政府是本行政区域突发公共事件应急管理工作的行政领导机构。预案将突发公共事件分为自然灾害、事故灾难、公共卫生事件、社会安全事件四类，按照各类突发公共事件的性质、严重程度、可控性和影响范围等因素，将公共突发事件分为四级，即 I 级（特别重大）、II 级（重大）、III 级（较大）和IV级（一般）。特别重大或者重大突发公共事件发生后，省级人民政府、国务院有关部门要在 4h 内向国务院报告，同时通报有关地区和部门。

《国家突发公共事件总体应急预案》发布后，国务院又相继发布了《国家安全生产事故灾难应急预案》《国家处置铁路行车事故应急预案》《国家处置民用航空器飞行事故应急预案》《国家海上搜救应急预案》《国家处置城市地铁事故灾难应急预案》《国家处置电网大面积停电事件应急预案》《国家核应急预案》《国家突发环境事件应急预案》和《国家通信保障应急预案》等事故灾难突发事件专项应急预案。

《国家安全生产事故灾难应急预案》适用于特别重大安全生产事故灾难、超出省级人民政府处置能力或者跨省级行政区、跨多个领域（行业和部门）的安全生产事故灾难以及需要国务院安全生产委员会处置的安全生产事故灾难等。

三、事故应急管理过程

尽管重大事故的发生具有突发性和偶然性，但重大事故的应急管理不只限于事故发生的应急救援行动。应急管理是对重大事故的全过程管理，贯穿于事故发生前、中、后的各个过程。应急管理又是一个动态的过程，包括预防、准备、响应和恢复四个阶段。尽管在实际情况中这些阶段往往是交叉的，但每阶段都有其明确的目标，而且后一阶段又是构筑在前一阶段的基础之上，因而预防、准备、响应和恢复相互关联，构成了重大事故应急管理的循环过程。

（1）预防　在应急管理中预防有两层含义，首先是事故的预防工作，即通过安全管理和安全技术等手段，尽可能地防止事故的发生，实现本质安全；其次是在假定事故必然发生的前提下，通过预先采取的预防措施，达到降低或减缓事故的影响或后果的目的，如加大建筑物的安全距离、工厂选址的安全规划、减少危险物品的存量、设置防护墙以及开展公众教育等。从长远看，低成本、高效率的预防措施是防止事故发生或减少事故损失的关键。

（2）准备　应急准备是应急管理过程中一个极其关键的过程。它是针对可能发生的事故，为迅速有效地开展应急行动而预先所做的各种准备，包括应急体系的建立、有关部门和人员职责的落实、预案的编制、应急队伍的建设、应急设备（施）与物资的准备和维护、预案的演练、与外部应急力量的衔接等，其目标是保持重大事故应急救援所需的应急能力。

（3）响应　应急响应是在事故发生后立即采取的应急行动，包括事故的报警与通报、人员的紧急疏散、急救与医疗、消防和工程抢险措施、信息收集与应急决策、外部求援等。其目标是尽可能地抢救受害人员，保护可能受威胁的人群，尽可能控制并消除事故。

（4）恢复　恢复工作应在事故发生后立即进行。首先应使事故影响区域恢复到相对安全的基本状态，然后逐步恢复到正常状态。要求立即进行的恢复工作包括事故损失评估、原因调查、清理废墟等。在短期恢复工作中，应注意避免出现新的紧急情况。长期恢复包括厂区重建和受影响区域的重新规划和发展。在长期恢复工作中，应汲取事故和应急救援的经验教训，开展进一步的预防工作和减灾行动。

四、事故应急救援体系的建立

1. 事故应急救援体系的基本构成

由于潜在的重大事故风险多种多样，所以相应每一类事故灾难的应急救援措施可能千差万别，但其基本应急模式是一致的。构建应急救援体系，应贯彻顶层设计和系统论的思想，以事件为中心，以功能为基础，分析和明确应急救援工作的各项需求，在应急能力评估和应急资源统筹安排的基础上，科学地建立规范化、标准化的应急救援体系，保障各级应急救援体系的统一和协调。

一个完整的应急救援体系应由组织体制、运作机制、法制基础和应急保障系统四部分构成，如图 8-1 所示。

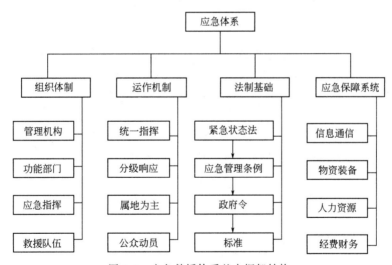

图 8-1　应急救援体系基本框架结构

（1）组织体制　应急救援体系组织体制建设中的管理机构是指维持应急日常管理的负责部门；功能部门包括与应急活动有关的各类组织机构，如消防机构、医疗机构等；应急指挥是在应急预案启动后，负责应急救援活动场外与场内指挥系统；而救援队伍则由专业和志愿人员组成。

（2）运作机制　应急救援活动一般划分为应急准备、初级响应、扩大应急和应急恢复四个阶段，应急机制与这四个阶段的应急活动密切相关。应急运作机制主要由统一指挥、分级响应、属地为主和公众动员这四个基本机制组成。

统一指挥是应急活动的最基本原则。应急指挥一般可分为集中指挥与现场指挥，或场外指挥与场内指挥等。无论采用哪一种指挥系统，都必须实行统一指挥的模式，无论应急救援活动涉及单位的行政级别高低还是隶属关系不同，但都必须在应急指挥部的统一组织协调下行动，有令则行，有禁则止，统一号令，步调一致。

分级响应是指在初级响应到扩大应急的过程中实行的分级响应的机制。扩大或提高应急级别的主要依据是事故灾难的危害程度，影响范围和控制事态能力。影响范围和控制事态能力是"升级"的最基本条件。扩大应急救援主要是提高指挥级别、扩大应急范围等。

属地为主强调"第一反应"的思想和以现场应急、现场指挥为主的原则。

公众动员机制是应急机制的基础，也是整个应急体系的基础。

（3）法制基础　法制建设是应急体系的基础和保障，也是开展各项应急活动的依据，与应急有关的法规可分为四个层次：由立法机关通过的法律，如紧急状态法等；由政府颁布的规章，如应急救援管理条例等；包括预案在内的以政府令形式颁布的政府法令、规定等；与应急救援活动直接有关的标准或管理办法等。

（4）应急保障系统　列于应急保障系统第一位的是信息与通信系统，构筑集中管理的信息通信平台是应急体系最重要的基础建设。应急信息通信系统要保证所有预警、报警、警报、报告、指挥等活动的信息交流快速、顺畅、准确，以及信息资源共享；物资与装备不仅要保证有足够的资源，而且还要实现快速、及时供应到位；人力资源保障包括专业队伍的加强、志愿人员以及其他有关人员的培训教育；应急财务保障应建立专项应急科目，如应急基金等，以保障应急管理运行和应急反应中各项活动的支出。

2. 事故应急救援体系响应机制

重大事故应急救援体系应根据事故的性质、严重程度、事态发展趋势和控制能力实行分级响应机制，对不同的响应级别，相应地明确事故的通报范围、应急中心的启动程度、应急力量的出动和设备、物资的调集规模、疏散的范围、应急总指挥的职位等。典型的响应级别通常可分为三级。

（1）一级紧急情况　必须利用所有有关部门及一切资源的紧急情况，或者需要各个部门同外部机构联合处理的各种紧急情况，通常要宣布进入紧急状态。在该级别中，做出主要决定的职责通常是紧急事务管理部门。现场指挥部可在现场做出保护生命和财产以及控制事态所必需的各种决定。解决整个紧急事件的决定，应该由紧急事务管理部门负责。

（2）二级紧急情况　需要两个或更多个部门响应的紧急情况。该事故的救援需要有关部门的协作，并且提供人员、设备或其他资源。该级响应需要成立现场指挥部来统一指挥现场的应急救援行动。

（3）三级紧急情况　能被一个部门正常可利用的资源处理的紧急情况。正常可利用的资源指在该部门权力范围内通常可以利用的应急资源，包括人力和物力资源等。必要时，该部门可以建立一个现场指挥部，所需的后勤支持、人员或其他资源增援由本部门负责解决。

3. 事故应急救援体系响应程序

事故应急救援系统的应急响应程序按过程可分为接警、响应级别确定、应急启动、救援行动、事态控制、应急恢复和应急结束等过程，如图8-2所示。

（1）接警与响应级别确定　接到事故报警后，按照工作程序，对警情做出判断，初步确

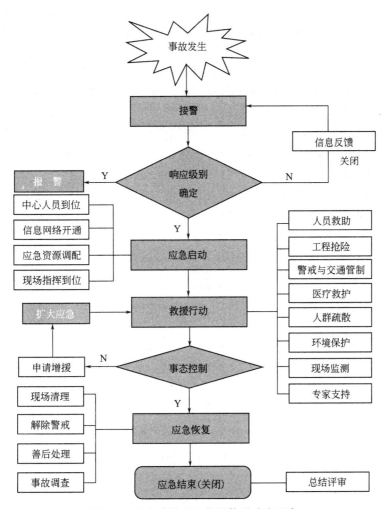

图 8-2　重大事故应急救援体系响应程序

定相应的响应级别。如果事故不足以启动应急救援体系的最低响应级别，响应关闭。

（2）应急启动　应急响应级别确定后，按所确定的响应级别启动应急程序，如通知应急中心有关人员到位、开通信息与通信网络、通知调配救援所需的应急资源（包括应急队伍、应急物资、应急装备等）、成立现场指挥部等。

（3）救援行动　有关应急队伍进入事故现场后，迅速开展事故侦测、警戒、疏散、人员救助、工程抢险等有关应急救援工作，专家组为救援决策提供建议和技术支持。当事态超出响应级别无法得到有效控制时，向应急中心请求实施更高级别的应急响应。

（4）应急恢复　救援行动结束后，进入临时应急恢复阶段。该阶段主要包括现场清理、人员清点和撤离、警戒解除、善后处理和事故调查等。

（5）应急结束　执行应急关闭程序，由事故总指挥宣布应急结束。

4. 现场指挥系统的组织结构

重大事故的现场情况往往十分复杂，且汇集了各方面的应急力量与大量的资源，应急救援行动的组织、指挥和管理成为重大事故应急工作所面临的一个严峻挑战。应急过程中存在的主要问题有：①太多的人员向事故指挥官汇报；②应急响应的组织结构各异，机构间缺乏协调机制，且术语不同；③缺乏可靠的事故相关信息和决策机制，应急救援的整体目标不清或不明；④通信不兼容或不畅；⑤授权不清或机构对自身现场的任务、目标不清。

对事故势态的管理方式决定了整个应急行动的效率。为保证现场应急救援工作的有效实施，必须对事故现场的所有应急救援工作实施统一的指挥和管理，即建立事故指挥系统，形成清晰的指挥链，以便及时地获取事故信息、分析和评估势态，确定救援的优先目标，决定如何实施快速、有效的救援行动和保护生命的安全措施，指挥和协调各方应急力量的行动，高效地利用可获取的资源，确保应急决策的正确性和应急行动的整体性和有效性。

现场应急指挥系统的结构应当在紧急事件发生前就已建立，预先对指挥结构达成一致意见，将有助于保证应急各方明确各自的职责，并在应急救援过程中更好地履行职责。现场指挥系统模块化的结构由指挥、行动、策划、后勤以及资金/行政共五个核心应急响应职能组成，如图 8-3 所示。

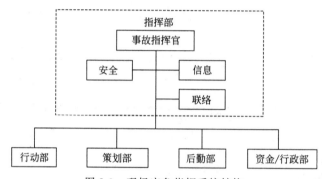

图 8-3　现场应急指挥系统结构

（1）事故指挥官　事故指挥官负责现场应急响应所有方面的工作，包括确定事故目标及实现目标的策略，批准实施书面或口头的事故行动计划，高效地调配现场资源，落实保障人员安全与健康的措施，管理现场所有的应急行动。事故指挥官可将应急过程中的安全问题、信息收集与发布以及与应急各方的通信联络分别指定相应的负责人，如信息负责人、联络负责人和安全负责人。各负责人直接向事故指挥官汇报。其中，信息负责人负责及时收集、掌握准确完整的事故信息，包括事故原因、大小、当前的形势、使用的资源和其他综合事务，并向新闻媒体、应急人员及其他相关机构和组织发布事故的有关信息；联络负责人负责与有关支持和协作机构联络，包括到达现场的上级领导、地方政府领导等；安全负责人负责对可能遭受的危险或不安全情况提供及时、完善、详细、准确的危险预测和评估，制定并向事故指挥官建议确保人员安全和健康的措施，从安全方面审查事故行动计划，制订现场安全计划等。

（2）行动部　行动部负责所有主要的应急行动，包括消防与抢险、人员搜救、医疗救治、疏散与安置等。所有的行动都依据事故行动计划来完成。

（3）策划部　策划部负责收集、评价、分析及发布事故相关的信息，准备和起草事故行动计划，并对有关的信息进行归档。

（4）后勤部　后勤部负责为事故的应急响应提供设备、设施、物资、人员、运输、服务等。

（5）资金/行政部　资金/行政部负责跟踪事故的所有费用并进行评估，承担其他职能未涉及的管理职责。

事故现场指挥系统的模块化结构的一个最大优点是允许根据现场的行动规模，灵活启用指挥系统相应的部分结构，因为很多的事故可能并不需要启动策划、后勤或资金/行政模块。需要注意的是，对没有启用的模块，其相应的职能由现场指挥官承担，除非明确指定给某一负责人。当事故规模进一步扩大，响应行动涉及跨部门、跨地区或上级救援机构加入时则可能需要开展联合指挥，即由各有关主要部门代表成立联合指挥部，该模块化的现场系统则可以很方便地扩展为联合指挥系统。

不断加强各级政府应急救援体系建设是实现建立大安全大应急框架、完善公共安全体系、推动公共安全治理模式向事前预防转型的重要途径与内容。

第二节　生产安全事故应急救援预案的策划与编制

一、　生产安全事故应急救援预案的作用

事故应急预案在应急救援体系中起着关键作用，它明确了在突发事故发生之前、发生过程中以及刚刚结束之后，谁负责做什么、何时做，以及相应的策略和资源准备等。它是针对可能发生的重大事故及其影响和后果的严重程度，为应急准备和应急响应的各个方面所预先做出的详细安排，是开展及时、有序和有效的事故应急救援工作的行动指南。

① 应急预案明确了应急救援的范围和体系，使应急准备和应急管理有据可依、有章可循，尤其是对于应急培训和演习工作的开展。

② 制定应急预案有利于做出及时、有效的应急响应，降低事故的危害程度。

③ 事故应急预案成为各类突发重大事故的应急基础。通过编制基本应急预案，可保证应急预案足够灵活，对那些事先无法预料到的突发事件或事故，也可以起到基本的应急指导作用，成为开展应急救援的"底线"。在此基础上，可以针对特定危害编制专项应急预案，有针对性地制定应急措施、进行专项应急准备和演习。

④ 当发生超过应急能力的重大事故时，便于与上级应急部门的协调。

⑤ 有利于提高风险防范意识。

二、策划编制应急救援预案应考虑的因素

为确保编制的应急预案重点突出，能够充分反映主要的重大事故风险，并避免预案相互孤立、交叉和矛盾，将所有影响事故发生的因素考虑周全是至关重要的。策划编制重大事故应急预案时应充分考虑下列因素。

① 国家、行业及地方相关法律、法规、规章和标准的规定和要求。

② 本地区的地质、气象、水文等不利的自然条件（如地震、洪水、台风等）及其影响。

③ 本地区以及国家和上级机构已制定的应急预案的情况。

④ 本地区以往灾难事故的发生情况。

⑤ 功能区布置及相互影响情况。

⑥ 周边重大危险可能带来的影响。

⑦ 重大危险源普查的结果，包括重大危险源的数量、种类及分布情况，重大事故隐患情况等。

三、生产安全事故应急预案编制程序及发布实施

生产经营单位应急预案编制程序包括成立应急预案编制工作组、资料收集、危险源辨识与风险评估、应急能力评估、编制应急预案和应急预案评审六个步骤。

1. 成立应急预案编制工作组

由本单位有关负责人任组长，吸收与应急预案有关的职能部门和单位的人员，以及有现场处置经验的人员参加。

生产经营单位应结合本单位部门职能和分工，成立以本单位主要负责人为组长、本单位与应急救援职能相关的部门人员参加的应急预案编制工作组，主要吸收有现场处置经验的人员参加。明确工作职责和任务分工，制订工作计划，组织开展应急预案编制工作。

2. 资料收集

应急预案编制工作组可参考本教材前述"二、策划编制应急预案应考虑的因素"收集与预案编制工作相关的法律法规、技术标准、国内外同行业事故等资料，以及本单位及周边区域已有应急资源等有关资料信息。

3. 危险源辨识与风险评估

核心内容是对可能发生的重大事故风险进行充分的辨识评估。主要内容包括：①在前期相关资料消化的基础上，分析生产经营单位存在的危险因素，确定事故危险源；②分析可能发生的事故类型及后果，并指出可能产生的次生、衍生事故；③评估事故的危害程度和影响范围，提出风险防控措施。

4. 应急能力评估

依据风险评估结果分析应急资源需求，在全面调查和客观分析生产经营单位应急队伍、装备物资等应急资源状况基础上，开展应急能力评估，并依据评估结果完善应急保障措施。

5. 编制应急预案

依据生产经营单位风险评估及应急能力评估结果，确定本单位应急预案体系（具体内容见本节其他部分）框架，并依据分工组织编制。应急预案编制应注重系统性和可操作性，做到与相关部门和单位应急预案相衔接。应急预案编制格式参见《生产经营单位生产安全事故应急预案编制导则》（GB/T 29639）附录 A。

6. 应急预案的评审与发布

应急预案编制完成后，生产经营单位应组织评审。评审分为内部评审和外部评审，以确保应急预案的科学性、合理性以及与实际情况的符合性。内部评审由生产经营单位主要负责人组织本单位有关部门和人员进行评审，外部评审由生产经营单位组织外部有关专家和人员进行评审。应急预案评审合格后，由生产经营单位主要负责人签发实施，并进行备案管理。

7. 应急预案实施

预案经批准发布后，应组织落实预案中的各项工作，如开展应急预案宣传、教育和培训，落实应急资源并定期检查，确保应急设备设施始终处于正常状态，依法依规组织开展应急演习和训练，建立电子化的应急预案，对应急预案实施动态管理与更新，并不断完善。

四、事故应急预案体系构建

生产经营单位的应急预案体系主要由综合应急预案、专项应急预案和现场处置方案构成，其相互关系如图 8-4 所示。生产经营单位应根据本单位组织管理体系、生产规模、危险源的性质以及可能发生的事故类型确定应急预案体系，并可根据本单位的实际情况，依据相关法规确定是否编制专项应急预案。事故风险单一、危险性小的生产经营单位，可以只编制现场处置方案。此外，应急处置卡也应成为生产经营单位事故应急预案体系构建中不可缺少的内容。

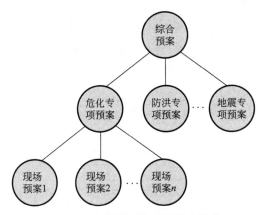

图 8-4　应急预案体系的基本构成

综合应急预案是生产经营单位为应对各种生产安全事故而制定的综合性工作方案，是本单位应对生产安全事故的总体工作程序、措施和应急预案体系的总纲。主要从总体上阐述事故的应急工作原则，包括生产经营单位的应急组织、机构及职责、应急预案体系、事故风险描述、预警及信息报告、应急响应、保障措施、应急预案管理等内容。

专项应急预案，是指生产经营单位为应对某一种（如危险物质泄漏、火灾、某一自然灾害）或者几种类型生产安全事故，或者针对重要生产设施、重大危险源、重大活动防止生产安全事故而制定的专项性工作方案。

现场处置方案，是指生产经营单位根据不同生产安全事故类型，针对具体场所、装置或者设施所制定的应急处置措施。

通过综合预案可以很清晰地了解应急的组织体系、运行机制及预案的文件体系；专项预案则充分考虑了某种特定危险的特点，对应急的形式、组织机构、应急活动等进行更具体的阐述，具有较强的针对性；现场处置方案一般应由生产经营单位依据本单位风险评估结果、岗位操作规程以及危险性控制措施，组织本单位现场作业人员及安全管理等专业人员共同编制，具有更强的针对性和对现场具体应急救援活动的指导性。

生产经营单位在编制应急预案的基础上，针对工作场所、岗位的特点，编制简明、实用、有效的应急处置卡。应急处置卡应当规定重点岗位、人员的应急处置程序和措施，以及相关联络人员和联系方式，便于从业人员携带。

五、事故应急预案基本结构及内容

综合应急预案、专项应急预案和现场处置方案的基本结构及内容详见表 8-1、表 8-2 和

表 8-3。

表 8-1　综合应急预案的基本结构及内容

一级标题	二级标题	主要内容
1.总则	1.1　编制目的	简述应急预案编制的目的
	1.2　编制依据	简述应急预案编制所依据的法律法规规章标准和规范性文件以及相关应急预案等
	1.3　适用范围	简述应急预案适用工作范围和事故类型级别
	1.4　应急预案体系	说明生产经营单位应急预案体系的构成情况,可用框图形式表述
	1.5　应急工作原则	说明应急工作的原则,内容应简洁扼要、明确具体
2.事故风险描述		简述生产经营单位存在或可能发生的事故风险种类、发生的可能性以及严重程度及影响范围等
3.应急组织机构及职责		明确生产经营单位的应急组织形式及组成单位和人员,可用结构图的形式表示,明确构成部门的职责。应急组织机构根据事故类型和应急工作需要,可设置相应的应急工作小组,并明确小组的工作任务及职责
4.预警及信息报告	4.1　预警	根据生产经营单位监测监控系统数据变化状况、事故险情紧急程度和发展态势或有关部门提供的预警信息进行预警,明确预警的条件、方式、方法和信息发布的程序
	4.2　信息报告	信息报告程序主要包括:a.信息接收与通报,明确 24h 应急值守电话事故信息接收通报程序和责任人。b.信息上报,明确事故发生后向上级主管部门、上级单位报告事故信息的流程、内容、时限和责任人。c.信息传递,明确事故发生后向本单位以外的有关部门和单位通报事故信息的方法、程序和责任人
5.应急响应	5.1　响应分级	针对事故危害程度、影响范围和生产经营单位控制事态的能力,对事故应急响应进行分级,明确分级响应的基本原则
	5.2　响应程序	根据事故级别和发展态势,描述应急指挥机构启动、应急资源调配、应急救援、扩大应急等响应程序
	5.3　处置措施	针对可能发生的事故风险、事故危害程度和影响范围,制定相应的应急处置措施,明确处置原则和具体要求
	5.4　应急结束	明确现场应急响应结束的基本条件和要求
6.信息公开		明确向有关新闻媒体、社会公众通报事故信息的部门、负责人和程序以及通报原则
7.后期处置		主要明确污染物处理、生产秩序恢复、医疗救治、人员安置、善后赔偿、应急救援评估等内容
8.保障措施	8.1　通信与信息保障	明确可为生产经营单位提供应急保障的相关单位及人员通讯联系方式和方法,并提供备用方案。同时,建立信息通信系统及维护方案,确保应急期间信息通畅
	8.2　应急队伍保障	明确应急响应的人力资源,包括应急专家、专业应急队伍、兼职应急队伍等
	8.3　物资装备保障	明确生产经营单位的应急物资和装备的类型、数量、性能、存放位置、运输及使用条件、管理责任人及其联系方式等内容
	8.4　其他保障	根据应急工作需求而确定的其他相关保障措施,如经费保障、交通运输保障、治安保障、技术保障、医疗保障、后勤保障等

一级标题	二级标题	主要内容
9.应急预案管理	9.1 应急预案培训	明确对生产经营单位人员开展的应急预案培训计划、方式和要求,使有关人员了解相关应急预案内容,熟悉应急职责、应急程序和现场处置方案。如果应急预案涉及到社区和居民,要做好宣传教育和教育告知等工作
	9.2 应急预案演练	明确生产经营单位不同类型应急预案演练的形式、范围、频次、内容以及演练评估、总结等要求
	9.3 应急预案修订	明确应急预案修订的基本要求,并定期进行评审,实现可持续改进
	9.4 应急预案备案	明确应急预案的报备部门,并进行备案
	9.5 应急预案实施	明确应急预案实施的具体时间,负责制定与解释的部门

表 8-2　专项应急预案的基本结构及主要内容

标题	主要内容
1.事故风险分析	针对可能发生的事故风险,分析事故发生的可能性以及严重程度、影响范围等
2.应急指挥机构及职责	根据事故类型,明确应急指挥机构总指挥、副总指挥以及各成员单位和人员的具体职责。应急指挥机构可以设置相应的应急救援工作小组,明确各小组的工作任务及主要负责人职责
3.处置程序	明确事故及事故险情信息报告程序和内容、报告方式和责任人等内容。根据事故响应级别具体描述事故接警报告和记录、应急指挥机构启动、应急指挥资源调配、应急救援、扩大应急等应急响应程序
4.处置措施	针对可能发生的事故风险、事故危害程度和影响范围,制定相应的应急处置措施,明确处置原则和具体要求。

表 8-3　现场处置方案的基本结构及主要内容

标题	主要内容
1.事故风险分析	主要包括:a.事故类型;b.事故发生的区域地点或装置的名称;c.事故发生的可能时间、事故的危害严重程度及其影响范围;d.事故前可能出现的征兆;e.事故可能引发的次生、衍生事故
2.应急工作职责	根据现场工作岗位组织形式及人员构成,明确各岗位人员的应急工作分工和职责
3.应急处置	主要包括以下内容:a.事故应急处置程序,根据可能发生的事故及现场情况,明确事故报警、各项应急措施启动、应急救护人员的引导、事故扩大及同生产经营单位应急预案的衔接的程序;b.现场应急处置措施,针对可能发生的火灾、爆炸、危险化品泄漏、坍塌、水患、机动车辆伤害等,从人员救护、工艺操作、事故控制、消防现场恢复等方面制定明确的应急处置措施;c.明确报警负责人以及报警电话、上级主管部门、相关应急救援单位联络方式和联系人员,事故报告基本要求和内容
4.注意事项	主要包括:a.佩戴个人防护器具方面的注意事项;b.使用抢险救援器材方面的注意事项;c.采取救援对策和措施方面的注意事项;d.现场自救和互救注意事项;e.现场应急处置能力确认和人员安全防护等事项;f.应急救援结束后的注意事项;g.其他需要特别警示的事项

附件主要内容见表 8-4。

表 8-4　附件主要内容

标题	主要内容
1.有关应急部门、机构和人员的联系方式	列出应急工作中需要联系的部门、机构和人员的多种联系方式,当发生变化时及时进行更新
2.应急物资装备的名录或清单	列出应急预案涉及的主要物资和装备名称、型号、性能、数量、存放地点、运输和使用条件、管理责任人和联系电话等
3.规范化格式文本	应急信息接报、处理、上报等规范化格式文本

续表

标题	主要内容
4.关键的路线、标识和图纸	主要包括：a.警报系统分布及覆盖范围；b.重要防护目标、危险源一览表、分布图；c.应急指挥部位置及救援队伍行动路线；d.疏散路线、警戒范围、重要地点等的标识；e.相关平面布置图纸、救援力量的分布图纸等
5.有关协议或备忘录	列出与相关应急救援部门签订的应急救援协议和备忘录

　　从应急预案文件角度，专项应急预案和现场处置方案均可作为综合应急预案的附件附在综合应急预案的正文之后。应急预案编制格式见二维码8-1。

二维码8-1　应急
预案编制格式

六、应急预案的文件体系

　　从应急救援行动的角度而言，应急预案是应急救援的行动指南，其本身是一个由各层级文件构成的文件体系，为实现科学、有序、有效的应急救援行动提高支撑。

　　应急预案不仅要确定诸多的应急任务，还需要规范每个应急任务，规范完成规定任务的路径以及所需要的资源、信息等。一个完整的应急预案的文件体系包括预案、程序、指导书、记录等，是一个四级文件体系。

　　1.一级文件→预案

　　包括综合应急预案、专项应急预案和现场处置方案，从不同层面对应急工作提出要求。包括总则、危险描述、应急机构职责、应急准备、应急响应、恢复、教育训练以及预案管理等。

　　2.二级文件→程序

　　说明某个行动的目的和范围。程序的内容十分具体，比如要阐明为什么要做（Why）、该做什么（What）、由谁去做（Who）、什么时间去做（When）、什么地点去做（Where）以及如何去做（How）等。

　　3.三级文件→指导书

　　对程序中的特定任务及某些行动细节进行说明，供应急组织内部人员或其他人使用，例如应急队员职责说明书、应急过程检测设备使用说明书等。

　　4.四级文件→记录

　　包括应急行动期间的行动记录、应急人员进出事故危险区的记录、向政府部门递交报告的记录等，也包括应急救援行动前后与应急管理工作相关的工作记录、信息记录、变更记录等。从预案到记录，层层展开，共同构成了一个完善的预案文件体系，从文件管理的角度来看，可以根据这四类预案文件等级分别进行归类管理，既保持了预案文件的完整性，又因其清晰的条理便于查阅和调用。

七、应急预案核心内容编制说明

　　应急预案是针对可能发生的重大事故所需的应急准备工作和应急响应行动而制定的指导

性文件，其核心内容如下所述。

① 对紧急情况或事故灾害及其后果的预测、辨识和评估。

② 规定应急救援各方组织的详细职责。

③ 应急救援行动的指挥与协调。

④ 应急救援中可用的人员、设备、设施、物资、经费保障和其他资源，包括社会和外部援助资源等。

⑤ 在紧急情况或事故灾害发生时保护生命、财产和环境安全的措施。

⑥ 其他，如应急培训和演练，应急预案的管理与评审等。

上述内容对于应急预案能否发挥作用至关重要，分属于应急策划、应急准备、应急响应和应急预案管理。下面对此进行进一步的阐述。

1. 应急策划

应急预案是有针对性的，具有明确的对象，其对象可能是某一类或多类可能发生的重大事故。应急预案的制定必须基于对所针对的潜在事故类型有一个全面系统的认识和评价，识别出重要的事故类型、性质、区域、分布及事故后果，同时，根据危险分析的结果，分析应急救援的应急力量和可用资源情况，并提出建设性意见。在进行应急策划时，应当列出国家、地方相关的法律法规，以作为预案的制定和开展应急工作的依据。应急策划包括危险分析、资源分析和法律法规要求三个方面。

（1）危险分析　危险分析的最终目的是要明确可能存在的重大事故、事故的性质及其影响范围、后果严重程度等，为应急准备、应急响应和减灾措施提供决策和指导依据。危险分析应依据国家和地方有关的法律法规要求，根据具体情况进行。危险分析的结果应能提供：

① 地理、人文（包括人口分布）、地质、气象等信息；

② 功能布局（包括重要保护目标）及交通情况；

③ 重大危险源分布情况及主要危险物质种类、数量及理化、消防等特性；

④ 可能的重大事故种类及对周边的后果分析；

⑤ 特定的时段（如人群高峰时间、度假季节、大型活动等）；

⑥ 可能影响应急救援的不利因素。

（2）资源分析　针对危险分析所确定的主要危险，明确应急救援所需的资源，列出可用的应急力量和资源，包括：

① 各类应急力量的组成及分布情况；

② 各种重要应急设备、物资的准备情况；

③ 上级救援机构或周边可用的应急资源。

通过资源分析，可为应急资源的规划与配备、与相邻地区签订应急资源互助协议和预案编制提供指导。

（3）法律法规要求　有关应急救援的法律法规是开展应急救援工作的重要前提保障。应急策划时，应列出国家、省、地方涉及应急各部门职责要求以及应急预案、应急准备和应急救援的法律法规文件，以作为预案编制和应急救援的依据。

2. 应急准备

应急预案能否在应急救援中成功地发挥作用，不仅取决于应急预案自身的完善程度，还取决于应急准备的充分与否。应急准备应当依据应急策划的结果开展，包括各应急组织及其职责权限的明确、应急资源的准备、公众教育、应急人员培训、预案演练和应急资源互助协议的签署等。

（1）机构与职责　为保证应急救援工作的反应迅速、协调有序，必须建立完善的应急机构组织体系，包括应急管理的领导机构、应急响应中心以及各有关机构部门等。对应急救援中承担任务的所有应急组织，应明确相应的职责、负责人、候补人及联络方式。

（2）应急资源　应急资源的准备是应急救援工作的重要保障，应根据潜在事故的性质和后果分析，合理组建专业和社会救援力量，配备应急救援中所需的消防手段、各种救援机械和设备、监测仪器、堵漏和清消材料、交通工具、个体防护设备、医疗设备和药品、生活保障物资等，并定期检查、维护与更新，保证始终处于完好状态。另外，对应急资源信息应实施有效的管理与更新。

（3）教育、训练与演习　为全面提高应急能力，应急预案应对公众教育、应急训练和演习做出相应的规定，包括其内容、计划、组织与准备、效果评估等。

公众意识和自我保护能力是减少重大事故伤亡不可忽视的一个重要方面。作为应急准备的一项内容，应对公众的日常教育做出规定，尤其是位于重大危险源周边的人群，使他们了解潜在危险的性质和对健康的危害、掌握必要的自救知识，了解预先指定的主要及备用疏散路线和集合地点，了解各种警报的含义和应急救援工作的有关要求。

应急训练的基本内容主要包括基础培训与训练、专业训练、战术训练及其他训练等。

① 基础培训与训练。基础培训与训练的目的是保证应急人员具备良好的体能、战斗意志和作风，明确各自的职责，熟悉潜在重大危险的性质、救援的基本程序和要领，熟练掌握个人防护装备和通讯装备的使用等。

② 专业训练。专业训练关系到应急队伍的实战能力，训练内容主要包括专业常识、破拆、堵源、抢运、清消及现场急救等技术。

③ 战术训练。战术训练是各项专业技术的综合运用，使各级指挥员和救援人员具备良好的组织指挥能力和应变能力。

④ 其他训练。其他训练应根据实际情况，选择开展如防化、气象、侦检技术、综合训练等项目的训练，以进一步提高救援队伍的救援水平。

预案演练是对应急能力的综合检验。应急演练包括桌面演练和实战模拟演练。组织由应急各方参加的预案演练，使应急人员进入"实战"状态，熟悉各类应急处理和整个应急行动的程序，明确自身的职责，提高协同作战的能力。同时，应对演练的结果进行评估，分析应急预案存在的不足并予以改进和完善。

（4）互助协议　当有关的应急力量与资源相对薄弱时，应事先寻求与邻近区域签订正式的互助协议，并做好相应的安排，以便在应急救援中及时得到外部救援力量和资源的援助。此外，也应与社会专业技术服务机构、物资供应企业等签署相应的互助协议。

3. 应急响应

应急响应包括应急救援过程中一系列需要明确并实施的核心应急功能和任务，这些核心功能具有一定的独立性，但相互之间又密切联系，构成了应急响应的有机整体。应急响应的核心功能和任务包括：接警与通知，指挥与控制，警报和紧急公告，通讯，事态监测与评估，警戒与治安，人群疏散与安置，医疗与卫生，公共关系，应急人员安全，消防和抢险，泄漏物控制等。

（1）接警与通知　准确了解事故的性质和规模等初始信息，是决定是否启动应急救援的关键。接警作为应急响应的第一步，必须对接警要求做出明确规定，保证迅速、准确地向报警人员询问事故现场的重要信息。接警人员接受报警后，应按预先确定的通报程序，迅速向有关应急机构、政府及上级部门发出事故通知，以采取相应的行动。

（2）指挥与控制　重大事故的应急救援往往涉及多个救援机构，因此，对应急行动的统一指挥和协调是应急救援有效开展的关键。因此应建立分级响应、统一指挥、协调和决策程序，以便对事故进行初始评估，确认紧急状态，迅速有效地进行应急响应决策，建立现场工作区域，确定重点保护区域和应急行动的优先原则，指挥和协调现场各救援队伍开展救援行动，合理高效地调配和使用应急资源。

（3）警报和紧急公告　当事故可能影响到周边地区，对周边地区的公众可能造成威胁时，应及时启动警报系统，向公众发出警报，同时通过各种途径向公众发出紧急公告，告知事故性质、对健康的影响、自我保护措施、注意事项等，以保证公众能够及时作出自我防护响应。决定实施疏散时，应通过紧急公告确保公众了解疏散的有关信息，如疏散时间、路线、随身携带物、交通工具及目的地等。

该部分应明确在发生重大事故时，如何向受影响的公众发出警报，包括什么时候和谁有权决定启动警报系统、各种警报信号的不同含义、警报系统的协调使用、可使用的警报装置的类型和位置，以及警报装置覆盖的地理区域。如果可能，应指定备用措施。

（4）通讯　通讯是应急指挥、协调和与外界联系的重要保障，在现场指挥部、应急中心、各应急救援组织、新闻媒体、医院、上级政府和外部救援机构等之间，必须建立畅通的应急通讯网络。该部分应说明主要通讯系统的来源、使用、维护以及应急组织通讯需要的详细情况等，并充分考虑紧急状态下的通讯能力和保障，并建立备用的通讯系统。

（5）事态监测与评估　事态监测与评估在应急救援和应急恢复决策中具有关键的支持作用。在应急救援过程中必须对事故的发展势态及影响及时进行动态的监测，建立对事故现场及周围区域进行监测和评估的程序。其中包括：由谁来负责监测与评估活动，监测仪器设备及监测方法，实验室化验及检验支持，监测点的设置，监测点的现场工作及报告程序等。

可能的监测活动包括：事故影响边界，气象条件，对食物、饮用水卫生以及水体、土壤、农作物等的污染，可能的二次反应有害物，爆炸危险性和受损建筑垮塌危险性，以及污染物质滞留区域等。

（6）警戒与治安　为保障现场应急救援工作的顺利开展，在事故现场周围建立警戒区域，实施交通管制，维护现场治安秩序是十分必要的。其目的是防止与救援无关的人员进入事故现场，保障救援队伍、物资运输和人群疏散等的交通畅通，并避免发生不必要的伤亡。此外，警戒与治安还应该协助发出警报、现场紧急疏散、人员清点、传达紧急信息、执行指挥机构的通告、协助事故调查等。对危险物质事故，必须列出警戒人员有关个体防护的准备。

（7）人群疏散与安置　人群疏散是减少人员伤亡扩大的关键，也是最彻底的应急响应。应当对疏散的紧急情况和决策、预防性疏散准备、疏散区域、疏散距离、疏散路线、疏散运输工具、安全庇护场所以及回迁等做出细致的规定和准备，应充分考虑疏散人群的数量、所需要的时间和可利用的时间、风向等环境变化，以及老弱病残等特殊人群的疏散等问题。对已实施临时疏散的人群，要做好临时生活安置，保障必要的水、电、卫生等基本条件。

（8）医疗与卫生 对受伤人员采取及时有效的现场急救以及合理地转送医院进行治疗，是减少事故现场人员伤亡的关键。在该部分应明确针对可能的重大事故，为现场急救、伤员运送、治疗及健康监测等所做的准备和安排，包括：可用的急救资源列表，如急救中心、救护车和现场急救人员的数量；医院、职业中毒治疗及烧伤等专科医院的列表，如数量、分布、可用病床数量、治疗能力等；抢救药品、医疗器械、消毒、解毒药品等的城市内、外来源和供给；医疗人员必须了解区域内主要危险对人群造成伤害的类型，并经过相应的培训，掌握对危险化学品受伤害人员进行正确消毒和治疗的方法。

（9）公共关系 重大事故发生后，不可避免地会引起新闻媒体和公众的关注。因此，应将有关事故的信息、影响、救援工作的进展等情况及时向媒体和公众进行统一发布，以消除公众的恐慌心理，防止谣言的产生、控制谣言的传播，避免公众的猜疑和不满。该部分应明确信息发布的审核和批准程序，保证发布信息的统一性；指定新闻发言人，适时举行新闻发布会，准确发布事故信息，及时澄清事故传言；为公众咨询、接待、安抚受害人员家属做出安排。

（10）应急人员安全 重大事故尤其是涉及危险物质的重大事故的应急救援工作危险性极大，必须对应急人员自身的安全问题进行周密的考虑，包括安全预防措施、个体防护等级、现场安全监测等，明确应急人员进出现场和紧急撤离的条件和程序，保证应急人员的安全。

（11）消防和抢险 消防和抢险是应急救援工作的核心内容之一，其目的是为尽快地控制事故的发展，防止事故的蔓延和进一步扩大，从而最终控制住事故，并积极营救事故现场的受害人员。尤其是涉及危险物质的泄漏、火灾事故，其消防和抢险工作的难度和危险性巨大。该部分应对消防和抢险工作的组织、相关消防抢险设施、器材和物资、人员的培训、行动方案以及现场指挥等做好周密的安排和准备。

（12）泄漏物控制 危险物质的泄漏以及灭火用的水由于溶解了有毒蒸气都有可能对环境造成重大影响，同时也会给现场救援工作带来更大的危险，因此必须对危险物质的泄漏物进行控制。该部分应明确可用的收容装备（泵、容器、吸附材料等）、洗消设备（包括喷雾洒水车辆）及洗消物资，并建立洗消物资供应企业的供应情况和通信名录，保证对泄漏物的及时围堵、收容、清消和妥善处置。

（13）现场恢复 现场恢复也可称为紧急恢复，是指事故被控制住后所进行的短期恢复，从应急过程来说意味着应急救援工作的结束，进入到另一个工作阶段，即将现场恢复到一个基本稳定的状态。大量的经验教训表明，在现场恢复的过程中仍存在潜在的危险，如余烬复燃、受损建筑倒塌等，所以应充分考虑现场恢复过程中可能的危险。该部分主要内容应包括：宣布应急结束的程序；撤离和交接程序；恢复正常状态的程序；现场清理和受影响区域的连续检测；事故调查与后果评价等。

4. 预案管理与评审改进

应急预案是应急救援工作的指导文件，具有法规权威性，所以应当对预案的制定、修改、更新、批准和发布依据相关法律法规作出明确的管理规定，并保证定期或在应急演练、应急救援后对应急预案进行评审，针对实际情况以及预案中所暴露出的缺陷，不断地更新、完善和改进。

八、企业重大事故应急预案实例

××化学工业股份有限公司化肥厂重大事故应急救援预案

1. 企业基本情况

（1）企业简介（略）

（2）企业基本情况（略）　主要包括：企业主要装置的生产能力及产量；化学危险物品的品名及正常储量；厂内职工三班的分布人数；工厂地理位置，地形特点；厂区占地面积，周边纵向、横向距离；距厂围墙外 500m、1000m 范围内的居民（包括工矿企事业单位及人数）；气象状况等。

（3）危险性分析　本厂是一个以生产化肥为主的大型化工企业，工艺流程复杂，具有易燃、易爆、有毒及生产过程连续性的特点。主要产品有合成氨、硝铵、尿素、浓硝酸、辛醇、甲醇等 25 种。

上述物质在突然泄漏、操作失控或自然灾害的情况下，存在着火灾爆炸、人员中毒、窒息等严重事故的潜在危险。

本厂化学事故的可能性尤以 NH_3（氨气、液氨）储存量最大而最危险。

（4）厂内外消防设施及人员状况　本厂上级公司建有企业专职消防队。市消防中队有消防车×辆驻本厂，专职消防队员××人。

本厂设有气体防护站，救护车×台，专职防护员××人，司机×人，器材维修工×人，防护站长×人。

（5）本厂医疗设施及厂外医疗结构　本厂有防化民兵连应急分队××人，厂前有职工医院驻厂卫生所，有医护人员××人。全厂职工基本熟知防护常识。

2. 重大危险源的确定及分布

① 根据本厂生产、使用、储存化学危险物品的品种、数量、危险性质以及可能引起重大事故的特点，确定以下三个危险场所（设备）为重大危险源。

1号危险源　合成车间 671 工号 9 台卧式液氨储槽，$9×70m^3=630m^3$

2号危险源　合成车间 671 工号室外西北角 2 个液氨球罐，$2×120m^3=240m^3$

3号危险源　合成车间两台氨气柜一大一小，大气柜已报废，小气柜 $1×2400m^3=2400m^3$

危险源分布见附图（略）。

② 毒物名称、级别、波及范围。NH_3（氨气、液氨）发生事故部位、级别、可能波及的范围如下。

项　目	一 般 事 故	重 大 事 故
1号危险源 NH_3（液氨）	厂区	周边界区
2号危险源 NH_3（液氨）	厂区	周边界区
3号危险源 NH_3（氨气）	厂区	周边界区

3. 应急救援指挥部的组成、职责和分工

（1）指挥机构　工厂成立重大事故应急救援"指挥领导小组"，由厂长、有关副厂长及生产、安全、设备、保卫、卫生、环保等部门领导组成，下设应急救援办公室（设在安全防火处），日常工作由安全防火处兼管。发生重大事故时，以指挥领导小组为基础，即重大事故应急救援指挥部，厂长任总指挥，有关副厂长任副总指挥，负责全厂应急救援工作的组织和指挥，指挥部设在生产调度室。

注：如果厂长和副厂长不在工厂时，由总调度长和安全防火处处长为临时总指挥和副总指挥，全权负责应急救援工作。

（2）职责

① 指挥领导小组：负责本单位"预案"的制定、修订；组建应急救援专业队伍，并组织实施和演练；检查督促做好重大事故的预防措施和应急救援的各项准备工作。

② 指挥部：发生事故时，由指挥部发布和解除应急救援命令、信号；组织指挥救援队伍实施救援行动；向上级汇报和向友邻单位通报事故情况，必要时向有关单位发出救援请求；组织事故调查，总结应急救援工作经验教训。

③ 指挥部人员分工：总指挥组织指挥全厂的应急救援工作；副总指挥协助总指挥负责应急救援的具体指挥工作。

④ 指挥部成员

安全处长协助总指挥做好事故报警、情况通报及事故处置工作。

公安处长负责灭火、警戒、治安保卫、疏散、道路管制工作。

生产处长（或总调度长）：负责事故处置时生产系统开、停车调度工作；事故现场通讯联络和对外联系；负责事故现场及有害物质扩散区域内的洗消、监测工作；必要时代表指挥部对外发布有关信息。

设备处长协助总指挥负责工程抢险、抢修的现场指挥。

卫生所所长（包括气体防护站站长）负责现场医疗救护指挥及中毒、受伤人员分类抢救和护送转院工作。

供销处长（包括车管站站长）负责抢险救援物资的供应和运输工作。

4. 救援专业队伍的组成及分工

工厂各职能部门和全体职工都负有重大事故应急救援的责任，各救援专业队伍是重大事故应急救援的骨干力量，其任务主要是担负本厂各类化学事故的救援及处置。救援专业队伍的组成（略），任务分工如下。

① 通信联络队由公安处、安全处、生产处、调度室组成，每处出×人，共×人。

负责人：公安处处长，担负各队之间的联络和对外联系通信任务。

② 治安队由公安处负责组成，共××人。

负责人：公安处处长，担负现场治安，交通指挥，设立警戒，指导群众疏散。

③ 防化连应急分队由武装部负责组成，共××人。

负责人：武装部部长，负责查明毒物性质，提出补救措施，抢救伤员，指导群众疏散。

④ 消防队驻厂消防队××人。公司消防队、市消防队。

负责人：安全防火处处长，担负灭火、洗消和抢救伤员的任务。

⑤ 抢险抢修队由机械设备处、动力处、机修车间和电修车间组成，共××人。包括：铆管工、电（气）焊工、电工、起重工、钳工等。

负责人：机械设备处处长和动力处处长，负责抢险抢修指挥协调。

⑥ 医疗救护队由驻厂卫生所和气体防护站组成，共××人。

负责人：安全防火处副处长、气防站站长、卫生所所长，负责抢救受伤、中毒人员。

⑦ 物资供应队供销处、行政处组成，共××人。

负责人：两处处长，担负伤员生活必需品和抢救物资的供应任务。

⑧ 运输队由车管站组成，共××人。

负责人：站长，担负物资的运输任务。

5. NH_3（氨气、液氨）重大事故的处置

本厂生产过程中有可能发生 NH_3（氨气、液氨）泄漏事故，主要部位如前所述的 1 号危险源，其泄漏量视泄漏点设备的腐蚀程度、工作压力等条件不同而异。泄漏时又可因季节、风向等因素，波及范围也不一样。事故起因也是多样的，如：操作失误、设备失修、腐蚀、工艺失控、物料不纯等原因。

NH_3：一般事故，可因设备的微量泄漏，由安全报警系统、岗位操作人员巡检等方式及早发现，采取相应措施，予以处理。

NH_3：重大事故，可因设备事故、氨气柜的大量泄漏而发生重大事故，报警系统或操作人员虽能及时发现，但一时难以被控制。

毒物泄漏后，可能造成人员伤亡或伤害，波及周边范围：无风向××m左右，顺风向波及××m。当发生 NH_3 泄漏事故时，应采取以下应急救援措施。

① 最早发现者应立即向厂调度室、消防队报警，并采取一切办法切断事故源。

② 调度接到报警后，应迅速通知有关部门、车间，要求查明 NH_3 外泄部位（装置）和原因，下达按应急救援预案处置的指令，同时发出警报，通知指挥部成员及消防队和各专业救援队伍迅速赶往事故现场。

③ 指挥部成员通知所在处室按专业对口迅速向主管上级公安、劳动、环保、卫生等领导机关报告事故情况。

④ 发生事故的车间，应迅速查明事故发生源点、泄漏部位和原因。凡能通过切断物料或倒槽等处理措施而消除事故的，则以自救为主。如泄漏部位自己不能控制的，应向指挥部报告并提出堵漏或抢修的具体措施。

⑤ 消防队到达事故现场后，消防人员佩戴好空气面具，首先查明现场有无中毒人员，以最快速度将中毒者脱离现场，严重者尽快送医院抢救。

⑥ 指挥部成员到达事故现场后，根据事故状态及危害程度做出相应的应急决定，并命令各应急救援队立即开展救援。如事故扩大时，应请求支援。

⑦ 生产处、安全处到达事故现场后，会同发生事故的单位，在查明 NH_3 泄漏部位和范围后视能否控制，做出局部或全部停车的决定。若需紧急停车则按紧急停车程序通过三级调度网，即厂调度员、车间值班长和班长迅速执行。

⑧ 治安队到达现场后，担负治安和交通指挥，组织纠察，在事故现场周围设岗，划分禁区并加强警戒和巡逻检查。如当 NH_3 扩散危及到厂内外人员安全时，应迅速组织有关人员协助友邻单位、厂区外过往行人在区、市指挥部指挥协调下，向上侧风方向的安全地带疏散。

⑨ 医疗救护队到达现场后，与消防队配合，应立即救护伤员和中毒人员，对中毒人员应根据中毒症状及时采取相应的急救措施，对伤员进行清洗包扎或输氧急救，重伤员及时送往医院抢救。

⑩ 生产技术处到达事故现场后，查明 NH_3 浓度和扩散情况，根据当时风向、风速，判断扩散的方向和速度，并对泄漏下风扩散区域进行监测，确定结果，监测情况及时向指挥部报告，必要时根据指挥部决定通知扩散区域内的群众撤离或指导采取简易有效的保护措施。

⑪ 抢险抢修队到达现场后，根据指挥部下达的抢修指令，迅速进行设备抢修，控制事故以防事故扩大。

⑫ 当事故得到控制，立即成立两个专门工作小组。

在生产副厂长指挥下，组成由安全、保卫、生产、技术、环保、设备和发生事故单位参加的事故调查小组，调查事故发生原因和研究制定防范措施。

在设备副厂长指挥下，组成由设备、动力、机修、电修和发生事故单位参加的抢修小组，研究制定抢修方案并立即组织抢修，尽早恢复生产。夜间发生事故，由厂总值班及调度室按应急救援预案，组织指挥事故处置和落实抢修任务。

6. 信号规定

厂救援信号主要使用电话报警联络。

厂报警电话×××。

消防队（驻厂）×××。

市消防 119。

调度室×××。

气体防护站×××。

危险调度室设有对讲机××部。

危险区边界警戒线为黄黑带，警戒哨佩戴臂章，救护车闪灯鸣笛。

7. 有关规定和要求

为能在事故发生后，迅速准确、有条不紊地处理事故，尽可能减小事故造成的损失，平时必须做好应急救援的准备工作，落实岗位责任制和各项制度。具体措施如下。

① 落实应急救援组织，救援指挥部成员和救援人员应按照专业分工，本着专业对口、便于领导、便于集结和开展救援的原则，建立组织，落实人员，每年初要根据人员变化进行组织调整，确保救援组织的落实。

② 按照任务分工做好物资器材准备，如：必要的指挥通讯、报警、洗消；消防、抢修等器材及交通工具。上述各种器材应指定专人保管，并定期检查保养，使其处于良好状态，各重点目标设救援器材柜，专人保管以备急用。

③ 定期组织救援训练和学习，各队按专业分工每年训练两次，提高指挥水平和救援能力。

④ 对全厂职工进行经常性的应急常识教育。

⑤ 建立完善各项制度

a. 值班制度，建立昼夜值班制度（工厂和各处室、车间均昼夜值班）。

b. 气体防护站 24h 值班制，每班×人；救护车内配备器材：担架×具、防毒衣×件、医务箱×个、防爆电筒×个、氧气呼吸器×部。

防护站接到事故报警后，立即全副着装出动急救车到达毒区，按调度指挥实施抢救等项工作。

c. 检查制度，每月结合安全生产工作检查，定期检查应急救援工作落实情况及器具保管情况。

d. 例会制度，每季度第一个月的第一周召开领导小组成员和救援队负责人会议，研究应急救援工作。

e. 总结评比工作，与安全生产工作同检查、同讲评、同表彰奖励。

附：① NH_3 的一般常识（略）。

② 本厂化学事故应急救援指挥序列图（略）。

③ 本厂危险目标图及救援路线图示（略）。

第三节　生产安全事故应急演练与评估

应急演练就是针对可能发生的事故情景（所谓事故情景就是针对生产经营过程中存在的事故风险，而预先设定的事故状况，包括事故发生的时间、地点、特征、波及范围以及变化趋势等），依据应急预案模拟开展的应急活动。应急演练与评估是检验、保持和提高应急能力的一个重要手段。其重要作用突出体现在：可在事故真正发生前发现预案和程序的缺陷，发现应急资源的不足（包括人力和应急物资、应急设备等），改善各应急部门、机构、人员之间的协调，增强公众应对突发重大事故救援的信心和应急意识，提高应急人员的熟练程度和技术水平，进一步明确各自的岗位与职责，提高各级预案之间的协调性，提高整体应急反应能力。

《生产安全事故应急条例》第八条规定："县级以上地方人民政府以及县级以上人民政府负有安全生产监督管理职责的部门，乡、镇人民政府以及街道办事处等地方人民政府派出机关，应当至少每2年组织1次生产安全事故应急救援预案演练。

易燃易爆物品、危险化学品等危险物品的生产、经营、储存、运输单位，矿山、金属冶炼、城市轨道交通运营、建筑施工单位，以及宾馆、商场、娱乐场所、旅游景区等人员密集场所经营单位，应当至少每半年组织1次生产安全事故应急救援预案演练，并将演练情况报送所在地县级以上地方人民政府负有安全生产监督管理职责的部门。

县级以上地方人民政府负有安全生产监督管理职责的部门应当对本行政区域内前款规定的重点生产经营单位的生产安全事故应急救援预案演练进行抽查；发现演练不符合要求的，应当责令限期改正。"

一、应急演练的分类

应急演练按照演练内容分为综合演练和单项演练；按照演练形式分为实战演练和桌面演练；按目的与作用分为检验性演练、示范性演练和研究性演练。在实践中，不同类型的演练可相互组合。

综合演练即针对应急预案中多项或全部应急响应功能开展的演练活动。单项演练即针对应急预案中某一项应急响应功能开展。

实战演练即针对事故情景选择和模拟生产经营活动中的设备、设施、装置或场所，利用各类应急器材、装备、物资，通过决策行动实际操作完成真实应急响应的过程。桌面演练即针对事故情景，利用图纸、沙盘、流程图、计算机模拟、视频会议等辅助手段进行交互式讨论和推演的应急演练活动。

检验性演练即为检验应急预案的可行性、应急准备的充分性、应急机制的协调性及相关人员的应急处置能力而组织的演练。示范性演练即为检验和展示综合应急救援能力，按照应急预案开展的具有较强指导宣教意义的规范性演练。研究性演练即为探讨和解决事故应急处置的重点、难点问题，试验新方案、新技术、新装备而组织的演练。

二、应急演练目的和工作原则

1.应急演练目的

应急演练目的主要包括：①检验预案。发现应急预案中存在的问题，提高应急预案的针对性、实用性和可操作性。②完善准备。完善应急管理标准制度，改进应急处置技术，补充应急物资，补充应急装备和物资，提高应急能力。③磨合机制。完善应急管理部门、相关单位和人员的工作职责，提高协调配合能力。④宣传教育。普及应急管理知识，提高参演和观摩人员风险防范意识和自救互救能力。⑤锻炼队伍。熟悉应急预案，提高应急人员在紧急情况下妥善处置事故的能力。

2.应急演练工作原则

应急演练应遵循以下原则：①符合相关规定。按照国家相关法律法规、标准及有关规定组织开展演练。②依据预案演练。结合生产面临的风险及事故特点，依据应急预案组织开展演练。③注重应急能力提高。突出以提高指挥协调能力、应急处置能力和应急准备能力组织开展演练。④确保安全有序。在保证参演人员、设备、设施及演练场所安全的条件下开展演练。

三、应急演练基本流程

应急演练基本流程包括计划、准备、实施、评估总结、持续改进五个阶段。

1.计划阶段

首先进行需求分析，全面分析和评估应急预案的应急职责、应急处置工作流程和指挥调度程序，应急技能和应急装备物资的实际情况，提出通过应急演练解决的问题、解决的内容，有针对性地确定应急演练目标，提出应急演练的初步内容和主要科目。其次是明确演练任务，确定应急演练的事故情景、类型等级、发生地域、演练方式，参演单位应急演练各阶段主要任务、应急演练实施的拟定等。第三，要制订演练计划。根据需求分析及任务安排组织人员编制演练计划文本。

2.准备阶段

首先要成立演练组织机构。根据演练规模大小，组织机构可进行调整。综合演练通常应成立演练领导小组，负责演练活动筹备和实施过程中的组织领导工作，审定演练工作方案、演练工作经费、演练评估总结以及其他需要确定的、需要决定的重要事项。演练领导小组下设策划与导调组、宣传组、保障组、评估组。策划与导调组负责编制演练工作方案、演练脚本、演练安全保障方案，负责演练活动筹备、事故场景布置、演练进程控制和参演人员调度以及与相关单位工作组的联络和协调。宣传组负责编制演练宣传方案，整理演练信息，组织新闻媒体和开展新闻发布。保障组负责演练的物资、装备、场地、经费、安全保卫及后勤保障。评估组负责对演练准备、组织与实施进行全过程、全方位的跟踪评估，演练结束后，及时向演练单位和演练领导小组及其他相关专业组提出评估意见建议，并撰写演练评估报告。

其次就是编制演练工作方案和脚本。演练工作方案内容主要应包括：目的及要求，事故情景，参与人员及范围，时间与地点，主要任务及职责，筹备工作组内容，主要工作步骤，技术支撑及保障条件，评估与总结等。演练一般按照应急预案进行，根据工作方案中设定的事故情景和应急预案中规定的程序开展演练工作。演练单位根据需要确定是否编制脚本，如编制脚本一般可采取表格形式，主要内容包括：模拟事故情景，处置行动与执行人员，指令与对白、步骤及时间安排，视频背景与字幕，演练解说词等。

第三，确定评估方案。演练评估方案内容包括：①演练信息。目的和目标，情景描述，应急行动与应对措施简介。②评估内容。各种准备组织与实施效果。③评估标准。各环节应达到的目标评判标准。④评估程序。主要步骤及任务分工。⑤附件。所需要用到的相关表格。

第四，确定保障方案。演练保障方案应包括应急演练可能发生的意外情况，应急处置措施及责任部门，应急演练意外情况终止条件与程序等。

第五，工作保障。根据演练工作需要，做好演练的组织与实施需要相关保障条件。保障条件主要内容如下：①人员保障。按照演练方案和有关要求，确定演练总指挥、策划导调、宣传、保障、评估、参演人员参加演练活动，必要时设置替补人员。②经费保障。明确演练工作经费及承担单位。③物资和器材保障。明确各参演单位所准备的演练物资和器材。④场地保障。根据演练方式和内容选择合适的演练产品。演练场地应满足演练活动需要，应尽量避免影响企业和公众正常生产生活。⑤安全保障。采取必要安全防护措施，确保参演观摩人员以及生产运行系统安全。⑥通信保障。采用多种公用和专用通讯系统保证演练通讯信息畅通。

3. 实施阶段

首先要进行现场检查。确认演练所需的工具、设备、设施、技术资料以及参演人员到位，对应急演练安全设备、设施进行检查确认，确保安全保障方案可行，所有设备、设施完好便利，电力、通信系统正常。

其次，在应急演练正式开始前，应对参演人员进行情况说明。使其了解应急演练规则、场景及主要内容、岗位职责及注意事项。

第三，启动。应急演练总指挥宣布开始应急演练，参演单位及人员按照设定的事故情景参与应急响应行动，直至完成全部演练工作。演练总指挥可根据演练现场情况决定是否继续或终止演练活动。

第四，执行演练。按预先确定的演练方案实施。

第五，演练记录。演练实施过程中，安排专门人员采用文字、相片和音像手段记录演练过程。

第六，中断。在应急演练实施过程中，如果出现特殊或意外情况，且短时间内不能妥善处理和解决时，应急演练总指挥应按照事先规定的程序和指令中断应急演练。

第七，结束。完成各项演练活动内容后，参演人员进行人数清点和讲评。演练总指挥宣布演练结束。

4. 评估总结阶段

① 评估。按照 AQ/T 9009—2015 中 7.1、7.2、7.3、7.4 要求执行，完成演练评估

报告。

② 总结。撰写应急演练报告。应急演练结束后，演练组织单位应根据演练记录、演练评估报告、应急预案现场总结材料，对演练进行全面总结，并形成演练书面总结报告。演练总结报告的主要内容包括：演练基本概要，演练发现的问题，取得的经验和教训，应急管理工作建议等。

③ 演练资料归档。应急演练活动结束后，演练单位应将应急演练工作方案、应急演练书面评估报告、应急演练总结报告等文字资料以及记录演练实施过程的相关图片、视频音频资料归档保存。

5. 持续改进阶段

首先是应急预案修订完善。根据演练评估报告中对应急预案的改进建议按照程序对预案进行修订完善。

其次是应急管理工作改进。应急演练结束后，演练组织单位应根据应急演练评估报告、总结报告提出的问题和建议对应急管理工作包括应急演练工作进行持续改进；演练组织单位应督促相关部门和人员制订整改计划，明确整改目标，制定整改措施，落实整改资金，并跟踪督查整改情况。

第四节　伤亡事故统计及统计指标

一、伤亡事故统计

1. 事故统计的基本任务

① 对每起事故进行统计调查，弄清事故发生的情况和原因。

② 对一定时间内、一定范围内事故发生的情况进行测定。

③ 根据大量统计资料，借助数理统计手段，对一定时间内、一定范围内事故发生的情况、趋势以及事故参数的分布进行分析、归纳和推断。

事故统计与事故调查的任务是一致的。事故统计建立在事故调查的基础上，没有成功的事故调查，就不会有正确的统计。事故调查要反映有关事故发生的全部详细信息，事故统计则是抽取那些能反映事故情况和原因的最主要的参数。

事故调查从已发生的事故中得到预防相同或类似事故的发生经验，是直接的、局部性的。而事故统计对于预防作用既有直接性，又有间接性，是总体性的。

2. 事故统计的步骤

事故统计工作一般分为三个步骤。

（1）资料搜集　资料搜集又称统计调查，是根据统计分析的目的，对大量零星的原始材料进行技术分组。它是整个事故统计工作的前提和基础。资料搜集是根据事故统计的目的和任务，制定调查方案，确定调查对象和单位，拟定调查项目和表格，并按照事故统计工作的性质，选定方法。我国伤亡事故统计是一项经常性的统计工作，采用报告法，按照国家制定的报表制度，逐级将伤亡事故报表上报。

（2）资料整理　资料整理又称统计汇总，是将搜集的事故资料进行审核、汇总，并根据事故统计的目的和要求计算有关数值。汇总的关键是统计分组，就是按一定的统计标志，将分组研究的对象划分为性质相同的组。如按事故类别、事故原因等分组，然后按组进行统计计算。

（3）资料综合　综合分析是将汇总整理的资料及有关数值，填入统计表或绘制统计图，使大量的零星资料系统化、条理化、科学化，是统计工作的结果。

事故统计结果可以用统计指标、统计表、统计图等形式表达。

二、事故统计指标体系

目前，我国安全生产涉及工矿企业（包括商贸流通企业）、道路交通、火灾、水上交通、铁路交通、民航飞行、农业机械、渔业船舶等行业。各有关行业主管部门针对本行业特点，制定并实施了各自的事故统计报表制度和统计指标体系来反映本行业的事故情况。

指标通常分为绝对指标和相对指标。绝对指标是指反映伤亡事故全面情况的绝对数值，如事故次数、死亡人数、重伤人数、轻伤人数、直接经济损失、损失工作日等。相对指标是伤亡事故的两个相联系的绝对指标之比，表示事故的比例关系，如千人死亡率、千人重伤率、百万吨死亡率等。事故统计指标如图 8-5 所示。

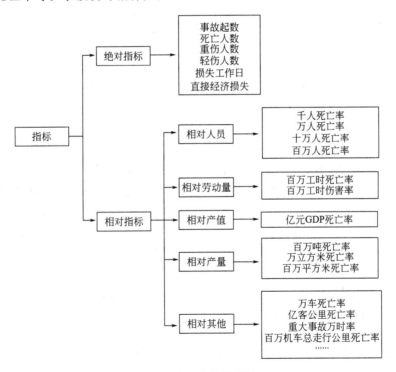

图 8-5　事故统计指标

我国的生产安全事故统计指标体系分为 4 大类。

1. 综合类伤亡事故统计指标体系

综合类伤亡事故统计指标体系包括事故起数、死亡事故起数、死亡人数、受伤人数、直接经济损失、重大事故起数、重大事故死亡人数、特大事故起数、特大事故死亡人数、特别重大事故起数、特别重大事故死亡人数、重大事故率、特大事故率。

2. 工矿企业类伤亡事故统计指标体系

工矿企业类伤亡事故统计指标体系包括煤矿企业伤亡事故统计指标、金属和非金属矿企业（原非煤矿山企业）伤亡事故统计指标、工商企业（原非矿山企业）伤亡事故统计指标、建筑业伤亡事故统计指标、危险化学品伤亡事故统计指标、烟花爆竹伤亡事故统计指标。

这六类统计指标均包含伤亡事故起数、死亡事故起数、死亡人数、重伤人数、轻伤人数、直接经济损失、损失工作日、重大事故起数、重大事故死亡人数、特大事故起数、特大事故死亡人数、特别重大事故起数、特别重大事故死亡人数、千人死亡率、千人重伤率、百万工时死亡率、重大事故率、特大事故率。另外，煤矿企业伤亡事故统计指标还包含百万吨死亡率。

3. 行业类统计指标体系

（1）道路交通事故统计指标　包括事故起数、死亡事故起数、死亡人数、受伤人数、直接财产损失、重大事故起数、重大事故死亡人数、特大事故起数、特大事故死亡人数、特别重大事故起数、特别重大事故死亡人数、万车死亡率、十万人死亡率、生产性事故起数、生产性事故死亡人数、重大事故率、特大事故率。

（2）火灾事故统计指标　包括事故起数、死亡事故起数、死亡人数、受伤人数、直接财产损失、重大事故起数、重大事故死亡人数、特大事故起数、特大事故死亡人数、特别重大事故起数、特别重大事故死亡人数、百万人火灾发生率、百万人火灾死亡率、生产性事故起数、生产性事故死亡人数、重大事故率、特大事故率。

（3）水上交通事故统计指标　包括事故起数、死亡事故起数、死亡和失踪人数、受伤人数、直接经济损失、重大事故起数、重大事故死亡人数、特大事故起数、特大事故死亡人数、特别重大事故起数、特别重大事故死亡人数、沉船艘数、千艘船事故率、亿客公里死亡率、重大事故率、特大事故率。

（4）铁路交通事故统计指标　包括事故起数、死亡事故起数、死亡人数、受伤人数、直接经济损失、重大事故起数、重大事故死亡人数、特大事故起数、特大事故死亡人数、特别重大事故起数、特别重大事故死亡人数、百万机车总走行公里死亡率、重大事故率、特大事故率。

（5）民航飞行事故统计指标　包括飞行事故起数、死亡事故起数、死亡人数、受伤人数、重大事故万时率、亿客公里死亡率。

（6）农机事故统计指标　包括伤亡事故起数、死亡事故起数、死亡人数、重伤人数、轻伤人数、直接经济损失、重大事故起数、重大事故死亡人数、特大事故起数、特大事故死亡人数、特别重大事故起数、特别重大事故死亡人数、重大事故率、特大事故率。

（7）渔业船舶事故统计指标　包括事故起数、死亡事故起数、死亡和失踪人数、受伤人数、直接经济损失、重大事故起数、重大事故死亡人数、特大事故起数、特大事故死亡人数、特别重大事故起数、特别重大事故死亡人数、千艘船事故率、重大事故率、特大事故率。

4. 地区安全评价类统计指标体系

包括死亡事故起数、死亡人数、直接经济损失、重大事故起数、重大事故死亡人数、特大事故起数、特大事故死亡人数、特别重大事故起数、特别重大事故死亡人数、亿元国内生产总值（GDP）死亡率、十万人死亡率。

部分事故统计指标的意义与计算方法如下所述。

① 千人死亡率。一定时期内，平均每千名从业人员，因伤亡事故造成的死亡人数。

$$千人死亡率 = \frac{死亡人数}{从业人员数} \times 10^3 \tag{8-1}$$

② 千人重伤率。一定时期内，平均每千名从业人员，因伤亡事故造成的重伤人数。

$$千人重伤率 = \frac{重伤人数}{从业人员数} \times 10^3 \tag{8-2}$$

③ 百万工时死亡率。一定时期内，平均每百万工时，因事故造成死亡的人数。

$$百万工时死亡率 = \frac{死亡人数}{实际总工时} \times 10^6 \tag{8-3}$$

④ 百万吨死亡率。一定时期内，平均每百万吨产量，事故造成的死亡人数。

$$百万吨死亡率 = \frac{死亡人数}{实际产量(t)} \times 10^6 \tag{8-4}$$

⑤ 重大事故率。一定时期内，重大事故占总事故的比率。

$$重大事故率 = \frac{重大事故起数}{事故总起数} \times 100\% \tag{8-5}$$

⑥ 特大事故率。一定时期内，特大事故占总事故的比率。

$$特大事故率 = \frac{特大事故起数}{事故总起数} \times 100\% \tag{8-6}$$

⑦ 百万人火灾发生率。一定时期内，某地区平均每100万人中，火灾发生的次数。

$$百万人火灾发生率 = \frac{火灾发生次数}{地区总人口} \times 10^6 \tag{8-7}$$

⑧ 百万人火灾死亡率。一定时期内，某地区平均每100万人中，火灾造成的死亡人数。

$$百万人火灾死亡率 = \frac{火灾造成的死亡人数}{地区总人口} \times 10^6 \tag{8-8}$$

⑨ 万车死亡率。一定时期内，平均每一万辆机动车辆中，造成的死亡人数。

$$万车死亡率 = \frac{机动车造成的死亡人数}{机动车数} \times 10^4 \tag{8-9}$$

⑩ 十万人死亡率。一定时期内，某地区平均每10万人中，因事故造成的死亡人数。

$$十万人死亡率 = \frac{死亡人数}{地区总人口} \times 10^5 \tag{8-10}$$

⑪ 亿客公里死亡率。

$$亿客公里死亡率 = \frac{死亡人数}{运营旅客人数 \times 运营公里总数} \times 10^8 \tag{8-11}$$

⑫ 千艘船事故率。一定时期内，平均每千艘船发生事故的比例。

$$千艘船事故率 = \frac{一般以上事故船舶总艘数}{本省(本单位)船舶总艘数} \times 10^3 \tag{8-12}$$

⑬ 百万机车总走行公里死亡率。

$$百万机车总走行公里死亡率 = \frac{死亡人数}{机车总走行公里} \times 10^6 \tag{8-13}$$

⑭ 重大事故万时率。

$$重大事故万时率 = \frac{重大事故次数}{飞行总小时} \times 10^4 \qquad (8\text{-}14)$$

⑮ 亿元国内生产总值（GDP）死亡率。某时期内，某地区平均每生产亿元国内生产总值时造成的死亡人数。

$$亿元国内生产总值（GDP）死亡率 = \frac{死亡人数}{国内生产总值（元）} \times 10^8 \qquad (8\text{-}15)$$

三、生产安全事故统计调查制度

如何真实完整地收集和记录每起事故数据，是进行统计分析的基础。每起事故所包含的信息量，对事故统计分析至关重要。事故所包含的信息量要能够体现事故致因的科学原理，体现判定事故原因的正确方法。

《生产安全事故统计调查制度》（2020 年 11 月）制订了"A1 表——生产安全事故登记表"、"A2 表——生产安全事故伤亡（含急性工业中毒）人员登记表"、"B1 表——生产安全事故按行业统计表"和"B2 表——生产安全事故按地区统计表"四个报表。前两个登记表为即时报送，后两个统计表为月报和年报。

1. 生产安全事故登记表

包括事故发生单位名称、发生时间，发生地点、事故类别、人员伤亡数量、事故单位管理归属行业、事故类型、事故概况、事故发生单位详细情况以及事故详细情况等。

2. 生产安全事故伤亡（含急性工业中毒）人员登记表

包括事故发生单位名称，发生时间，发生地点，事故伤亡人员的姓名、性别、年龄、状态（1. 死亡 2. 重伤 3. 轻伤）及文化程度。

3. 生产安全事故按行业统计表

包括各个行业的总体情况（起数、死亡人数、受伤人数及直接经济损失）以及较大事故、重大事故和特别重大事故各自情况。

4. 生产安全事故按地区统计表

包括各个地区的总体情况（起数、死亡人数、受伤人数及直接经济损失）以及较大事故、重大事故和特别重大事故各自情况。

上述四个报表均由事故发生地县级以上应急管理部门报送。

第五节 伤亡事故综合分析方法

伤亡事故统计分析的目的，是通过合理地收集与事故有关的资料、数据，并应用科学的统计方法，对大量重复显现的数字特征进行整理、加工、分析和推断，找出事故发生的规律和事故发生的原因，为制定法规、加强工作决策，采取预防措施，防止事故重复发生，起到重要指导作用。

一、伤亡事故统计分析方法

事故统计分析方法是以研究伤亡事故统计为基础的分析方法，伤亡事故统计有描述统计法和推理统计法两种方法。

描述统计法用于概括和描述原始资料总体的特征。它可以提供一种组织归纳和运用资料的方法。最常用的描述统计有频数分布、图形或图表、算数平均值及相关分析等。

推理统计法是从一个较大的资料总体中抽取的样本来推断结论的方法。它的目的是使人们能够用数量来表示可能的论述。对伤亡事故原因的专门研究主要应用推理统计法。经常用到的几种事故统计方法如下所述。

1. 综合分析法

将大量的事故资料进行总结分类，将汇总整理的资料及有关数值，形成书面分析材料或填入统计表或绘制统计图，使大量的零星资料系统化、条理化、科学化。从各种变化的影响中找出事故发生的规律性。

2. 分组分析法

按伤亡事故的有关特征进行分类汇总。研究事故发生的有关情况。如按事故发生企业的经济类型、事故发生单位所在行业、事故发生原因、事故类别、事故发生所在地区，事故发生时间、伤害部位等进行分组汇总统计伤亡事故数据。

3. 算数平均法

例如，2001 年 1～2 月全国工矿企业死亡人数分别是 488 人、752 人、1123 人、1259人、1321 人、1021 人、1404 人、1176 人、1024 人、952 人、989 人、1046 人，则：

$$平均每月死亡 = \frac{\sum\limits_{n=1}^{N}}{N}$$

$$= \frac{12555}{12} = 1046 （人） \tag{8-16}$$

4. 相对指标比较法

如各省之间、各企业之间由于企业规模、职工人数等不同，很难比较，但采用相对指标，如千人死亡率、百万吨死亡率等指标则可以互相比较，并在一定程度上说明安全生产的情况。

5. 统计图表法

事故常用的统计图有以下几种。

① 趋势图。即折线图。直观地展示伤亡事故的发生趋势。

② 柱状图。能够直观地反映不同分类项目所造成的伤亡事故指标大小比较。

③ 饼图。即比例图可以形象地反映不同分类项目所占的百分比。

6. 排列图

排列图也称主次图，是直方图与折线图的结合，直方图用来表示属于某项目的各分类的频次，而折线点则表示各分类的累积相对频次。排列图可以直观地显示出属于各分类的频数的大小及其占累积总数的百分比。

7. 控制图

控制图又叫管理图，把质量管理控制图中的不良率控制图方法引入伤亡事故发生情况的测定中，可以及时察觉伤亡事故发生的异常情况，有助于及时消除不安定因素，起到预防事故重复发生的作用。

二、伤亡事故经济损失计算方法

伤亡事故经济损失计算方法和标准按照《企业职工伤亡事故经济损失统计标准》进行计算。伤亡事故经济损失是指企业职工在劳动生产过程中发生伤亡事故所引起的一切经济损失，包括直接经济损失和间接经济损失。

1. 直接经济损失及其统计范围

直接经济损失是指因事故造成人身伤亡及善后处理支出的费用和毁坏财产的价值。

直接经济损失的统计范围包括以下一些。

（1）人身伤亡后所支出的费用　细分为以下四种。

① 医疗费用（含护理费用）。

② 丧葬及抚恤费用。

③ 补助及救济费用。

④ 歇工工资。

（2）善后处理费用　细分为以下四种。

① 处理事故的事务性费用。

② 现场抢救费用。

③ 清理现场费用。

④ 事故罚款和赔偿费用。

（3）财产损失价值　细分为以下两种。

① 固定资产损失价值。

② 流动资产损失价值。

2. 间接经济损失及其统计范围

间接经济损失是指因事故导致产值减少、资源破坏和受事故影响而造成其他损失的价值。

间接经济损失的统计范围包括以下几项。

① 停产、减产损失价值。

② 工作损失价值。

③ 资源损失价值。

④ 处理环境污染的费用。

⑤ 补充新职工的培训费用。

⑥ 其他损失费用。

3. 计算方法

（1）经济损失计算　见式(8-17)。

$$E = E_d + E_i \tag{8-17}$$

式中　E——经济损失，万元；

　　　E_d——直接经济损失，万元；

　　　E_i——间接经济损失，万元。

（2）工作损失价值计算

$$V_w = \frac{D_L M}{SD} \qquad (8-18)$$

式中　V_w——工作损失价值，万元；

　　　D_L——事故的总损失工作日数，死亡一名职工按 6000 个工作日计算，受伤职工视伤
　　　　　　害情况按 GB 6441—86《企业职工伤亡事故分类标准》的附表确定，日；

　　　M——企业上年税利（税金加利润），万元；

　　　S——企业上年平均职工人数；

　　　D——企业上年法定工作日数，日。

（3）固定资产损失价值　按下列情况计算。

① 报废的固定资产，以固定资产净值减去残值计算。

② 损坏的固定资产，以修复费用计算。

（4）流动资产损失价值　按下列情况计算。

① 原材料、燃料、辅助材料等均按账面值减去残值计算。

② 成品、半成品、在制品等均以企业实际成本减去残值计算。

（5）事故已处理结案而未能结算的医疗费、歇工工资等　采用测算方法计算（见《企业
职工伤亡事故经济损失统计标准》）。

（6）对分期支付的抚恤、补助等费用　按审定支出的费用，从开始支付日期累计到停发
日期，见《企业职工伤亡事故经济损失统计标准》附录 A。

（7）停产、减产损失　按事故发生之日起到恢复正常生产水平时止，计算其损失的
价值。

4. 经济损失的评价指标

（1）千人经济损失率

计算按公式：
$$R_s(\%) = \frac{E}{S} \times 1000 \qquad (8-19)$$

式中　R_s——千人经济损失率；

　　　E——全年内经济损失，万元；

　　　S——企业平均职工人数，人。

（2）百万元产值经济损失率

计算按公式：
$$R_v(\%) = \frac{E}{V} \times 100 \qquad (8-20)$$

式中　R_v——百万元产值经济损失率；

　　　E——全年内经济损失，万元；

　　　V——企业总产值，万元。

5. 事故伤害损失工作日

事故伤害损失工作日的计算，在《事故伤害损失工作日标准》（GB/T 15499—1995）中
给出了比较详细的说明。

标准规定了定量记录人体伤害程度的方法及伤害对应的损失工作日数值。该标准适用于
企业职工伤亡事故造成的身体伤害。

标准共分以下几个方面计算损失工作日。

① 肢体损伤。

② 眼部损伤。

③ 鼻部损伤。

④ 耳部损伤。

⑤ 口腔颌面部损伤。

⑥ 头皮、颅脑损伤。

⑦ 颈部损伤。

⑧ 胸部损伤。

⑨ 腹部损伤。

⑩ 骨盆部损伤。

⑪ 脊柱损伤。

⑫ 其他损伤。

在每一类中又有许多小的类别，在计算事故伤害损失工作日时，可以从大类到小类分别查表得到。

三、事故综合分析

事故的综合分析是指在一定的时间内，对某种事故或多种事故进行综合性的分析，从中找出其原因和发生的规律，以便制定出预防事故的措施和规划。

如美国保险协会（AIA）曾对化学工业的 317 起火灾、爆炸事故进行调查，分析了主要原因和次要原因，并把化学工业危险因素归纳为以下九个类型。

1. 工厂选址

① 易遭受地震、洪水、暴风雨等自然灾害。

② 水源不充足。

③ 缺少公共消防设施的支援。

④ 有高湿度、温度变化显著等气候问题。

⑤ 受邻近危险性大的工业装置影响。

⑥ 邻近公路、铁路、机场等运输设施。

⑦ 在紧急状态下难以把人和车辆疏散至安全地点。

2. 工厂布局

① 工艺设备和储存设备过于密集。

② 有显著危险性和无危险性的工艺装置间的安全距离不够。

③ 昂贵设备过于集中。

④ 对不能替换的装置没有有效的防护。

⑤ 锅炉、加热器等火源与可燃物工艺装置之间距离太小。

⑥ 有地形障碍。

3. 结构

① 支撑物、门、墙等不是防火结构。

② 电气设备无防护措施。

③ 防爆通风换气能力不足。

④ 控制和管理的指示装置无防护措施。

⑤ 装置基础薄弱。

4. 对加工物质的危险性认识不足

① 在装置内的原料混合，在催化剂作用下的自然分解。

② 对处理的气体、粉尘等在其工艺条件下的爆炸范围不明确。

③ 没有充分掌握因误操作、控制不良而使工艺过程处于不正常状态时的物料和产品的详细情况。

5. 化工工艺

① 没有足够的有关化学反应的动力学数据。

② 对有危险的副反应认识不足。

③ 没有根据热力学研究确定爆炸能量。

④ 对工艺异常情况检测不够。

6. 物料输送

① 各种单元操作时对物料的流动不能进行良好控制。

② 产品的标示不完全。

③ 气力输送装置内的粉尘爆炸。

④ 废气、废水和废渣的处理。

⑤ 装置内的装卸设施。

7. 误操作

① 忽略关于运转和维修的操作教育。

② 没有充分发挥管理人员的监督作用。

③ 开车、停车计划不适当。

④ 缺乏紧急停车的操作训练。

⑤ 没有建立操作人员和安全人员之间的协作体制。

8. 设备缺陷

① 因选材不当而引起装置腐蚀、损坏。

② 设备不完善，如缺少可靠的控制仪表等。

③ 材料的疲劳。

④ 对金属材料没有进行充分的无损探伤检查或没有经过专家验收。

⑤ 结构上有缺陷，如不能停车而无法定期检查或进行预防维护。

⑥ 设备在超过设计极限的工艺条件下运行。

⑦ 对运转中存在的问题或不完善的防灾措施没有及时改进。

⑧ 没有连续记录温度、压力、开停车情况及中间罐和受压罐内的压力变动。

9. 防灾计划不充分

① 没有得到管理部门的大力支持。

② 责任分工不明确。

③ 装置运行异常或故障仅由安全部门负责，只是单线起作用。

④ 没有预防事故的计划，或即使有也很差。

⑤ 遇有紧急情况未采取得力措施。

⑥ 没有实行由管理部门和生产部门共同进行的定期安全检查。

⑦ 没有对生产负责人和技术人员进行安全生产的继续教育和必要的防灾培训。

瑞士再保险公司统计了化学工业和石油工业的 102 起事故案例，分析了上述九类危险因素所起的作用，得到表 8-5 的统计结果。

表 8-5   化学工业和石油工业的危险因素

类　别	危　险　因　素	危险因素的比例/%	
		化学工业	石油工业
1	工厂选址问题	3.5	7.0
2	工厂布局问题	2.0	12.0
3	结构问题	3.0	14.0
4	对加工物质的危险性认识不足	20.2	2.0
5	化工工艺问题	10.6	3.0
6	物料输送问题	4.4	4.0
7	误操作问题	17.2	10.0
8	设备缺陷问题	31.1	46.0
9	防灾计划不充分	8.0	2.0

由表 8-2 可以看出，设备缺陷问题和误操作问题是第一位和第二位的危险，若能消除这些危险因素，则化学工业和石油工业的安全就会获得有效改善。在化学工业中，4 和 5 两类危险因素占较大比例。这是由以化学反应为主的化学工业的特征所决定的。在石油工业中，2 和 3 两类危险因素占较大比例。

石油工业的特点是需要处理大量可燃物质，由于火灾、爆炸的能量很大，所以装置的安全间距和建筑物的防火层不适当时就会形成较大的危险。另外，误操作问题在两种工业危险中都占较大比例。操作人员的疏忽常常是两种工业事故的共同原因，而在化学工业中所占比重更大一些。在以化学反应为主体的装置中，误操作常常是事故的重要原因。

【案例】   北京东方化工厂"97·6·27"特别重大事故分析

1. 事故概况

1997 年 6 月 27 日晚，北京东方化工厂发生火灾爆炸事故，死亡 9 人，伤 39 人，20 余个 1000~10000m³ 的装有多种化工物料的球罐被毁，直接经济损失 1.17 亿元。事故发生后，有关部门先后组织了 3 个专家组对事故原因进行调查，历时 3 年半，终于在 2000 年 12 月 15 日，国家经贸委对北京东方化工厂"97·6·27"特别重大事故做出批复，认定本次事故为责任事故。

2. 事故原因分析

事故表现出的现象与信息表明，此次事故经历了四个阶段：

① 6 月 27 日晚 21 时左右，罐区出现了可燃气体泄漏；

② 21 时 27 分左右，发生第一次爆炸燃烧（油泵房爆炸）；

③ 21 时 42 分左右乙烯 B 罐发生大爆炸；

④ 整个罐区发生大火。

由此可见事故的演变过程存在着合乎逻辑的因果关系，即：泄漏的可燃气体即是引发第一次爆炸的原因，又是引发乙烯 B 罐爆炸的原因。

调查证明，出现第一次爆炸前，整个罐区的空气中已经弥漫着大量可燃气体，其直接证据如下：

① 21 时 5 分，在罐区不同区域的职工都闻到可燃气体的怪味；

② 21 时 10 分左右，在控制室中的操作人员观察到仪表盘上有可燃气体的报警信号显示。

为了判定可燃气体的来源，对当时罐区情况进行了分析：

① 在 18 个常压立式罐内，装有包括石脑油、轻柴油、加氢汽油、调质油、裂解汽油、碳九、燃料油、乙二醇在内的八种可燃物料；

② 在 13 个高压球罐内装有包括乙烯、丁二烯、抽余碳四、碳五、丙烷、混合碳四在内的六种可燃物料；

③ 约在 20 时 30 分左右，当班工人正将铁路上的 45 节车皮轻柴油卸入常压罐区。

上述可燃物料中任何一种大量泄漏，都有可能成为可燃气体。遇到火源，都会引起燃烧爆炸。因此，判断首先泄漏的是何种可燃物料，必须经过严谨的科学分析与鉴定，而不能仅仅根据表面现象加以直观的、非理性的分析就做出结论。

在此次事故中，判断首先泄漏的是何种可燃物料最直接的物证，应是在爆炸时死于现场人员的尸检结果。因为死于现场人员的肺里与气管中必然会保留有死亡前吸入的环境气体。这些环境气体中所含有的可燃气体组分，则应是此次事故中首先泄漏的可燃气体。

北京市公安局刑事科学技术检测中心对 9 位死者进行了尸检，结果得出：在死于现场 4 人（其中 3 人死于油泵房附近，1 人死于石脑油罐附近）的肺部与气管中存在有石脑油、轻柴油和加氢汽油组分，而无乙烯组分；死于医院 5 人的肺部与气管中既无石脑油、轻柴油和加氢汽油组分，也无乙烯组分。这是因为他们离开现场后还进行了呼吸，已将吸入的可燃气体排出体外。

这一检测结果明确地证实：乙烯 B 罐大爆炸前，弥漫于罐区空气中的可燃气体是石脑油、轻柴油与加氢汽油油气，而不是乙烯。

按照事物发展的因果关系，在确定了引起此次事故的可燃气体是石脑油油气等之后，必然地要找出导致石脑油等可燃物料是从哪里及如何泄漏的相关证据。

① 6 月 27 日 20 时工人交接班。接班工人的任务是将火车上 45 节车皮内的轻柴油卸入轻柴油罐区的 B 罐中。按照操作规程要求，应将通向轻柴油罐区的总阀门打开，而将通向石脑油罐区的总阀门关闭（因两者共用一条管线）。

② 然而现场勘测结果证实，上述两个总阀的实际状态是：通向轻柴油罐区的总阀处于关闭状态，无法向轻柴油罐卸入轻柴油；而通向石脑油罐区的总阀处于开启状态。因此从火车上卸下的大量轻柴油被错误地卸入到石脑油罐区的 A 罐中（石脑油罐区共有 A、B、C、D 这 4 个罐，其中 A 罐的分阀处于开启状态）。

③ 在 6 月 27 日 20 时之前的数据记录纸上记录的数据是：石脑油 A 罐的液面高度为 13.725m（满装为 13.775m）。这说明，在接班前，A 罐中已装满了石脑油。

上述证据清楚地表明：6 月 27 日 20 时工人接班后，由于通向轻柴油罐区的总阀和通向石脑油罐区的总阀分别处于错关与错开状态，因此，使本应卸入轻柴油罐中的轻柴油被错误地卸到已装满石脑油的 A 罐中，从而导致大量的石脑油"冒顶"溢出。"冒顶"溢出的大量石脑油（其中不可避免地会混有轻柴油）挥发成可燃气体，在微风的吹动下，很快整个罐区弥漫着高浓度的可燃石脑油等油气。

由此可以得出：从 6 月 27 日 20 时接班开始卸轻柴油，到 21 时左右人们闻到可燃气体怪味和可燃气体报警，再到 21 时 27 分左右油泵房爆炸燃烧，最后导致乙烯 B 罐被烧烤，于 21 时 42 分左右发生突沸爆破等一系列事件，构成了具有逻辑因果关系的事故链。

2000 年 12 月 15 日，国家经贸委对北京东方化工厂"97·6·27"特别重大事故做出批复。批复如下所述。

经过调查取证、计算机模拟和鉴定分析，事故的直接原因是：在从铁路罐车经油泵往储罐卸轻柴油时，由于操作工开错阀门，使轻柴油进入了满载的石脑油 A 罐，导致石脑油从罐顶气窗大量溢出（约 $637m^3$），溢出的石脑油及其油气在扩散过程中遇到明火，产生第一次爆炸和燃烧，继而引起罐区内乙烯罐等其他罐的爆炸和燃烧。主要依据如下所述。

① 阀门状态。事故调查发现，卸轻柴油前石脑油 A 罐是满罐，卸油管通往石脑油 A 罐的两道阀门均开着，通往轻柴油罐的总阀门却关着。卸轻柴油时，轻柴油不能进入轻柴油罐，而只能从石脑油 A 罐底部管口进入石脑油 A 罐，并导致石脑油从罐顶外溢。

② 石脑油 A 罐基础及附近地面被烧变色。石脑油 A 罐罐体无破裂现象，而防火堤内数千平方米石灰石地面，有 2/3 被积油烧至变色，其中约一半变成白色石灰；石脑油 A 罐的水泥基础被烧裂并露出钢筋，上述情况只有在地面上存有大量积油并燃烧才能出现。而其他油罐着火后，防火堤内的地面和罐基础完好。

③ 经对事故遇难者所在位置的分析和微量化学分析，确定事故是因石脑油泄漏引起的。由于死于事故现场的 4 人都在石脑油 A 罐周围（其中 2 人经证实是经乙烯罐区到石脑油罐区遇难的），并对死者肺部取样进行微量化学分析，证实含有石脑油成分而没有乙烯，说明该 4 人死前吸入了泄漏的石脑油气体。

此外，从事故现场建（构）筑物破坏情况、现场所有人员的位置及伤亡情况，以及中心计算机记录的压力变化、地下排水沟系统爆燃痕迹、现场人证材料分析，并经国家爆炸实验室计算机模拟等，均证明石脑油大量溢出是事故的直接原因。有关专家经对乙烯管道残骸分析，没有发现陈旧裂纹，不能得出乙烯管道泄漏是事故直接原因的结论。

事故的直接原因暴露出北京东方化工厂安全生产管理混乱、岗位责任制等规章制度不落实。此外，也反映出罐区自动控制水平低、罐区与锅炉房之间距离较近且无隔离墙等问题。

综上所述，北京东方化工厂"97·6·27"事故是一起责任事故。

国家经贸委的批复指出：实事求是、科学地分析事故原因，是总结经验教训、举一反三的重要前提。要认真吸取事故教训，落实安全规章制度，强化安全防范措施，进一步加强首都的安全生产管理工作，防止此类事故再次发生，确保首都和人民生命财产安全。

3.事故教训

(1) 应建立并完善重大事故调查工作的法规与程序　生产事故，尤其像"97·6·27"一类的特大事故是人们所不希望发生的，然而却又是现今还无法完全被避免的，一旦当我们面对这种残酷的现实时，人们所能选择的唯一正确做法是：按照相应的法规与程序，进行科学的调查和理性的分析，查明事故的真正原因。总结经验教训，以便采取相应的措施与对策，使人们所付出的沉重代价能变为认识世界、改造世界的巨大财富。然而，无数客观事实告诉人们，要真正做到这一点，有时是很困难的。这是因为事故调查不仅是一项技术性极其复杂的系统工程，而且是一项社会性很强的工作。对事故，尤其是对重大事故的调查与处理，不可避免地会涉及有关单位、部门和个人的利益，因此，事故调查工作有时会遇到阻力，受到干扰，难以及时地做出科学、客观、公正的结论。有鉴于此，目前世界各国都制定、颁发了相应的法律、法规，成立事故调查专门机构。如1986年美国"挑战者"号航天飞机事故，并不是由美国航空航天局组织调查，而是由美国总统任命的特别专家组进行调查。我国政府对事故调查工作十分重视，1989年国务院颁发了34号令，即《特别重大事故调查程序暂行规定》，对特大事故调查的组织领导等做了明确规定，对重大事故调查工作起到了积极作用。

为了规范生产安全事故的报告和调查处理，落实生产安全事故责任追究制度，防止和减少生产安全事故，根据《中华人民共和国安全生产法》和有关法律，2007年国务院颁发了第493号令，即《生产安全事故报告和调查处理条例》（该条例自2007年6月1日起施行，国务院1989年3月29日公布的《特别重大事故调查程序暂行规定》和1991年2月22日公布的《企业职工伤亡事故报告和处理规定》同时废止。）

（2）建立科学而严密的安全管理体系是预防事故的根本保证　历史的经验告诫我们，对于像东方化工厂这样的高危险性企业，必须建立起科学而严密的安全管理体系，才能有效地防止重大事故的发生。虽然"97·6·27"特大事故的直接原因是操作失误，但根本原因却是企业在安全管理制度上存在严重疏漏。

第一是安全教育不够，从业人员的安全意识淡薄，敬业精神与责任心不强，导致出现不应有的操作失误。

第二是安全设施存在问题，表现在两方面：一是在设备的设计上没有防止误操作的技术设施，是出现误操作的潜在因素；二是在出现操作失误的时候，缺乏及时发现与信息反馈的技术设施。

第三是在安全管理体制中的监控、检查机制不力，对企业内各个关键环节不能实施有效的安全监控与检查。

第四是缺乏事故应急机制。从6月27日20时开始卸轻柴油到21时42分发生大爆炸，历时1h 40min。在此期间，只要能切断事故链中的任何一个环节，都可能有效地制止事故的发生和发展。遗憾的是，由于该企业在安全管理制度上的不健全，酿成悲剧。因此有关行政主管部门和所有企业都应从中吸取教训，不断改善和加强安全管理工作。

⟳ 本章小结

本章内容主要包括应急管理、事故应急救援体系、事故应急救援预案、应急救援预案演练与评价、事故统计以及事故综合分析。应急管理的四个阶段、事故应急救援体系的构成及响应程序、事故应急救援预案的基本结构及核心要素、事故统计指标、伤亡事故经济损失及其统计范围等可作为学习的重点。

课堂讨论题

1. 事故应急救援的基本任务有哪些？
2. 事故应急管理包括哪几个过程？每个过程的主要内容是什么？

3.谈谈你对事故应急救援体系的认识。

4.谈谈你对事故应急预案层次、基本结构及核心要素的理解。

能力训练项目

项目名称：编制家庭事故应急管理方案

项目要求：从应急管理的四个阶段即预防、准备、响应、恢复，针对家庭可能发生的某种事故编制家庭事故应急管理方案。

思考题

1.为实现事故应急救援的基本任务，应注意哪些问题？

2.企业如何做好重大事故应急预案的编制工作？

3.试说明如何开展事故应急预案的演练？开展事故应急预案的演练有何意义？

4.企业如何开展事故统计工作？

5.北京东方化工厂"97·6·27"特别重大事故对你有何启示？

第九章
现代安全管理

知识目标　1. 知晓现代安全管理的基本特征。
　　　　　2. 熟悉安全目标管理的主要内容。
　　　　　3. 知晓国内典型的企业安全管理模式。
　　　　　4. 了解国外有关现代安全管理的经验。
　　　　　5. 了解企业安全文化建设的相关内容。
　　　　　6. 掌握重大危险源管理的主要内容。
　　　　　7. 知晓职业健康安全管理体系、安全生产标准化及注册安全工程师制度的相关内容。
能力目标　1. 具有参与制定安全目标管理方案的能力。
　　　　　2. 初步具有对生产经营单位重大危险源安全管理的能力。

第一节　现代安全管理的特点与特征

一、现代安全管理的理论基础及特点

随着现代企业制度的建立和安全科学技术的发展，现代企业更需要发展科学、合理、有效的现代安全管理方法和技术。现代安全管理是现代社会和现代企业实现现代安全生产和安全生活的必由之路。一个具有现代技术的生产企业必然需要与之相适应的现代安全管理科学。目前，现代安全管理是安全管理体系中最活跃、最前沿的研究和发展领域。

现代安全管理工程的理论和方法有安全哲学原理、安全系统论原理、安全控制论原理、安全信息论原理、安全经济学原理、事故预测与预防原理、事故突变原理、事故致因理论、事故模型学、安全法制管理、安全目标管理法、安全行为抽样技术、安全经济技术与方法、安全评价、安全行为科学、安全管理的微机应用、安全决策、本质安全技术、危险分析方法、风险分析方法、系统安全分析方法、系统危险分析、故障树分析、危险控制技术、安全文化建设等。

现代安全管理的特点在于，要变传统的纵向单因素安全管理为现代的横向综合安全管理；变传统的事故管理为现代的事件分析与隐患管理（变事后型为预防型）；变传统的静态安全管理为现代的安全动态管理；变过去企业只顾生产经济效益的安全辅助管理为现代的兼顾效益、环境、安全与健康的综合效果的管理；变传统被动、滞后的安全管理为现代主动、超前的安全管理程式；变传统的外迫型安全指标管理为内激型的安全目标管理（变被动任务

为核心事业）。

二、现代安全管理的基本特征

现代安全管理的第一个基本特征，就是强调以人为中心的安全管理，体现以人为本的科学的安全价值观。 安全生产的管理者必须时刻牢记保障劳动者的生命安全是安全生产管理工作的首要任务。人是生产力诸要素中最活跃、起决定性作用的因素。在实践中，要把安全管理的重点放在激发和激励劳动者对安全的关注度、充分发挥其主观能动性和创造性上面来，形成让所有劳动者主动参与安全管理的局面。

现代安全管理的第二个基本特征，就是强调系统的安全管理。 也就是要从企业的整体出发，实行企业全员、全过程、全方位的安全管理，使企业整体的安全生产水平持续提高。

1. 全员参加安全管理

实现安全生产必须坚持群众路线，切实做到专业管理与群众管理相结合，在充分发挥专业安全管理人员作用的同时，运用各种管理方法吸引全体职工参加安全管理，充分调动和发挥全体职工的安全生产积极性。安全生产责任制的实施为企业全员参加安全生产管理提供了制度上的保证。

2. 全过程实施安全管理

系统安全的基本原则就是从一个新系统的规划、设计阶段起，就要涉及安全问题，并且一直贯穿于整个系统寿命期间，直至系统的终结。因此，在企业生产经营活动的全过程都要实施安全管理，识别、评价、控制可能出现的危险因素。

3. 全方位实施安全管理

任何有生产劳动的地方，都会存在不安全因素，都有发生伤亡事故的危险性。因此，在任何时段，开展任何工作，都要考虑安全问题，都要实施安全管理。企业的安全管理，不仅仅是专业安全管理部门的专有责任，企业内的党、政、工、团各部门都对安全生产负有各自的职责，要做到分工明确、齐抓共管。

现代安全管理的第三个基本特征，就是计算机和互联网的应用。 计算机和互联网的普及应用加速了安全信息管理的处理和流通速度，并使安全管理逐渐由定性走向定量，使先进的安全管理经验、方法得以迅速推广，事故教训得以及时共享，实现"一方出事故、多方受教育，一地有隐患、全国受警示（注习近平 2016 年 1 月 4 日至 6 日在重庆调研时的讲话）"。互联网技术以及现代检测技术的发展使得在线检测监控技术成为对危险工艺和危险物品生产过程实施监控不可或缺的安全管理技术手段。可以说，互联网技术的应用是 21 世纪现代安全管理最显著的基本特征。

第二节　安全目标管理

一、安全目标管理的含义

目标管理的基本理论和方法是美国管理学家、美国纽约大学教授彼得·德鲁克创立的。

他认为，企业的目的和任务必须转化为目标，企业管理人员应该通过目标对下级进行领导，以保证企业总目标的实现。

目标管理的基本内容是由本单位主要负责人根据上级要求和本单位具体情况，在充分听取广大职工意见的基础上制定出整个组织的总目标；然后进行层层展开、层层落实，要求下属各部门负责人以至每个职工根据上级的目标，分别制定个人目标和保证措施，形成一个全单位、全过程、多层次的目标管理体系。

目标管理有利于职工看到个人的价值和责任，从达到目标中增加个人的满足感；有利于沟通上下左右的意见，使达到目标的措施有可靠的基础；有利于企业利益与个人利益取得一致。

安全目标管理是企业目标管理的重要组成部分。企业在制定生产经营目标体系、实施整体目标、评价目标成果的各阶段，都必须同时建立安全目标，实施安全目标，同时评价安全目标成果。

安全目标管理是指人们在安全管理活动中运用科学合理的安全管理措施以确保达到预期的安全结果的一种管理方法。也就是说，安全目标管理包括两层含义：一是安全预期结果（即安全目标指标）；二是达到安全预期结果所应采取的安全保证措施。

二、安全目标管理的内容及体系

1. 安全目标管理的内容

安全目标是安全生产工作的方向，它不是主观拟定一个数字或只停留在抽象的方针、口号、规划等理性问题上，而是着眼于解决问题的具体科学技术措施上。安全目标管理制定的内容包括目标指标和保证措施两部分。

（1）安全目标指标　安全目标是企业中全体员工在计划期内预期完成的职业安全健康工作的成果，主要包括以下指标：

① 重大事故次数，包括死亡事故、重伤事故、重大设备事故、重大火灾事故、急性中毒事故等；

② 死亡人数指标；

③ 伤害频率或伤害严重率；

④ 事故造成的经济损失，如工作日损失天数、工伤治疗费、死亡抚恤费等；

⑤ 尘、毒作业点达标率；

⑥ 职业安全健康措施计划完成率、隐患整改率、设施完好率；

⑦ 全员安全教育率、特种作业人员培训率等。

（2）安全保证措施　保证措施应明确实施进度和责任者等内容，大致有以下几方面：

① 安全教育措施，包括教育的内容、时间安排、参加人员规模、宣传教育场地；

② 安全检查措施，包括检查内容、时间安排、责任人、检查结果的处理等；

③ 危险因素的控制和整改，对危险因素和危险点要采取有效的技术和管理措施进行控制和整改，并制定整改期限和完成率；

④ 安全评比，定期组织安全评比，评出先进班组；

⑤ 安全控制点的管理，制度无漏洞、检查无差错、设备无故障、人员无违章。

2. 安全目标的制定

安全目标的制定必须有科学的依据，要通过广泛的调查研究，收集企业内外部的有关信息，根据事物自身发展的规律，找出企业安全管理所应解决的问题，结合企业安全管理的内部条件提供的可能性和外部环境所提供的可行性，作出科学的分析和判断，初步形成安全目标。然后交职工讨论，广泛收集意见；并在实际执行中不断收集反馈的安全信息，以使安全目标不断得到修正和完善，确保目标重点突出、主攻方向明确、先进可行，措施可靠，且目标、措施要一一对应。

(1) 企业安全目标制定的依据　企业安全目标制定的依据主要有：

① 国家的安全生产方针、政策、法令；

② 上级主管部门下达的指标和提出的要求；

③ 同行业的安全情况和计划指标；

④ 本企业安全生产的中、长期规划；

⑤ 企业的经济技术条件及安全工作现状；

⑥ 本企业设备、厂房、人员、环境综合情况评估；

⑦ 本企业历年工伤事故和职业病统计数据。

(2) 安全目标的确定方法　确定安全目标的方法有以下三种。

① 根据可接受的个人或集体风险来确定安全目标。首先划定可接受的风险与不可接受的风险之间的界限。按社会对风险的认识，风险可分为以下三类。

a. 不可接受的风险。对这种风险必须立即采取措施消除，或降低到可接受的程度。

b. 可接受但仍较大的风险。对这种风险，在经济合理、技术可行的基础上，要积极采取措施以降低它的风险程度。

c. 可接受的较小风险。无需或只需较小的经济投入，采取措施降低或消除。

② 根据经济性确定安全目标。系统安全的目标是使系统在规定的功能、成本、时间范围内危险性最小。因此在系统的危险性和经济性之间有个协调与优化的问题。该方法把个人或企业承担的危险与获得的利益相比较，考虑每项的得失，优化财力分配，使系统的危险性"合理的小"。

③ 根据事故统计确定安全目标。根据以往的事故统计资料和当前的技术水平，从经济、合理、可行几个方面考虑，确定安全目标。这是目前广泛采用的方法。

3. 安全目标管理体系

安全目标管理体系就是安全目标管理的网络化、细分化，是安全目标管理的核心。

安全目标确定以后，通常采用图表法将其展开成横向到边、纵向到底、纵横交错的安全目标连锁体系，企业安全目标分解成职能部门、车间、班组和每个员工的分目标，分工明确，责任到个人，以充分启发、激励、调动企业全体员工在安全生产中的责任感和创造力，有效地提高企业的现代安全管理水平，如图 9-1 所示。

安全目标展开时，请注意以下三个问题：

① 要使每个分目标与总目标密切配合，直接或间接地有利于总目标的实现；

② 各部门或个人的分目标之间要协调平衡，避免相互牵制或脱节；

③ 各分目标要能激发下级部门和员工的工作欲望和工作能力，并保证目标的先进性和实现的可能性。

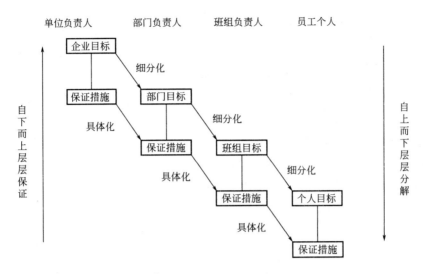

图 9-1　安全目标纵向展开图

三、安全目标管理的实施

制定安全目标，目的在于实现安全目标。

安全目标的实现，贯穿于安全工作的全方位和全过程，要求各级各类人员，根据所承担的安全目标责任按进度认真执行相应的保证措施，安全目标的实施主要应做好以下几项工作。

1. 建立安全保证体系

建立安全保证体系是要把各部门各环节的安全管理活动严密地组织在一个统一的安全管理大系统内。通过这个体系，加强上级、下级的意见交流，上级对下级、部门领导对部门内部工作的指导；协调和调整上下左右的关系；组织对本部门工作的自我检查和自我评价；加快各层次间信息的收集、处理、传递，使各部门、各环节、各层次互相了解、互相促进、推动目标管理顺利而扎实地开展。

2. 建立安全目标分级负责的安全责任制

制定完安全目标后，应根据不同部门和员工担负的具体目标分别明确责任、委任权限，使每个人都清楚自己在实现总目标中应负的责任和享有的权利，让他们自行选择以什么方法和手段来完成目标，在工作中实行自我管理，独立自主地实现个人目标。这样就能极大地发挥各级人员的积极性、主动性、创造性和工作才能，从而提高工作效率，保证所有目标的全面实现。

3. 制订周密的实施计划

当安全目标制定完毕转入执行过程时，各级各类人员必须针对各自所承担的目标，根据保证措施的要求制订周密的《目标实施计划表》（镀铬车间酸雾治理项目实施计划见表 9-1 所列），使得每一个工作岗位都能有条不紊、忙而不乱地开展工作，从而保证完成预期的各项目标值。

表 9-1 镀铬车间酸雾治理项目实施计划

项目描述：简单介绍项目的必要性、现状、拟采取的措施和项目经费，项目的总负责人和牵头部门

序号	项目分解	项目目标	完成时间	经费/万元	责任部门	责任人
1	现状污染物浓度监测	委托职防所监测(出报告)	×年×月×日～×月×日	××	安技环保部	×××
2	外委设计	委托有资质的单位进行设计(交图纸)	×年×月×日～×月×日	××	安技环保部	×××
3	设备采购	供应商交付规定产品	×年×月×日～×月×日	××	物资供应部	×××
4	非标件制作					
5	施工准备					
6	设备安装					
7	设备调试					
8	治理后污染物浓度监测					
9	竣工验收					
10	技术交底					

说明：项目的分解及措施的责任部门的确定，应根据单位的组织机构和岗位责任制来确定，完成时间根据子项目内容的难易作计划，经费根据子项目工作量的多少结合当前市场情况作预算，实施中牵头部门应根据实际情况进行合理调整，并及时与各部门沟通。以保证项目能如期完成，并且费用最省。

编制部门：（盖章）　　　　编制时间：
批准：（签名）　　　　　　批准时间：
抄送：（各责任部门）

4. 安全目标管理的实施方法

安全目标管理的实施，运用企业管理中广泛运用的 PDCA 循环取得了较好的成果。

PDCA 循环就是按计划、实施、检查、处理（即 plan、do、check、action）四个阶段的科学程序进行管理循环，以达到持续改进的目的。

（1）P 阶段　主要是制定实施目标的具体措施。可按四个步骤进行：分析目标现状，找出存在的问题；分析产生问题的原因；找出影响问题的主要原因；针对找出的主要原因，制订对策计划。

（2）D 阶段　按制订的对策计划和措施具体组织实施和严格地执行。

（3）C 阶段　根据制订的措施计划，检查执行的进度和实际执行的效果是否达到目标要求。

（4）A 阶段　根据检查结果进行总结，把成功的经验加以肯定，纳入有关的标准、规定和制度，以使其他目标实施时有所遵循；把失败的教训进行总结整理，记录在案，作为前车之鉴，防止以后再度发生。遗留问题，转入下一循环。

四、安全目标管理的成果评价与考核

对目标执行情况和效果进行检查和评价，是目标管理的最后阶段，也是发挥目标管理激励作用的最终体现。当企业目标管理实施活动已按预定要求告一段落时，就必须按照目标值对已经取得的成果做出评价，并使这种评价与奖励挂钩，通过把评价结果及时反馈给执行者，让其总结经验教训，使达标者信心倍增，未达标者明确前进的方向和差距，从而使目标管理真正能落到实处，又能为下一循环周期制定目标体系提供可靠的依据。

1. 安全目标管理的成果评价

安全目标成果评价采取自我评价与领导评价相结合。首先由部门和员工自觉按安全目标的要求检查实际工作成果，总结经验教训。然后由上级对下级以民主协商的方式进行指导，共同总结经验、找出差距、分析原因、提出改进方法。可见，评价阶段是上级进行指导、帮助和激发下级工作热情的最好时机，同时也是发扬民主管理的一种重要形式，是群众参加管理的一种好方法。成果评价主要从三方面进行。

（1）评定目标的完成程度　目标完成程度是指实际完成的目标值与计划值之比。它有两种表示方法。

① 定量目标完成程度。可按目标的完成率分为若干个等级进行评定。

② 定性目标完成程度。可按制定目标预先规定的成果评定要点进行评定，也可结合民意测定进行评定。

（2）评定目标的复杂难易程度　虽然制定目标时已经考虑了目标的难易程度，但在目标实施过程中由于情况和条件的变化，可能和预期的成果会有一定的差距，因此要实事求是地衡量一个部门或一个员工的安全工作成绩，对其成果做出公正的评价。

（3）评定责任者的主观努力程度　在实施安全目标的过程中，会遇到各种不利条件或有利条件，在达到相同完成程度时，责任者发挥的主观能动性和付出的主观努力程度是不同的，所以要对主观努力程度进行评价，才能正确评定成果。

2. 安全目标管理的考核

目标成果评定后，要根据评定结果做出相应处理。如按原定责任制兑现安全奖惩政策；将安全评定情况整理归档，作为职工评先进、定等级、调工资、竞选职位的考核依据，使安全目标管理具有严肃性和持久性。

五、安全目标管理中应注意的事项

1. 加强各级人员对安全目标管理的认识

企业领导对安全目标管理要有深刻的认识，要深入调查研究，结合本单位实际情况，制定企业的总目标，并参加全过程的管理，负责对目标实施进行指挥、协调；加强对中层和基层干部的思想教育，提高他们对安全目标管理重要性的认识和组织协调能力，这是总目标实现的重要保证；还要加强对员工的宣传教育，普及安全目标管理的基本知识与方法，充分发挥员工在目标管理中的作用。

2. 企业要有完善的系统的安全基础工作

企业安全基础工作的水平是安全目标管理的基础，直接关系着安全目标制定的科学性、先进性和客观性。例如，要制定可行的伤亡事故频率指标和保证措施，需要企业有完善的工伤事故管理资料和管理制度，控制作业点尘毒达标率，需要有毒、有害作业的监测数据等作依据。

3. 安全目标管理需要全员参与

安全目标管理是以目标责任者为主的自主管理，是通过目标的层层分解、措施的层层落实来实现的。将目标落实到每个人身上，渗透到每个环节，使每个员工在安全管理上都承担一定的目标责任。因此，必须充分发动群众，将企业的全体员工科学地组织起来，实行全员、全过程参与，才能保证安全目标的有效实施。

4. 安全目标管理需要责任、权力、利益相结合

实施安全目标管理时要明确员工在目标管理中的职责，并根据目标责任大小和完成任务的需要赋予他们在日常管理上的权限，同时，还要给予他们应得的利益，责任、权力、利益的有机结合才能调动广大员工的积极性和持久性。

5. 安全目标管理要与其他安全管理方法相结合

安全目标管理是综合性很强的科学管理方法，是一定时期内企业安全管理的集中体现。在实现安全目标过程中，要依靠和发挥各种安全管理方法的作用，如建立安全生产责任制、制订安全技术措施计划、开展安全教育和安全检查等。只有将安全目标管理与其他安全管理方法有机结合，才能使企业的安全管理工作做得更好。

课堂讨论："满负荷工作法"（扫描本书第二章第一节后二维码）与"安全目标管理"之间的关联。

第三节　国内典型的安全管理模式介绍

安全管理模式是企业在一定时期内指导安全生产管理工作，涉及安全生产管理的目标、原则、方法、措施等内容的综合安全管理体系。本节所介绍的几种安全管理模式均是企业在长期的安全生产管理经验的基础上，将现代安全管理的理论与企业安全生产管理工作的实践相结合的产物。

一、"0123"安全管理模式

鞍山钢铁公司提出了"0123"安全管理模式。概括起来说，"0123"安全管理模式是以"事故为零"为目标，以"一把手"负责制为核心的安全生产责任制为保证，以标准化作业、安全标准化班组建设为基础，以全员教育、全面管理、全线预防为对策的安全管理模式。

1. 事故为零

"事故为零"指所有职工都以伤害事故为零作为奋斗目标开展目标管理，保障自己和他人在生产经营活动中的安全健康，确保生产经营活动中的安全健康，确保生产经营活动的稳定进行。

在开展安全目标管理中，要坚持严明职责、严密制度、严肃纪律和严格考核的从严治厂原则，运用强制手段保证安全目标的顺利实现。

2. "一把手"负责制为核心的安全生产责任制

"一把手"负责制为核心的安全生产责任制，是指各级党政工团的第一负责人共同对安全生产负主要责任；企业各个管理和技术部门实行专业管理，分兵把口，齐抓共管；各个岗位人员要人人负安全生产责任。

"一把手"负责制指企业各级组织机构的党政工团第一负责人（即"一把手"）都对职权范围内的安全生产全面负责。这是因为，安全生产在生产经营活动中居第一的位置，就必须"一把手"管。只有"一把手"管，才能迅速果断决策安全生产重大问题，才能调动全员

认真管安全生产，才能统筹全局，改变企业的安全生产状况。

3. 标准化作业和安全标准化班组

鞍山钢铁公司以标准化活动的形式推广标准化作业。标准化作业活动的全部内容包括制定作业标准、落实作业标准和对作业标准实施进行监督考核。其具体做法有以下几点。

① 加强领导，建立标准化组织体系。企业成立标准化领导机构，由企业的主要领导负责，分管领导和有关部门人员参加；同时成立标准化管理机构，统筹规划，组织、协调、指导标准化工作。

② 大力开展标准化作业的宣传教育，有针对性地解决干部群众的认识问题。

③ 开展安全意识评价活动，组织各单位、各部门人人评价、层层评价，通过安全意识评价和大讨论，引导广大职工认清标准化作业是自我防护的最好措施，自觉与习惯作业决裂，促进由"要我安全"向"我要安全""我会安全"的转变。

④ 组织经常性的学习训练，克服习惯作业，不断提高标准化作业意识和标准化作业技能。

⑤ 对标准化作业的实施加强检查、严格考核。要建立标准化作业检查制度和考核制度，实行经常性检查和定期检查制度，考核上要采取逐级考核、定量考核、定期考核，考核结果要与经济责任制挂钩，发挥经济杠杆的作用。

⑥ 注意发现和培养先进典型经验，以点带面，推进标准化作业活动步步深入。

班组是企业最基层的生产单位，是企业有机整体的细胞，是精神文明建设和物质文明建设的前沿阵地，也是企业一切工作的落脚点。搞好班组建设，对提高企业整体素质、保持企业的旺盛活力、完成生产经营目标具有十分重要的意义。

安全标准化班组建设是企业班组建设的一个重要方面。安全标准化班组建设，就是以"事故为零"为目标，以加强班组安全全面管理、提高群体安全素质为主要内容，采取各种有效形式开展达标活动，实现个人无违章、岗位无隐患、班组无事故的目的。

标准化作业是以作业标准去规范生产活动中的行为，主要是控制个体行为问题，而安全标准化班组建设是控制群体行为、实现班组生产作业条件安全的问题。通过全面加强班组安全管理，提高班组成员的群体素质，提高班组生产作业条件的安全水平，既能保证标准化作业的落实、消除人的不安全行为，又能改善生产作业条件，消除物、环境的不安全因素。这样，同时抓好标准化作业和安全标准化班组，就能有效地控制事故的发生。

鞍山钢铁公司标准化班组的基本条件如下所述。

① 班组长要经过安全培训考试合格，具备识别危险、控制事故的能力，班组成员要有"安全第一"的意识、"我管安全"的责任和"我保安全"的任务。

② 熟练掌握本岗位安全技术规程和作业标准，做到考试合格上岗，并百分之百地贯彻执行规程和标准。

③ 开好班前会、过好安全活动日，开展标准化作业练兵和安全教育等。

④ 做到工具、设备无缺陷和隐患，安全防护装置齐全、完好、可靠，作业环境整洁良好，安全通道畅通，安全标志醒目，正确使用、佩戴个体防护用品。

⑤ 危险源要有标志，对危险控制有措施，责任落实到人。

⑥ 班组有考核制度，严格考核，奖罚分明。

⑦ 实现个人无违章、岗位无隐患、班组无事故，安全生产好。

4. 全员教育、全面管理、全线预防

全员教育、全面管理、全线预防是实现安全生产的具体对策，它体现了安全工作必须全员参加、全方位管理、全过程控制的现代安全管理原则。

全员教育系指对企业的全体职工（从厂长到工人）及其家属的安全教育。安全生产是全体职工的事，必须发动群众、依靠群众。对企业领导到每名职工乃至家属都要进行教育，提高整体的安全意识和安全技能，培养良好的安全习惯。

全面管理是对生产过程中的人、工艺、设备、环境等因素进行安全管理。要通过推行标准化作业消除不安全行为；要制定先进合理的工艺流程，搞好工序衔接，优化工艺技术；要搞好设备维修，消除设备缺陷，开展查隐患、查缺陷、搞整改活动，完善安全防护装置，实现物的安全；要开展群众性的整理、整顿活动，使环境整洁，以改善生产作业环境。

全线预防是针对企业生产经营各条战线各个层次中存在的危险源进行识别、评价和控制，通过多重控制形成多道安全生产防线。

二、"三化五结合"安全生产模式

抚顺西露天矿提出了"三化五结合"安全生产模式。"三化"指行为规范化、工程程序化、质量标准化；"五结合"指传统管理与现代管理相结合，狠反"三违"（违章指挥、违章作业、违反劳动纪律）与自主保安相结合，奖罚与思想教育相结合，主观作用与技术装备相结合，监督检查与超前防范相结合。

1. 行为规范化、工作程序化、质量标准化

（1）行为规范化　制定由领导到工人的行为规范、安全作业规程和作为职工必须遵守的行为准则，规范人的行为。

（2）工作程序化　工作程序是作业标准的一种，它把职工每天的工作划分为上班、班前、出工、施工、收工、下班、班后七个步骤。对每个步骤都规定了具体工作内容和注意事项，要求职工严格执行。

（3）质量标准化　质量标准化是指机械设备、生产环境和技术装备及工程质量等满足规定要求的性能。为了实现质量标准化，首先建立技术标准、工作标准、管理标准体系，使质量标准化工作走向规范化；其次是进行质量标准化教育，并组织工程质量、隐患整改、文明生产大会战，狠抓治理工作。

2. "五结合"

五结合是为实现行为规范化、工作程序化、质量标准化所遵循的管理工作原则和工作方法。它符合唯物辩证法，具体内容如下。

（1）传统管理与现代管理相结合　传统管理是指依靠法规、规程等强制手段为主的管理。现代管理是指安全目标管理、系统安全管理等以职工参与管理为特征的管理。

（2）狠反"三违"与自主保安相结合　在采取强制措施狠反违章指挥、违章作业、违反劳动纪律的同时，开展自尊、自爱、自教的安全教育，使职工由"领导要我安全"变为"我要安全，我会安全、我做安全"。

（3）奖罚与思想教育相结合　在实行奖罚的同时，结合职工实际，进行思想教育工作。在经常性的安全思想教育中，注意职工的思想状态和情绪变化，做深入细致的思想工作，做好受处罚人员的帮教工作，消除逆反心理。

（4）主观作用与技术装备相结合　在发挥人的主观能动作用的同时，改善技术装备和作业条件。

（5）监督检查与超前防范相结合　在作业前和作业过程中进行监督检查，及时发现不安全问题。对于存在的不安全问题及时采取措施解决，实现超前防范。

三、其他安全管理模式简介

1. "11440" 管理模式

"11440" 管理模式内涵是：1 代表行政 "一把手" 负责制为管理的关键内容；1 代表安全第一为核心的安全管理体系；4 代表以党、政、工、团为龙头的四线管理机制；4 代表以班组安全生产活动为基础的四项安全标准化作业（基础管理标准化、现场管理标准化、岗位操作标准化、岗位纪律标准化）；0 代表以死亡人数、职业病病发率和重大责任事故为零的管理目标为目的。

2. "01467" 管理模式

"01467" 管理模式是燕山石化总结的一种安全管理模式。其内涵是：0 代表重大人身、火灾爆炸、生产、设备、交通事故为零的目标；1 代表行政 "一把手" 是企业安全第一责任者；4 代表全员、全过程、全方位、全天候的安全管理和监督；6 代表安全法规标准系列化、安全管理科学化、安全培训实效化、生产工艺设备安全化、安全卫生设施现代化、监督保证体系化；7 代表规章制度保证体系、事故抢救保证体系、设备维护和隐患整改保证体系、安全科研与防范保证体系、安全检查监督保证体系、安全生产责任制保证体系、安全教育保证体系。

3. "0457" 管理模式

"0457" 管理模式由扬子石化公司创立，其内容是：0 代表围绕 "事故为零" 这一安全目标；4 代表全员、全过程、全方位、全天候（简称 "四全"）为对策；5 代表以安全法规系列化、安全管理科学化、教育培训正规化、工艺设备安全化、安全卫生设施现代化这五项安全标准化建设为基础；7 代表安全生产责任制落实体系、规章制度执行体系、检查监督体系、教育培训体系、设备维护和整改体系、事故抢救体系、科研防治体系这七大安全管理体系为保护。

4. "12345" 管理模式

"12345" 管理模式由济南钢铁公司创立，其内涵是：1 代表一会一制，即安委会制度；2 代表两项管理，即基础管理、现场管理；3 代表三种标准，即标准化作业、标准化操作规程、标准化岗位安全预案预控；4 代表四种检查，即班组检查、车间检查、二级厂检查、公司检查四个层次的安全检查；5 代表五项管理重点，即隐患评估管理、文明生产考核管理、安全文化建设管理、施工安全合同管理、外用工安全管理。

5. "4321" 管理模式

"4321" 管理模式是晋城矿务局安全生产持续稳定发展十余年，总结出的一种科学、严格、有效的管理模式。该矿的安全管理经历了三个阶段：第一阶段为事后追踪、亡羊补牢阶段；第二阶段为系统管理、齐抓共管阶段；第三阶段为以法治矿、超前防范阶段。从 1995 年起，晋城矿务局在安全生产中不断总结经验、完善体制建设，创建了 "4321" 管理机制。所谓 "4321" 管理机制是指：4 代表四化管理，即安全制度法规化、现场管理动态化、岗位作业标准化、隐患排查网络化；3 代表三项基础，即狠抓现场质量达标、岗位作业达标和隐患排查到位；2 代表两个机制，即完善安全生产自我管理机制与自我约束机制；1 代表一个目标，即走依法治矿之路，以实现安全生产长治久安的目标。

第四节　国际劳工组织与职业安全卫生管理

一、国际劳工组织及其目标

国际劳工组织（International Labor Organization，简称 ILO）是 1919 年根据凡尔赛和平协约与国际联盟同时成立的，其前身为国际工人法律保护协会。1946 年它正式成为联合国主管劳动和社会事务的专门机构。国际劳工组织由国际劳工大会、理事会和国际劳工局（秘书处）构成。此外，还有其他附属机构，如国际劳动科学研究所、国际保障协会、国际职业安全卫生信息中心等。国际劳工大会是国际劳工组织成员代表大会，是国际劳工组织的最高权力机构，每年在日内瓦举行一次。理事会是国际劳工大会闭会期间的执行机构，它决定国际劳工组织的各项重要问题，监督国际劳工局行使其职责。理事会由政府理事 28 人、工人理事 14 人和雇主理事 14 人组成，均由国际劳工大会选举产生，任期为 3 年。理事会每年召开 3 次会议。国际劳工局是国际劳工组织的常设工作机关，是国际劳工大会、理事会会议的秘书处，负责处理国际劳工组织的日常事务。其总部设在瑞士的日内瓦。劳工组织的一个重要特点是它的"三方结构"，即该组织的各种活动都有各成员国的政府、工人和雇主代表参加，所有代表都以平等的身份商议问题。三者在劳工组织促进下开展的活动，是该组织取得权力的来源。它使该组织有可能解释每个国家的目标和愿望，反映它所致力解决的问题，并根据有关各国的社会形势和经济形势做出切合实际的决定。劳工组织为了完成它的各项任务，还与国际社会的其他组织进行着密切的合作。

我国于 1983 年恢复在国际劳工组织的活动，多年来我国与 ILO 有着全面的合作，其中在职业安全卫生领域，双方一直保持着积极的、良好的合作关系。1985 年 ILO 在北京设立北京局。

早期的国际劳工组织关注的目标，主要集中于对妇女和儿童的保护。20 世纪 80 年代以来，职业安全卫生活动已经进入一个新的阶段，该组织不仅关心如何消除显而易见的疾病和事故，而且注意到物理方面和化学方面的危险以及所从事工作的人的心理和社会问题，同时，日益谋求全面的预防和改进方法。国际劳工组织认为，工伤和职业病除了使工人遭受痛苦外，还将造成个人、家庭以及整个社会相当大的经济损失和社会危害。虽然生产方面的发展和技术的进步正逐步使某些伤害减少，但是，由于大规模地使用了一些新的物质，造成工作场所的污染，给工人的安全、健康带来新的危害。国际劳工组织的目标是促使工作条件尽可能完全地适应工人的体力和脑力、生理与心理所能承受的负荷，创造一种安全和有益于健康的工作环境。

二、国际劳工组织的任务及特点

国际劳工大会的主要任务：首先是制定和通过以公约和建议书形式存在的国际劳工标准。劳工组织制定标准的工作对全世界许多国家的劳工立法都起了规范化的作用，还经常直接派遣技术专家为那些提出要求的国家提供建议，以帮助他们制定或改进有关工作保障、工作和生活条件、安全与保健等问题的劳工立法。

目前国际社会已认识到，国际劳工组织具有国家政府或其他团体不可替代的作用。它的"三方结构"，使所有代表都以平等的身份商议问题。国际劳工组织协助制定发展政策，努力确保工人的基本权利得到保护。从成立至今，它在支持国际社会和各国为争取充分就业、提高社会成员的生活水平、公平分享进步的成果、保护工人的生命和健康、促进工人和雇主的合作以改善生产和工作条件等方面进行着不懈的努力。

三、国际劳工组织的职业安全卫生国际监察

监察是人类施行行为管理和控制的重要手段。事故预防以及安全卫生规程的有效实施，在很大程度上取决于是否建立职业安全卫生监察机构以及该机构的工作成效。1947 年国际劳工组织通过了《劳动监察公约》和《劳动监察建议书》，这是保护工人健康的两个重要文件。1981 年 1 月 1 日以前，认可该公约的已有 98 个国家。这些国家一致同意，至少在工业中的工作场所要建立劳动监察制度。公约规定了劳动监察员的职责和权力，还规定了各国政府应保证能有相当资格的专家和技术人员进行配合，其中包括医学、工程、电学和化学等方面的专门人才。为了在劳动监察方面与国际法，特别是与国际劳工组织的公约和建议书的原则保持一致，各个国家的法律大都规定了监察员可以进入并视察各企业的权力，视察的条件和限制（接触文件资料、产品抽样分析、测定工作场所的大气等），以及在任何情况下监察员可施行或建议给予刑事或行政制裁的权利。在有些国家，监察部门有权直接向上级行政机关或司法机关建议终止一些特别危险的操作。因此，对监察员的水平和能力的要求是比较高的。一般来说，需具有高等学校毕业的学历，且具有在工业部门工作的经验，并以在中级管理部门工作过为宜，有时则要求在工会任过职。由于安全卫生活动日益趋向复杂化，许多国家已采取对监察人员先进行专门的初步培训，然后再做进一步正式培训，使他们熟悉新的技术和生产方法的最近发展情况。为了向各国的劳工管理部门提供各企业劳工监察员所采用的方法和具体做法方面的信息，1972 年成立了国际劳动监察协会。

四、国际劳工组织的工作

国际劳工组织的活动方式主要是制定国际劳工公约和国际劳工组织建议书，用公约的形式来约束会员国劳动立法的一致性，用建议书的形式来指导会员国劳动立法的统一性。

公约是经过全体会员国批准的，具有法律效力，会员国应共同遵守；建议书只具有咨询性，供会员国立法时参考。比较重要的问题是由会员国一致通过的，一般以公约的形式出现；问题不很重要，又难以一时被会员通过的事项，一般采用建议书的方式出现。

国际劳工组织制定公约和建议书的主要依据：在第二次世界大战以前是 1919 年《国际劳动宪章》提出的 9 项原则；第二次世界大战以后是 1944 年通过的《费城宣言》提出的 10 项原则；近年来，联合国大会通过的有关劳动和社会问题的决议，也是应遵循的原则。

国际劳工组织 1919～1998 年经国际劳工大会已通过 181 项公约和 190 项建议书，其中在劳动安全方面，国际劳工组织通过的公约和建议书如下所述。

（1）职业安全卫生 《职业安全和卫生公约》（第 155 号）；《职业安全和卫生建议书》（第 164 号）。

（2）职业卫生设施 《职业卫生设施公约》（第 161 号）；《职业卫生设施建议书》（第

171 号）。

（3）重大危害控制 《重大工业事故预防公约》（第 174 号）；《重大工业事故预防建议书》（第 181 号）；《化学品公约》（第 170 号）；《化学品建议书》（第 177 号）。

（4）作业环境 《作业环境公约》（第 148 号）；《作业环境建议书》（第 156 号）。

以及有毒物质和有毒制剂、职业病、特定职业部门、机器防护装置、最大负重量、妇女就业、未成年人就业等方面的数十项公约和建议书。

由此可见，国际劳工组织将职业安全卫生工作列为重要的工作。这项关系到人身安全健康和经济建设的工作已经被世界各国共同关注。这些劳动保护的国际公约，对于各个成员国劳动保护方法的发展，具有很大的推动作用。近百年来，国际职业安全卫生和劳动保护方面的标准已成为许多成员国制定和修改本国劳动安全法规的重要依据。特别是在第二次世界大战结束以后，更成为大批发展中国家重新制定职业安全卫生法规的主要依据之一。

从法律上讲，国际劳工公约和建议书对其成员国并不直接发生法律效力。只有经过成员国批准并制定为法律或规程的才能生效。而公约能否被批准，完全由成员国自行决定，对于不批准公约的成员国没有任何约束力量。一旦批准，就必须履行公约规定的责任和义务。

第五节　国外安全管理介绍

一、美国安全生产管理经验

美国是当今世界科技经济最发达的国家，为改善劳动条件、实现安全生产、保护劳动者在生产过程中的安全与卫生，美国制定了大量的与安全生产有关的法律、法规、规章和规范性文件，形成了比较完善、可操作性强的安全生产法规体系，在安全生产监管机制以及安全文化教育等方面有许多值得借鉴的成功经验。

《职业安全与卫生法》是美国安全生产的基本法，明确了职业安全与卫生的各项基本原则，成立了专门的管理机构。与此法配套的是更加严格、细致的各项标准及行动指南，使法律有了很强的可操作性。而对于一些重点行业，除了在上述法规中涉及外，还专门制定了针对性更强的行业安全与卫生法律，例如，针对矿山安全的《联邦矿业安全与卫生法案》，针对有毒物质生产、销售、使用及排放的《联邦有害物质管理法》《有毒物质控制法》等。这些法律都规定了执行机构和授权范围，从而有利于执法的开展。

1. 执法机构及执法程序

美国职业安全与卫生管理局是重要的执法机构，根据地理位置划分，在全美设有 10 个下属地区机构，并在州一级设立了 23 个安全卫生管理局。这些分支机构负责受理本地区雇员对雇主违反标准或劳动条件不安全、不卫生状况提出的申诉，并派出监察员对各种工作场所进行日常检查。

美国职业安全与卫生管理局根据情况的轻重缓急程度制订了优先检查顺序计划，并详细规定了检查程序，对各种情况下的处罚和事后补偿等都进行了详细规定，保证了执法的可操作性、有效性和强制性。

（1）优先检查顺序计划 为了执行安全与卫生法规和标准，监察员要对各种工作场所进行检查。由于职业安全与卫生法所涉及的工作场所有 500 多万个，不可能全部都立即进行检查，情况最严重的应首先予以考虑。因此，职业安全与卫生管理局制订了一个优先检查顺序计划。

① 紧急危险。对存在紧急危险状况的予以最优先检查。所谓紧急危险是指能立即造成人员死亡或身体严重伤害，或是采取正常执行程序消灭这种危险之前有可能发生上述情况。

② 灾难性事件或死亡事故。造成 5 人以上住院的灾难性事故或死亡事故。这类事故，雇主必须于 48h 内向职业安全与卫生管理局报告。由该局派人员调查，看是否违犯了标准，并采取措施避免同类事故再次发生。

③ 雇员提出申诉。雇员提出申诉，抱怨雇主违反标准或劳动条件不安全、不健康。美国职业安全与卫生法规定，每个雇员认为处于某种危害的紧迫危险状况中或是雇主违反了标准使他们的生命安全或健康受到威胁，有权向职业安全与卫生管理局要求进行检查。该局在接到要求后应予以受理，并将所采取的行动告诉雇员。如果雇员要求保密，职业安全与卫生管理局不得将其姓名告诉雇主。

④ 对高危害性企业的定期（计划）检查。特殊的具有高危害性的对健康有损害的工业企业。这些工业企业是根据死亡、伤害或患病率以及雇员暴露在有毒物质中等情况选定的。各州可以根据自己的安全与卫生计划确定高危害性企业的检查工作。

⑤ 跟踪检查。跟踪检查是为了查证以前的违反行为是否已得到纠正，如果雇主未能纠正这种违反行为，安全与卫生监察员可通知雇主，他或她必须遵守"纠正违反行为的通知"，如果这种违反继续下去，则将被加重处罚。

除了个别情况外，上述行动都不事先通知被检查方，否则会受到罚款或监禁。

（2）工地现场的检查　为了更好地执行职业安全与卫生法规，职业安全与卫生管理局拥有依法检查作业现场的权力。所有法律管辖的机构（项目）都在被检查之列。在向雇主出示了相关的证明证件后，监察员拥有以下权力：在任何合理的时间内，不受阻拦地进入任何工厂、车间、机构（项目）、建筑工地以及周围的环境，进行安全与卫生的检查。在一般的工作时间和合理的时间内，以合理的方式检查和调查雇主的作业场所、条件、环境、建筑、机械、设备、仪器，并且可以私下询问雇主、业主、操作人、雇员和代理人。

检查的程序包括以下步骤。

① 检查之前的要求。监察员在检查前不能通知雇主，否则将被处以 1000 美元罚款或 6 个月监禁。但是，以下特殊情况需要在检查前不超过 24h 内将检查通知送达雇主：存在紧急危险状况，需尽快予以纠正；必须在正常工作时间以外的时间内进行的检查，或对方需作特殊的准备工作；通知对方务必保证雇主及雇员届时一定到场；职业安全与卫生管理局的地区办事处主任认为事先通知对方可使检查进行得更彻底、更有效。雇主事先接到通知后，应立即通知雇员代表或遵照职业安全与卫生管理局的要求执行。

② 监察员出示有效证件。所有的监察员都持有由劳工部统一颁发的证件，这些证件上有监察员的照片以及相应的职务、职权和资格的证明。

③ 检查前的准备会议。在准备会议中，监察员会首先说明为什么挑选这个机构（项目）作为检查的对象，然后会确认这个机构（项目）是否得到过职业安全与卫生管理局的咨询，是否有"执行变更"的豁免权等，如果符合其中一项，则此次检查到此结束。否则，监察员接着介绍此次检查的目的、范围、内容和参照的标准，并且会提交给雇主一份参照标准、规范的副本和雇员对现场健康与安全方面的不满和意见。

④ 现场检查。准备会议结束后，由监察员决定检查的路线和方式，与雇员的交流要尽量不影响工作。监察员在检查时可以查阅各种记录、拍照并使用工具，但不能泄露业主的商业秘密，违反者会被处以 1000 美元罚款或一年监禁。

在监察员检查现场的同时，雇主最好派一个雇员代表陪伴官员完成检查的工作。雇员代表可以由工会来指定，也可以由雇员自己推选，或者由官员指定一个他认为能够代表雇员利益的人。这个代表并不陪伴监察员完成每一个检查，在没有代表陪伴的时候，监察员也要与许多其他的雇员交流现场安全与卫生方面的问题。

在检查的过程中，如果监察员发现了一些安全与卫生的隐患，会向雇主指出，并且会应雇主的要求提出相应的改进措施和方法。如果现场发现了明显违反标准的地方，监察员会在现场指导改正，即使在现场已经进行了改正，监察员也要记录下这样的违规行为，作为以后法律处理的依据。但雇主迅速地改正可以反映其遵守规范的诚意。

⑤ 总结会议。在所有的检查完成以后，监察员、雇主以及雇员召开总结会议，讨论存在的问题和解决的途径。监察员会向雇主提出在检查中发现的明显违规情况以及雇主可能会承受的公诉，并且会详细告诉雇主拥有怎样的上诉权，可以得到的资料和上诉的程序，但监察员不会暗示雇主任何可能受到的处罚。如果需要的话，还会有进一步的实验来证明一些有关安全与卫生的结果。也有可能召开一次以上的总结会议。最后，监察员会告知雇主职业安全与卫生管理局所能提供的各种服务，包括咨询、培训以及安全与卫生材料方面的技术等。

（3）处罚　监察员在报告了检查结果后，由职业安全与卫生管理局地区办事处主任决定签发何种传票，其内容包括确认违反了什么条例和标准；提出纠正的期限；确定罚款金额。传票将被分别送达雇主和雇员。雇主必须将传票的复制件张贴在发生违犯的地点或附近 3 天，或直至这一违犯已被纠正时为止。

任何违犯职业安全与卫生法规的雇主，视其情节严重程度，会被处以若干罚款或刑事处罚。处罚分为下列几类。

① 非严重违犯。违犯与安全、健康直接有关，但不至于造成死亡或严重的身体伤害，每次可判以高达 7000 美元的罚款。

② 严重违犯。工作场所存在可能导致发生死亡或严重身体危害的情况，且雇主对存在着的这种危害是知情的，对每次违犯处以高达 7000 美元的罚款，亦可根据雇主的认罪态度、是否初犯及单位规模大小等予以酌减。

③ 故意违犯。指雇主意识到和明知工作场所存在危及雇员安全与卫生的因素，但不尽快消除，对这种违犯每次可处以高达 25000～70000 美元的罚款。故意违犯可以根据是否初犯及单位规模大小调整其罚款金额，但不再考虑雇主的态度，通常最低罚款不低于 25000 美元。如果故意违犯导致一名雇员死亡，法庭可判以 70000 美元的罚款或 6 个月的监禁，或两者并行。

④ 重复违犯。违犯了任何标准、条例、规定等，在再次检查时发现又重复违犯，这种多次违犯可处以高达 70000 美元的罚款。

⑤ 未能如期纠正违犯。每天可处以高达 1000 美元的罚款。

此外，可能签发传票和提出罚款的有：伪造或篡改犯罪记录、报告或申请书者，处以高达 70000 美元的罚款或 6 个月的监禁，或两者并行；违犯张贴要求的可处高达 7000 美元的罚款；攻击安全与卫生监察员，或对抗、反对、恐吓、干预检察员执行工作任务，可处以

5000 美元以下的罚款或 3 年以下的监禁。

（4）事后补偿机制　对于劳动过程中发生的事故所带来的伤亡事故，美国规定了一套依靠强制保险和赔偿的事后补偿机制。

① 雇主全部负担的工伤强制保险。美国联邦政府实行强制性工伤保险制度，有些州据此制定了本州的工伤保险法案。目前，美国 99％的工人受到美国联邦或州劳工赔偿法的保护。

鉴于工伤保险所针对的是危害严重的劳动风险，工伤保险具备高度的强制性，美国以立法形式强制雇主必须对雇员的工伤事故负责。国家《工伤保险法》规定，赔付工伤待遇所需费用全部由雇主一方负担，工人和国家不负担费用。雇主逐年投保，保费按工资总数及规定的不同工种的费率计算，并计入企业生产成本。

美国工伤保险是按行业划分，与企业所在行业的伤害频率和安全考绩有关，用以精确地估算该行业工人补偿保险损失成本，即工伤保险费率危害程度和企业工伤事故率确定。

②《工伤赔偿法案》。美国国家州工人补偿法委员会，也称为"工人补偿委员会"由 15 名成员组成，工人补偿委员会对州工人补偿法作全面的研究和评价，以确定它是否能提供一个充分、迅捷和公正的补偿制度。

《工伤赔偿法案》规定，劳动者在生产过程发生伤残、死亡事故，无论责任在雇主或劳动者，都应依法给予受伤害者经济赔偿，而不因责任问题影响劳动者及家属的正常经济生活。即在工伤赔付上，即使雇主没有责任，也需要均按工伤赔付范围确定的标准予以赔偿。

美国工伤赔偿范围包括：①医疗费用，包括治疗、药品、住院、康复和假肢等费用；②薪金赔偿，约为雇员工伤前工资的 50％～75％，这部分待遇不需缴税，薪金赔偿从工伤后第 2 周开始支付；③肢体伤残赔偿，根据肢体永久性伤残部位给予赔偿；④抚恤金，工伤死亡供养家属（遗属年薪在 3 万美元以下和年龄在 18 岁以下者）可得的抚恤金，抚恤金各州规定不一，有的州规定一次性支付，而有的州则规定长期支付。

2. 化学品监管机构及职能

在与化学品有关的法规中，美国职业安全与卫生管理局负责《职业安全与卫生法》的执行，美国运输部负责《危险物品运输法》的管理和执行，其余由美国环保署负责。此外美国还于 1998 年组建了美国化学品安全与危险调查局，负责调查重大的化学品事故。

（1）美国职业安全与卫生管理局　根据《职业安全与卫生法》的规定，美国职业安全与卫生管理局颁布并强制实施了《高危险化学品的生产工艺过程管理标准》（PSM 标准），强调要通过综合规划加强有害化学物质现场管理，综合了生产技术、生产过程和管理实务。标准共分 16 个部分，其中 14 个部分是强制标准。

（2）美国环境保护署　美国环境保护署是危险化学品管理的主要机构，基本涵盖了除利用交通工具运输物品环节外的所有生产、使用、回收过程。美国环境保护署还制定了大量与法律配套的规章和实施细则。例如，根据《洁净空气法修正案》，美国环境保护署制定了《风险管理规划规程》，要求使用可燃和有毒物质的公司必须每 5 年将其制定的风险管理规划经修改后上报美国环境保护署。制定风险管理规划规程的目的是保护人员和周围社区的安全，强调危险评估和采取防护措施的重要性，并要求建立应急预案，包括事故发生时通知公众利用外面救援人员的程序。

（3）美国化学品安全与危险调查局　美国化学品安全与危险调查局是一个独立的美国机构，被《清洁空气法修正案（1990）》授权组建，1998年开始运行，其成员由总统任命，并经参议院通过。美国化学品安全与危险调查局负责调查重大的化学品事故，并在事故调查后全文公布调查报告，其内容包括事故的起因和应吸取的教训。美国化学品安全与危险调查局无权发出传票或开罚单，但有权向职业安全与卫生管理局、环境保护署等管理机构以及生产企业、工业组织等提出建议。例如，经过对美国1980～2001年发生的167起严重的化学品反应性事故的认真研究，美国化学品安全与危险调查局发现，一半以上事故涉及的化学品均未包括在美国职业安全与卫生管理局的《高危险化学品的生产工艺过程管理标准》和美国环保署的《风险管理规划规程》所列的名录中，建议这两个机构修改其监管的标准和规程，考虑化学品生产工艺过程特殊条件和化合作用导致的反应性危险。

二、日本安全生产管理经验

1. 安全生产监督管理集中、统一、高效

日本安全生产监督管理由劳动省负责，机构分三级，第一级是劳动省劳动基准局，第二级是各都、道、府、县劳动基准局（47个），第三级是厂（矿）区劳动基准监督署（343个）。安全监督机构垂直领导，实行安全生产监察官队伍管理制度，全国共有安全监察官3000多名。其主要职责有：一是对企业的安全生产实施监督指导；二是对企业实施安全检查，有权调阅有关资料，发现事故隐患，有权提出整改意见，发现危险紧急情况时，有权命令企业停止生产撤离人员；三是对违法造成重大恶性事故的责任人，有权向司法机关起诉；四是根据群众举报开展调查和处理；五是对事故进行调查处理；六是负责事故统计分析工作；七是负责收缴工伤保险费和工伤鉴定与补偿；八是负责工伤保险费率核定和基本情况调查。据了解，为了进一步加强安全生产的统一监督管理，日本于2001年实施政府机构改革，将厚生省与劳动省合并，减少政府机构数量，但不减少机构人员，还将安全生产与职业病防治紧密结合起来，使安全生产的监督管理更加集中有力。

2. 完善法规，注重服务

1947年，日本颁布了《劳动基准法》，相当于我国的《劳动法》，其中对就业、劳动时间、工资和职业安全健康做了一系列原则规定。20世纪60年代，日本事故多、伤亡大，最高年份死亡人数达6000多人。为了加强职业安全卫生，降低伤亡事故发生率，劳动省开始制定《劳动安全卫生法》，详细规定了企业应遵守的安全卫生标准，该法于1972年正式颁布后，劳动省加大了执法力度，事故逐年下降，1998年死亡人数降到1844人。

为了保障劳动者劳动作业场所的安全卫生，使劳动者在安全舒适的劳动环境中工作，还制定了《作业环境测定法》和《尘肺法》，以及粉尘、噪声、电离放射线、振动危害防止等九个规则，并进一步修改完善了《劳动安全卫生法》，基本上实现了有法可依、有章可循。

日本安全生产法律法规完善，详细规定了企业安全生产标准和要求，监督官现场检查发现问题，不作经济处罚，主要是提出整改意见，注意引导企业主加强安全生产工作的主动性。同时注重指导与服务，发挥社团组织的作用，对中小企业在安全生产方面的困难，在政策和财政上明确给予帮助，为中小企业加强安全生产技术进步、提高科学管理水平创造了条件。

3. 工伤保险与安全监督管理有机结合

日本安全监督管理机构负责工伤保险工作，主要职责是负责制定不同行业年度费率、收缴工伤保险费，并负责工伤鉴定和补偿。工伤保险适用于所有企业，包括个体私营者和海外派遣人员等。工伤保险费主要用途：一是促进社会疗养康复事业；二是受伤害劳动者的援助事业；三是劳动灾害预防及促进安全卫生事业；四是保障安全生产，改善劳动条件。据劳动省的统计报告，1996 年全国参加工伤保险人数 4789.65 万人，收缴金额 15730.55 亿日元，补偿费用 8395.73 亿日元，占收缴总金额的 53.37％，补偿人数 508.4172 万人，占参加工伤保险总人数的 10.61％，而 1998 年工伤补偿人数已降到 60 万人，因而提高了补偿费用和增加了医疗费用。

工伤保险是一项社会公益性事业，不以赢利为目的，保险费用取之于民、用之于民。因此，日本劳动省每年从工伤保险费中提取一部分用于劳动灾害预防和促进安全卫生事业。据有关人士介绍，粗略测算劳动省每年用于这方面的经费至少 500 亿日元。

4. 充分发挥安全科学技术研究单位和社团中介机构的作用

对开展安全技术服务的社团组织中介机构，政府安全监督管理部门通过资格认可委托开展宣传、培训教育、特种设备检测检验和信息服务工作。根据《劳动灾害防止团体法》，1964 年日本成立中央劳动灾害防止协会，其宗旨是通过促进各生产单位自主开展防止工伤事故活动，提高安全生产能力，杜绝工伤事故。其主要功能为：①提供安全生产信息；②开展提高安全卫生意识的活动；③开展专家安全生产咨询和技术支持业务；④开展相关教育和培训活动；⑤开展"零伤害"运动；⑥促进建设健康舒适的工作环境；⑦进行防止劳动灾害的调查研究。该协会正大力推进"OSHMS"（职业安全卫生管理系统，occupational safety & health management system），面向企事业单位提供专家、咨询等一揽子服务。其开展的团体安全卫生活动援助事业（又称"蒲公英计划"），专门为员工数不足 50 人的小企业提供安全生产援助。该协会还和厚生劳动省共同举办"全国安全周"和"全国劳动卫生周"。此外，为了加强行业内安全卫生管理，还成立了建设业劳动灾害防止协会、陆上货物运输业劳动灾害防止协会、港湾货物运输业劳动灾害防止协会、林业木材制造业劳动灾害防止协会、矿业劳动灾害防止协会、日本海难防止协会等团体。中央劳动灾害防止协会，在九个地区设立了安全卫生中心，两个地区设立了安全卫生教育中心，内设九个安全管理部门，其中安全卫生情报中心、劳动卫生检查中心、大阪劳动卫生综合服务中心、日本生物检测研究中心、国际安全卫生培训中心和安全展览馆等都是由劳动省投资援建委托经营的。日本在建设小政府、提高行政效率的同时，成立了大量与安全生产相关的团体，分布在日本的各个行业，为推动综合性和行业内的安全管理发挥了十分重要的作用。他们根据劳动省劳动基准局每年的安全工作计划具体组织开展各项有关活动。如每年 10 月举办安全大会，参加人数近万人，是全国政府、专家学者、企业安全监督与管理人员的一次盛会。大会期间设各类专业安全技术研讨会、座谈会、信息交流发布会、安全产品展示会、安全产品洽谈会等，为推动社会全民安全生产意识起到了很大的作用。此外，日本重视开展安全技术方面的国际交流，积极向国际标准靠近，以技术标准带动安全生产科学技术水平的提高。

5. 有效的安全监督管理措施

日本劳动省劳动基准局制定的安全生产目标是"安全、健康、舒适"，坚持的原则是"安全第一"。为了有效地降低事故发生率，减少伤亡，将工作的重点放在预防性安全监督管理上，他们每年根据前一年度安全生产工作的实际情况，编制修订新一年度的安全目标计划和工作指南，有针对性地提出对策措施。基本做法如下。

（1）宣传活动形式多样，常抓不懈 日本每年定期开展全国劳动卫生周和全国安全周活动。

"全国劳动卫生周"（每年 10 月 1～7 日），对于提高全民的安全生产和卫生意识，尤其是对促进企事业业主通过自主开展安全生产管理活动，确保劳动者健康，形成舒适的职业环境发挥了很大作用。该活动每年由厚生劳动省发布实施纲要，实施主体为各企事业单位，活动前一个月（9 月 1～30 日）为准备期间，进行自主安全生产检查，以减少工伤事故和职业性疾病发生的潜在危险。该活动对于企事业单位建立"计划—实施—评价—改善"的劳动安全管理机制，提高劳动者的安全卫生意识具有很大的推动作用。

"全国安全周"活动，以"尊重人命"为理念，目的是"在推进产业界自主进行防止工伤活动的同时，增强一般大众的安全意识"。该活动由主管劳动安全的厚生劳动省和中央劳动灾害防止协会共同主办。各有关团体共同协办。

（2）依法开展安全培训教育，积极推行执业资格管理制度 安全培训教育分 3 个层次，一是企业自主培训教育，对象是企业新工人和转岗工人；二是院校安全知识普及教育，对象是在校学生和国外有关人士；三是由政府认可有资格的社团组织中介服务机构社会服务性的培训教育，对象是企业的管理层干部和执业资格制度管理规定的人员，如安全管理人员、卫生管理人员、产业医生、安全培训教育人员、设备检测检验人员，以及援助发展中国家的安全管理人员等。实行执业资格证书制度管理规定的人员，必须通过执业资格培训考核，取得政府部门颁发的执业资格证书后方可持证上岗。

（3）强化劳动灾害统计分析工作，完善技术服务信息网络 日本劳动省十分重视劳动灾害的统计分析工作，配备设备先进、统计数据齐全、分析方法科学。通过事故分析，对重点产业和行业的事故状况一目了然，为指导事故预防和采取有针对性的措施提供了决策依据。为加强国际交流和社会化公共服务，劳动省投资建造了国际安全卫生信息中心和日本安全卫生技术信息服务中心，信息查询方便快捷，技术服务领域逐步扩大，向社会和企业提供了优质的技术服务。

（4）高年龄劳动者和中小企业安全对策 日本安全生产工作中突出的问题，一是高年龄劳动者伤害比例高，占全年伤害事故的 45%；二是中小企业事故多，伤亡大，占全年伤亡事故的 80%。为解决高年龄劳动者的安全和中小企业的安全生产问题，政府分别制定了高年龄劳动者的安全对策和促进中小企业安全活动对策，指导高年龄劳动者安全作业和中小企业的安全生产。

大力发展安全卫生诊断事业，为中小企业防止劳动灾害实施技术指导与服务，帮助企业提高安全生产管理水平，进一步促进企业安全生产与经济的协调发展。

（5）劳动安全的奖励制度 如依据《劳动安全卫生法》对生产现场的负责人评选"安全优良班组长"，由厚生劳动大臣亲自颁奖。为了提高中小企业的安全生产意识和能力，"中灾防"设立"中小企业无事故记录证授予制度"，鼓励资本金不足 1 亿日元、员工不满 300 人的中小企业积极开展安全生产。该制度从企业申请之日算起，根据无事故发生时间的长短，分努力奖、进步奖、铜奖、银奖和金奖五个等级予以奖励。企业可通过个都、道、府、县的劳动基准协会申请。

6. 职业安全卫生管理特点

① 日本有中央至地方的、健全的劳动行政管理体系。即中央及地方的劳动基准局级下设的基准监督署，全国有 3300 名国家任命的劳动基准检察官，他们都是通晓劳动法律、专业法规、特种法规和劳动安全卫生的专家，负责对全国企业的劳动基准执法监督，极具权威性。

② 日本有全国性及产业性的防灾团体及安全卫生团体，对全国企业安全卫生防灾工作实行有力的监督和指导。这些组织具有常设性和半官方性质，对企业执行劳动安全卫生防灾法律、法规起到极为重要的监督指导作用，比我国的职业安全卫生科学学术性群众团体所起的作用更大些。

③ 劳动安全卫生法规的完整性和执法力度具有高度发达资本主义经济立法执法特色。法制的裁决具有法治的严肃性和非随意性，这是我国劳动监察部门需要大力加强的方面。

④ 以企业为中心的日本社会特点和员工以企业为家的向心力。每个企业经营者十分尊重人的价值、人的尊严和人与生产的协调关系。日本的企业经营者在劳动法制的约束下，把创造一个安全卫生和优良舒适的工作环境作为企业建设发展的根本大事；把安全卫生活动与经济生产活动统一起来；把安全与健康管理当作生产经营的支柱，把防止劳动灾害作为企业最重要的政策。

企业按劳动法律要求，把全面提高全体劳动者管理和教育方面的安全意识放到十分重要的位置，作为落实企业的社会责任和法律责任的重要义务去履行，这在日本战后 50 年中已经成为企业经营者（户主、领导层、决策层和管理层）的自觉社会行动和责任。值得指出的是，日本有 435.45 万个企业，从业职工总人数超过 5000 万人，但全国仅有 3300 名劳动基准检察官，这些检察官要经过 11 年才能轮流去企业一次。靠检察官进行全面的检察监督实际上是不可能的，只有依靠劳动基准法律、法规要求，让企业自主进行安全卫生管理，从企业设计开始就抓好工程安全项目的审查把关，把提高全体职工的安全意识与现代化、安全化的管理有机结合起来，使安全意识深入民心。

⑤ 日本企业全国贯彻落实行之有效的防灾教育对策。安全周、卫生周、防灾周宣传教育，"5S"〔即整理、整顿、清扫、清洁、习惯（纪律）〕、安全卫生培训等安全教育活动做得非常出色，并做到持之以恒，有企业特色，同时具有灵活性和群众性。我国相继引进并加以推广了日本的许多防灾教育对策，但这些要符合我国国情，创造性地加以发展，如日本推行现场安全确认，一要高声回答，二要配合动作，这对于克服工作中"犯困"现象极为有效，很值得我们借鉴。

三、国际壳牌石油公司的安全管理

壳牌公司由荷兰皇家石油与英国的壳牌运输和贸易有限公司两家合并组成。在世界范围内，该公司至今依然是石油、能源、化工和太阳能领域的重要竞争者。公司拥有五大核心业务，包括勘探和生产、天然气及电力、煤气化、化工和可再生能源。壳牌在全球 140 多个国家和地区拥有分公司或业务。

2005 年之前，壳牌的公司结构十分独特：世界各地的分公司是由总部设在荷兰的荷兰皇家石油公司和总部设在英国的壳牌运输和贸易公司共同管理的，其中荷兰皇家持股六成，英国的壳牌持股四成。还有一些公司则是壳牌和其他公司或政府的合资企业。两家母公司分别在荷兰和英国挂牌上市，拥有各自独立的董事会。荷兰皇家/壳牌集团最大的股东是荷兰王室的投资公司。

2005 年 5 月 28 日，英荷壳牌石油公司的股东大会高票通过该企业两家控股母公司的改组合并计划，从而结束了壳牌公司长达百年的双董事会制度。根据股东大会决议，两家母公司的董事会将合并，并按美国公司架构任命一位首席执行官和一位董事长，取代目前双董事会的格局。公司新名称为英荷壳牌上市公司，总部设在荷兰海牙，公司股票在伦敦和阿姆斯特丹同时上市。

2000 年，壳牌中国与中国海洋石油合资的中海壳牌石油化工签约，这项总投资达 40 亿美元的合资项目是中国迄今为止最大的中外合资项目之一。

英荷壳牌石油公司在 2007 年度《财富》全球最大五百家公司排名中名列第三。

国际壳牌石油公司的安全管理是以如下 11 个方面为主要特色的，其安全管理的做法在世界石油行业，甚至在整个工业社会都具有广泛的影响。

1. 管理层对安全事项做出明确承诺

这是壳牌各项安全管理特点中最为重要的。管理层如不主动和一直给予支持，安全计划则无法推行。安全管理应被视为经理级人员一项日常的主要职责，同生产、控制成本、牟取利润及激动士气等主要职责一起，同时发挥作用。

公司管理层通过下列内容显示其对安全的承诺。

① 在策划与评估各项工程、业务及其他经营活动时，均以安全成效作为优先考虑的事项。

② 对意外事故表示关注。总裁级人员应与一位适当的集团执行董事委员会成员，商讨致命意外的全部细节及为避免意外发生所采取的有关措施。总裁级以下的管理层，亦该同样关注各宗意外事故，就意外进行调查及跟进工作，以及相关的赔偿福利事项。

③ 选择经验丰富及精明能干的人才承担安全部门职责。

④ 准备必要的资金，作为创造及重建安全工作环境之用。

⑤ 树立良好榜样。任何漠视公司安全标准及准则的行为，均会引起其他人员的效仿。

⑥ 参与所辖各部门进行的安全检查及安全会议。

⑦ 在公众和公司集会上及在刊物上推广安全讯息。

⑧ 每日发出指令时要考虑安全事项。

⑨ 将安全事项列为管理层会议议程要项，同时在业务方案及业绩报告内突出强调安全事项。

管理层的责任是确保全体员工获得正确的安全知识及训练，并推动他们使得壳牌集团及承包商的员工具备安全工作的意愿。改变员工态度是成功的关键。

良好的安全行为应该列为其中一项雇用条件，并应与其他评定工作表现的准则获得同等重视。就公司各部门的安全成效而言，劣者需予以纠正，优者则需予以表扬。

2. 明确、细致、完善的安全政策

有效的安全政策理应精简易明，让人人知悉其内容。这些政策往往散列于公司若干文件中，并偶尔采用法律用语撰写，使员工有机会阅读。为此，各公司均需制定本身的安全政策，以符合各自的需求。制定政策时应以以下基本原理作为依据。

① 确认各项伤亡事故理应避免的原则。

② 各级管理层均有责任防止意外发生。

③ 安全事项该与其他主要的营业目标同等重视。

④ 必须提供正确操作的设施，以及订立安全程序。

⑤ 各项可能引致伤亡事故的业务和活动，均应做好预防措施。

⑥ 必须训练员工的安全能力，并让其了解安全对他们自身及公司的裨益，而且属于他们的责任。

⑦ 避免意外是业务成功的表现。实现安全生产往往是工作有效率的证明。

以下是国际壳牌石油公司下属某公司的安全政策方案：

① 预防各项伤亡事故发生；

② 安全是各级管理层的责任；

③ 安全与其他经营目标同样重要；

④ 营造安全的工作环境；

⑤ 订立安全工序；

⑥ 确保安全训练见效；

⑦ 培养对安全的兴趣；

⑧ 建立个人对安全的责任。

3. 明确各级管理层的安全责任

某些公司仍存有一种观念，以为维护安全主要是安全部门或安全主任的责任，这种想法实为谬误。安全部门的一项重大任务就是充当专业顾问，但对安全政策或表现并无责任或义务。这项责任该由上至总经理下至各层管理人员的各级管理层共同肩负。

高层管理人员务必订立一套安全政策，并发展及联络实行此套政策所需设立的安全组织。

安全事项为各层职员的责任，其责任需列入现有管理组织的职责范围内。各级管理层对安全的责任及义务，必须清楚界定于职责范围手册内。

推行安全操作、设备标准及程序，以及安全规则等安全政策时，需具备一套机制。安全组织必须确保讯息及意见上呈下达，使得全体员工有参与其中之感。

经理及管理人员均有责任参与安全组织的事务，并需显示个人对安全计划的承诺，譬如树立良好榜样，并及时有建设性地回应下列项目：安全成效差劣；安全成效优异；欠缺安全工序的标准；标准过低；衡量安全成效的方法正确及差劣；欠缺安全计划、方案及目标，或有所不足；安全报告及其做出的建议；不安全的工作环境及工序；各人采取的安全方法不一致；训练及指令不足；意外与事故报告及防止重演所需的行动；改善安全的构想及建议；纪律不足。

在评定员工表现时应该加入一项程序，就是对各经理及管理人员的安全态度及成效做出建设性及深入的考虑。全体员工均应致力于参与安全活动，并了解各自在安全组织内所担当的职务和他们本身应有的责任。

4. 设置精明能干的安全顾问

经理级人员往往将安全事项交予安全部门负责，但安全部门并无权利负责也无义务处理他人管理下所发生的事故。其职责只是提供意见，予以协调及进行监管。要有效履行这些职责，安全部门人员需具备充分的专业知识，并与各级管理层时刻保持联络。该部门更需密切留意公司的商业及技术目标，以便向管理层提供有关安全政策、公司内部检查及意外报告与调查的指引；向设计工程师及其他人士提供专业安全资料及经验（包括数据、方法、设备等）；指导及参与有关制定指令、训练及练习的准备工作；就安全发展事项与有关公司、工业部门及政府部门保持联络；协调有关安全成效的监督及评估事项；给予管理层有关评估承包商安全成效的指引。

安全部门员工的信息举足轻重，且为改善安全管理计划的一大关键。建立这种信誉的途径，包括交替选派各部门员工加入安全部门，并将安全部门的要务委于素质较高的员工，作为他们职务晋升发展的能力体现。这些员工既可改善部门的素质，亦可培养本身的安全意识及安全管理文化，为日后出任其他职位打基础。

5. 制定严谨而广为认同的安全标准

壳牌将安全工作分为两个部分，设计、设备及程序上的安全工作，以及人们对安全的态度和所付诸实践的行为。设计及应用安全技术工序是达到良好安全的基本要求。

安全标准可以是工作程序、安全守则等。其标准适用性的关键有以下几方面。①应以书面制定，使之易于明白。②标准必须告知公司及承包商的全体员工。③当一项守则或标准所定的程序被认为不切实际及不合理时，该项守则或标准多不会为人所接受，亦不会有人甘愿遵从，而且必将难以执行。④相反，安全标准则较易接受。⑤安全标准应随环境改变，以及考虑到公司本身与其他公司所得的安全经验而进行修订。

安全标准的成败取决于人们遵守的程度。当标准未被遵行时，经理或管理人员务必采取有关的相应行动。假如标准遭到反对而未予纠正，则标准的可信性及经理的信誉与承诺就会被质疑。

6. 严格衡量安全绩效

采取残疾损伤或伤亡事故频率作为一项衡量安全成效的方法，且为壳牌集团进行各项伤亡事故统计的依据。这种方法与同行业或其他行业的工业安全分析作法相近，以便能对安全成效做出直接比较。

利用工时损失频率也是一种有效的分析指标，但在伤亡事故的总数过少，或业务规模较小，而且伤亡事故数字又接近或等于零的情况下就缺乏准确性。当出现上述情况时，不能依赖该项指标作为安全成效的指标，需采用更为精确灵敏的衡量方法。

7. 实际可行的安全目标

公司通过改善安全管理的方法，使伤亡事故频率下降。只要制定的安全政策得以继续施行及人们维持对安全的承诺，每年的伤亡事故频率也应该逐步下降。一般而言，可以将伤亡事故频率每年达到一定降幅作为目标，但长远目标应为达到全年无事故发生的安全成效。

管理层应制订一套计划以达到长远的安全目标，而公司推行改善安全管理计划时，更应定下推行计划的进度程序。各部门应按书面列明的进度制订各自的安全计划及目标。

安全目标尽量以数量显示，其内容可包括下列各项。

① 按照完成进度而制定的指令、守则、程序或文件。

② 召开安全委员会会议及其他安全会议的定期次数及数目。

③ 进行各项安全检查或审查的定期次数或数目。

④ 编排与安全有关设施建设的进度及实行新程序的日期。

员工报告内应该列明与安全有关的目标或可用以衡量安全成效的任务。这些目标或任务该与部门及公司的目标符合一致。管理层若不给予员工有关改善安全成效的工具，如训练及正确装备，则不可能使安全成效有所改善。

8. 对安全水平及行为进行审查

大多数的壳牌公司均已订立安全检查及审查计划，并经常集中检查设备及程序上的安全情况，且由管理人员、经理、安全部门代表，按照多为数月一次或数年一次的固定进度表进行。有关人员应致力于该项目提高安全检查的效用，项目包括各次检查的内容、范围及参与人选，并采取措施监督各项检查建议是否在适当时候实行。

同时，危险行为及危险工作情况亦该予以检查。此项任务可在经理或管理人员每次进入一个工作区域时进行，其中包括注意员工举动、生产操作时的方法及所穿的服饰，并留意各项工具、装备及整体的工作环境。及时纠正危险行为及情况，避免意外发生，将他们的行为及情况记录在案，成为安全评价的参考。

员工最终均可察觉何为危险行为。当某员工能够自行检查本身的工作区域和其本身与同事的行为及工作情况，而这些程序又为每个人所愿意接受时，取得良好安全成效的最佳环境便出现。唯一令员工对安全管理的态度做出上述基本转变的情形，就是公司的整体安全文化促使这类行为出现。

9. 有效的安全训练

推行改善安全管理计划务必全力确保员工在安全条件下了解计划的详情，以及计划背后的基本原理。令管理层和所辖员工及承包商接受这些基本原理，是管理层最大的挑战。此外，举办多项介绍会、研讨会及座谈会也是达到这个目标的主要措施。

这些措施可令安全计划迅速普及全公司，但管理人员与下属进行的非正式讨论及汇报亦同样重要。所用方法务必贯彻统一，使每个人均获相同的讯息。高层管理部门应当参与这些介绍会，以示对安全的承诺。介绍会、研讨会及座谈会的重点内容包括改变人们对安全的态度、证明个人行为如何成为预防意外发生的关键因素。

技术训练是有效的活动，但应将特定的安全项目列入训练计划中。训练计划应有系统地加以策划，使行为上的训练与工作需要的技术训练取得平衡。管理层应策划及监督专为每个人设立的训练计划的整项进度，借以确保相关人员获得全面训练，以帮助其履行职务。

10. 强化伤亡事故调查跟进工作

各壳牌下属公司都订立有完善的事故调查程序，但进行调查的宗旨是防止事故重复发生。

进行事故调查的责任该由各级管理层负责而非安全部门。管理层应该解答的主要问题是：我们的管理制度有何不当以致这宗事故发生？

员工应知道"何为事故起因"与"责任谁负"，两个问题不应混淆。尽管一宗事故可能由一人直接引致，但有关方面往往动辄将责任归咎到有关人员身上。举例而言，与事故有关的人员可能被委以自身不能胜任的任务；或所获的指示、监督或训练有所不足；又或不熟悉有关程序或程序不适用于其当前正进行的工作等。

经验显示，如果事故调查的重点只为追究责任，则酿成意外的事实真相将更难被确定。而这些真相又必须被利用来达到调查的目的——避免事故重复发生。

在调查事故起因期间，若发现公司或承包商的员工公然漠视安全，有关方面自当考虑采取相应的措施。

事故调查应按多项基本原则进行：

① 及时调查；

② 委派对工作情况有真正了解的人员参与调查；

③ 搜集及记录事实，包括组织上的关系、类似的事故及其他相关的背景资料；

④ 以"防止类似事故重复发生"作为调查目的；

⑤ 确定基本的肇事原因；

⑥ 建议各项纠正行动。

各项建议务必贯彻执行，任何所获的经验教训应该告知公司及集团全体员工，并于适当情况下告知其他有关人士。

11. 有效的管理运行及沟通

改善安全管理计划的成败，取决于员工如何获得推动力及如何互相联络沟通。

成功要诀之一是与各级员工取得沟通，渠道包括书面通知、报告、定期通讯、宣传活动、奖励（奖赏）计划、个别接触，以及最为有效的方法——在各级别职工内召开系统的安全会议。这些会议既可让每个人参与安全事项，又无需讲授内容或公开发言，同时还可在会上畅所欲言。

安全会议应由管理层轮流分工举办，并当遇有特定的安全问题需要讨论时召开。各级管理层应尽量利用各种可行的推动方法，鼓励与会者积极讨论及提出意见。令安全会议形成既见成效又具推动力的方法，是让接受管理层指导的工人主持会议，并先行得知讨论项目及讨论目的的纲要。当承包商属于工人职级时，他们亦应获得这个机会。为使会议更为见效，与会人数不应超过 20 人，而会上得出的结论及提出的关注事项亦该记录在案，并切实加以处理。

召开安全会议的主要目的是：

① 寻求方法根治危险状态和行为；

② 向全体员工传达安全讯息；

③ 获得员工建议；

④ 促使员工参与安全计划及对此做出承诺；

⑤ 鼓励员工互相沟通及讨论；

⑥ 解决任何已出现的关注事项或问题。

会上未能解决的事项及具一般重要性的行动事项，亦应提呈适当的经理人员或其中一个属于管理层的安全委员会加以注视。有关方面应尽早做出回复，以免尚待解决的行动事项不断积聚。

除召开系统的安全会议外，管理人员与下属研讨将要进行的工作时，亦需讨论相关的安全事项，如工作计划、施工过程、工作例会等。

管理层召开安全委员会及安全会议的主要目的，是探讨各级员工对安全计划的观感以及安全资料及讯息是否正确无误地传达。为了实现继续给予员工推动力的目标，管理层务必鼓励员工做出回应并各抒己见。

四、美国杜邦公司的安全管理

杜邦公司是一家以科研为基础的全球性企业，提供能提高人类在食物与营养、保健、服装、家居及建筑、电子和交通等生活领域的品质的科学解决之道。公司成立于 1802 年，在全球 70 个国家经营业务，生产石油化工、日用化学品、医药、涂料、农药以及各种聚合物等 1700 多个门类、20000 多个品种；共有雇员 79000 多人，其中大约一半工作在美国本土以外。该公司 1983 年总营业额达 353.78 亿美元，居世界化学公司年销售额之首；2001 年总收入为 247 亿美元，净收入为 43 亿美元。

两百年前，杜邦主要是一家生产火药的公司。一百年前，杜邦的业务重心转向全球的化学制品、材料和能源。今天，在杜邦进入第三个百年时，杜邦的目标是提供能真正改善人们生活、以科学为基础的解决方法。

适应变化的能力和对科学永无止境的探索，使得杜邦在两个世纪的历程中成为世界上最具创新能力的公司之一。然而，面对不断地变化、创新和发现，杜邦的核心价值却始终保持不变，这就是致力于安全、健康和环境、正直和具有高尚的道德标准以及公正和尊敬地对待他人。

杜邦公司历来重视研究开发（其在美国有 40 多个研发及客户服务实验室，在 11 个国家有超过 35 个的实验室），拥有众多项专利和重大发明。如 1804 年第一批黑火药制成投入市场，1857 年发明爆破用的苏打炸药，1880 年开始生产硝酸甘油，不久又生产硝酸纤维素无烟炸药，1904 年将硝酸纤维素应用于涂料和皮革抛光剂，1915 年生产赛璐珞（硝酸纤维素塑料），1917 年后开始生产颜料、涂料以及其他大宗化工产品，1931 年首创氯丁橡胶，1937 年发明第一个合成纤维——聚酰胺纤维，1945 年开发了聚四氟乙烯。20 世纪 80 年代以来，杜邦公司研究开发重点是与节能有关的聚合物材料、电子工业和信息工业用材料，此外还研究生命科学等。1983 年其科研费用为 9.66 亿美元。

1. 杜邦对安全的认识

杜邦在企业内部的安全、卫生和环境管理方面取得了相当成功的经验，同时它也愿意与其他企业一道分享这一经验。

（1）对安全的认识及安全效果

① 创造安全的人与安全场所。管理并不能为工人提供一个安全的场所，但它能提供一个使工人安全工作的环境。提供一个安全工作场所，即一个没有可识别到的危害的工作场所是不可能的，在很多情形下，对一个工作场所来说，它既不是安全的，也不是不安全的，它的安全程度也并非变化在安全和不安全这两个极端之间的。而正是相对于人自身，是安全的或不安全的，或更安全的，或不太安全的。是人的行为，而不是工作场所的特点决定了工伤的频率、伤害的程度以及健康、环境、财产的损坏程度等。迄今为止，还没有遇到哪一起事故不是因为人的行为所导致的。

安全是企业核心要求，重视安全，促使行为能够被不断地指导变成更安全的行为，远离不安全的行为。这里所说的行为，并非专指受了伤害的个体的行为，它也包括工人、工程师、现场专家、现场经理、首席执行官及其他人员的行为，没有任何人能够避免不安全行为。人们应致力于将这一理念在工作中加以强调和体现。

② 杜邦的职业安全指标水平是先进的。20 世纪 90 年代初，损失工作日事件发生率为 2.4%，这相当于在 11 万工人中一共发生了 27 起损失工作日事件，特别是 1989 年没有死亡事件。这样的结果，如果不是杜邦从早期到现在始终不渝地重视安全，是不可能取得的。

（2）对安全意义的认识　安全的效果与安全的投入之间的联系并不是一个简单的关系。今天所付出的努力可能在若干年之后才产出结果，而且很可能这个结果并不能被人们意识到是由于数年前所付出的努力产出的。通过避免事故所造成的人身伤害、工厂关闭、设备损坏而降低成本的计算实际上是一个推测值。而且有一部分人一直用怀疑的眼光来看待这一切。

人们确实不能明确地给出在某个时期内企业投入 X，企业效益 Y 会有多大的提高。实际上不但 X 和 Y 之间的关系不能明确地建立，而且就 X 和 Y 自身来说也很难形成一个确定的界限。这是一个宏观上的事情。尽管在宏观的基础上来看这件事很容易，但也仍存在测算方面的问题。

"安全是有价值和有意义的"，注重安全不但能体现注重生命安全与健康的效果，而且同时也改进了企业的其他各个方面。这种观点，随着杜邦安全管理局的客户们通过工作中移植杜邦的安全文化并从中受益后，不断地被更多的人所认识。某研究机构在与杜邦进行为期不足一年的合作之后，该研究机构负责人讲："我过去确实不信安全值得花费更多的时间和精力，但是今天，安全对我已是一种乐趣了。我很欣赏我在安全方面投入的努力和我们组织作用的巨大提高。事实上我已经在质量方面搞了 3 年，但我仍然没有真正弄清楚我所干的事情。安全与工人福利之间的关系的建立好像比工人福利与质量之间的关系的建立更容易一些。站在总质量这个角度，从事质量安全工作就是从事质量工作的一部分。因为安全也是总的工作的一部分。在我们机构的咨询工作中，安全范围比起整个质量的概念更易具体化，安全的特征也许能说明这个明显的差别。"

比较工伤所致的费用与净收入后可以向许多管理层提供让人惊喜的信息。杜邦有很多这方面的例子，如某个管理层只采取了一个非常简单的行动便降低了工伤成本，从而提高了企业效率。如某地公司在把工伤作为管理成果好坏的一条标准之后的 6 个月内，意外伤害赔偿竟降低了 90%。杜邦安全管理局的客户，按照杜邦的咨询意见通常在头两年可降低 50% 的工作日损失。

对安全的回报还可以从一个公司的财务角度来认识，如可以从考察用于补足工伤费用的销售水平的角度来认识工伤的影响。美国工业公司 1989 年的销售利润为 5%，当年工伤统计结果是平均每起致残费用为 2.85 万美元，也就是说，每销售 57 万美元产品的利润，才能支付一起致残工伤。从创造利润这一点来讲，减少一起伤害，总比增加 50 万～60 万美元的销售要容易得多。可见，安全就是效益。

因此，即使不为工人，不为股东，也不是为了公众的利益，起码为了企业的生存，也要确保生产安全。

伤害并非偶然，它们是由人们的行为引发的，正是由于安全具备的这种核心本质，才出现了成功的管理者奉献其时间、金钱和能量来解决安全问题。关心工人、关心顾客、关心公众、关心环境、关心股东的福利，是安全方面取得成功的基础。

综上所述，人们应该认识到，工人、公众和环境的安全是强制性的。作业过程中保障工人、公众和环境，防止不利因素的影响和危害的产生，已经被证明是值得的。事实上，在安全上的努力，不是企业经营的负担。安全上的努力及费用是用来降低整体的成本，是明智的花费，这样的投入事实上是降低了操作成本。安全已经被证明是有价值的事业。

2. 杜邦的安全哲学

杜邦公司的高层管理者对其公司的安全承诺是：致力于使工人在工作和非工作期间获得

最大限度的安全与健康；致力于使客户安全地销售和使用我们的产品。

安全管理是公司事业的组成部分，是建立在这样基石上的信仰。这种信仰认为，所有的伤害和职业病都是可以预防的；任何人都有责任对自己和周围工友的安全负责，管理人员对其所辖机构的安全负责。

3. 杜邦公司的安全目标

杜邦公司针对自身的安全理念和要求，明确了安全目标，即零伤害、零职业病、零环境损坏。

4. 杜邦的安全信仰

杜邦公司的安全信仰归纳如下。

① 所有伤害和职业病都是可以预防的。

② 关心工人的安全与健康至关重要，必须优先于对其他各项目标的关心。

③ 工人是公司最重要的财富，每个工人对公司做出的贡献都具有独特性和增值性。

④ 为了取得最佳的安全效果，管理层针对其所做出的安全承诺，必须发挥出领导作用并做出榜样。

⑤ 安全生产将提高企业的竞争地位，在社会公众和顾客中产生积极的影响。

⑥ 为了有效地消除和控制危害，应积极地采用先进技术和设计。

⑦ 工人并不想使自己受伤，因此能够进行自我管理，预防伤害。

⑧ 参与安全活动，有助于增加安全知识、提高安全意识、增强对危害的识别能力，对预防伤害和职业病有很大的帮助作用。

5. 杜邦公司的安全管理原则

杜邦的安全管理原则可归纳如下。

① 把安全视为所从事的工作的一个组成部分。

② 确立安全和健康作为就业的一个必要条件，每个职工都必须对此条件负责。

③ 要求所有的工人都要对其自身的安全负责，同时也必须对其他职员的安全负责。

④ 管理者对预防伤害和职业病负责，对工人遭遇工伤和职业病的后果负责。

⑤ 提供一个安全的工作环境。

⑥ 遵守一切职业安全卫生法规，并努力做到高于法规的要求。

⑦ 把工人在非工作期间的安全与健康作为我们关心的范畴。

⑧ 充分利用安全知识来帮助客户和社会公众。

⑨ 使所有工人参与到职业安全卫生活动中去，并使之成为产生和提高安全动机、安全知识和安全技能的手段。

⑩ 要求每一个职员都有责任审查和改进其所在的系统、工艺过程。

6. 明确安全具有压倒一切的优先理念

公司面临着一个复杂而又迫切的任务，那就是在事关竞争地位的各个方面（客户服务、质量、生产）要进行不断的提高。但是，所有这一切如果不能安全地去做，就绝不可能做好。安全具有压倒一切的优先权。

在任何情况下，繁忙绝不能成为忽视安全的理由。

7. 安全人人（层层）有责

每个工人都要对其自身的安全和周围工友的安全负责。每个厂长、车间主任及工段长对其手下职员的安全都负有直接的责任。这种层层有责的责任制在整个机构中必须非常明确。

领导一定要多花费一点时间到工作现场、到工人中间去询问、发现和解决安全问题。

提倡互相监督、自我管理的同时，也必须做出这样的组织安排，即确保领导和工人在安全方面进行经常性的接触。

8.杜邦不能容忍任何偏离安全制度和规范的行为

杜邦的任何一员都必须坚持杜邦公司的安全规范，遵守安全制度，这一点是不容置疑的，这是在杜邦就业的一个基本条件。如果不这样去做，将受到纪律处罚，甚至被解雇，有时即使受伤也不例外。这是对管理者和工人的共同要求。

第六节　企业安全文化建设

20世纪90年代以来，我国企业的安全生产状况不断恶化，表现在各类事故死亡人数呈现了明显的增长趋势（见图9-2、图9-3），特别是其间连续发生的一些特大恶性事故，影响深远，教训惨痛，引起社会各界人士的普遍关注。如何把事故增长趋势控制住，把事故率降下来，更是成为安全科学界研讨的热点课题。此种情况的出现与我国正在进行中的由社会主义计划经济体制向社会主义市场经济体制的转变有着必然的联系。在企业转轨的同时，相应地适合社会主义市场经济体制的安全管理体制并未真正地建立起来，且人们的安全意识水平还远未达到市场经济的要求。正是在这一特定背景、特殊时期，我国的安全科学领域开展了"安全文化"的大研讨，并期望通过倡导企业安全文化建设提高对安全生产的关注度、提高安全生产意识，为扭转不利的安全生产形势、促进安全生产水平的不断提高奠定基础。倡导企业安全文化建设对于从根本上提高我国企业的安全水平，具有深远意义。

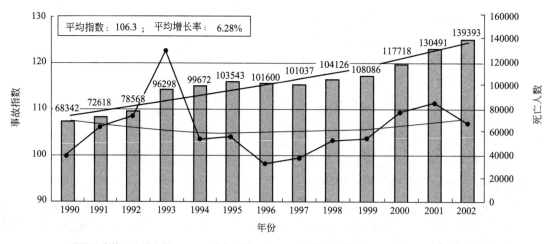

图 9-2　1990～2002 年我国各类事故死亡总人数趋势
（包括工矿企业、道路、水运、铁路、火灾、民航）

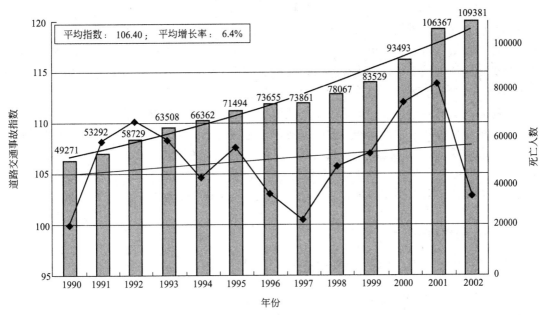

图 9-3 1990～2002 年我国道路交通事故死亡人数趋势

一、企业安全文化建设的内涵

安全文化作为一个概念是在 1986 年国际原子能机构在总结切尔诺贝利事故中人为因素的基础上提出的，定义为"存在于单位和个人的种种特性和态度的总和"。"安全文化"概念的提出及被认同标志着安全科学已发展到一个新的阶段，同时又说明安全问题正受到越来越多的人的关注和认识。推进企业安全文化建设的主要目的是提高企业全员对企业安全生产问题的认识程度及提高企业全员的安全意识水平。

《企业安全文化建设导则（AQ/T 9004—2008）》将企业安全文化定义为被企业组织的员工群体所共享的安全价值观、态度、道德和行为规范组成的统一体。企业安全文化建设就是通过综合的组织管理等手段，使企业的安全文化不断进步和发展的过程。

二、企业安全文化建设的必要性和重要性

1. 正确认识开展企业安全文化建设的必要性

开展企业安全文化建设的最终目的是实现企业安全生产，降低事故率。应当承认，我国安全法制尚在健全过程中，企业安全管理仍脱离不了"人治"的阴影。因而企业安全生产状况的好坏，与企业负责人的重视程度有密切关系。企业负责人对安全生产重视，必然会在涉及安全生产的各个方面重视安全投入。开展企业安全文化建设对企业而言重要意义之一就在于将企业安全生产问题提高到一个新的认识程度，而这一点恰恰是企业搞好自身安全生产的内在动力。搞好企业安全文化建设也是贯彻"安全第一，预防为主，综合治理"方针的重要途径。在以上两层意义的基础上，可以说企业安全文化建设是提高企业安全生产水平的基础性工程，搞好企业安全文化建设的必要性显而易见。

2. 正确认识企业安全文化建设的重要性

企业安全文化建设的一个重要任务就是提高企业全员的安全意识水平，形成正确的企业安全生产价值观。事实上，安全意识薄弱可以说是我国企业安全生产水平持续在低水平徘徊的一个重要的原因。安全意识支配着人们在企业生产中的安全行为，由于人们实践活动经验的不同和自身素质的差异，对安全的认识程度就有不同，安全意识就会出现差别。安全意识的高低将直接影响安全生产的效果。安全意识好的人往往具有较强的安全自觉性，就会积极地、主动地对各种不安全因素和恶劣的工作环境进行改造；反之，安全意识差的人则对所从事的工作领域中的各种危险认识不足或察觉不到，当出现各种灾害时就反应迟钝。如发生在20世纪80年代末期的哈尔滨白天鹅宾馆的特大火灾，人员伤亡惨重，令人不堪回首。而临场的日本人则用湿毛巾堵住口鼻，从安全门平安逃脱。这正是日本人从小接受防火教育，安全意识强，逃生能力强的结果。因此，只有充分认识到安全意识的重要性，才能充分理解企业安全文化建设的重要性。

三、企业安全文化建设的实施

1. 对企业安全文化建设的承诺

企业要公开做出在企业安全文化建设方面所具有的稳定意愿及实践行动的明确承诺。企业的领导者应对安全承诺做出有形的表率，应让各级管理者和员工切身感受到领导者对安全承诺的实践。企业的各级管理者应对安全承诺的实施起到示范和推进作用，形成严谨的制度化工作方法，营造有益于安全的工作氛围，培育重视安全的工作态度。企业的员工应充分理解和接受企业的安全承诺，并结合岗位工作任务实践这种承诺。

2. 制定安全行为规范与实施程序

企业内部的行为规范是企业安全承诺的具体体现和安全文化建设的基础要求。企业应确保拥有能够达到和维持安全绩效的管理系统，建立清晰界定的组织结构和安全职责体系，以有效控制全体员工的行为。程序是行为规范的重要组成部分，建立必要的程序，以实现对与安全相关的所有活动进行有效控制的目的。

3. 建立安全行为激励机制

建立将安全绩效与工作业绩相结合的奖励制度。审慎对待员工的差错，仔细权衡惩罚措施，避免因处罚而导致员工隐瞒错误。在组织内部树立安全榜样或典范，以发挥安全行为和安全态度的示范作用。

4. 建立安全信息传播与沟通渠道

建立安全信息传播系统，综合利用各种传播途径和方式，提高传播效果。企业应就安全事项建立良好的沟通程序，确保企业与政府监管机构和相关方、各级管理者与员工、员工相互之间的沟通。

5. 创造自主学习的氛围

企业应建立正式的岗位适任资格评估和培训系统，确保全体员工充分胜任所承担的工作，以此形成自主学习的氛围。

6. 建立安全事务参与机制

全体员工积极参与安全事务有助于强化安全责任、提高全体员工的安全意识水平。

7. 审核与评估

在企业安全文化建设过程中及时地审核与评估，有助于给予及时的控制和改进，确保企业安全文化建设工作持续有效地开展下去。

四、企业安全文化建设过程中应注意的问题

1. 企业安全文化建设应该因地制宜、因人制宜、因时制宜

企业安全文化建设的内容是非常丰富的，由于不同的企业各具特点，即企业生产的安全状况不同，全员素质不同，并且企业安全文化建设中不同企业所提供的人力、物力不同，因而在进行企业安全文化建设时，首先应正确认识本企业的特点，确定企业安全文化建设的重点，具有针对性，以形成星火燎原之势。如企业的安全组织机构不健全的首先要健全安全组织机构，安全生产责任制不明确的要进一步明确，做到各司其职，这些都是搞好企业安全生产及企业安全文化建设不可或缺的基础；企业安全管理的内容、方法不适应现阶段特点的要重新修订，要体现与时俱进的精神；安全教育效果不佳的要开动脑筋，在计划翔实的基础上开展形式多样的安全教育等。总之，要找出本企业在安全生产上的薄弱环节，因势利导地推动企业安全文化建设，才能取得事半功倍的效果。

2. 正确认识开展企业安全文化建设对解决企业事故高发问题的作用

造成我国企业事故高发的原因是多方面的。事实上，我国的安全生产水平与发达国家相比一直存在着很大的差距。之所以形成这种差距是与我国国情密切相关联的。在我国，不论是人的安全素质，设备的安全状况，还是安全法规以及安全管理体制的完善程度均与国外工业先进国家有较大的差距。造成企业事故的原因是多方面的，如人的因素、物的因素、环境的因素，其中最主要的因素是人的因素。而开展企业安全文化建设最直接的作用是提高企业全员的安全素质、安全意识水平。领导者安全意识的提高有助于加大安全投入的力度，一线工人安全意识的提高有助于人为失误率的降低，这些对降低企业事故率无疑是非常重要的。然而人的安全素质、安全意识的提高绝不是一朝一夕的事情，这需要经历一个潜移默化的过程，对此，我们必须要有一个清醒的认识，那种认为"只要进行企业安全文化教育就能迅速扼制企业事故高发势头"的想法是不现实的。因此，必须在紧抓企业安全文化建设的同时，努力做好如加快安全法规建设的力度和步伐，完善宏观管理体制以及微观管理制度，提高生产设备的安全水平，健全社会对企业安全生产的监督机制等工作，只有这样才能改变我国企业目前的安全生产状况。

3. 推进企业安全文化建设中还需注意的几个问题

在推进企业安全文化建设的过程中还需注意解决好以下几个问题。

（1）真正树立"安全第一"意识　必须确立"人是最宝贵的财富""人的安全第一"的思想，这是提高企业全员安全意识的思想基础，是最为关键的问题。只有对这一问题有了统一正确的认识，在组织生产时，才能把安全生产作为企业生存与发展的第一因素和保证条件；当生产与安全发生矛盾时，才能真正做到生产服从安全。

（2）树立"全员参与"意识　尤其是使一线工人真正关注并积极参与其中。如定期召开有一线工人参加的安全会议；通过多种渠道使工人随时了解企业当时的安全状况；定期更换安全宣传主题以吸引职工对安全的注意力；定期进行诸如有奖竞猜等活动以提高职工的参与

积极性和主动性。

(3) 进一步强化安全教育　回顾以往企业内部的安全教育，不是太多了，而是太少了，安全教育应该是年年讲、月月讲、周周讲、天天讲，应该向知名企业宣传其产品的广告一样不厌其烦，形象生动，从而使安全知识、安全技能、安全意识在职工的记忆中不断被强化，才能收到良好的效果。如在 1994 年新疆克拉玛依友谊宾馆特大火灾中，一名十岁的小学生拉着他的表妹一起跑进厕所避难并得以生还，他的这一急中生智的逃生方法，就是在一次看电影时得知的。安全教育的作用由此可见一斑。

第七节　重大危险源管理

现代科学技术和工业生产的迅猛发展，在丰富了人类的物质生活的同时，也带来了众多的潜在危险。近几十年来，国内外发生了许多损失惨重的重大伤亡事故。如 1976 年意大利塞维索工厂环己烷泄漏事故，造成 30 人伤亡，迫使 22 万人紧急疏散；1984 年墨西哥城液化石油气爆炸事故，使 650 人丧生、数千人遭受伤害；1984 年印度博帕尔市郊农药厂发生甲基异氰酸盐泄漏恶性中毒事故，有 2500 多人中毒死亡，20 余万人中毒且其中许多人双目失明，67 万人受到残留毒气的影响。1993 年 8 月 5 日，中国深圳化学危险品仓库爆炸火灾事故，造成 15 人死亡，100 多人受伤，损失 2 亿多元；1997 年 6 月 27 日，北京东方化工厂爆炸事故，造成 8 人死亡，直接经济损失 1 亿多元；2004 年 4 月 16 日，重庆市辖区江北区天原化工厂氯氢分厂 8 个液氯储槽罐中的 5 个发生爆炸，致使两边建筑物发生部分倒塌，造成 9 人死亡，3 人受伤，附近约 15 万市民被迫紧急疏散。上述这些涉及危险品的事故，尽管其起因和影响不尽相同，但它们都有一些共同特征：都是失控的偶然事件造成工厂内外大批人员伤亡，或是造成大量的财产损失或环境损害，或是两者兼而有之。发生事故的根源是设施或系统中储存或使用易燃、易爆或有毒物质即重大危险源。

因此，为了预防重大工业事故的发生，降低事故造成的损失，必须对重大危险源实施有效的管理。

一、我国关于重大危险源管理的部分法律法规要求

《中华人民共和国安全生产法》第三十七条规定："生产经营单位对重大危险源应当登记建档，进行定期检测、评估、监控，并制定应急预案，告知从业人员和相关人员在紧急情况下应当采取的应急措施。生产经营单位应当按照国家有关规定将本单位重大危险源及有关安全措施、应急措施报有关地方人民政府负责安全生产监督管理的部门和有关部门备案。"

《国务院关于进一步加强安全生产工作的决定》要求："搞好重大危险源的普查登记，加强国家、省（区、市）、市（地）、县（市）四级重大危险源监控工作，建立应急救援预案和生产安全预警机制。"

《国务院关于坚持科学发展安全发展促进安全生产形势持续稳定好转的意见（国发〔2011〕40 号）》要求"加强安全生产风险监控管理。充分运用科技和信息手段，建立健全安全生产隐患排查治理体系，强化监测监控、预报预警，及时发现和消除安全隐患。企业要定期进行安全风险评估分析，重大隐患要及时报安全监管监察和行业主管部门备案。各级政府要对重大隐患实行挂牌督办，确保监控、整改、防范等措施落实到位。各地区要建立重大

危险源管理档案，实施动态全程监控。"

《危险化学品重大危险源监督管理暂行规定（国家安全生产监督管理总局令第 40 号）》规定："危险化学品单位是本单位重大危险源安全管理的责任主体，其主要负责人对本单位的重大危险源安全管理工作负责，并保证重大危险源安全生产所必需的安全投入。重大危险源的安全监督管理实行属地监管与分级管理相结合的原则。"

《危险化学品安全管理条例（现行版本）》第十九条规定："危险化学品生产装置或者储存数量构成重大危险源的危险化学品储存设施（运输工具加油站、加气站除外），与下列场所、设施、区域的距离应当符合国家有关规定：

① 居住区以及商业中心、公园等人员密集场所；

② 学校、医院、影剧院、体育场（馆）等公共设施；

③ 饮用水源、水厂以及水源保护区；

④ 车站、码头（依法经许可从事危险化学品装卸作业的除外）、机场以及通信干线、通信枢纽、铁路线路、道路交通干线、水路交通干线、地铁风亭以及地铁站出入口；

⑤ 基本农田保护区、基本草原、畜禽遗传资源保护区、畜禽规模化养殖场（养殖小区）、渔业水域以及种子、种畜禽、水产苗种生产基地；

⑥ 河流、湖泊、风景名胜区、自然保护区；

⑦ 军事禁区、军事管理区；

⑧ 法律、行政法规规定的其他场所、设施、区域。

已建的危险化学品生产装置或者储存数量构成重大危险源的危险化学品储存设施不符合规定的，由所在地设区的市级人民政府安全生产监督管理部门会同有关部门监督其所属单位在规定期限内进行整改；需要转产、停产、搬迁、关闭的，由本级人民政府决定并组织实施。

储存数量构成重大危险源的危险化学品储存设施的选址，应当避开地震活动断层和容易发生洪灾、地质灾害的区域。"

《危险化学品安全管理条例（现行版本）》第二十四条规定："危险化学品应当储存在专用仓库、专用场地或者专用储存室（统称专用仓库）内，并由专人负责管理；剧毒化学品以及储存数量构成重大危险源的其他危险化学品，应当在专用仓库内单独存放，并实行双人收发、双人保管制度。危险化学品的储存方式、方法以及储存数量应当符合国家标准或者国家有关规定。"

《危险化学品安全管理条例（现行版本）》第二十五条规定："储存危险化学品的单位应当建立危险化学品出入库核查、登记制度。对剧毒化学品以及储存数量构成重大危险源的其他危险化学品，储存单位应当将其储存数量、储存地点以及管理人员的情况，报所在地县级人民政府安全生产监督管理部门（在港区内储存的，报港口行政管理部门）和公安机关备案。"

二、重大危险源的辨识与评估

危险化学品单位应当按照《危险化学品重大危险源辨识》标准，对本单位的危险化学品生产、经营、储存和使用装置、设施或者场所进行重大危险源辨识，并记录辨识过程与结果。

对于已辨识出的危险化学品重大危险源，危险化学品单位应当对重大危险源进行安全评估并确定重大危险源等级。危险化学品单位可以组织本单位的注册安全工程师、技术人员或者聘请有关专家进行安全评估，也可以委托具有相应资质的安全评价机构进行安全评估。

对于依照法律、行政法规的规定，需要进行安全评价的危险化学品单位，其重大危险源安全评估可以与本单位的安全评价一起进行，并以安全评价报告代替安全评估报告，也可以单独进行重大危险源安全评估。

重大危险源安全评估报告应当客观公正、数据准确、内容完整、结论明确、措施可行，并包括下列内容：

① 评估的主要依据；

② 重大危险源的基本情况；

③ 事故发生的可能性及危害程度；

④ 个人风险和社会风险值（仅适用定量风险评价方法）；

⑤ 可能受事故影响的周边场所、人员情况；

⑥ 重大危险源辨识、分级的符合性分析；

⑦ 安全管理措施、安全技术和监控措施；

⑧ 事故应急措施；

⑨ 评估结论与建议。

危险化学品单位以安全评价报告代替安全评估报告的，其安全评价报告中有关重大危险源的评估依据应当符合评估报告对评估依据的要求。

有下列情形之一的，危险化学品单位应当对重大危险源重新进行辨识、安全评估及分级：

① 重大危险源安全评估已满三年的；

② 构成重大危险源的装置、设施或者场所进行新建、改建、扩建的；

③ 危险化学品种类、数量、生产、使用工艺或者储存方式及重要设备、设施等发生变化，影响重大危险源级别或者风险程度的；

④ 外界生产安全环境因素发生变化，影响重大危险源级别和风险程度的；

⑤ 发生危险化学品事故造成人员死亡，或者 10 人以上受伤，或者影响到公共安全的；

⑥ 有关重大危险源辨识和安全评估的国家标准、行业标准发生变化的。

三、重大危险源的分级

重大危险源根据其危险程度，分为一级、二级、三级和四级，一级为最高级别。重大危险源分级方法如下。

1. 分级指标

采用单元内各种危险化学品实际存在（在线）量与其在《危险化学品重大危险源辨识》（GB 18218）中规定的临界量比值，经校正系数校正后的比值之和 R 作为分级指标。

2. 分级指标 R 的计算方法

$$R = \alpha(\beta_1 q_1/Q_1 + \beta_2 q_2/Q_2 + \cdots + \beta_n q_n/Q_n) \tag{9-1}$$

式中　q_1，q_2，…，q_n——每种危险化学品的实际存在（在线）量，t；

　　　Q_1，Q_2，…，Q_n——与各危险化学品相对应的临界量，t；

　　　β_1，β_2，…，β_n——与各危险化学品相对应的校正系数；

　　　　　　α——该危险化学品重大危险源厂区外暴露人员的校正系数。

3. 校正系数 β 的取值

根据单元内危险化学品的类别不同，设定校正系数 β 值。在表 9-2 范围内的危险化学品，其 β 值按表 9-2 确定；未在表 9-2 范围内的危险化学品，其 β 值按表 9-3 确定。

表 9-2　毒性气体校正系数 β 取值表

名称	校正系数 β	名称	校正系数 β
一氧化碳	2	硫化氢	5
二氧化硫	2	氟化氢	5
氨	2	二氧化氮	10
环氧乙烷	2	氰化氢	10
氯化氢	3	碳酰氯	20
溴甲烷	3	磷化氢	20
氯	4	异氰酸甲酯	20

表 9-3　未在表 9-2 中列举的危险化学品校正系数 β 取值表

类别	符号	校正系数 β
急性毒性	J1	4
	J2	1
	J3	2
	J4	2
	J5	1
爆炸物	W1.1	2
	W1.2	2
	W1.3	2
易燃气体	W2	1.5
气溶胶	W3	1
氧化性气体	W4	1
易燃液体	W5.1	1.5
	W5.2	1
	W5.3	1
	W5.4	1
自反应物质和混合物	W6.1	1.5
	W6.2	1
有机过氧化物	W7.1	1.5
	W7.2	1
自燃液体和自燃固体	W8	1
氧化性固体和液体	W9.1	1
	W9.2	1
易燃固体	W10	1
遇水放出易燃气体的物质和混合物	W11	1

4. 校正系数 α 的取值

根据危险化学品重大危险源的厂区边界向外扩展 500m 范围内常住人口数量，按照表 9-4 设定暴露人员校正系数 α 值。

5. 分级标准

根据计算出来的 R 值，按表 9-5 确定危险化学品重大危险源的级别。

四、危险化学品单位对重大危险源的管理

对于已辨识、评估、分级重大危险源的危险化学品单位，应按照法规要求做好以下管理工作。

表 9-4　暴露人员校正系数 α 取值表

厂外可能暴露人员数量	α
100 人以上	2.0
50～99 人	1.5
30～49 人	1.2
1～29 人	1.0
0 人	0.5

表 9-5　危险化学品重大危险源级别和 R 值的对应关系

危险化学品重大危险源级别	R 值
一级	$R \geqslant 100$
二级	$100 > R \geqslant 50$
三级	$50 > R \geqslant 10$
四级	$R < 10$

1. 制度建设与人员培训

① 建立完善重大危险源安全管理规章制度和安全操作规程，并采取有效措施保证其得到执行。

② 对重大危险源的管理和操作岗位人员进行安全操作技能培训，使其了解重大危险源的危险特性，熟悉重大危险源安全管理规章制度和安全操作规程，掌握岗位的安全操作技能和应急措施。

2. 建立健全安全监测监控体系

根据构成重大危险源的危险化学品种类、数量、生产、使用工艺（方式）或者相关设备、设施等实际情况，按照下列要求建立健全安全监测监控体系，完善控制措施。

① 重大危险源配备温度、压力、液位、流量、组分等信息的不间断采集和监测系统以及可燃气体和有毒有害气体泄漏检测报警装置，并具备信息远传、连续记录、事故预警、信息存储等功能；一级或者二级重大危险源，具备紧急停车功能。记录的电子数据的保存时间不少于 30 天；

② 重大危险源的化工生产装置装备满足安全生产要求的自动化控制系统；一级或者二级重大危险源，装备紧急停车系统；

③ 对重大危险源中的毒性气体、剧毒液体和易燃气体等重点设施，设置紧急切断装置；毒性气体的设施，设置泄漏物紧急处置装置。涉及毒性气体、液化气体、剧毒液体的一级或

者二级重大危险源，配备独立的安全仪表系统（SIS）；

④ 重大危险源中储存剧毒物质的场所或者设施，设置视频监控系统；

⑤ 安全监测监控系统符合国家标准或者行业标准的规定。

3. 重大危险源的风险控制

通过定量风险评价确定的重大危险源的个人和社会风险值，不得超过《危险化学品重大危险源监督管理暂行规定》附件 2 列示的个人和社会可允许风险限值标准。

超过个人和社会可允许风险限值标准的，需要采取相应的降低风险措施。

4. 对重大危险源的监控管理

① 按照国家有关规定，定期对重大危险源的安全设施和安全监测监控系统进行检测、检验，并进行经常性维护、保养，保证重大危险源的安全设施和安全监测监控系统有效、可靠运行。维护、保养、检测应当做好记录，并由有关人员签字。

② 明确重大危险源中关键装置、重点部位的责任人或者责任机构，并对重大危险源的安全生产状况进行定期检查，及时采取措施消除事故隐患。事故隐患难以立即排除的，应当及时制定治理方案，落实整改措施、责任、资金、时限和预案。

5. 重大危险源所在场所的警示语告知

在重大危险源所在场所设置明显的安全警示标志，写明紧急情况下的应急处置办法。

将重大危险源可能发生的事故后果和应急措施等信息，以适当方式告知可能受影响的单位、区域及人员。

6. 重大危险源事故的应急对策

① 依法制定重大危险源事故应急预案，建立应急救援组织或者配备应急救援人员，配备必要的防护装备及应急救援器材、设备、物资，并保障其完好和方便使用；配合地方人民政府安全生产监督管理部门制定所在地区涉及本单位的危险化学品事故应急预案。

对存在吸入性有毒、有害气体的重大危险源，危险化学品单位应当配备便携式浓度检测设备、空气呼吸器、化学防护服、堵漏器材等应急器材和设备；涉及剧毒气体的重大危险源，还应当配备两套以上（含本数）气密型化学防护服；涉及易燃易爆气体或者易燃液体蒸气的重大危险源，还应当配备一定数量的便携式可燃气体检测设备。

② 制订重大危险源事故应急预案演练计划，并按照下列要求进行事故应急预案演练：

a. 对重大危险源专项应急预案，每年至少进行一次；

b. 对重大危险源现场处置方案，每半年至少进行一次。

应急预案演练结束后，对应急预案演练效果进行评估，撰写应急预案演练评估报告，分析存在的问题，对应急预案提出修订意见，并及时修订完善。

7. 重大危险源的建档

对辨识确认的重大危险源及时、逐项进行登记建档。重大危险源档案应当包括下列文件、资料：

① 辨识、分级记录；

② 重大危险源基本特征表；

③ 涉及的所有化学品安全技术说明书；

④ 区域位置图、平面布置图、工艺流程图和主要设备一览表；

⑤ 重大危险源安全管理规章制度及安全操作规程；

⑥ 安全监测监控系统、措施说明、检测、检验结果；

⑦ 重大危险源事故应急预案、评审意见、演练计划和评估报告；

⑧ 安全评估报告或者安全评价报告；

⑨ 重大危险源关键装置、重点部位的责任人、责任机构名称；

⑩ 重大危险源场所安全警示标志的设置情况。

8.重大危险源档案材料的备案

在完成重大危险源安全评估报告或者安全评价报告后 15 日内，应当填写重大危险源备案申请表，连同重大危险源档案材料（其中重大危险源安全管理规章制度及安全操作规程只需提供清单），报送所在地县级人民政府安全生产监督管理部门备案。重大危险源档案更新后，应重新备案。

危险化学品单位新建、改建和扩建危险化学品建设项目，应当在建设项目竣工验收前完成重大危险源的辨识、安全评估和分级、登记建档工作，并向监督管理部门备案。

第八节　职业健康安全管理体系与安全生产标准化

一、职业健康安全管理体系标准的产生及发展

1. 职业健康安全管理体系（occupational health and safety management system, OHSMS）产生与发展的背景

（1）企业自身发展的需要　随着企业规模化生产和集约化程度的提高，对企业的质量管理和经营模式提出了更高的要求，使企业不得不采用现代化的管理模式，使包括安全在内的所有生产经营活动科学化、标准化、法律化。

（2）全球经济一体化潮流推动了职业安全健康管理标准一体化产生　20 世纪 80 年代末 90 年代初，一些大的跨国公司和联合企业为强化自己的社会关注力和控制损失的需要，开始建立自律性的安全卫生与环境保护的管理制度，并于 90 年代中期，开始寻求第三方认证。随着国际社会对安全健康问题的日益关注，以及 ISO 9000 和 ISO 14000 的成功实施，1996年 9 月 ISO 组织召开了国际研讨会，研讨是否制定国际标准，未达成一致意见。一些发达国家率先开展了实施职业安全健康管理体系活动，如下所述。

1996 年，英国，BS 8800《职业安全卫生管理体系指南》；美国工业协会《职业安全卫生管理体系》指导性文件。

1997 年，澳大利亚/新西兰提出了《职业安全卫生管理体系原则、体系和支持技术通用指南》；日本工业安全卫生协会《职业安全卫生管理体系导则》；挪威船级社（DNV）《职业安全卫生管理体系认证标准》。

1999 年，DNV、英国标准协会等 13 个组织提出了 OHSAS 18001《职业安全卫生管理体系规范》、OHSAS 18002《职业安全卫生管理体系实施指南》。

2018 年，国际标准化组织（ISO）发布：职业健康安全管理体系要求

二维码9-1　国际标准化组织(ISO)标志及简介

及使用指南（Occupational health and safety management systems—Requirements with guidance for use）（ISO 45001：2018）。

2. 我国的 OHSMS 的发展

1997 年中国石油天然气总公司制定了《石油天然气工业健康、安全与环境管理体系》《石油地震队健康安全与环境管理规范》《石油钻井健康安全与环境管理体系指南》三个行业标准。

1998 年中国劳动保护科学技术学会提出了《职业安全卫生管理体系规范及使用指南》。

1999 年国家经贸委发布了《职业安全卫生管理体系试行标准》开始试点工作。

2001 年 12 月 20 日，正式发布了《职业安全健康管理体系指导意见》和《职业安全健康管理体系 审核规范》。

2002 年 1 月 1 日国家质量监督检验检疫总局发布了《职业健康安全管理体系 规范》GB/T 28001—2001。

2011 年 12 月 30 日 GB/T 28001—2011《职业健康安全管理体系 要求》正式批准发布，2012 年 2 月 1 日生效实施，代替 GB/T 28001—2001。

2020 年 3 月 6 日 GB/T 45001—2020《职业健康安全管理体系 要求及使用指南》发布，代替 GB/T 28001—2011 和 GB/T 28002—2011。

二、职业健康安全管理体系要求及使用指南（GB/T 45001—2020/ISO 45001: 2018）介绍

1. 标准的适用范围

标准适用于任何具有以下愿望的组织：通过建立、实施和保持职业健康安全管理体系以改进健康安全，消除危险源和使职业健康安全风险（包括体系缺陷）最小化，利用职业健康安全机遇而获益，解决与其活动相关的职业健康安全管理体系的不符合。

2. 标准的目的

职业健康安全管理体系旨在为管理职业健康安全风险和机遇提供框架。职业健康安全管理体系的目的和预期结果是防止对工作人员造成与工作相关的伤害和健康损害，并提供健康安全的工作场所；因此对组织而言，采取有效的预防和保护措施以消除危险源和最大限度地降低职业健康安全风险是至关重要的。

当组织通过其职业健康安全管理体系应用这些措施时，组织能提高其职业健康安全绩效。如果及早采取措施以处理改进职业健康安全绩效的机遇，职业健康安全管理体系将会更有效和更高效。

建立一个符合 ISO 45001 标准的职业健康安全管理体系，能使一个组织管理其职业健康安全风险并提升其职业健康安全绩效。职业健康安全管理体系可以帮助一个组织履行其法律法规和其他要求。

3. 标准有效性和实现预期结果的能力的关键因素

该标准认为，职业健康安全管理体系的实施和保持，其有效性和实现预期结果的能力，均取决于一系列关键因素（该标准称之为成功因素），可包括：

① 最高管理者的领导作用、承诺、职责和责任；

② 最高管理者在组织内创建、引领和促进能支持职业健康安全管理体系预期结果的文化；

③ 沟通；

④ 工作人员和工作人员代表（如有的话）的参与和协商；

⑤ 为保持体系而所配置的必要资源；

⑥ 符合组织总体战略目标和方向的职业健康安全方针；

⑦ 识别危险源，控制职业健康安全风险和利用职业健康安全机遇的有效过程；

⑧ 为提升职业健康安全绩效而所持续开展的职业健康安全管理体系绩效评价和监视；

⑨ 将职业健康安全管理体系融入组织业务过程；

⑩ 符合职业健康安全方针，并考虑组织的危险源、职业健康安全风险和机遇的职业健康安全目标；

⑪ 符合法律法规和其他要求。

4. 标准的结构

该标准采用了基于"策划-实施-检查-改进（PDCA）"概念的职业健康安全管理体系方法。

PDCA 概念是一个循序渐进的过程，旨在实现持续改进。该模式可应用于管理体系及其每个单独的要素。该模式可简述如下：

——策划：确定和评价职业健康安全风险和机遇，以及其他风险和机遇，制定职业健康安全目标和所必需的过程，以实现与组织职业健康安全方针相一致的结果。

——实施：实施所策划的过程。

——检查：依据职业健康安全方针和目标，对活动和过程进行监视和测量，并报告结果。

——改进：采取措施以持续改进职业健康安全绩效以实现预期结果。

图 9-4 展示了该标准结合 PDCA 模式形成的新的结构。

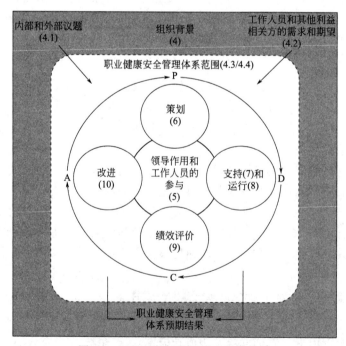

图 9-4　PDCA 与标准结构之间的关系
注：图中括号内数字为标准内相应章条号

5. 标准内容简介

该标准界定了 37 个术语的定义。体系要素详见表 9-6。

表 9-6   ISO 45001：2018 体系要素一览表

编号	标题	
4	组织背景	
4.1	理解组织及其背景	
4.2	理解工作人员和其他相关方的需求和期望	
4.3	确定职业健康安全管理体系的范围	
4.4	职业健康安全管理体系	
5	领导作用和工作人员参与	
5.1	领导作用和承诺	
5.2	职业健康安全方针	
5.3	组织的岗位、职责和权限	
5.4	工作人员的协商和参与	
6	策划	
6.1	针对风险和机遇的措施	
6.2	职业健康目标及其实现的策划	
7	支持	
7.1	资源	
7.2	能力	
7.3	意识	
7.4	沟通	
7.5	文件化信息	
8	运行	
8.1	运行策划和控制	
8.2	应急准备和响应	
9	绩效评价	
9.1	监视、测量、分析和绩效评价	
9.2	内部审核	
9.3	管理评审	
10	改进	
10.1	总则	
10.2	事件、不符合和纠正措施	
10.3	持续改进	

三、安全生产标准化基本规范

2010 年 4 月 15 日国家安全生产监督管理总局发布了《企业安全生产标准化基本规范》（AQ/T 9006—2010），basic norms for work safety standardization of enterprises。并于 2010 年 6 月 1 日实施。标准适用于工矿企业开展安全生产标准化工作以及对标准化工作的咨询、服务和评审。

现行版本《企业安全生产标准化基本规范》（GB/T 33000—2016）（以下简称《基本规范》）于 2017 年 4 月 1 日起正式实施。

安全生产标准化的基本内涵，就是通过建立安全生产责任制，制定安全管理制度和操作规程，排查治理隐患和监控重大危险源，建立预防机制，规范生产行为，使各生产环节符合有关安全生产法律法规和标准规范的要求，人、机、物、环处于良好的生产状态，并持续改进，不断加强企业安全生产规范化建设。

推进安全生产标准化建设既是《安全生产法》对生产经营单位的基本要求（见《安全生产法》第四条），又有利于贯彻落实国家法律法规、标准规范的有关要求，进一步规范从业人员的作业行为，提升设备现场本质安全水平，促进风险管理和隐患排查治理工作，有效夯实企业安全基础，提升企业安全管理水平。促进企业安全管理系统的建立、有效运行并持续改进，引导企业自主进行安全管理。

1. 对实施《企业安全生产标准化基本规范》企业的一般要求

（1）实施原则　企业开展安全生产标准化工作，应遵循"安全第一、预防为主、综合治理"的方针，落实企业主体责任。以安全风险管理、隐患排查治理、职业病危害防治为基础，以安全生产责任制为核心，建立安全生产标准化管理体系，全面提升安全生产管理水平，持续改进安全生产工作，不断提升安全生产绩效，预防和减少事故的发生，保障人身安全健康，保证生产经营活动的有序进行。

（2）建立和保持　企业应采用"策划、实施、检查、改进"的"PDCA"动态循环模式，依据标准的规定，结合企业自身特点，自主建立并保持安全生产标准化管理体系；通过自我检查、自我纠正和自我完善，构建安全生产长效机制，持续提升安全生产绩效。

（3）自评和评审　企业安全生产标准化管理体系的运行情况，采用企业自评和评审单位评审的方式进行评估。

企业应当根据《基本规范》和有关评分细则，对本企业开展安全生产标准化工作情况进行评定；自主评定后申请外部评审定级。

安全生产标准化评审分为一级、二级、三级，一级为最高。

2. 对实施《企业安全生产标准化基本规范》企业的核心技术要求

《基本规范》除规定了企业安全生产标准化管理体系建立、保持与评定的原则和一般要求外，还规定了目标职责、制度化管理、教育培训、现场管理、安全风险管控及隐患排查治理、应急管理、事故管理和持续改进 8 个体系核心技术要求。

（1）目标职责

① 目标。企业应根据自身安全生产实际，制定文件化的总体和年度安全生产与职业卫生目标，并纳入企业总体生产经营目标。明确目标的制定、分解、实施、检查、考核等环节要求，并按照所属基层单位和部门在生产经营活动中所承担的职能，将目标分解为指标，确

保落实。

企业应定期对安全生产与职业卫生目标、指标实施情况进行评估和考核，并结合实际及时进行调整。

② 机构和职责。企业应成立安全生产委员会，并应按照有关规定设置安全生产和职业卫生管理机构，或配备相应的专职或兼职安全生产和职业卫生管理人员，按照有关规定配备注册安全工程师，建立健全从管理机构到基层班组的管理网络；明确企业主要负责人、分管负责人和各级管理人员按照安全生产和职业卫生责任制的相关要求应履行的各自安全生产和职业卫生职责。

③ 全员参与。企业应建立健全安全生产和职业卫生责任制，明确各级部门和从业人员的安全生产和职业卫生职责，并对职责的适宜性、履行情况进行定期评估和监督考核；企业应建立激励约束机制，鼓励从业人员积极建言献策，营造自下而上、自上而下全员重视安全生产和职业卫生的良好氛围。

④ 安全生产投入。企业应建立安全生产投入保障制度，按照有关规定提取和使用安全生产费用，并建立使用台账；企业应按照有关规定，为从业人员缴纳相关保险费用；企业宜投保安全生产责任保险。

⑤ 安全文化建设。企业应开展安全文化建设，确立本企业的安全生产和职业病危害防治理念及行为准则，并教育、引导全体人员贯彻执行；开展安全文化建设活动应符合 AQ/T 9004 的规定。

⑥ 安全生产信息化建设。企业应根据自身实际情况，利用信息化手段加强安全生产管理工作，开展安全生产电子台账管理、重大危险源监控、职业病危害防治、应急管理、安全风险管控和隐患自查自报、安全生产预测预警等信息系统的建设。

（2）制度化管理

① 法规标准识别。企业应建立安全生产和职业卫生法律法规、标准规范的管理制度，明确主管部门，确定获取的渠道、方式，及时识别和获取适用、有效的法律法规、标准规范，建立安全生产和职业卫生法律法规、标准规范清单和文本数据库；应将适用的安全生产和职业卫生法律法规、标准规范的相关要求转化为本单位的规章制度、操作规程，并及时传达给相关从业人员，确保相关要求落实到位。

② 规章制度。企业应建立健全安全生产和职业卫生规章制度，并征求工会及从业人员意见和建议，以规范安全生产和职业卫生管理工作；并应确保从业人员及时获取制度文本。企业安全生产和职业卫生规章制度包括但不限于表 9-7 所列内容。

表 9-7　《企业安全生产标准化基本规范》要求建立的安全生产和职业卫生规章制度

序号	名称	序号	名称
1	目标管理	7	文件、记录和档案管理
2	安全生产和职业卫生责任制	8	安全风险管理、隐患排查治理
3	安全生产承诺	9	职业病危害防治
4	安全生产投入	10	教育培训
5	安全生产信息化	11	班组安全活动
6	四新（新技术、新材料、新工艺、新设备设施）管理	12	特种作业人员管理

续表

序号	名称	序号	名称
13	建设项目安全设施、职业病防护设施"三同时"管理	21	相关方安全管理
14	施工和检修、维修安全管理	22	变更管理
15	设备设施管理	23	个体防护用品管理
16	危险物品管理	24	应急管理
17	危险作业安全管理	25	事故管理
18	安全警示标志管理	26	安全生产报告
19	安全预测预警	27	绩效评定管理
20	安全生产奖惩管理		

③ 操作规程。企业应结合生产工艺、作业任务特点以及岗位作业安全风险与职业病防护要求，编制齐全适用的岗位安全生产和职业卫生操作规程，发放到相关岗位员工，并严格执行；应确保从业人员参与岗位安全生产和职业卫生操作规程的编制和修订工作；应在新技术、新材料、新工艺、新设备设施投入使用前，组织制/修订相应的安全生产和职业卫生操作规程，确保其适宜性和有效性。

④ 文档管理。

a.记录管理。应建立文件和记录管理制度，明确安全生产和职业卫生规章制度、操作规程的编制、评审、发布、使用、修订、作废以及文件和记录管理的职责、程序和要求；企业应建立健全主要安全生产和职业卫生过程与结果的记录，并建立和保存记录的电子档案，支持查询和检索，便于自身管理使用和行业主管部门调取检查。

b.评估。应每年至少评估一次安全生产和职业卫生法律法规、标准规范、规章制度、操作规程的适用性、有效性和执行情况。

c.修订。应根据评估结果、安全检查情况、自评结果、评审情况、事故情况等，及时修订安全生产和职业卫生规章制度、操作规程。

（3）教育培训

① 教育培训管理。应建立健全安全教育培训制度，按照有关规定进行培训；培训大纲、内容、时间应满足有关标准的规定。

应明确安全教育培训主管部门，定期识别安全教育培训需求，制订、实施安全教育培训计划，并保证必要的安全教育培训资源。

应如实记录全体从业人员的安全教育和培训情况，建立安全教育培训档案和从业人员个人安全教育培训档案，并对培训效果进行评估和改进。

② 人员教育培训

a.主要负责人和安全管理人员。主要负责人和安全生产管理人员应具备与本企业所从事的生产经营活动相适应的安全生产和职业卫生知识与能力。

企业应对各级管理人员进行教育培训，确保其具备正确履行岗位安全生产和职业卫生职责的知识与能力。

法律法规要求考核其安全生产和职业卫生知识与能力的人员，应按照有关规定经考核合格。

b.从业人员。企业应对从业人员进行安全生产和职业卫生教育培训，保证从业人员具备满足岗位要求的安全生产和职业卫生知识，熟悉有关的安全生产和职业卫生法律法规、规章制度、操作规程，掌握本岗位的安全操作技能和职业危害防护技能、安全风险辨识和管控方法，了解事故现场应急处置措施，并根据实际需要，定期进行复训考核。

未经安全教育培训合格的从业人员，不应上岗作业。

煤矿、非煤矿山、危险化学品、烟花爆竹、金属冶炼等企业应对新上岗的临时工、合同工、劳务工、轮换工等进行强制性安全培训，保证其具备本岗位安全操作、自救互救以及应急处置所需的知识和技能后，方能安排上岗作业。

企业的新入厂（矿）从业人员上岗前应经过厂（矿）、车间（工段、区、队）、班组三级安全培训教育，岗前安全教育培训学时和内容应符合国家和行业的有关规定。

在新工艺、新技术、新材料、新设备设施投入使用前，企业应对有关从业人员进行专门的安全生产和职业卫生教育培训，确保其具备相应的安全操作、事故预防和应急处置能力。

从业人员在企业内部调整工作岗位或离岗一年以上重新上岗时，应重新进行车间（工段、区、队）和班组的安全教育培训。

从事特种作业、特种设备作业的人员应按照有关规定，经专门安全作业培训，考核合格，取得相应资格后，方可上岗作业，并定期接受复审。

企业专职应急救援人员应按照有关规定，经专门应急救援培训，考核合格后，方可上岗，并定期参加复训。

企业内其他从业人员每年应接受再培训，再培训时间和内容应符合国家和地方政府的有关规定。

③ 其他人员教育培训。企业应对进入企业从事服务和作业活动的承包商、供应商的从业人员和接收的中等职业学校、高等学校实习生，进行入厂（矿）安全教育培训，并保存记录。

外来人员进入作业现场前，应由作业现场所在单位对其进行安全教育培训，并保存记录。主要内容包括：外来人员入厂（矿）有关安全规定、可能接触到的危害因素、所从事作业的安全要求、作业安全风险分析及安全控制措施、职业病危害防护措施、应急知识等。

企业应对进入企业检查、参观、学习等外来人员进行安全教育，主要内容包括：安全规定、可能接触到的危险有害因素、职业病危害防护措施、应急知识等。

（4）现场管理

① 设备设施管理。

a. 设备设施建设。企业总平面布置应符合 GB 50187 的规定，建筑设计防火和建筑灭火器配置应分别符合 GB 50016 和 GB 50140 的规定；建设项目的安全设施和职业病防护设施应与建设项目主体工程同时设计、同时施工、同时投入生产和使用。

企业应按照有关规定进行建设项目安全生产、职业病危害评价，严格履行建设项目安全设施和职业病防护设施设计审查、施工、试运行、竣工验收等管理程序。

b. 设备设施验收。企业应执行设备设施采购、到货验收制度，购置、使用设计符合要求、质量合格的设备设施。设备设施安装后企业应进行验收，并对相关过程及结果进行记录。

c. 设备设施运行。应建立设备设施管理台账；应有专人负责管理各种安全设施以及检测与监测设备，定期检查维护并做好记录。应针对高温、高压和生产、使用、储存易燃、易爆、有毒、有害物质等高风险设备，以及海洋石油开采特种设备和矿山井下特种设备，建立运行、巡检、保养的专项安全管理制度，确保其始终处于安全可靠的运行状态。

安全设施和职业病防护设施不应随意拆除、挪用或弃置不用；确因检维修拆除的，应采取临时安全措施，检维修完毕后立即复原。

d.设备设施检维修。应建立设备设施检维修管理制度，制订综合检维修计划，加强日常检维修和定期检维修管理，落实"五定"原则（即定检维修方案、定检维修人员、定安全措施、定检维修质量、定检维修进度），并做好记录。

检维修方案应包含作业安全风险分析、控制措施、应急处置措施及安全验收标准。检维修过程中应执行安全控制措施，隔离能量和危险物质，并进行监督检查，检维修后应进行安全确认。检维修过程中涉及危险作业的，应按照危险作业的相关要求执行。

e.检测检验。特种设备应委托具有专业资质的检测、检验机构进行定期检测、检验。涉及人身安全、危险性较大的海洋石油开采特种设备和矿山井下特种设备，应取得矿用产品安全标志或相关安全使用证。

f.设备设施拆除、报废。企业应建立设备设施报废管理制度。设备设施的报废应办理审批手续，在报废设备设施拆除前应制定方案，并在现场设置明显的报废设备设施标志。报废、拆除涉及许可作业的，应按照相关规定执行，并在作业前对相关作业人员进行培训和安全技术交底。报废、拆除应按方案和许可内容组织落实。

② 作业安全

a.作业环境和作业条件。企业应事先分析和控制生产过程及工艺、物料、设备设施、器材、通道、作业环境等方面存在的安全风险。

生产现场应实行定置管理，保持作业环境整洁。

生产现场应配备相应的安全、职业病防护用品（具）及消防设施与器材，按照有关规定设置应急照明、安全通道，并确保安全通道畅通。

企业应对临近高压输电线路作业、危险场所动火作业、有（受）限空间作业、临时用电作业、爆破作业、封道作业等危险性较大的作业活动，实施作业许可管理，严格履行作业许可审批手续。作业许可应包含安全风险分析、安全及职业病危害防护措施、应急处置等内容。作业许可实行闭环管理。应对作业人员的上岗资格、条件等进行作业前的安全检查，做到特种作业人员持证上岗，并安排专人进行现场安全管理，确保作业人员遵守岗位操作规程和落实安全及职业病危害防护措施。

企业应采取可靠的安全技术措施，对设备能量和危险有害物质进行屏蔽或隔离。

两个以上作业队伍在同一作业区域内进行作业活动时，不同作业队伍相互之间应签订管理协议，明确各自的安全生产、职业卫生管理职责和采取的有效措施，并指定专人进行检查与协调。

危险化学品生产、经营、储存和使用单位的特殊作业，应符合 GB 30871 的规定。

b.作业行为。企业应依法合理进行生产作业组织和管理，加强对从业人员作业行为的安全管理，对设备设施、工艺技术以及从业人员作业行为等进行安全风险辨识，采取相应的措施，控制作业行为安全风险。

企业应监督、指导从业人员遵守安全生产和职业卫生规章制度、操作规程，杜绝违章指挥、违规作业和违反劳动纪律的"三违"行为。

企业应为从业人员配备与岗位安全风险相适应的、符合 GB/T 11651 规定的个体防护装备与用品，并监督、指导从业人员按照有关规定正确佩戴、使用、维护、保养和检查个体防护装备与用品。

　　c.岗位达标。企业应建立班组安全活动管理制度，开展岗位达标活动，明确岗位达标的内容和要求。

　　从业人员应熟练掌握本岗位安全职责、安全生产和职业卫生操作规程、安全风险及管控措施、防护用品使用、自救互救及应急处置措施。

　　班组应按照有关规定开展安全生产和职业卫生教育培训、安全操作技能训练、岗位作业危险预知、作业现场隐患排查、事故分析等工作，并做好记录。

　　d.相关方。企业应建立承包商、供应商等安全管理制度。对承包商、供应商等相关方的资格预审、选择、作业人员培训、作业过程检查监督、提供的产品与服务、绩效评估、续用或退出等进行管理。

　　企业应建立合格承包商、供应商等相关方的名录和档案，定期识别服务行为安全风险，并采取有效的控制措施。

　　企业不应将项目委托给不具备相应资质或安全生产、职业病防护条件不达标的承包商、供应商等相关方。企业应与承包商、供应商等签订合作协议，明确规定双方的安全生产及职业病防护的责任和义务。

　　企业应通过供应链关系促进承包商、供应商等相关方达到安全生产标准化要求。

　　③ 职业健康

　　a.基本要求。应为从业人员提供符合职业卫生要求的工作环境和条件，为从业人员提供个人使用的职业病防护用品，建立、健全职业卫生档案和健康监护档案。

　　产生职业病危害的工作场所应设置相应的职业病防护设施，并符合GBZ 1的规定。

　　应确保使有毒、有害物品的作业场所与生活区、辅助生产区分开，作业场所不应住人；将有害作业与无害作业分开，高毒工作场所与其他工作场所隔离。

　　对可能发生急性职业危害的有毒、有害工作场所，应设置检验报警装置，制定应急预案，配置现场急救用品、设备，设置应急撤离通道和必要的泄险区，定期检查监测。

　　应组织从业人员进行上岗前、在岗期间、特殊情况应急后和离岗时的职业健康检查，将检查结果书面告知从业人员并存档。对检查结果异常的从业人员，应及时就医，并定期复查。不应安排未经职业健康检查的从业人员从事接触职业病危害的作业；不应安排有职业禁忌的从业人员从事禁忌作业。从业人员的职业健康监护应符合GBZ 188的规定。

　　各种防护用品、各种防护器具应定点存放在安全、便于取用的地方，建立台账，并有专人负责保管，定期校验、维护和更换。

　　涉及放射工作场所和放射性同位素运输、储存的企业，应配置防护设备和报警装置，为接触放射线的从业人员佩带个人剂量计。

　　b.职业危害告知。与从业人员订立劳动合同时，应将工作过程中可能产生的职业危害及其后果和防护措施如实告知从业人员，并在劳动合同中写明。

　　应按照有关规定，在醒目位置设置公告栏，公布有关职业病防治的规章制度、操作规程、职业病危害事故应急救援措施和工作场所职业病危害因素检测结果。对存在或产生职业病危害的工作场所、作业岗位、设备、设施，应在醒目位置设置警示标识和中文警示说明；使用有毒物品作业场所，应设置黄色区域警示线、警示标识和中文警示说明，高毒作业场所应设置红色区域警示线、警示标识和中文警示说明，并设置通讯报警设备。高毒物品作业岗位职业病危害告知应符合GBZ/T 203的规定。

c.职业病危害申报。应按照有关规定，及时、如实向所在地安全生产监督管理部门申报职业病危害项目，并及时更新信息。

d.职业病危害检测与评价。企业应改善工作场所职业卫生条件，控制职业病危害因素浓（强）度不超过 GBZ 2.1、GBZ 2.2 规定的限值。

应对工作场所职业病危害因素进行日常监测，并保存监测记录。存在职业病危害的，应委托具有相应资质的职业卫生技术服务机构进行定期检测，每年至少进行一次全面的职业病危害因素检测；职业病危害严重的，应委托具有相应资质的职业卫生技术服务机构，每 3 年至少进行一次职业病危害现状评价。检测、评价结果存入职业卫生档案，并向监管部门报告，向从业人员公布。

定期检测结果中职业病危害因素浓度或强度超过职业接触限值的，企业应根据职业卫生技术服务机构提出的整改建议，结合本单位的实际情况，制定切实有效的整改方案，立即进行整改。整改落实情况应有明确的记录并存入职业卫生档案备查。

④ 警示标志。应按照有关规定和工作场所的安全风险特点，在有重大危险源、较大危险因素和严重职业病危害因素的工作场所，设置明显的、符合有关规定要求的安全警示标志和职业病危害警示标识。其中，警示标志的安全色和安全标志应分别符合 GB 2893 和 GB 2894 的规定，道路交通标志和标线应符合 GB 5768（所有部分）的规定，工业管道安全标识应符合 GB 7231 的规定，消防安全标志应符合 GB 13495.1 的规定，工作场所职业病危害警示标识应符合 GBZ 158 的规定。安全警示标志和职业病危害警示标识应标明安全风险内容、危险程度、安全距离、防控办法、应急措施等内容，在有重大隐患的工作场所和设备设施上设置安全警示标志，标明治理责任、期限及应急措施；在有安全风险的工作岗位设置安全告知卡，告知从业人员本企业、本岗位主要危险有害因素、后果、事故预防及应急措施、报告电话等内容。

应定期对警示标志进行检查维护，确保其完好有效。

应在设备设施施工、吊装、检维修等作业现场设置警戒区域和警示标志，在检维修现场的坑、井、渠、沟、陡坡等场所设置围栏和警示标志，进行危险提示、警示，告知危险的种类、后果及应急措施等。

（5）安全风险管控及安全隐患排查治理

① 安全风险管理

a.安全风险辨识。应建立安全风险辨识管理制度，组织全员对本单位安全风险进行全面、系统的辨识。

安全风险辨识范围应覆盖本单位的所有活动及区域，并考虑正常、异常和紧急三种状态及过去、现在和将来三种时态；安全风险辨识应采用适宜的方法和程序，且与现场实际相符。

应对安全风险辨识资料进行统计、分析、整理和归档。

b.安全风险评估。应建立安全风险评估管理制度，明确安全风险评估的目的、范围、频次、准则和工作程序等；应选择合适的安全风险评估方法，定期对所辨识出的存在安全风险的作业活动、设备设施、物料等进行评估；在进行安全风险评估时，至少应从影响人、财产和环境三个方面的可能性和严重程度进行分析。

矿山、金属冶炼和危险物品生产、储存企业，每 3 年应委托具备规定资质条件的专业技术服务机构对本企业的安全生产状况进行安全评价。

c.安全风险控制。应选择工程技术措施、管理控制措施、个体防护措施等，对安全风险进行控制；应根据安全风险评估结果及生产经营状况等，确定相应的安全风险等级，对其进行分级分类管理，实施安全风险差异化动态管理，制定并落实相应的安全风险控制措施；应将安全风险评估结果及所采取的控制措施告知相关从业人员，使其熟悉工作岗位和作业环境中存在的安全风险，掌握、落实应采取的控制措施。

d. 变更管理。应制定变更管理制度。变更前应对变更过程及变更后可能产生的安全风险进行分析，制定控制措施，履行审批及验收程序，并告知和培训相关从业人员。

② 重大危险源辨识和管理。应建立重大危险源管理制度，全面辨识重大危险源，对确认的重大危险源制定安全管理技术措施和应急预案。

涉及危险化学品的企业应按照 GB 18218 的规定，进行重大危险源辨识和管理。

应对重大危险源进行登记建档，设置重大危险源监控系统，进行日常监控，并按照有关规定向所在地安全监管部门备案；重大危险源安全监控系统应符合 AQ 3035 的技术规定。

含有重大危险源的企业应将监控中心（室）视频监控资料、数据监控系统状态数据和监控数据与有关监管部门监管系统联网。

③ 安全隐患排查治理

a. 安全隐患治理。应建立安全隐患排查治理制度，逐渐建立并落实从主要负责人到每位从业人员的安全隐患排查治理和防控责任制；并按照有关规定组织开展安全隐患排查治理工作，及时发现并消除安全隐患，实行隐患闭环管理。

应依据有关法律法规、标准规范等，组织制定各部门、岗位、场所、设备设施的安全隐患排查治理标准或排查清单，明确安全隐患排查的时限、范围、内容和要求，并组织开展相应的培训。安全隐患排查的范围应包括所有与生产经营相关的场所、人员、设备设施和活动，包括承包商和供应商等相关服务范围。

应按照有关规定，结合安全生产的需要和特点，采用综合检查、专业检查、季节性检查、节假日检查、日常检查等不同方式进行安全隐患排查；对排查出的安全隐患，按照安全隐患的等级进行记录，建立安全隐患信息档案，并按照职责分工实施监控治理；组织有关人员对本企业可能存在的重大安全隐患作出认定，并按照有关规定进行管理。

应将相关方排查出的安全隐患统一纳入本企业安全隐患管理。

b. 安全隐患治理。应根据安全隐患排查的结果，制定治理方案，及时进行治理。应按照责任分工立即或限期组织整改一般安全隐患，主要负责人应组织制定并实施重大安全隐患治理方案，治理方案应包括目标和任务、方法和措施、经费和物资、机构和人员、时限和要求、应急预案。

在安全隐患治理过程中，应采取相应的监控防范措施；隐患排除前或排除过程中无法保证安全的，应从危险区域内撤出作业人员，疏散可能危及的人员，设置警戒标志，暂时停产停业或停止使用相关设备、设施。

c. 验收与评估。隐患治理完成后，企业应按照有关规定对治理情况进行评估、验收。重大隐患治理完成后，企业应组织本企业的安全管理人员和有关技术人员进行验收或委托依法设立的为安全生产提供技术、管理服务的机构进行评估。

d. 信息记录、通报和报送。应如实记录隐患排查治理情况，至少每月进行统计分析，及时将隐患排查治理情况向从业人员通报。

应运用隐患自查、自改、自报信息系统，通过信息系统对隐患排查、报告、治理、销账等过程进行电子化管理和统计分析，并按照当地安全监管部门和有关部门的要求，定期或实时报送隐患排查治理情况。

④ 预测预警。应根据生产经营状况、安全风险管理及隐患排查治理、事故等情况，运用定量或定性的安全生产预测预警技术，建立体现企业安全生产状况及发展趋势的安全生产预测预警体系。

（6）应急管理

① 应急准备

a. 应急救援组织。应按照有关规定建立应急管理组织机构或指定专人负责应急管理工作，建立与本企业安全生产特点相适应的专（兼）职应急救援队伍。按照有关规定可以不单独建立应急救援队伍的，应指定兼职救援人员，并与邻近专业应急救援队伍签订应急救援服务协议。

b. 应急预案。应在开展安全风险评估和应急资源调查的基础上，建立生产安全事故应急预案体系，制定符合 GB/T 29639 规定的生产安全事故应急预案，针对安全风险较大的重点场所（设施）制定现场处置方案，并编制重点岗位、人员应急处置卡。

应按照有关规定将应急预案报当地主管部门备案，并通报应急救援队伍、周边企业等有关应急协作单位，应定期评估应急预案，及时根据评估结果或实际情况的变化进行修订和完善，并按照有关规定将修订的应急预案及时报当地主管部门备案。

c. 应急设施、装备、物资。应根据可能发生的事故种类特点，按照规定设置应急设施，配备应急装备，储备应急物资，建立管理台账，安排专人管理，并定期检查、维护、保养，确保其完好、可靠。

d. 应急演练。应按照 AQ/T 9007 的规定定期组织公司（厂、矿）、车间（工段、区队）、班组开展生产安全事故应急演练，做到一线从业人员参与应急演练全覆盖，并按照 AQ/T 9009 的规定对演练进行总结和评估，根据评估结论和演练发现的问题，修订、完善应急预案，改进应急准备工作。

e. 应急救援信息系统建设。矿山、金属冶炼等企业，生产、经营、运输、储存、使用危险物品或处置废弃危险物品的生产经营单位，应建立生产安全事故应急救援信息系统，并与所在地县级以上地方人民政府负有安全生产监督管理职责部门的安全生产应急管理信息系统互联互通。

② 应急处置。发生事故后，企业应根据预案要求，立即启动应急响应程序，按照有关规定报告事故情况，并开展先期处置。

在不危及人身安全时，现场人员采取阻断或隔离事故源、危险源等措施；严重危及人身安全时，迅速停止现场作业，现场人员采取必要的或可能的应急措施后撤离危险区域。

发生事故后，立即按照有关规定和程序报告本企业有关负责人，有关负责人应立即将事故发生的时间、地点、当前状态等简要信息向所在地县级以上地方人民政府负有安全生产监督管理职责的有关部门报告，并按照有关规定及时补报、续报有关情况；情况紧急时，事故现场有关人员可以直接向有关部门报告；对可能引发次生事故灾害的，应及时报告相关主管部门。

研判事故危害及发展趋势，将可能危及周边生命、财产、环境安全的危险性和防护措施等告知相关单位与人员；遇重大紧急情况时，应立即封闭事故现场，通知本单位从业人员和周边人员疏散，采取转移重要物资、避免或减轻环境危害等措施。

请求周边应急救援队伍参加事故救援，维护事故现场秩序，保护事故现场证据。准备事故救援技术资料，做好向所在地人民政府及其负有安全生产监督管理职责的部门移交救援工作指挥权的各项准备。

③ 应急评估。企业应对应急准备、应急处置工作进行评估。矿山、金属冶炼等企业，生产、经营、运输、储存、使用危险物品或处置废弃危险物品的企业，应每年进行一次应急准备评估。完成险情或事故应急处置后，企业应主动配合有关组织开展应急处置评估。

（7）事故查处

① 事故报告。应建立事故报告程序，明确事故内外部报告的责任人、时限、内容等，并教育、指导从业人员严格按照有关规定的程序报告发生的生产安全事故。事故报告后出现新情况的，应当及时补报。

② 事故调查和处理。应建立内部事故调查和处理制度，按照有关规定、行业标准和国际通行做法，将造成人员伤亡（轻伤、重伤、死亡等人身伤害和急性中毒）和财产损失的事故纳入事故调查和处理范畴。

企业发生事故后，应及时成立事故调查组，明确其职责与权限，进行事故调查。事故调查应查明事故发生的时间、经过、原因、波及范围、人员伤亡情况及直接经济损失等；事故调查组应根据有关证据、资料，分析事故的直接、间接原因和事故责任，提出应吸取的教训、整改措施和处理建议，编制事故调查报告。

企业应开展事故案例警示教育活动，认真吸取事故教训，落实防范和整改措施，防止类似事故再次发生。

企业应根据事故等级，积极配合有关人民政府开展事故调查。

③ 事故管理。应建立事故档案和管理台账，将承包商、供应商等相关方在企业内部发生的事故纳入企业事故管理。应按照 GB 6441、GB/T 15499 的有关规定和国家、行业确定的事故统计指标开展事故统计分析。

（8）持续改进

① 绩效评定。每年至少应对安全生产标准化管理体系的运行情况进行一次自评，验证各项安全生产制度措施的适宜性、充分性和有效性，检查安全生产和职业卫生管理目标、指标的完成情况。

主要负责人应全面负责组织自评工作，并将自评结果向本企业所有部门、单位和从业人员通报。自评结果应形成正式文件，并作为年度安全绩效考评的重要依据。

应落实安全生产报告制度，定期向业绩考核等有关部门报告安全生产情况，并向社会公示。

发生生产安全责任死亡事故，应重新进行安全绩效评定，全面查找安全生产标准化管理体系中存在的缺陷。

② 持续改进。企业应根据安全生产标准化管理体系的自评结果和安全生产预测预警系统所反映的趋势，以及绩效评定情况，客观分析企业安全生产标准化管理体系的运行质量，及时调整完善相关制度文件和过程管控，持续改进，不断提高安全生产绩效。

第九节　我国注册安全工程师制度简介

一、我国注册安全工程师制度发展历程概述

2002 年 9 月 3 日国家人事部、原国家安全生产监督管理局发布《注册安全工程师执业

资格制度暂行规定》（人发［2002］87号）（以下简称《暂行规定》），自发布之日30日后施行。《注册安全工程师执业资格制度暂行规定》的立法目的是为了加强对安全生产工作的管理，提高安全生产专业技术人员的素质，保障人民群众生命财产安全，确保安全生产。《注册安全工程师执业资格制度暂行规定》的出台，标志着我国注册安全工程师执业资格制度开始启动，标志着我国安全生产领域人才社会化评价工作开始与国际接轨。

2004年5月21日原国家安全生产监督管理局第12号令公布《注册安全工程师注册管理办法》，并于2004年10月1日起施行。2007年1月11日国家安全生产监督管理总局第11号令公布《注册安全工程师管理规定》（以下简称《管理规定》），并于2007年3月1日起施行，《注册安全工程师注册管理办法》同时废止。

2007年9月23日由中华人民共和国人事部和国家安全生产监督管理总局共同颁布的"关于实施《注册安全工程师执业资格制度暂行规定》补充规定的通知"决定：在注册安全工程师制度中增设助理级资格，名称为"注册助理安全工程师"。

国家安全生产监督管理总局于2005年4月下发了《关于做好注册安全工程师继续教育工作的通知》（安监总厅字［2005］15号），2005年6月下发了《关于印发〈2005年度注册安全工程师继续教育大纲〉的通知》（安监总厅字［2005］42号），对注册安全工程师继续教育工作做了规定。国家安监总局在《关于做好注册安全工程师继续教育工作的通知》中明确了继续教育的目的是为了不断提高注册安全工程师的业务能力和执业水平，注册安全工程师继续教育工作由国家安监总局全面负责，各省级/部门注册管理机构应按总局规定的科目和内容开展继续教育。

2017年11月2日，国家安全监管总局和人力资源社会保障部联合颁布关于印发"《注册安全工程师分类管理办法》的通知"中公布《注册安全工程师分类管理办法》（安监总人事〔2017〕118号）（以下简称《分类管理办法》）。

2019年1月25日应急管理部和"人社局"联合发布《注册安全工程师职业资格制度规定》（以下简称《规定》）（注：该规定替代了《注册安全工程师管理规定》和《注册安全工程师职业资格考试实施办法》），自2019年3月1日起实施。

依据《分类管理办法》，目前注册安全工程师专业类别划分为：煤矿安全、金属非金属矿山安全、化工安全、金属冶炼安全、建筑施工安全、道路运输安全、其他安全（不包括消防安全）；注册安全工程师级别设置为：高级、中级、初级（助理）；注册安全工程师按照专业类别进行注册。

注册安全工程师可在相应行业领域生产经营单位和安全评价检测等安全生产专业服务机构中执业。

高级注册安全工程师采取考试与评审相结合的评价方式，因具体办法尚未确定故目前尚未实施；中级注册安全工程师职业资格考试按照专业类别实行全国统一考试，考试科目分为公共科目和专业科目，由人力资源社会保障部和国家负有安全生产监管职责的部门负责组织实施。

住房城乡建设部、交通运输部或其授权的机构分别负责其职责范围内建筑施工安全、道路运输安全类别中级注册安全工程师的注册初审工作。各省、自治区、直辖市安全监管部门和经国家安全监管主管部门授权的机构负责其他中级注册安全工程师的注册初审工作。

国家安全监管主管部门或其授权的机构负责中级注册安全工程师的注册终审工作。终审通过的建筑施工安全、道路运输安全类别中级注册安全工程师名单分别抄送住房城乡建设部、交通运输部。

中级注册安全工程师按照专业类别进行继续教育，其中专业课程学时应不少于继续教育总学时的一半。

《分类管理办法》要求危险物品的生产、储存单位以及矿山、金属冶炼单位应当有相应专业类别的中级及以上注册安全工程师从事安全生产管理工作。危险物品的生产、储存单位以及矿山单位安全生产管理人员中的中级及以上注册安全工程师比例应自 2018 年 1 月 1 日施行之日起 2 年内、金属冶炼单位 5 年内达到 15% 左右并逐步提高。

助理注册安全工程师职业资格考试使用全国统一考试大纲，考试和注册管理由各省、自治区、直辖市人力资源社会保障部门和安全监管部门会同有关行业主管部门组织实施。

取得注册安全工程师职业资格证书并经注册的人员，表明其具备与所从事的生产经营活动相应的安全生产知识和管理能力，可视为其安全生产知识和管理能力考核合格。

注册安全工程师的各级别与工程系列安全工程专业的职称相对应，不再组织工程系列安全工程专业职称评审。高级注册安全工程师考评办法出台前，工程系列安全工程专业高级职称评审仍然按现行制度执行。

已取得的注册安全工程师执业资格证书、助理注册安全工程师资格证书，分别视同为中级注册安全工程师职业资格证书、助理注册安全工程师职业资格证书。

注册安全工程师是指依法取得注册安全工程师职业资格证书，并经注册的专业技术人员。

报考信息：注册安全工程师考试报名可登录全国专业技术人员资格考试报名服务平台（网址为：http：//zg.cpta.com.cn/examfront）进行报名。

二、注册安全工程师执业资格考试

1. 考试制度

依据《规定》，中级注册安全工程师职业资格考试全国统一大纲、统一命题、统一组织。初级注册安全工程师职业资格考试全国统一大纲，各省、自治区、直辖市自主命题并组织实施，一般应按照专业类别考试。

中级注册安全工程师职业资格考试合格者，由各省、自治区、直辖市人力资源社会保障部门颁发注册安全工程师职业资格证书（中级）。该证书由人力资源社会保障部统一印制，应急管理部、人力资源社会保障部共同用印，在全国范围有效。

初级注册安全工程师职业资格考试合格者，由各省、自治区、直辖市人力资源社会保障部门颁发注册安全工程师职业资格证书（初级）。该证书由各省、自治区、直辖市应急管理、人力资源社会保障部门共同用印，原则上在所在行政区域内有效。各地可根据实际情况制定跨区域认可办法。

2. 考试科目与有效期限

依据《注册安全工程师职业资格考试实施办法》，中级注册安全工程师职业资格考试设《安全生产法律法规》《安全生产管理》《安全生产技术基础》和《安全生产专业实务》4 个科目。其中，《安全生产法律法规》《安全生产管理》《安全生产技术基础》为公共科目，《安全生产专业实务》为专业科目。

《安全生产专业实务》科目分为：煤矿安全、金属非金属矿山安全、化工安全、金属冶炼安全、建筑施工安全、道路运输安全和其他安全（不包括消防安全），考生在报名时可根据实际工作需要选择其一。

初级注册安全工程师职业资格考试设《安全生产法律法规》和《安全生产实务》2个科目。

中级注册安全工程师职业资格考试分4个半天进行，每个科目的考试时间均为2.5小时。

初级注册安全工程师职业资格考试分2个半天进行。《安全生产法律法规》科目考试时间为2小时，《安全生产实务》科目考试时间为2.5小时。

如采用电子化考试，各科目考试时间可酌情缩短。

中级注册安全工程师职业资格考试成绩实行4年为一个周期的滚动管理办法，参加全部4个科目考试的人员必须在连续的4个考试年度内通过全部科目，免试1个科目的人员必须在连续的3个考试年度内通过应试科目，免试2个科目的人员必须在连续的2个考试年度内通过应试科目，方可取得中级注册安全工程师职业资格证书。

初级注册安全工程师职业资格考试成绩实行2年为一个周期的滚动管理办法，参加考试的人员必须在连续的2个考试年度内通过全部科目，方可取得初级注册安全工程师职业资格证书。

已取得中级注册安全工程师职业资格证书的人员，报名参加其他专业类别考试的，可免试公共科目。考试合格后，核发人力资源社会保障部统一印制的相应专业类别考试合格证明。该证明作为注册时变更专业类别等事项的依据。

符合《规定》中的中级注册安全工程师职业资格考试报名条件，具有高级或正高级工程师职称，并从事安全生产业务满10年的人员，可免试《安全生产管理》和《安全生产技术基础》2个科目。

符合《规定》中的中级注册安全工程师职业资格考试报名条件，本科毕业时所学安全工程专业经全国工程教育专业认证的人员，可免试《安全生产技术基础》科目。

中级、初级注册安全工程师职业资格考试原则上每年举行一次。

3. 报考条件

依据《规定》，凡遵守中华人民共和国宪法、法律、法规，具有良好的业务素质和道德品行，具备下列条件之一者，可以申请参加中级注册安全工程师职业资格考试：

① 具有安全工程及相关专业大学专科学历，从事安全生产业务满5年；或具有其他专业大学专科学历，从事安全生产业务满7年。

② 具有安全工程及相关专业大学本科学历，从事安全生产业务满3年；或具有其他专业大学本科学历，从事安全生产业务满5年。

③ 具有安全工程及相关专业第二学士学位，从事安全生产业务满2年；或具有其他专业第二学士学位，从事安全生产业务满3年。

④ 具有安全工程及相关专业硕士学位，从事安全生产业务满1年；或具有其他专业硕士学位，从事安全生产业务满2年。

⑤ 具有博士学位，从事安全生产业务满1年。

⑥ 取得初级注册安全工程师职业资格后，从事安全生产业务满3年。

依据《规定》，凡遵守中华人民共和国宪法、法律、法规，具有良好的业务素质和道德品行，具备下列条件之一者，可以申请参加初级注册安全工程师职业资格考试：

① 具有安全工程及相关专业中专学历，从事安全生产业务满 4 年；或具有其他专业中专学历，从事安全生产业务满 5 年。

② 具有安全工程及相关专业大学专科学历，从事安全生产业务满 2 年；或具有其他专业大学专科学历，从事安全生产业务满 3 年。

③ 具有大学本科及以上学历，从事安全生产业务。

三、注册安全工程师注册管理

国家对注册安全工程师职业资格实行执业注册管理制度，按照专业类别进行注册。取得注册安全工程师职业资格证书的人员，经注册后方可以注册安全工程师名义执业。

1. 注册及终审职责分工

住房城乡建设部、交通运输部或其授权的机构按照职责分工，分别负责相应范围内建筑施工安全、道路运输安全类别中级注册安全工程师的注册初审工作。

各省、自治区、直辖市应急管理部门和经应急管理部授权的机构，负责其他中级注册安全工程师的注册初审工作。

应急管理部负责中级注册安全工程师的注册终审工作，具体工作由中国安全生产科学研究院实施。终审通过的建筑施工安全、道路运输安全类别中级注册安全工程师名单分别抄送住房城乡建设部、交通运输部。

2. 申请注册条件及有效期

申请注册的人员，必须同时具备下列基本条件：

① 取得注册安全工程师职业资格证书；

② 遵纪守法，恪守职业道德；

③ 受聘于生产经营单位安全生产管理、安全工程技术类岗位或安全生产专业服务机构从事安全生产专业服务；

④ 具有完全民事行为能力，年龄不超过 70 周岁。

申请中级注册安全工程师初始注册的，应当自取得中级注册安全工程师职业资格证书之日起 5 年内由本人向注册初审机构提出。超过规定时间申请初始注册的，按逾期初始注册办理。

准予注册的申请人，由应急管理部核发中级注册安全工程师注册证书（纸质或电子证书）。

中级注册安全工程师注册有效期为 5 年。有效期满前 3 个月，需要延续注册的，应向注册初审机构提出延续注册申请。有效期满未延续注册的，可根据需要申请重新注册。

特别要关注的是：以不正当手段取得注册证书的，由发证机构撤销其注册证书，5 年内不予重新注册；构成犯罪的，依法追究刑事责任。

初级注册安全工程师注册管理办法由各省、自治区、直辖市应急管理部门会同有关部门依法制定。

四、注册安全工程师执业的规定

1. 执业地域范围

中级注册安全工程师职业资格考试合格者，由各省、自治区、直辖市人力资源社会保障部门颁发注册安全工程师职业资格证书（中级）。该证书由人力资源社会保障部统一印制，应急管理部、人力资源社会保障部共同用印，在全国范围有效。

初级注册安全工程师职业资格考试合格者，由各省、自治区、直辖市人力资源社会保障部门颁发注册安全工程师职业资格证书（初级）。该证书由各省、自治区、直辖市应急管理、人力资源社会保障部门共同用印，原则上在所在行政区域内有效。各地可根据实际情况制定跨区域认可办法。

2. 各专业类别资格证书执业行业

各专业类别注册安全工程师执业行业界定见表 9-8 所示。

表 9-8 各专业类别注册安全工程师执业行业界定

序号	专业类别	执业行业
1	煤矿安全	煤炭行业
2	金属非金属矿山安全	金属非金属矿山行业
3	化工安全	化工、医药等行业(包括危险化学品生产、储存,石油天然气储存)
4	金属冶炼安全	冶金、有色冶炼行业
5	建筑施工安全	建设工程各行业
6	道路运输安全	道路旅客运输、道路危险货物运输、道路普通货物运输、机动车维修和机动车驾驶培训行业
7	其他安全(不包括消防安全)	除上述行业以外的烟花爆竹、民用爆炸物品、石油天然气开采、燃气、电力等其他行业

3. 注册安全工程师的执业业务范围

注册安全工程师的执业业务范围包括：

① 安全生产管理；

② 安全生产技术；

③ 生产安全事故调查与分析；

④ 安全评估评价、咨询、论证、检测、检验、教育、培训及其他安全生产专业服务。

中级注册安全工程师按照专业类别可在各类规模的危险物品生产、储存以及矿山、金属冶炼等单位中执业，初级注册安全工程师的执业单位规模由各地结合实际依法制定。

五、注册安全工程师的权利和义务

1. 注册安全工程师享有下列权利

① 按规定使用注册安全工程师称谓和本人注册证书；

② 从事规定范围内的执业活动；

③ 对执业中发现的不符合相关法律、法规和技术规范要求的情形提出意见和建议，并向相关行业主管部门报告；

④ 参加继续教育；

⑤ 获得相应的劳动报酬；

⑥ 对侵犯本人权利的行为进行申诉；

⑦ 法律、法规规定的其他权利。

2.注册安全工程师应当履行下列义务

① 遵守国家有关安全生产的法律、法规和标准；

② 遵守职业道德，客观、公正执业，不弄虚作假，并承担在相应报告上签署意见的法律责任；

③ 维护国家、集体、公众的利益和受聘单位的合法权益；

④ 严格保守在执业中知悉的单位、个人技术和商业秘密。

取得注册安全工程师注册证书的人员，应当按照国家专业技术人员继续教育的有关规定接受继续教育，更新专业知识，提高业务水平。

🔄 本章小结

　　本章内容主要包括现代安全管理综述、安全目标管理、国内安全管理模式、国外安全管理经验、企业安全文化建设、重大危险源管理、职业健康安全管理体系与安全生产标准化、注册安全工程师制度简介等内容。安全目标管理和重大危险源管理可作为本章学习的重点。

👥 课堂讨论题

1.在企业安全管理的过程中如何体现现代安全管理的特点？

2.国内哪些安全管理模式令你印象深刻？为什么？

3.国外哪些安全管理经验令你印象深刻？为什么？

4.谈谈你对企业安全文化建设的认识。

5.如何进行重大危险源管理的辨识与评估？

🧩 能力训练项目

　　项目名称：编制危险化学品重大危险源管理的安全检查表

　　项目要求：依据本章第七节的内容编制通用危险化学品重大危险源管理的安全检查表。

✏️ 思考题

1.什么是安全目标管理？如何实施安全目标管理？

2.国内安全管理模式对你今后从事安全生产管理工作有何启示？

3.国外安全管理经验对你今后从事安全生产管理工作有何启示？

4.如何做好重大危险源管理工作？

附　录

附录一　危险化学品重大危险源辨识（GB 18218—2018）

1　范围

本标准规定了辨识危险化学品重大危险源的依据和方法。

本标准适用于生产、储存、使用和经营危险化学品的生产经营单位。

本标准不适用于：

a）核设施和加工放射性物质的工厂，但这些设施和工厂中处理非放射性物质的部门除外；

b）军事设施；

c）采矿业，但涉及危险化学品的加工工艺及储存活动除外；

d）危险化学品的厂外运输（包括铁路、道路、水路、航空、管道等运输方式）；

e）海上石油天然气开采活动。

2　规范性引用文件

下列文件对于本文件的应用是必不可少的。凡是注日期的引用文件，仅注日期的版本适用于本文件。凡是不注日期的引用文件，其最新版本（包括所有的修改单）适用于本文件。

GB 30000.2 化学品分类和标签规范 第2部分：爆炸物

GB 30000.3 化学品分类和标签规范 第3部分：易燃气体

GB 30000.4 化学品分类和标签规范 第4部分：气溶胶

GB 30000.5 化学品分类和标签规范 第5部分：氧化性气体

GB 30000.7 化学品分类和标签规范 第7部分：易燃液体

GB 30000.8 化学品分类和标签规范 第8部分：易燃固体

GB 30000.9 化学品分类和标签规范 第9部分：自反应物质和混合物

GB 30000.10 化学品分类和标签规范 第10部分：自燃液体

GB 30000.11 化学品分类和标签规范 第11部分：自燃固体

GB 30000.12 化学品分类和标签规范 第12部分：自热物质和混合物

GB 30000.13 化学品分类和标签规范 第13部分：遇水放出易燃气体的物质和混合物

GB 30000.14 化学品分类和标签规范 第14部分：氧化性液体

GB 30000.15 化学品分类和标签规范 第15部分：氧化性固体

GB 30000.16 化学品分类和标签规范 第16部分：有机过氧化物

GB 30000.18 化学品分类和标签规范 第18部分：急性毒性

3　术语和定义

下列术语和定义适用于本文件。

3.1　危险化学品 hazardous chemicals

具有毒害、腐蚀、爆炸、燃烧、助燃等性质，对人体、设施、环境具有危害的剧毒化学品和其他化学品。

3.2　单元 unit

涉及危险化学品的生产、储存装置、设施或场所，分为生产单元和储存单元。

3.3　临界量 threshold quantity

某种或某类危险化学品构成重大危险源所规定的最小数量。

3.4　危险化学品重大危险源 major hazard installations for hazardous chemicals

长期地或临时地生产、储存、使用和经营危险化学品，且危险化学品的数量等于或超过临界量的单元。

3.5　生产单元 production unit

危险化学品的生产、加工及使用等的装置及设施，当装置及设施之间有切断阀时，以切断阀作为分隔界限划分为独立的单元。

3.6　储存单元 storage unit

用于储存危险化学品的储罐或仓库组成的相对独立的区域，储罐区以罐区防火堤为界限划分为独立的单元，仓库以独立库房（独立建筑物）为界限划分为独立的单元。

3.7　混合物 mixture

由两种或者多种物质组成的混合体或者溶液。

4　危险化学品重大危险源辨识

4.1　辨识依据

4.1.1　危险化学品应依据其危险特性及其数量进行重大危险源辨识，具体见表1和表2。危险化学品的纯物质及其混合物应按 GB 30000.2、GB 30000.3、GB 30000.4、GB 30000.5、GB 30000.7、GB 30000.8、GB 30000.9、GB 30000.10、GB 30000.11、GB 30000.12、GB 30000.13、GB 30000.14、GB 30000.15、GB 30000.16、GB 30000.18 的规定进行分类。危险化学品重大危险源可分为生产单元危险化学品重大危险源和储存单元危险化学品重大危险源。

4.1.2　危险化学品临界量的确定方法如下：

a）在表1范围内的危险化学品，其临界量应按表1确定；

b）未在表1范围内的危险化学品，应依据其危险性，按表2确定其临界量；若一种危险化学品具有多种危险性，应按其中最低的临界量确定。

表 1　危险化学品名称及其临界量

序号	危险化学品名称和说明	别名	CAS 号	临界量/t
1	氨	液氨;氨气	7664-41-7	10
2	二氟化氧	一氧化二氟	7783-41-7	1
3	二氧化氮		10102-44-0	1
4	二氧化硫	亚硫酸酐	7446-09-5	20

序号	危险化学品名称和说明	别名	CAS号	临界量/t
5	氟		7782-41-4	1
6	碳酰氯	光气	75-44-5	0.3
7	环氧乙烷	氧化乙烯	75-21-8	10
8	甲醛(含量>90%)	蚁醛	50-00-0	5
9	磷化氢	磷化三氢;膦	7803-51-2	1
10	硫化氢		7783-06-4	5
11	氯化氢(无水)		7647-01-0	20
12	氯	液氯;氯气	7782-50-5	5
13	煤气(CO,CO 和 H₂、CH₄ 的混合物等)			20
14	砷化氢	砷化三氢、胂	7784-42-1	1
15	锑化氢	三氢化锑;锑化三氢;䏶	7803-52-3	1
16	硒化氢		7783-07-5	1
17	溴甲烷	甲基溴	74-83-9	10
18	丙酮氰醇	丙酮合氰化氢;2-羟基异丁腈;氰丙醇	75-86-5	20
19	丙烯醛	烯丙醛、败脂醛	107-02-8	20
20	氟化氢		7664-39-3	1
21	1-氯-2,3-环氧丙烷	环氧氯丙烷(3-氯-1,2-环氧丙烷)	106-89-8	20
22	3-溴-1,2-环氧丙烷	环氧溴丙烷;溴甲基环氧乙烷;表溴醇	3132-64-7	20
23	甲苯二异氰酸酯	二异氰酸甲苯酯;TDI	26471-62-5	100
24	一氯化硫	氯化硫	10025-67-9	1
25	氰化氢	无水氢氰酸	74-90-8	1
26	三氧化硫	硫酸酐	7446-11-9	75
27	3-氨基丙烯	烯丙胺	107-11-9	20
28	溴	溴素	7726-95-6	20
29	乙撑亚胺	吖丙啶;1-氮杂环丙烷;氮丙啶	151-56-4	20
30	异氰酸甲酯	甲基异氰酸酯	624-83-9	0.75
31	叠氮化钡	叠氮钡	18810-58-7	0.5
32	叠氮化铅		13424-46-9	0.5
33	雷汞	二雷酸汞;雷酸汞	628-86-4	0.5
34	三硝基苯甲醚	三硝基茴香醚	28653-16-9	5
35	2,4,6-三硝基甲苯	梯恩梯;TNT	118-96-7	5
36	硝化甘油	硝化丙三醇;甘油三硝酸酯	55-63-0	1

续表

序号	危险化学品名称和说明	别名	CAS 号	临界量/t
37	硝化纤维素［干的或含水（或乙醇）＜25％］	硝化棉	9004-70-0	1
38	硝化纤维素［未改型的，或增塑的（含增塑剂）＜18％］			1
39	硝化纤维素（含乙醇≥25％）			10
40	硝化纤维素（含氮≤12.6％）			50
41	硝化纤维素（含水≥25％）			50
42	硝化纤维素溶液（含氮量≤12.6％，含硝化纤维素≤55％）	硝化棉溶液	9004-70-0	50
43	硝酸铵（含可燃物＞0.2％，包括以碳计算的任何有机物，但不包括任何其他添加剂）		6484-52-2	5
44	硝酸铵（含可燃物≤0.2％）		6484-52-2	50
45	硝酸铵肥料（含可燃物≤0.4％）			200
46	硝酸钾		7757-79-1	1000
47	1,3-丁二烯	联乙烯	106-99-0	5
48	二甲醚	甲醚	115-10-6	50
49	甲烷,天然气		74-82-8(甲烷) 8006-14-2(天然气)	50
50	氯乙烯	乙烯基氯	75-01-4	50
51	氢	氢气	1333-74-0	5
52	液化石油气（含丙烷、丁烷及其混合物）	石油气（液化的）	68476-85-7 74-98-6(丙烷), 106-97-8(丁烷)	50
53	一甲胺	氨基甲烷;甲胺	74-89-5	5
54	乙炔	电石气	74-86-2	1
55	乙烯		74-85-1	50
56	氧(压缩的或液化的)	液氧;氧气	7782-44-7	200
57	苯	纯苯	71-43-2	50
58	苯乙烯	乙烯苯	100-42-5	500
59	丙酮	二甲基酮	67-64-1	500
60	2-丙烯腈	丙烯腈;乙烯基氰;氰基乙烯	107-13-1	50
61	二硫化碳		75-15-0	50
62	环己烷	六氢化苯	110-82-7	500
63	1,2-环氧丙烷	氧化丙烯; 甲基环氧乙烷	75-56-9	10
64	甲苯	甲基苯;苯基甲烷	108-88-3	500

续表

序号	危险化学品名称和说明	别名	CAS 号	临界量/t
65	甲醇	木醇;木精	67-56-1	500
66	汽油(乙醇汽油、甲醇汽油)		86290-81-5(汽油)	200
67	乙醇	酒精	64-17-5	500
68	乙醚	二乙基醚	60-29-7	10
69	乙酸乙酯	醋酸乙酯	141-78-6	500
70	正己烷	己烷	110-54-3	500
71	过乙酸	过醋酸;过氧乙酸;乙酰过氧化氢	79-21-0	10
72	过氧化甲基乙基酮(10%＜有效氧含量≤10.7%,含 A 型稀释剂≥48%)		1338-23-4	10
73	白磷	黄磷	12185-10-3	50
74	烷基铝	三烷基铝		1
75	戊硼烷	五硼烷	19624-22-7	1
76	过氧化钾		17014-71-0	20
77	过氧化钠	双氧化钠;二氧化钠	1313-60-6	20
78	氯酸钾		3811-04-9	100
79	氯酸钠		7775-09-9	100
80	发烟硝酸		52583-42-3	20
81	硝酸(发红烟的除外,含硝酸＞70%)		7697-37-2	100
82	硝酸胍	硝酸亚氨脲	506-93-4	50
83	碳化钙	电石	75-20-7	100
84	钾	金属钾	7440-09-7	1
85	钠	金属钠	7440-23-5	10

表 2　未在表 1 中列举的危险化学品类别及其临界量

类别	符号	危险性分类及说明	临界量/t
健康危害	J(健康危害性符号)	—	—
急性毒性	J1	类别 1,所有暴露途径,气体	5
	J2	类别 1,所有暴露途径,固体、液体	50
	J3	类别 2、类别 3,所有暴露途径,气体	50
	J4	类别 2、类别 3,吸入途径,液体(沸点≤35℃)	50
	J5	类别 2,所有暴露途径,液体(除 J4 外)、固体	500
物理危险	W(物理危险性符号)	—	—

续表

类别	符号	危险性分类及说明	临界量/t
爆炸物	W1.1	—不稳定爆炸物 —1.1项爆炸物	1
	W1.2	1.2、1.3、1.5、1.6项爆炸物	10
	W1.3	1.4项爆炸物	50
易燃气体	W2	类别1和类别2	10
气溶胶	W3	类别1和类别2	150(净重)
氧化性气体	W4	类别1	50
易燃液体	W5.1	—类别1 —类别2和3,工作温度高于沸点	10
	W5.2	—类别2和3,具有引发重大事故的特殊工艺条件 包括危险化工工艺、爆炸极限范围或附近操作、操作 压力大于1.6MPa等	50
	W5.3	—不属于W5.1或W5.2的其他类别2	1000
	W5.4	—不属于W5.1或W5.2的其他类别3	5000
自反应物质和混合物	W6.1	A型和B型自反应物质和混合物	10
	W6.2	C型、D型、E型自反应物质和混合物	50
有机过氧化物	W7.1	A型和B型有机过氧化物	10
	W7.2	C型、D型、E型、F型有机过氧化物	50
自燃液体和自燃固体	W8	类别1自燃液体 类别1自燃固体	50
氧化性固体和液体	W9.1	类别1	50
	W9.2	类别2、类别3	200
易燃固体	W10	类别1易燃固体	200
遇水放出易燃气体的物质和混合物	W11	类别1和类别2	200

4.2　重大危险源的辨识指标

4.2.1　生产单元、储存单元内存在危险化学品的数量等于或超过表1、表2规定的临界量,即被定为重大危险源。单元内存在的危险化学品的数量根据危险化学品种类的多少区分为以下两种情况:

a) 生产单元、储存单元内存在的危险化学品为单一品种时,该危险化学品的数量即为单元内危险化学品的总量,若等于或超过相应的临界量,则定为重大危险源。

b) 生产单元、储存单元内存在的危险化学品为多品种时,按式(1)计算,若满足式(1),则定为重大危险源:

$$S = q_1/Q_1 + q_2/Q_2 + \cdots + q_n/Q_n \geqslant 1 \tag{1}$$

式中 S——辨识指标；

q_1，q_2，…，q_n——每种危险化学品的实际存在量，单位为吨（t）；

Q_1，Q_2，…，Q_n——与每种危险化学品相对应的临界量，单位为吨（t）。

4.2.2 危险化学品储罐以及其他容器、设备或仓储区的危险化学品的实际存在量按设计最大量确定。

4.2.3 对于危险化学品混合物，如果混合物与其纯物质属于相同危险类别，则视混合物为纯物质，按混合物整体进行计算。如果混合物与其纯物质不属于相同危险类别，则应按新危险类别考虑其临界量。

4.2.4 危险化学品重大危险源的辨识流程参见附录 A。

4.3 重大危险源的分级

4.3.1 重大危险源的分级指标

采用单元内各种危险化学品实际存在量与其相对应的临界量比值，经校正系数校正后的比值之和 R 作为分级指标。

4.3.2 重大危险源分级指标的计算方法

重大危险源的分级指标按式（2）计算。

$$R = \alpha\left(\beta_1\frac{q_1}{Q_1} + \beta_2\frac{q_2}{Q_2} + \cdots + \beta_n\frac{q_n}{Q_n}\right) \tag{2}$$

式中 R——重大危险源分级指标；

α——该危险化学品重大危险源厂区外暴露人员的校正系数；

β_1，β_2，…，β_n——与每种危险化学品相对应的校正系数；

q_1，q_2，…，q_n——每种危险化学品实际存在量，单位为吨（t）；

Q_1，Q_2，…，Q_n——与每种危险化学品相对应的临界量，单位为吨（t）。

根据单元内危险化学品的类别不同，设定校正系数 β 值。在表 3 范围内的危险化学品，其 β 值按表 3 确定；未在表 3 范围内的危险化学品，其 β 值按表 4 确定。

表 3 毒性气体校正系数 β 取值表

名称	校正系数 β
一氧化碳	2
二氧化硫	2
氨	2
环氧乙烷	2
氯化氢	3
溴甲烷	3
氯	4
硫化氢	5
氟化氢	5
二氧化氮	10
氰化氢	10
碳酰氯	20

续表

名称	校正系数 β
磷化氢	20
异氰酸甲酯	20

表 4　未在表 3 中列举的危险化学品校正系数 β 取值表

类别	符号	校正系数 β
急性毒性	J1	4
	J2	1
	J3	2
	J4	2
	J5	1
爆炸物	W1.1	2
	W1.2	2
	W1.3	2
易燃气体	W2	1.5
气溶胶	W3	1
氧化性气体	W4	1
易燃液体	W5.1	1.5
	W5.2	1
	W5.3	1
	W5.4	1
自反应物质和混合物	W6.1	1.5
	W6.2	1
有机过氧化物	W7.1	1.5
	W7.2	1
自燃液体和自燃固体	W8	1
氧化性固体和液体	W9.1	1
	W9.2	1
易燃固体	W10	1
遇水放出易燃气体的物质和混合物	W11	1

　　根据危险化学品重大危险源的厂区边界向外扩展 500m 范围内常住人口数量，按照表 5 设定暴露人员校正系数 α 值。

表 5　暴露人员校正系数 α 取值表

厂外可能暴露人员数量	校正系数 α
100 人以上	2.0

续表

厂外可能暴露人员数量	校正系数 α
50～99 人	1.5
30～49 人	1.2
1～29 人	1.0
0 人	0.5

4.3.3 重大危险源分级标准

根据计算出来的 R 值，按表 6 确定危险化学品重大危险源的级别。

表 6 重大危险源级别和 R 值的对应关系

重大危险源级别	R 值
一级	$R \geqslant 100$
二级	$100 > R \geqslant 50$
三级	$50 > R \geqslant 10$
四级	$R < 10$

附录 A

（资料性附录）

危险化学品重大危险源辨识流程

图 A.1 给出了危险化学品重大危险源辨识流程。

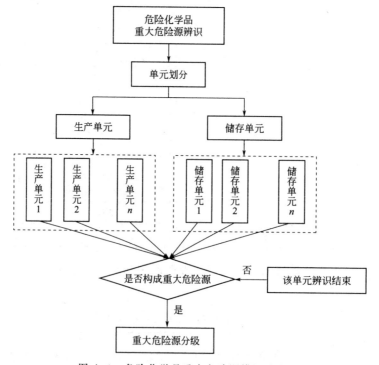

图 A.1 危险化学品重大危险源辨识流程图

附录二　国家安全监管总局关于印发《化工和危险化学品生产经营单位重大生产安全事故隐患判定标准（试行）》和《烟花爆竹生产经营单位重大生产安全事故隐患判定标准（试行）》的通知

安监总管三〔2017〕121号

各省、自治区、直辖市及新疆生产建设兵团安全生产监督管理局，有关中央企业：

为准确判定、及时整改化工和危险化学品生产经营单位及烟花爆竹生产经营单位重大生产安全事故隐患，有效防范遏制重特大生产安全事故，根据《安全生产法》和《中共中央国务院关于推进安全生产领域改革发展的意见》，国家安全监管总局制定了《化工和危险化学品生产经营单位重大生产安全事故隐患判定标准（试行）》和《烟花爆竹生产经营单位重大生产安全事故隐患判定标准（试行）》（以下简称《判定标准》），现印发给你们，请遵照执行。

请各省级安全监管局、有关中央企业及时将本通知要求传达至辖区内各级安全监管部门和有关生产经营单位。各级安全监管部门要按照有关法律法规规定，将《判定标准》作为执法检查的重要依据，强化执法检查，建立健全重大生产安全事故隐患治理督办制度，督促生产经营单位及时消除重大生产安全事故隐患。

国家安全监管总局
2017年11月13日

化工和危险化学品生产经营单位
重大生产安全事故隐患判定标准（试行）

依据有关法律法规、部门规章和国家标准，以下情形应当判定为重大事故隐患：

一、危险化学品生产、经营单位主要负责人和安全生产管理人员未依法经考核合格。

二、特种作业人员未持证上岗。

三、涉及"两重点一重大"的生产装置、储存设施外部安全防护距离不符合国家标准要求。

四、涉及重点监管危险化工工艺的装置未实现自动化控制，系统未实现紧急停车功能，装备的自动化控制系统、紧急停车系统未投入使用。

五、构成一级、二级重大危险源的危险化学品罐区未实现紧急切断功能；涉及毒性气体、液化气体、剧毒液体的一级、二级重大危险源的危险化学品罐区未配备独立的安全仪表系统。

六、全压力式液化烃储罐未按国家标准设置注水措施。

七、液化烃、液氨、液氯等易燃易爆、有毒有害液化气体的充装未使用万向管道充装系统。

八、光气、氯气等剧毒气体及硫化氢气体管道穿越除厂区（包括化工园区、工业园区）外的公共区域。

九、地区架空电力线路穿越生产区且不符合国家标准要求。

十、在役化工装置未经正规设计且未进行安全设计诊断。

十一、使用淘汰落后安全技术工艺、设备目录列出的工艺、设备。

十二、涉及可燃和有毒有害气体泄漏的场所未按国家标准设置检测报警装置，爆炸危险场所未按国家标准安装使用防爆电气设备。

十三、控制室或机柜间面向具有火灾、爆炸危险性装置一侧不满足国家标准关于防火防爆的要求。

十四、化工生产装置未按国家标准要求设置双重电源供电，自动化控制系统未设置不间断电源。

十五、安全阀、爆破片等安全附件未正常投用。

十六、未建立与岗位相匹配的全员安全生产责任制或者未制定实施生产安全事故隐患排查治理制度。

十七、未制定操作规程和工艺控制指标。

十八、未按照国家标准制定动火、进入受限空间等特殊作业管理制度，或者制度未有效执行。

十九、新开发的危险化学品生产工艺未经小试、中试、工业化试验直接进行工业化生产；国内首次使用的化工工艺未经过省级人民政府有关部门组织的安全可靠性论证；新建装置未制定试生产方案投料开车；精细化工企业未按规范性文件要求开展反应安全风险评估。

二十、未按国家标准分区分类储存危险化学品，超量、超品种储存危险化学品，相互禁配物质混放混存。

烟花爆竹生产经营单位
重大生产安全事故隐患判定标准（试行）

依据有关法律法规、部门规章和国家标准，以下情形应当判定为重大事故隐患：

一、主要负责人、安全生产管理人员未依法经考核合格。

二、特种作业人员未持证上岗，作业人员带药检维修设备设施。

三、职工自行携带工器具、机器设备进厂进行涉药作业。

四、工（库）房实际作业人员数量超过核定人数。

五、工（库）房实际滞留、存储药量超过核定药量。

六、工（库）房内、外部安全距离不足，防护屏障缺失或者不符合要求。

七、防静电、防火、防雷设备设施缺失或者失效。

八、擅自改变工（库）房用途或者违规私搭乱建。

九、工厂围墙缺失或者分区设置不符合国家标准。

十、将氧化剂、还原剂同库储存、违规预混或者在同一工房内粉碎、称量。

十一、在用涉药机械设备未经安全性论证或者擅自更改、改变用途。

十二、中转库、药物总库和成品总库的存储能力与设计产能不匹配。

十三、未建立与岗位相匹配的全员安全生产责任制或者未制定实施生产安全事故隐患排查治理制度。

十四、出租、出借、转让、买卖、冒用或者伪造许可证。

十五、生产经营的产品种类、危险等级超许可范围或者生产使用违禁药物。

十六、分包转包生产线、工房、库房组织生产经营。

十七、一证多厂或者多股东各自独立组织生产经营。

十八、许可证过期、整顿改造、恶劣天气等停产停业期间组织生产经营。

十九、烟花爆竹仓库存放其它爆炸物等危险物品或者生产经营违禁超标产品。

二十、零售点与居民居住场所设置在同一建筑物内或者在零售场所使用明火。

参 考 文 献

[1] 陈宝智，王金波. 安全管理. 天津：天津大学出版社，2005.

[2] 应急厅〔2019〕43 号附件 1　中级注册安全工程师职业资格考试大纲.

[3] 中国安全生产协会注册安全工程师工作委员会，中国安全生产科学研究院. 安全生产管理知识（2011 年）. 北京：中国大百科全书出版社，2011.

[4] 教育部高等学校安全工程学科教学指导委员会组织编写. 安全科技概论. 北京：中国劳动社会保障出版社，2011.

[5] 罗云，程五一. 现代安全管理. 北京：化学工业出版社，2009.

[6] 崔政斌，张美元，赵海波编著. 世界 500 强企业安全管理理念. 北京：化学工业出版社，2015.

[7] 毛海峰. 安全管理心理学. 北京：化学工业出版社，2004.

[8] 隋鹏程，陈宝智，隋旭编著. 安全原理. 北京：化学工业出版社，2005.

[9] 崔政斌，邱成，徐德蜀编著. 企业安全管理新编. 北京：化学工业出版社，2004.

[10] 吴穹，许开立主编. 安全管理学. 北京：煤炭工业出版社，2002.

[11] 毛海峰. 现代安全管理理论与实务. 北京：首都经济贸易大学出版社，2000.

[12] 科学技术部专题研究组. 国际安全生产发展报告. 北京：科学技术文献出版社，2006.

[13] 刘景良. 化工安全技术. 第 4 版. 北京：化学工业出版社，2019.

[14] 刘景良. 职业卫生. 第 2 版. 北京：化学工业出版社，2016.

[15] 全国注册安全工程师执业资格考试辅导教材编写组. 安全生产事故案例分析. 北京：中国大百科全书出版社，2005.

[16] 中国安全生产科学研究院. 企业安全生产基本条件. 北京：化学工业出版社，2006.

[17] GB/T 45001—2020/ISO 45001：2018 职业健康安全管理体系 要求及使用指南.

[18] GB/T 33000—2016 企业安全生产标准化基本规范.

[19] GB 18218—2018 危险化学品重大危险源辨识.

[20] 国务院令第 708 号 生产安全事故应急条例.

[21] 国家安全生产监督管理总局令第 40 号 危险化学品重大危险源监督管理暂行规定. 2011.

[22] 国家安全生产监督管理总局令第 30 号 特种作业人员安全技术培训考核管理规定. 2010.

[23] 国家安全生产监督管理总局令第 36 号 建设项目安全设施"三同时"监督管理暂行办法. 2011.

[24] 国发〔2011〕40 号 国务院关于坚持科学发展安全发展促进安全生产形势持续稳定好转的意见. 2011.

[25] 国务院令第 549 号. 特种设备安全监察条例. 2009.

[26] 国务院令第 586 号 工伤保险条例. 2010.

[27] 国务院令第 591 号 危险化学品安全管理条例. 2011.

[28] GB/T 29639—2013 生产经营单位生产安全事故应急预案编制导则.

[29] AQ/T 9011—2019 生产经营单位安全生产事故预案评估指南.

[30] 应急管理部第 2 号令 生产安全事故应急预案管理办法.

[31] 国家安全生产监督管理总局令第 16 号 安全生产事故隐患排查治理暂行规定. 2007.

[32] GB/T 13861—2009 生产过程危险和有害因素分类与代码.

[33] 安监总人事〔2017〕118 号 注册安全工程师分类管理办法.

[34] 应急〔2019〕8 号 应急管理部 人力资源社会保障部关于印发《注册安全工程师职业资格制度规定》和《注册安全工程师职业资格考试实施办法》的通知.

[35] 安监总厅安健〔2018〕3 号 用人单位劳动防护用品管理规范.

[36] GB/T 29510—2013 个体防护装备配备基本要求.

[37] GB/T 11651—2009 个体防护装备选用规范.